木材組織学

農学博士
山林 暹 著

森北出版株式会社

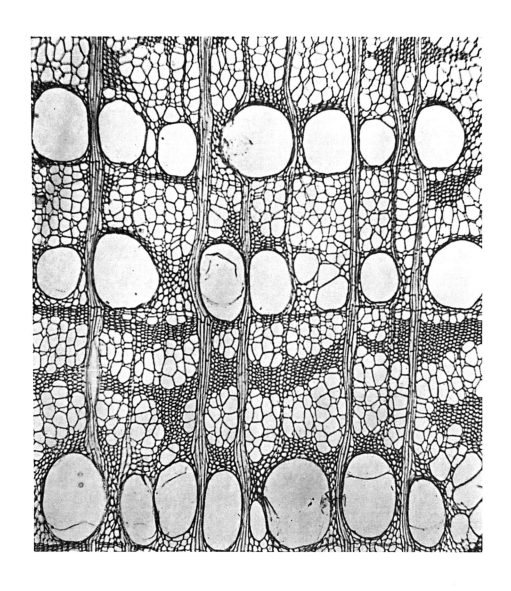

ハリギリ (*Kalopanax Septemlobus* (Thunb.) Koidz.)
の横断面. ×ca. 60. (林業試験場 小林彌一氏提供)

序

　従来わが国において，木材の組織，もしくは木材の解剖学的性質に関する研究業績や論文の類は甚だ多いが，纒ったものは比較的少い．纒ったものとしては，僅かに金平亮三氏の大日本産重要木材の解剖学的識別（1926），及び関谷文彦氏の木材の解剖的性質（1949）等であって，いずれも文字通りの名著であり，貴重なものである．しかし残念なことには，両氏ともすでに故人となられ，それらの玉著も今では絶版となっていて，容易に入手できない現状である．その後，こうした木材組織関係の出版を見ないのは，まことに遺憾である．

　著者は昭和25年以降，静岡大学農学部林学教室において，木材組織学の講義を行なって来たが，学生諸君や，木材加工方面にたずさわっておられる技術者の方々のため，何程かの参考にともなればと思い，公務の余暇を得て，国内はもちろん，広く外国の研究論文をも渉猟し，書留めていたが，相当量になったので，これらによって講義の内容を整理し，さらに実例を加え，具体的な解説を施し，取り纒めたのが本書である．稿を急いだために，多くの欠点があるのではないかと危惧されるが，関係方面からの勧奨もあって，遂に刊行の運びになった．御垂教を頂ければ望外の幸甚である．

　本書の刊行に当り，有益な助言を賜った静岡大学の齋藤全生，並びに清水基弘の両氏に，また文献その他資料の収集等に力添えを頂いた同大学の岡崎光，金沢啓悟の両氏に対し，さらにまた貴重な写真の使用を快諾された林業試験場の原田浩並びに小林彌一の両氏に対し，深甚なる感謝の意を表す．

　なお本書の上梓に際し，森北出版社社長　森北常雄氏が格別の理解と好意とを寄せられたことは，衷心感謝にたえないところである．ここに併せて深謝の意を表す．

　　昭和33年2月7日

　　　　　　　　　　　　　　　　　　　　　　　著　者　識　す

第 6 章
木材の異常組織　（194～231）

I　工芸的価値をもつ木材の異常組織 …………………… 194
　　a. 虎斑杢 194　　b. 波状杢 194
　　c. 巻毛杢 195　　d. 泡状杢 195
　　e. 鳥眼杢 195　　f. 羽状杢 195
　　g. 瘤　杢 196　　h. 根株杢 196
　　i. 縞　杢 196

II　欠点となる木材の異常組織 ………… 197
　A. 立木に生じる異常組織 …………… 197
　　1. 木理の異常組織 ………………… 198
　　　a. 旋回木理 198　b. 斜走木理 199
　　　c. 交錯木理 200
　　2. 節 ………………………………… 201
　　　a. 節の形成 201　b. 節の種類 202
　　3. 節材の使用 ……………………… 203
　　4. 生長応力によって生じる異常組織 … 203
　　　a. compression wood 205
　　　b. tension wood 207
　　5. 圧縮力によって生じる異常組織 … 208
　　6. 鉱物質の沈積による異常組織 …… 209
　　7. 化学的着色 ……………………… 210
　　8. 治癒組織 ………………………… 210
　B. 乾燥によって生じる異常組織 …… 211
　　1. 反　張 …………………………… 212
　　　a. 板目ソリ 212　b. 柾目ソリ 212
　　　c. 幅ソリ 213　　d. 捩れ 213
　　2. 表面硬化 ………………………… 213
　　3. 落込み …………………………… 214
　　4. 蜂窩裂 …………………………… 215
　C. 木材組織の破壊 …………………… 215
　　1. 立木に生じる木材組織の破壊 …… 215
　　　a. 脆弱性 215　　b. 割裂 216
　　　c. 霜害 217　　　d. 脂傷 218
　　　e. 樹皮嚢 219
　　2. 物理的現象によって生じる木材組織の破壊 ……………………… 220
　　　a. 乾裂 220　　　b. 逆目 222
　　　c. 風化 222
　　3. 外敵によって生じる木材組織の破壊 ……………………………… 223
　　　a. 菌の侵害による場合 223
　　　b. 動物の侵害による場合 227

第 7 章
木材の組織に関する研究法　（232～275）

I　木材の組織に関する研究の必要 …… 232
II　木材の組織に関する研究法 ………… 233
　A. 肉眼による場合の研究法 ………… 233
　　1. 供試材 …………………………… 233
　　2. 基本材鑑 ………………………… 233
　B. 顕微鏡による場合の研究法 ……… 234
　　1. 顕微鏡に関する概説 …………… 234
　　　a. 顕微鏡の種類 234　b. 光学顕微鏡の部分 234　c. 収差 238
　　　d. 分解能 238　e. 能率 239
　　　f. 測定 240　g. 特殊型顕微鏡 241
　　　h. 顕微鏡使用上の注意 241
　　2. 解　梨　法 ……………………… 243
　　　a. Schurz 法 243　b. Jeffrey 法 243　c. 塩酸法 243
　　　d. 過酸化水素・氷酢酸法 244
　　3. プレパラートの作成 …………… 244
　　　a. 供試材の軟化 244　b. 材料から block の作成 245　c. 切片の作成 248　d. 切片の染色 249
　　　e. Präparat 作成用グラス類 252
　　4. スンプ法 ………………………… 252
　　　a. 薄板法 252　b. 被膜法 252
　　5. 灰　像　法 ……………………… 252
　　6. 描　画 …………………………… 253
　　7. 顕微鏡写真 ……………………… 253
　C. 電子顕微鏡による場合の研究法 … 255
　　1. 電子顕微鏡による木材組織の研究への発展 …………………… 255
　　　a. 電子顕微鏡による研究への発展経過 255　b. 電子顕微鏡の結像能力 256　c. わが国の電子顕微鏡発達の経過と現状 257
　　2. 電子顕微鏡に関する概説 ……… 257
　　3. 電子顕微鏡用標本の作製 ……… 260

Ⅳ 広葉樹材の木部柔細胞 ………… 149
　A．木部柔細胞の概説…………… 149
　B．木部柔細胞の種類…………… 150
　　1．紡錘状木部柔細胞 ………… 150
　　2．撚糸状木部柔細胞 ………… 151
　C．木部柔細胞の配列…………… 152
　　1．横断面上の木部柔細胞の配列 …… 152
　　　　a．終末状型柔細胞153　b．散点状型柔細胞153　c．切線状型柔細胞154　d．周囲状型柔細胞 154
　　　　e．翼状型柔細胞154　f．連合翼状型柔細胞155
　　2．縦断面上の木部柔細胞の層階状配列 155
　D．特殊型柔細胞………………… 156
　　1．分室柔細胞 ………………… 156
　　2．分泌細胞 …………………… 156
　　3．傷痍柔細胞 ………………… 157
　E．気候が木部柔細胞の配列に及ぼす影響………………………… 158
　F．木部柔細胞の配列型とその系統…… 158
　G．木部柔細胞中に存在する結晶物…… 159

Ⅴ 広葉樹材の放射組織 …………… 160
　A．広葉樹材の放射組織の概説………… 160
　　1．広葉樹材の放射組織の形成 ……… 161
　　2．横断面上における放射組織の数と体積 …………………… 161
　　3．触断面上における放射組織の幅と高さ …………………… 163
　B．広葉樹材の放射組織の構成細胞…… 164
　　1．放射組織の構成細胞の普通型 …… 164
　　2．放射組織の性別 ………………… 164
　　3．放射組織の構成細胞の特殊型 …… 166
　　　　a．柵状細胞166　b．タイル細胞 167　c．鞘状細胞169　d．鎖状細胞 169　e．巨大細胞 170
　　　　f．分泌細胞 170
　　4．放射組織の構成細胞の膜壁 …… 170
　　　　a．放射組織の細胞膜の肥厚 170
　　　　b．放射組織の細胞膜の紋孔 170
　　5．放射組織の構成細胞内の含有物 …… 171
　C．広葉樹材の放射組織の分類 ………… 172
　　1．集合放射組織 ………………… 172
　　2．複合放射組織 ………………… 172
　　3．拡散放射組織 ………………… 172
　　4．著者の分類型 ………………… 174
　　5．Kribs 氏の分類型 …………… 177
　D．広葉樹材の放射組織の層階状配列…… 178

Ⅵ 広葉樹材の細胞間隙道 ………… 179
　A．細胞間隙道の概説…………… 179
　　1．樹脂道及びゴム道の成因 ……… 180
　　2．細胞間隙道の種類 ……………… 180
　B．正常樹脂道と傷痍樹脂道 ………… 180
　　1．正常樹脂道 ………………… 180
　　2．傷痍樹脂道 ………………… 182
　C．正常ゴム道と傷痍ゴム道 ………… 182
　　1．正常ゴム道 ………………… 182
　　　　a．正常な垂直ゴム道 182　b．正常な水平ゴム道 182
　　2．傷痍ゴム道 ………………… 183
　D．弾性ゴム乳液道 ……………… 184

Ⅶ 広葉樹材と針葉樹材とにおける解剖学的性質の比較 …………… 184

第 5 章
樹体を構成する組織の変異（187〜193）

Ⅰ 環境によって影響を受ける材質の変異 ……………………… 187
　A．幹材の任意の高さにおける組織の変異……………………… 187
　B．幹材の高さの差異による組織の変異… 188
　C．樹体部位の差異による組織の変異…… 189
　D．樹齢の増加による放射組織の変異… 190

Ⅱ 環境によって影響を受ける生長輪の変異 ……………………… 191
　A．針葉樹材の生長率と材質との関係…… 191
　B．広葉樹材の生長率と材質との関係…… 191

Ⅲ 細胞膜の組成要素によって影響される材質 …………………… 192

1. フィブリル･････････････････････61
　　　a. fibril の形成とその概説 61
　　　b. fibril の大きさ 62　c. fibril の構造 62　d. fibril の配列 64
　2. セルロースの鎖状分子(単位胞)･･････67
　3. ミ　セ　ル･････････････････････69
　　　a. micell 説 69　b. micell の配列 71　c. micell の大きさ 76
　　　d. 二色性現象 76　e. micell 間隙 77
　4. 総状ミセル理論･････････････････79

第 3 章
針葉樹材の構成要素 （85〜114）

Ⅰ　針葉樹材の仮導管････････････････85
　A．紡錘状仮導管･････････････････85
　　1. 仮導管の概説･･･････････････85
　　2. 仮導管の長さ･･･････････････87
　　3. 仮導管の幅と奥行･･･････････89
　　4. 仮導管の膜厚･･･････････････90
　　5. 仮導管の膜壁における重紋孔･･91
　　6. クラシュレー･･･････････････93
　　7. 螺　旋　紋･････････････････94
　　8. 螺旋状孔隙･････････････････96
　B．仮導管の種類･････････････････96
　　1. 多室仮導管･････････････････96
　　2. 樹脂仮導管･････････････････97
　C．トラベキュレー･･･････････････97
Ⅱ　針葉樹材の縦型木部柔細胞････････98
Ⅲ　針葉樹材の放射組織････････････99
　A．放射組織に関する概説･････････99
　B．針葉樹材の放射組織の種類････ 101
　　1. 狭状放射組織･････････････ 101
　　2. 紡錘状放射組織･･･････････ 102
　C．針葉樹材の放射組織の構造････ 103
　　1. 放射仮導管･･･････････････ 103
　　2. 放射柔細胞･･･････････････ 105
　　　a. 放射柔細胞の膜壁の肥厚 105
　　　b. 放射柔細胞の半径壁の紋孔 105
　　　c. 放射柔細胞の半径壁の紋孔数 108

Ⅳ　針葉樹材の樹脂道･････････････ 109
　A．針葉樹材の樹脂道の概説･･････ 109
　B．正常樹脂道･････････････････ 110
　C．傷痍樹脂道･････････････････ 111
Ⅴ　針葉樹材の結晶性含有物･･･････ 113

第 4 章
広葉樹材の構成要素 （115〜186）

Ⅰ　広葉樹材の導管･･･････････････ 115
　A．導管に関する概説･･･････････ 115
　B．横断面上の導管･････････････ 115
　　1. 導管の種類･･･････････････ 115
　　　a. 単一導管 116　b. 複合導管 119
　　2. 導管の配列･･･････････････ 120
　　　a. 固有型配列 121　b. 移行型配列 125
　C．導管節･････････････････････ 126
　　1. 導管節の形と長さ･････････ 127
　　2. 導管節の穿孔･････････････ 128
　　3. 導管節の膜壁上の紋孔･････ 131
　　　a. 重紋孔の配列 131　b. 紋孔の特殊型 133　c. 紋孔の大きさ 133
　　4. 導管節の膜壁の螺旋紋･････ 133
　D．導管中の含有物･････････････ 136
　E．導管中の填充体･････････････ 137
　F．導管の層階状配列･･･････････ 140
Ⅱ　広葉樹材の仮導管･････････････ 140
　A．管状仮導管･････････････････ 140
　B．周囲状仮導管･･･････････････ 141
　C．繊維状仮導管･･･････････････ 141
Ⅲ　広葉樹材の木繊維･････････････ 143
　A．木繊維の概説･･･････････････ 143
　B．真正木繊維･････････････････ 144
　C．多室木繊維･････････････････ 146
　D．膠質繊維･･･････････････････ 147
　E．代用繊維･･･････････････････ 147
　F．木繊維の配列･･･････････････ 148
　　1. 錯綜状配列･･･････････････ 148
　　2. 層階状配列･･･････････････ 148

木材組織学 目次

緒　言　（1〜2）

1. 木材組織学の意義……………………1
2. 木材組織学の必要性…………………1
3. 木材組織学の位置……………………2

第 1 章
林木に関する概説　（3〜37）

I　植物学上の林木……………………3

　A．林木を生産する植物………………3
　　1．林木の性格………………………3
　　2．木本植物の種類…………………3
　B．植物の分類…………………………4
　C．わが国における有用樹木…………4

II　林木の生長…………………………6

　A．林木の生長の概説…………………6
　B．稚　樹……………………………7
　　1．稚樹の組織………………………7
　　2．稚樹の生長………………………9
　　3．稚樹から成熟した樹幹の発達…12
　C．幹の成熟と樹皮…………………14

III　林木の形成層……………………16

　A．形成層の概説……………………16
　B．形成層における母細胞の種類とその配列………………………………17
　C．針葉樹材並びに広葉樹材における形成層母細胞の形状とその大きさ………18
　D．形成層の作用による若い木部細胞の増大
　　1．縦断面上の木部細胞の増大……19
　　2．木部放射組織を構成する横臥型放射細胞の増大………………………21
　E．形成層の構成細胞の増加………21

IV　木材の可視的性質………………23

　A．木材についての各種の名称……23
　B．心材と辺材………………………25
　　1．心　材　化………………………25
　　2．辺　材　量………………………27
　　3．心　材　量………………………27
　　4．重　心　材………………………28
　　5．偽　心　材………………………28
　C．年　輪……………………………28
　　1．春材と秋材………………………28
　　2．年　輪　幅………………………30
　　3．偽　年　輪………………………31
　D．放射組織…………………………31
　E．木部柔細胞………………………32
　F．髄　心……………………………33
　G．樹　脂　道………………………34
　H．精　緻　性………………………35
　I．針葉樹材と広葉樹材……………36

第 2 章
木材を構成する細胞　（38〜84）

I　木材を構成する細胞についての概説　38

II　木材を構成する細胞の発生と増大…39

　A．細胞発生の状態…………………39
　B．細胞増大の様相…………………40

III　細　胞　膜………………………43

　A．細胞膜の構造……………………43
　　1．中　間　層………………………44
　　2．1　次　膜………………………44
　　3．2　次　膜………………………45
　B．細胞膜の木質化…………………46
　C．細胞膜の膨潤構造………………47
　D．細胞膜の増厚……………………48
　E．細胞膜の螺旋紋…………………49
　F．細胞膜の紋孔……………………51
　　1．紋孔と対孔………………………51
　　　a．単紋孔型対孔 51　b．重紋孔型対孔 52　c．半重紋孔型対孔 52
　　2．紋孔の種類………………………53
　　　a．単紋孔 53　b．重紋孔 54
　　　c．装覆紋孔 59
　G．細胞膜の微細構造………………61

        a. Polystylene-silica 法 261
        b. Ethyl-methacryl aluminium 法 262　c. replica に関する諸種の実験 264
　　4.　電子顕微鏡写真とその計測………… 266
D.　偏光顕微鏡…………………………… 266
　　1.　偏光顕微鏡についての概説………… 266
　　2.　偏光顕微鏡による屈折率の測定…… 269
E.　X線回折装置………………………… 270
　　1.　X線の発生装置……………………… 270
　　2.　X線写真の撮影……………………… 272

　　3.　マイクロフォトメーター…………… 274

◇　　　◇　　　◇

引用文献 …………………………………… 276
木材組織に関する I.A.W.A. 決定の
　語彙 …………………………………… 280
植物名索引（Ⅰ）………………………… 289
植物名索引（Ⅱ）………………………… 298
事項索引 …………………………………… 302

挿 図 目 次

第 1 章

図 1. 1年生枝の4個分節における組織の模式図（Brown） ……………… 7
図 2. 生長点における細胞組織の縦断面（W. M. Harlow） …………… 10
図 3. 稚樹幹部の生長模式図（Eames and MacDaniels） …………… 11
図 4. 17年生針葉樹の模式図（Brown） … 13
図 5. 広葉樹材の層階状形成層母細胞及び未熟の縦型木部細胞の形状（Brown） ………………………… 18
図 6. 形成層母細胞の切線状分裂によって生じた細胞の横断面上における模式図（Brown） ………… 19
図 7. 形成層母細胞の数の増加模式図（Brown） ………………………… 22
図 8. 成熟した広葉樹材から切り取られた3断面をもつ楔形材の模式図（山林）……………………… 24
図 9. 木口面における柾目板の木取（山林） ………………………………… 25

第 2 章

図 10. *Najas marina* の根端細胞における核及び細胞分裂の順序の模式図（Müller・猪野） ………… 39
図 11. 細胞膜の模式図（山林） ………… 43
図 12. 光学顕微鏡によって見られる2次膜多層の横断面（Bailey） ……… 46
図 13. 細胞膜の螺旋紋の種類（山林）… 50
図 14. 単紋孔と対孔の模式図（山林）… 51
図 15. 各種紋孔の模式図（山林）……… 52
図 16. 特殊な紋孔（Brown） …………… 53
図 17. 重紋孔の各部の名称（山林）…… 54
図 18. 単紋孔のX状型対孔（山林）…… 55
図 19. 漏斗状紋孔とX状型対孔（Eames and MacDaniels） …………… 55
図 20. torus の偏移（Brown）………… 56
図 21. エゾマツの重紋孔における torus の1部と周囲の fibril（原田）… 57
図 22. カリトリス型重紋孔（兼次）…… 58
図 23. 結合重紋孔の配列（兼次）……… 59
図 24. 装覆紋孔の種類（Bailey・Brown） 59
図 25. ニセアカシアの装覆紋孔（山林） 60
図 26. ヒノキの fibril（山林） ………… 61
図 27. 原繊維と micell との模式図（Lüdtke） ……………………… 63
図 28. 仮導管細胞膜の横断面における fibril の配向模式図（Brown）… 64
図 29. 仮導管細胞膜の縦断面における fibril の配向模式図（Brown）… 65
図 30. 繊維素の構造式（Brown） ……… 67
図 31. 繊維素の結晶単位胞模式図（右田） 68
図 32. 屈折率楕円体模式図（小原）…… 70
図 33. 細胞膜内の micell 配列の模式図（Frey-Wyssling） …………… 71
図 34. X線による Debye-Scherrer 環の干渉図（小原） ……………… 72
図 35. 2次膜の縦断面における, micell 配列の3方向を示す, 微細毛細管中のヨードの結晶（Bailey）…… 74
図 36. 独立ミセル説によるミセルの構造（Seifritz） …………………… 75
図 37. Frey-Wyssling 氏による繊維素の micell 構造の模式図 ………… 79
図 38. 細胞膜の fibril 及び結晶質体と非結晶質体との領域（Brown）…… 80
図 39. セルロースの配列度量分布図（Howsmon・Sisson） ………… 81

第 3 章

図 40. 針葉樹材（アカマツ）の組織模式図（山林）………………………… 86
図 41. *Sequoia gigantea* の仮導管（Jeffrey） ……………………… 87

図 42.	ヒノキのイボ状構造（山林）……	92
図 43.	Crassulae (Brown) …………	93
図 44.	カヤの触断面における仮導管の螺旋紋（山林）……………	94
図 45.	trabeculae (Brown) …………	97
図 46.	アカマツの径断面（山林）………	103
図 47.	直交分野における各種の紋孔 (Phillips) …………………………	107
図 48.	カラマツの垂直樹脂道（山林）…	109
図 49.	シラベの外傷樹脂道（山林）……	111

第 4 章

図 50.	広葉樹材（コナラ）の組織模式図（山林）…………………………	116
図 51.	横断面上における導管の複合型の種類（山林）……………………	119
図 52.	横断面上における導管の固有型配列の模式図（山林）……………	122
図 53.	横断面上の導管における移行型配列の模式図（山林）……………	125
図 54.	導管節と各種導管の側面並びに横断面図（猪野・山林）………	126
図 55.	ニセアカシアの導管発達の順序 (Eames and MacDaniels) ……	128
図 56.	導管節の穿孔板（猪野・山林）…	129
図 57.	ヤブツバキの階段状穿孔板（山林）	130
図 58.	導管の膜壁における紋孔の配列型（猪野・山林）…………………	132
図 59.	ニセアカシアの横断面における導管の tyloses (Brown) …………	137
図 60.	木繊維及び繊維状仮導管（小倉・猪野）………………………………	145
図 61.	縦型木部柔細胞(Forsaith・山林)	150
図 62.	コナラの径断面における strand 型柔細胞の配列（山林）…………	151
図 63.	横断面上の柔細胞の配列型(山林)	152
図 64.	翼状型配列の柔細胞（Reyes・山林）…………………………………	154
図 65.	クスノキの径断面における分泌細胞(山林)……………………………	157
図 66.	チョウセンネムノキの径断面における同性放射組織（山林）………	164
図 67.	チョウセンヒメツゲの径断面における異性放射組織（山林）……	164
図 68.	*Triplochiton scleroxylon* K. SCHUM.（アオギリ科）の径断面における放射組織の Durio 型タイル細胞 (F. Heske) ……………………	167
図 69.	エノキウツギ (*Grewia parviflora* BUNGE) の経断面における放射組織の Pterospermum 型タイル細胞（山林）……………………	168
図 70.	アオキの触断面における鞘状細胞（山林）……………………………	169
図 71.	ミツバツツジの触断面における鎖状型単列放射組織（山林）……	169
図 72.	クスノキの触断面における分泌細胞(山林)…………………………	169
図 73.	ヤブツバキの径断面における放射柔細胞内の結晶（山林）………	171
図 74.	触断面上における放射組織の標準型（山林）………………………	173
図 75.	Red Alder (*Alnus rubra* BONG. の集合放射組織（E型）(Brown)	174
図 76.	コナラ (*Quercus grandulifera* BL.) の複合放射組織（F型）（山林）………………………………………	174
図 77.	Persimmon (*Diospyros virginiana* L.) の触断面における放射組織の層階状配列 (Brown) ………	179
図 78.	*Shorea palosapis*(*Blanco*)MERRILL の横断面において，年輪界に沿って存在する，1列の垂直樹脂道 (Reyes)…………………………	181
図 79.	ナツグミの垂直ゴム道（山林）…	183

第 6 章

図 80.	旋回木理 (Forsaith・関谷) ……	199
図 81.	斜走木理 (Forsaith・関谷) ……	200
図 82.	交錯木理 (Brown) ………………	200
図 83.	節の形成 (Brown・山林) ………	201
図 84.	ヒノキの compression wood（山林）……………………………………	205
図 85.	シラガシの tension wood (山林)	205
図 86.	ヒバ (*Thujopsis dolabrata* S. et Z.) のモメ（山林）………………	209

図 87.	各種の反張（関谷）················	212
図 88.	乾燥による落込みの内部構造（Brown・山林）················	214
図 89.	ヤマザクラの横断面における髄斑点（山林）················	228
図 90.	ヤマザクラの径断面における髄斑点（山林）················	228

第 7 章

図 91.	光学顕微鏡（オリンパスUCE型）	235
図 92.	複式メカニカルステージ················	236
図 93.	光源ランプ（オリンパスLSC型）················	237
図 94.	ホイゲンス接眼鏡（北原）········	237
図 95.	セミーアポクロマート対物鏡（オリンパス）················	238
図 96.	各種の顕微鏡用マイクロメーター（山林）················	240
図 97.	Stereoscopic microscope（オリンパス）················	241
図 98.	島倉式蒸和罐（山林）················	244
図 99.	Schanze 型 hand microtome（金沢）················	248
図 100.	sliding microtome（金沢）······	248
図 101.	顕微鏡写真撮影用カメラ············	254
図 102.	電界レンズ（加藤）················	258
図 103.	電子顕微鏡の構造対比図············	259
図 104.	横臥型電子顕微鏡の外観············	259
図 105.	縦型電子顕微鏡の外観·············	260
図 106.	電子顕微鏡の構造図（SM-C 2 型）	260
図 107.	二段式レプリカ法模式図（山林）···	261
図 108.	エチルメタクリレート板（山林）···	262
図 109.	樹脂板の型取（山林）···············	262
図 110.	金属蒸着装置（山林）···············	264
図 111.	真空金属蒸着装置の外観············	264
図 112.	真空装置（島津E—230型）········	265
図 113.	ニコルプリズムの偏光（北原）···	266
図 114.	偏光顕微鏡（日本光学 POH型）···	267
図 115.	2次膜における fibril の配向図（Bailey）················	268
図 116.	クーリッジ管················	270
図 117.	X線放射装置（北原）···············	271
図 118.	管球横型のX線発生装置の外観（理学電機）················	271
図 119.	X線写真撮影装置（北原）············	272
図 120.	スギのX線繊維図（北原）········	272
図 121.	空間格子の模式図················	272
図 122.	干渉波模式図················	273
図 123.	ラウエのX線干渉理論に関する模式図················	273
図 124.	マイクロフォトメーター外観······	274
図 125.	X線回折法による繊維図形（材料はナイロン）················	274
図 126.	繊維図による自記追跡図············	275
図 127.	半価幅図（北原）················	275

木材組織学

凡　　　　例

1. 本書は説明の内容を理解し易くするために，図版及び写真版の類を可及的多数挿入することに努めた．

2. 本書の内容は，できるだけ具体的に記述することに努め，実際例をなるべく多数付記した．例示の樹種には，原則として，わが国のものを使用したが，米国その他広く世界に産するものにも及んでいる．

3. 樹種名については特別な場合を除いて，なるべく和名だけを用いたが，それには本田正次：改訂日本植物名彙（1957）によった．また外国産のものにも普通名だけを使用したが，なお正確を期するため，これらの対照する学名を一括し，巻末に表示しておいた．なお，学名の内の樹種名についてはイタリック体（斜体）の活字を用いた．

4. 本書の記述をなるべく平易にするため，つとめて当用漢字及び新字体を使い，現代かなづかいを用いるよう努力したが，従来の術語または慣用語で変更し難いものは，止むを得ずそのまま使用した．しかし，特に読みにくい漢字には，上部に平かなづけをしておいた．

5. 植物に関係のある学術語は，努めて 1956 年発刊の文部省編 "学術用語集"（植物学編）によることにし，また木材の組織に関係する用語は，International Association of Wood Anatomists（国際木材解剖学会）で 1933 年に決議された用語によることとした（同学会の記事並びに同学会決定の語彙は巻末に掲載した）．

6. 脚註のうち．文献は(1)(2)(3)……を用いて通し番号とし，文献以外の註は*, **, ……を各ページ単位に用いた．なお，外国の雑誌名はイタリック体（斜体）の活字を用いた．

緒　　　言

1. 木材組織学の意義

われわれが，ある木材を化学的に処理しようとする場合，まず定性分析もしくは定量分析を行い，その結果，はじめてその材の組成している成分を充分に認識し，処理法を決定し得るのである．これと同様に，木材の構造を知るためには，まず，木材を解剖して観察することが肝要である．こうすることによって，木材を構成している各細胞の性質がよくわかり，それらすべての要素を知って，はじめて木材の構造組織の全貌がうかがわれることになる．

木材を構成している要素は，植物細胞であり，逆に諸種の植物細胞の集合体が，木材であるともいえる．従ってこれらを直接肉眼によって，充分に観察しようとすることは容易なことではない．それ故，従来は木材を最も合理的な方向から切断し，その部分の小切片を採り，光学顕微鏡を使用して観察して来たのである．ところが現今では，電子線によって電子顕微鏡的性質をも観察しなければ，解決のつき難い問題に，しばしば遭遇するようになって来ている．すなわち，微細構造の分野にも研究を及ぼす必要が生じているので，この点をも合せて考究し，木材がどのような構造組織をもっているかを観察し，論じるのが木材組織学 (Wood Histology) の本領である．

2. 木材組織学の必要性

木材を最も有効適切に使用するためには，木材のもつ諸性質を，あらゆる角度から調査検討し，木材そのものの性質を充分に知悉しなければならない．木材の性質に関する研究は，かなり古くから行われているにもかかわらず，金属類のようなものと比べて甚だしく劣っているように見える．その主な理由の一つは，木材の構造が金属類やガラスのように，均質体でないということに起因している．

木材は一般にその構造が複雑なため，樹種相互の相違はもちろん，一樹種の木材から採った木部も，その切り取られた部分の違いから，組織的な性質が著しく相違するものである．換言すれば，それらの部分を顕微鏡的に観察して見ると，各樹種について，それらの構造が相互間に，かなり大きな違いのあることが認められるのである．従って各種の木材は，それぞれ固有の構造組織をもち，その材の有効適切な工芸的な利用の上に，極めて緊密な関連性をもつことになる．

例えば，合板製造の場合の接着剤と被着面との関係，木材の膨張と収縮とに原因した，歪や反張等の形態の変化，木材の乾燥による水分の拡散，熱及び電気等の伝導度，強度に関する問題，防腐剤または防火剤の注入，浸透の問題に至るまで，これらは木材の組織学的な性質と，極めて密接な関係のあることが，痛感させられるのである．

要するに木材組織学は，木材相互の識別に関係するばかりでなく，理化学的な性質とも切り離せない関係にあるから，木材を最も合理的に利用するためにも，解剖学的な性質を充分に知っておき，他の諸性質と関連させて，考究することが肝要である．従って木材組織学は，木材理学と不可分の学問で，木材の基礎的性質を考究する木材工芸学（Wood Technology）の一部門になっている．

3. 木材組織学の位置

木材の解剖学的な性質を論じる場合，その基礎は植物解剖学にあることはいうまでもない．そこで植物解剖学の基礎の築かれた歴史を見ると，遠く17世紀に遡らなければならない．すなわち，実にM. Malpighi氏（1628～1694）以来のことである．

元来植物形態学は，内外の2部に分けられて研究されてきたのであるが，これらの内の内部構造に関係する内部形態学が，植物解剖学となり，またこの植物解剖学はさらに2分されて，(1) 細胞の内容，例えば，原形質，核，細胞発生等の研究に関する場合は Cytology（細胞学），(2) 細胞の種類，形態，配列等に関する場合は Histology（組織学）になっている．この Histology は植物学ではさらに i 系統解剖学（Phylogenetic Anatomy），ii 生理解剖学（Physiological Anatomy），iii 分類解剖学（Systematic Anatomy），iv 病理解剖学（Pathological Anatomy）等に分けられている．

以上のように，木材組織学の胚胎は元来植物学者の手によって，純正の植物組織学から出発したものであるが，その後上述のように，木材組織学は木材の研究上理化学的な性質と，極めて密接な関係をもつところから，現今林学科の所属する多くの大学では，林学の諸学科目中とくに，木材工芸学に関連する基礎科目の一つとして，取扱われているのが一般である．

木材の組織に関する，一般的にして，しかも重要な参考文献としては，次のようなものが挙げられる．

　　早田文蔵：植物分類学，第1巻裸子植物篇 (1933).
　　猪野俊平：植物組織学 (1955).
　　金平亮三：大日本産重要木材の解剖学的識別 (1926).
　　小倉　謙：植物形態学 (1949).
　　関谷文彦：木材の解剖的性質 (1949).
　　Bailey, I. W.: Contribution to Plant Anatomy (1954).
　　Brown, H. P., A. J. Panshin., C. C. Forsaith: Textbook of Wood Technology (1949).
　　Esau, K.: Plant Anatomy (1953).
　　Jane, F. W.: The Structure of Wood (1956).
　　Jeffrey, E. C.: The Anatomy of Woody Plants (1922).
　　Solereder, H.: Systematische Anatomie der Dicotyledonen (1908).

第 1 章
林木に関する概説

I 植物学上の林木

A. 木材を生産する植物

1. 林木の性格

植物はこれを大きく分けて，木本植物（woody plants）と非木本植物（non woody plants）とに分類することができる．この基準は

(1) 木本植物はすべて管状組織（vascular tissue），通導組織（conductive tissue）をもっていること．管状組織は木部（xylem）と篩部（phloem）の部分から成り立ち，一般に木部は木質化している．従ってこの組織を持っていない植物は木部を生じることがない．

(2) 木本植物は一種の多年生植物（perennial plant）で永年間の生活が可能であること．

(3) 木本植物は植物体を保持するため強固な樹幹（bole, trunk）を有すること．

(4) 木本植物は第2次の肥大生長（growth in thickness, secondary thickening）をすること．すなわち，直径生長によって樹幹を徐々に肥大する．このことは，専ら形成層（cambium）の細胞分裂によってなされる．

2. 木本植物の種類

木本植物は喬木（trees），灌木（shrubs），木本蔓類（woody lianas）の三つの型に分けられる．分類の基準は明確なものではないが，概念的には，単一の樹幹をもち，樹高6m以上のものを喬木といい，6m以下で地際から多数の幹を叢生するものを灌木といい，樹幹が他物に纒いついたり，附着根を出したりして上昇するものを木本蔓類と呼んでいる．

しかしこれらの中にも中間型のものがあって，その所属の判然しない場合もある．例えば熱帯産のイチヂク属のある種類では，若い時には木本蔓類であるのに，ある年月を経過すると普通の樹木のようなものになってしまう．また高山の灌木帯に生育するハイマツも，高所では地上を匍伏して一見灌木状を呈するが，標高が下るに従ってその背丈を増し，亜喬木状になる等である．

B. 植 物 の 分 類

　植物界を分類するにあたって，分類学者によりその見解を異にし，いろいろ分け方があるが，現在多くの学者によって支持されているのは Engler 氏の方式である．

　本書の性格上，あえて分類学者の見解に従わず，便宜上次のように分けて論述することとする．

　1　隠花植物（Cryptogamae）
　2　顕花植物（Phanerogamae）
　　(1)　裸子植物（Gymnospermae）
　　(2)　被子植物（Angiospermae）
　　　i　双子葉植物（Dicotyledones）
　　　ii　単子葉植物（Monocotyledones）

　隠花植物は葉状植物（Thallophyta），蔵卵器植物（Archegoniata）に属する植物である．

　顕花植物は俗にいう高等植物で種子植物（Spermatophyta）といわれる．この種属のものは，心皮（carpel）が閉合して子房（ovary）を造成するか，どうかによって二つに分けられる．すなわち，胚珠（大胞子嚢，ovule）が裸出しているものを裸子植物，閉じた子房の中に入っているものを被子植物という．

　裸子植物の発生は非常に古く，古世代に現われ，中世代に大いに繁栄した植物で，多くの種類が乾生態の葉をもつため，針葉樹（coniferous trees）とも呼ばれ，北半球の北部に大群落をなしている．

　また被子植物は，中世代に裸子植物を祖先として，現れたものと考えられ，前者より広範囲，かつ多数の種類を含む大部門で，さらに子葉が2枚あるものを双子葉植物，1枚出るものを単子葉植物に分ける．この双子葉植物の中の，木本茎をもつものを広葉樹（broad-leaved trees）と呼んでいる．〔本書では専ら林業上重要な裸子植物（針葉樹）及び被子植物の双子葉植物（広葉樹）を対照にして記述し，単子葉植物にまでは言及しない．〕

C. わが国における有用樹木

　わが国はアジアの極東部に位置し，その面積の狭小なわりに，生育している樹種は極めて豊富である．従って有用樹種もまた少くない．工藤氏[1]のかつての調査によると，主な有用樹種に古来植栽されて来たものを加えると，実に 47 科，100属，250種の多数に及んでいる．

　今これらの有用樹木の中から極めて普通の科名，及び属名をここに列挙すると次のようである．ただし表中太文字の科名及び属名は，わが国において林業上比較的重要と，思われる

（1）　工藤祐舜：日本有用樹木分類学 (1941).

I 植物学上の林木

樹種の含まれていることを示す．

裸子植物

イチョウ科
　イチョウ属
イチイ科
　イチイ属
　カヤ属
マキ科
　マキ属
イヌガヤ科
　イヌガヤ属

マツ科
　モミ属
　トガサワラ属
　ツガ属
　トウヒ属
　カラマツ属
　マツ属
スギ科
　コウヤマキ属

コウヨウザン属
　スギ属
ヒノキ科
　アスナロ属
　ネズコ属
　ヒノキ属
ビャクシン科
　ビャクシン属

被子植物

ヤナギ科
　ヤマナラシ属
　ヤナギ属
ヤマモモ科
　ヤマモモ属
クルミ科
　ノブノキ属
　クルミ属
　サワグルミ属
カバノキ科
　クマシデ属
　アサダ属
　カンバ属
　ハンノキ属
ブナ科
　ブナ属
　クリ属
　シイノキ属
　アカガシ属
　クヌギ属
ニレ科
　ニレ属
　エノキ属
　ケヤキ属
　ムクノキ属
クワ科
　クワ属
ヤマグルマ科
　ヤマグルマ属

フサザクラ科
　フサザクラ属
カツラ科
　カツラ属
モクレン科
　モクレン属
　オガタマノキ属
クス科
　クスノキ属
　タブノキ属
　カゴノキ属
　シロダモ属
マンサク科
　イスノキ属
ナシ科
　ナナカマド属
　アズキナシ属
　カマツカ属
　サンザシ属
サクラ科
　サクラ属
マメ科
　ネムノキ属
　サイカチ属
　クララ属
　フジキ属
　イヌエンジュ属
ミカン科
　キハダ属

ニガキ科
　ニガキ属
センダン科
　チャンチン属
　センダン属
トウダイグサ科
　ユズリハ属
　アカメガシワ属
　アブラギリ属
ツゲ科
　ツゲ属
ウルシ科
　ウルシ属
モチノキ科
　ソヨゴ属
カエデ科
　カエデ属
トチノキ科
　トチノキ属
ムクロジ科
　ムクロジ属
クロウメモドキ科
　ケンポナシ属
シナノキ科
　シナノキ属
アオギリ科
　アオギリ属
ツバキ科
　ツバキ属

ナツツバキ属	**ミズキ科**	ハシドイ属
モッコク属	**ミズキ属**	モクセイ属
ヒサカキ属	**カキノキ科**	ムラサキ科
サカキ属	**カキノキ属**	チシャノキ属
イイギリ科	エゴノキ科	**ゴマノハグサ科**
イイギリ属	エゴノキ属	**キリ属**
ウコギ科	**モクセイ科**	ノウゼンカズラ科
ハリギリ属	**シオジ属**	キササゲ属

II 林木の生長

A. 林木の生長の概説

樹木の幹の成熟した部分を，木材として利用する．この幹の部分の成熟する過程は，種子が発芽して稚苗となり，伸長生長(growth in elongation)と肥大生長(growth in thickness)とを続けて，樹幹にまで発育し成熟するのである．

林木は幹と樹冠系(crown system)部とから地上部を構成し，同時にこの樹冠(crown)に匹敵するような，広さに拡がった根系(root system)部が地下に分岐している．

樹冠系及び根系の拡大は，成長の初期において，比較的急速な生長をするのであるが，完熟に近くなると，その速度はしだいに低下する．しかし樹冠系及び根系のある部分の伸長生長は，その林木の生存する限り，決して停止することはない．

伸長生長というのは，頂端部の生長点(growing point)で細胞分裂が行われ，頂端部に新細胞が追加されて行くことを指している．それ故樹種固有の特色ある樹形が形成される．幹，枝及び根のいかんを問わず，すべて伸長に関係する頂端部の生長点における生長は，これを1次生長(primary growth)と呼ばれ，またこのように頂端部の生長点から生じた組織は，これを1次組織または初生組織(primary tissue)という．

肥大生長は樹皮部と木部との間に介在する形成層*(cambium, growing layer)の細胞分裂によって行われる．その細胞分裂によって生じる新細胞のうち，内方へのものは古い木部細胞に追加し，また外方へのものは古い篩部細胞に追加して行くから，しだいに水平方向の細胞層は増して行く．このような幹における肥大生長は，これを頂端における伸長生長と区別するため，2次生長(secondary growth, secondary thickening)と呼び，また2次生長を通して横に拡大する組織は，2次組織または後生組織(secondary tissue)という．

このような組織が年々樹体に追加されて行くのであるが，とくに樹幹における通導組織と強化組織とのもつ作用によって，樹体の発育をますます旺盛ならしめるために，生長期を通して新組織の追加が活発に行われるようになる．しかしそれらの組織の追加によって，根本

---

* 本書 p.24, 図8のG参照.

的にその樹体の構造が変えられたり，またこれまでの細胞の固有の型が失われたりするようなことはない．

B. 稚　樹

1. 稚樹の組織

どのような大木の幹でも，最初は頂端部の第1次の伸長生長が，年々繰り返えされて新細胞が造成され，同時にまた第2次の肥大生長が樹体の全面にわたって，間断なく継続され新細胞が生じ，集積されたものである．後生生長が開始されると，その林木の生活期間は，週期的な生長を年々繰り返えし続けられる．それ故樹幹の形成される状態を理解するためには，まず，前もって稚樹（young tree）の組織について，充分に知って置くことが必要である．

図1は1年生の枝を縦断し，異った高さの所を A, B, C, D の4ヵ所に分けて描いた模式図である．

Aの分節は枝の頂端部を示し，細胞増殖のさかんに行われている部分で，前分裂組織（promeristem）といわれる細胞分裂開始の部分である．この部分の生長は，細胞そのものの体積増加によってよりも，むしろ細胞の数における増加によって行われる．しかし図1のAにおける両側の基部の所には，表皮の一部の形成がすでに見受けられる．この前分裂組織の最外側の層はこれを原表皮（dermatogen）といい，組織が分化し区別されている．

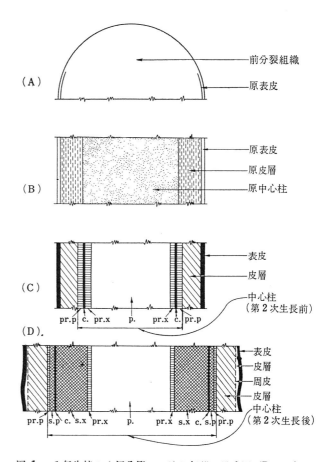

図 1.　1年生枝の4個分節における組織の模式図（Brown）
　p………中心柱　　　　pr.p…1次篩部
　c………形成層　　　　p.x……2次木部
　pr.x…1次木部　　　　s.p……2次篩部

Bの分節は，頂端部からずっと下の方の部分で，前分裂組織から生じた細胞はさらに分化しているのが認められる．前記のAの分節の基部に最初現われた原表皮は，外側の層としてなお続いて存在する．しばらくすると細胞の大きさに変化が生じ，形状，内容，配列等が定められるようになり，原中心柱 (plerome) と原表皮との間に原皮層 (periblem) が分化して出来る．このB分節で示された原始組織の dermatogen, periblem, plerome の三つの層は，なんら生理的または形態的の意味をもたないが，しかし次に現われる成熟した組織の始原を示すために役立っている．

　C分節において1次の生長から生れた1次組織は，充分に成熟してしまっている．原表皮細胞層の分化から表皮 (epidermis) が生じる．この epidermis によって外側がすっかり覆われてしまう．実際に原中心柱の組織の部分は円柱状を呈している．これは中心柱 (stele) として知られている部分で，一種の柱状の組織体である．この中心柱と表皮との間の組織は，B分節の原皮層から誘導された皮層 (cortex) である．幼い樹幹の表皮は幹全体に対して，たえず形成されて行くが，その厚さは1細胞層を越えることがなく，またこれらには葉緑体 (chloroplast) が存在しない．この表皮の主な作用は，組織の中に存在する水分の消失を防ぐための被覆層となり，一般に最外層の細胞は，クチン (cutin) 化して水分の蒸散防止に役立っている．

　C分節で顕著な存在である中心柱の中の (p) は，髄心といわれる部分で，稚い時代には比較的その径が大きい．1次の管状組織の狭い部分は，この髄心の側面に隣接して存在する．

　つまり髄心は円柱状で，管状組織によって完全に鞘のように，取り巻かれた形になっているわけである．ここに描かれている中心柱における管状組織の円筒部は，1次木部 (primary xylem) 及び1次篩部 (primary phloem) から成り立っている．primary xylem は髄心の周りに細胞の増殖を継続して木部の層を形成する．また primary phloem は primary xylem の外側に位置し，木部におけると同じように，細胞増殖を継続して篩部の層を造成して行く．

　1次管状組織及び2次管状組織の両方は，通導と樹体維持の両作用を行い，また樹種によっては貯蔵作用をも行うことがある．木部は水分及び根から吸収した養分を，上方へ向って通導し，なおしだいに木質化して剛性を増して行く．

　篩部は葉において合成された炭水化物を，枝や幹を通して下の方へ運搬する．髄心は管状組織とは全然違った柔組織から出来ていて，枝の髄心はとくに多量の養分を貯蔵していることもあるが，成熟した樹幹の髄心はすべて死細胞からなり，樹木の生活作用には直接関与しない．

　中心柱と表皮との間の皮層は，数層からなる細胞層で，その厚さに種々の変化が認められる．そして皮層を構成している細胞は，形態的に変化があっても，主として柔細胞から出来

ている．皮層の細胞にはしばしば各細胞の隅々の角のところで，肥厚した厚角細胞（collenchymatous cell, collenchyma）になっていて，機械的組織として強固作用に役立っているものがある．この他，皮層の細胞中には繊維細胞（fibrous cell），石細胞（stone cell），油細胞（oil cell），あるいは貯蔵細胞（reserve cell）等といわれるものも存在する．

多くの枝では，表皮の直下にある皮層細胞（cortical cell）は強く木質化し，厚膜細胞（sclerenchymatous cell, sclerenchyma）となっていることが多い．

このような場合の厚膜細胞は，樹体の保護層として下皮（hypodermis）を形成する．この2次生長以後の状態は，D分節で認められる．

樹幹の直径は，primary xylem と primary phloem との間に介在する，2次木部（secondary xylem）と2次篩部（secondary phloem）との新細胞の造成によって，著しく増加する．

これら2次肥大生長（secondary growth in thickness）の組織は全く形成層の活発な分裂作用によるもので，樹幹の中心にある円柱状の髄心及び1次木部は，そのままの状態で変化しないが，1次木部を囲む secondary xylem の広い帯状の組織は，形成層によって内方に向って形成されるから，形成層はしだいに外方へ移動して行く．なおまた，形成層は木部の場合と同じように，篩部へも分裂作用が続けられて，1次篩部の直下に secondary phloem が作られ，この部分はしだいに篩部の新細胞のために外方へ押し出されて行く．

皮層はそのままの状態を維持するが，表皮は外気にさらされている上に，内方からの細胞増殖に伴う圧力によって外方へ押し出され，ついには，表皮の所々に亀裂部が出来るようになる．しかしこの亀裂部は周皮（periderm）の保護層で填充し閉塞されてしまう．

2. 稚樹の生長

頂端部に生長点が存在するため，樹軸の種々な組織が継続して形成されて行く．それ故生長点から下の方へ 3～5 cm おきに切断した横断面は，相互に連絡をもっているので組織の発達の状態が観察される．

前述のように特別な組織をもつ高等植物では，新細胞の形成及び細胞の拡大は，枝または根の先端部及び樹皮下の形成層だけに限られている．これらの部分の組織はまだ分化するには至らず，また細胞分裂の繰り返しの可能な薄膜細胞から構成されている．このような薄膜細胞組織は，細胞分裂の行われない永久組織（permanent tissue）に対して，分裂組織（meristematic tissue, generation tissue）と呼ばれる．

林木の頂端部における分裂組織は，これを頂端分裂組織（apical meristem）といい，これに対して，樹皮の下にある成長層または形成層といわれる部位は，これを側分裂組織（lateral meristem）という．一般に頂端の分裂細胞には，二つの種類がある．単一の細胞層からなる場合と，2個細胞層またはそれ以上の細胞層から構成される場合とである．前者は

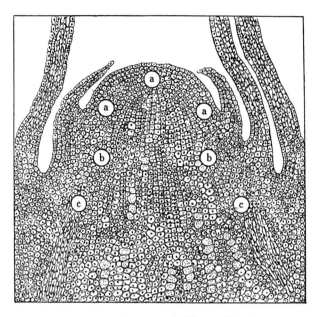

図 2. 生長点における細胞組織の縦断面
(W. M. Harlow)
a-a-a……前分裂組織
b-b………髄　心
c-c………前形成層

シダ類やトクサ類等に見られ，後者は単子葉類及び双子葉類等に見られる．

　生長点の前分裂組織は，図2のa-a-aで始原細胞の存在している部分である．この背後にはb-bの髄心がある．1次維管束（primary vascular bundle）の発達途上にある始原時代の組織は，生長点の遙か背後のc-cの所でこれを認めることができる．

　このc-cの組織帯はこれを前形成層（procambium）と呼ぶ．前形成層の細胞は垂直方向に長くなり始め，成熟すると髄心をとり巻く1次維管束組織（primary vascular tissue）の円筒を形成する．

　図3は，1年生樹幹の頂端部生長点及びその背後に存在する組織の，発達途上の状態を示す模式図である．

　前分裂組織の細胞がしだいに古くなると，遙か背後に残されるようになり，同時に大きさ，形状及び膜厚等に変化が生じる．しかし成熟した組織の上に分裂組織が重積され，なおこの分裂組織から永久組織へとしだいに移行して行く．

　ここに示した横断面の連続模式図は，この関係を表わしている．すなわち，連続する横断面において前の断面のある組織と，次の断面の成熟した組織との関連がそれである．

　図3の断面a-aは前分裂組織，断面b-bにおけるdは原表皮，pcは前形成層，pは髄心（pith）で，発達の早期における状態である．原表皮は最外層で，この層から前述のように，ついには表皮にまで発達する．

　前形成層及び髄心は原中心柱から分化する．前形成層は維管束組織発達の当初に現われ，その構成細胞は数カ所に集まって環状に孤立し，縦型のいわゆる撚糸状（strand）を呈する．そしてこれらは最初甚だしく繊弱であるが，隣接の前分裂組織からの分化により，細胞がしだいに追加されるようになると，急速に大きさを増加して行く．

　c-cの断面では，前形成層細胞がcylinderをつくるまで，側面からの拡張が続けられ，

II 林木の成長

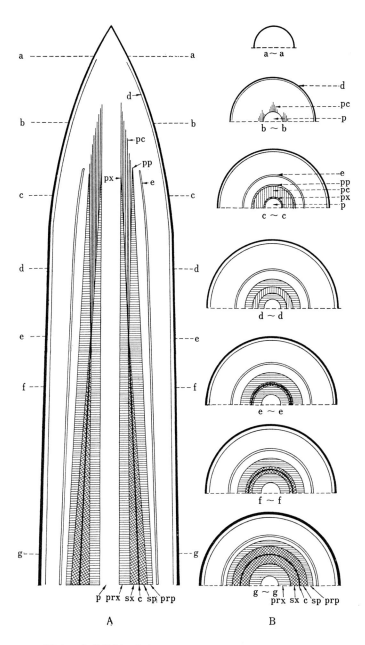

図 3. 稚樹幹部の生長模式図 (Eames and MacDaniels)

p………髄心 (pith)
prx ……初生木部 (primary xylem)
sx ………後生木部 (secondary xylem)
c………形成層 (cambium)
sp ………後生篩部 (secondary phloem)
prp ……初生篩部 (primary phloem)

d………原表皮 (dermatogen)
e………内皮 (endodermis)
pc ……前形成層 (procambium)
pp ……原生篩部 (protophloem)
px ……原生木部 (protoxylem)

ついに相互の前形成層細胞は切線方向に連合する．

d-d の断面では，前形成層によってさらに発達し，その大部分が1次篩部及び1次木部に移行したため量的には減少している．また primary phloem の生長は求心的（centripetal）であるのに，primary xylem の方は遠心的（centrifugal）である．そしてこのように primary xylem の発達が中心から離れて行く場合を内原型（endarch）といい，普通幹に見られるが，これに対して根の primary xylem の発達は逆に中心の方に向っている．この場合には外原型（exarch）であるといわれている．

またあるシダ類では，その配列が中原型（mesarch）になっていることがある．この中原型は中心にある原生木部（protoxylem）が後生木部（metaxylem）によって取り巻かれた場合をいう．

d-d 及び e-e の両横断面間の樹軸のいずれの部分においても，これらの組織の間に，後で形成層となるはずの薄い層を除いた前形成層の残りの部分は，完全に1次木部と1次篩部とに変形してしまっている．この1次木部及び1次篩部の成熟は，維管束組織の1次生長の完成を意味している．

e-e の断面では形成層が見えるばかりでなく，1次篩部（prp）と1次木部（prx）との間に挟まれた2次維管束組織が発達しかけている．横断面上で1次木部の環の直ぐ外側に，2次木部（sx）が環状に認められる．しばらくして形成層は外方へ移動し，同時に2次木部を内方に造成する．同様にして形成層が外方へ移動する際，2次篩部は形成層の外方に，1次篩部（prp）の内側に造成される．

f-f の横断面では2次組織が，ある程度増加した場合を示している．内方へ2次木部，外方へ2次篩部をつくりつつ，形成層は遙か外方へ移動した状態になっている．そして1次篩部（prp）は，2次組織からの圧迫を受けて，しだいに狭小になっているのが見受けられる．

f-f の状態がさらに進むと，g-g の状態になってくる．この段階では2次木部も，また2次篩部もかなり広い環をつくり，いわゆる2次生長を実現する．

断面 f-f 及び e-e のそれぞれにおいて，1次木部は等しい空間を占有しているのに，1次篩部の環はますます狭小になる．

g-g に描かれた状態は，林木の生長がすでに完成したことを示しており，1次組織は頂端部の前分裂組織による生長を通して，順序正しく最初に形成され，真の形成層を通して2次生長が確立する．このようにして休眠期を除き，2次木部及び2次篩部の新細胞層を造成しながら，真の形成層は年々新細胞の増産作用を続ける．

3. 稚樹から成熟した樹幹の発達

林木には発展上の釣合について二つの型が認められる．その一つはマツ類やトウヒ類等の

II 林木の成長

針葉樹に見られるような伸長性（excurrent）で，偶発的な場合を除き，このような林木は他の樹種と比較して一般にその発育が旺盛で，しかも優良な伸長生長をするものである．このようなことは針葉樹の一般的な特徴になっている．これに対して他の一つは多くの広葉樹に見られる樹幹の分岐する型で，いわゆる分岐性（deliquescent）といわれるものである．

樹幹が分岐するのは，恐らく稚樹の時代に，すでに地上に近い部分から，分岐の傾向がかなり強いわけである．ところが一般に分岐性の傾向のある林木でも，すべての枝が同じ程度に伸長することはむしろ少く，樹冠の中心附近の枝葉は他の部分よりも，多分に養分をとり入れて正常に生長しているのが普通である．また低い枝や樹冠周辺の枝は，その林木の若い間の伸長生長に当り，その高さを急速に増加し，それに伴い陽光を充分に受ける可能性が多い．

このように林木は環境に順応して，樹冠の形状や密度を調整するものと考えられる．多くの小枝は大径となるまでに殆んど脱落し，林木の若い時代から最も良好な幹だけが正常に発育して伸びる．そこでそれらのうちの一つだけが，ついに大きな幹になるという可能性が多いわけである．

図4は一つの伸長型針葉樹の林木について，2次肥大生長による生長増加の関係を模式的

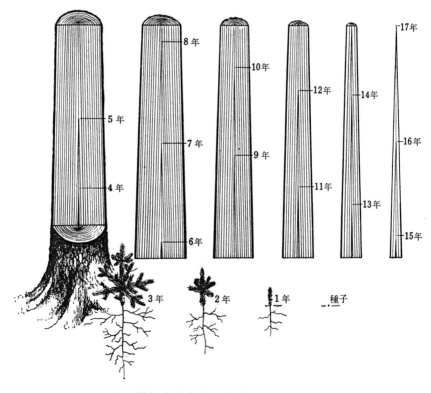

図 4. 17年生針葉樹の模式図 (Brown)

に描いたものである．

　幹の木部の増加は，髄を中心にしてその周りに見られ，木口面では同心円状に，縦断面では半径的に見て全く対称性である．それらの形は円錐形または放物線形で幾重にも重ねられ，はめ込まれたような形に見える．

　図4の林木は17年生である．その幹の切株上の年輪数は14ヵ年輪数で17ヵ年輪数ではない．これは切株の高さになるまでにすでに4ヵ年を経過しているからである．同様にしてある高さにおける横断面の年輪数が，その段階に達するまでの生長の経過を直ちに示すわけではない．

C.　幹の成熟と樹皮

　成熟した幹を見ると木部は樹皮で覆われている．稚樹または枝はある期間，表皮によって乾燥及び機械的の障害から保護されていて，この外表面は水分の過剰な蒸散を防ぐために，多少クチン化している．そして所々に気孔と同じ役目をする開口部が存在し，組織の奥深い部分にまで，空気が流入されるようになっている．

　しかしながら，多数の木本類の枝の部分にあっては，2次肥大生長によって太くなって行き，内方からの圧迫のために，表皮面の所々に亀裂を生じ，たいていの場合急速に外面から脱落するようになる．もしも枝の外表面に絶縁された破壊され易い細胞層のない場合には，間もなく乾燥のために枯死してしまうであろう．しかし実際にはつごうよく出来ていて，枯死するようなことはない．

　表皮が破壊する前に，新しい保護層である1次周皮（primany periderm）がその下にすでに形成されていて，亀裂の生じた後に，幹を乾燥から保護するのに役立っている．またこの外表面には多くの場合，気孔（stomata）の代りに，空気の流入口である皮目（lenticel）が存在する．

　構造上周皮は次の3層から構成されている．すなわち，
1. コルク形成層（phellogen, corkcambium）
2. コルク組織（phellem）—これは外方に向ってコルク細胞層から構成されている組織．
3. コルク皮層（phelloderm）—これは内方に向って形成される1ないしそれ以上の薄膜のコルク細胞層から構成されている組織．

換言すればコルク形成層はperidermの中央部に存在し，他の2層はこのコルク形成層の細胞分裂によって生じるわけである．周皮は完全にコルク化しているから，水分やガス分の通過を阻止し，あるいは少くとも湿気の入ることを抑止することができ，水分の絶縁性が大きい．これは全くコルク組織層（phellem layer）の存在するためである．

　枝の1次周皮はおおむね円筒状を呈し，その横断面上では表皮面の下で環状をなしている．林木における各種の組織が完成すると，最初に生じたコルク形成層は，その生長期にお

いて活発に分裂をなし，休止期になると分裂作用を停止する．ちょうど真の形成層の作用と同様に，外方へはコルク細胞層を，内方へはコルク皮層を生じる増殖作用を長い年月の間繰り返す．

外側における組織，例えば表皮や皮層細胞 (cortical cell) は林木の生理的作用から切り離されて枯死し，ついに脱落してしまう．その後樹幹は数年間 primary periderm によって覆われ，そして比較的平滑のままで残存する．

樹皮が粗糙になるのはかなり深い部分まで，栓皮が形成されたことを示すものである．

primary periderm が作用を続けている間に，真の形成層からは，2次肥大生長に対して正常な方法で，新細胞の増殖が進められている．毎年新しく生産される木部及び篩部の新細胞によって，樹幹の周囲層の厚さをしだいに増して行く．

成熟した林木の樹皮は，木部の体積が増加するようには決して厚くはならない．このことについて次のような三つの理由が考えられる．

(1) ある年に形成される木部の細胞層は，一般に篩部におけるもののおよそ 6〜8 倍の厚さに増殖されるから，樹幹の木部の肥大は篩部の肥厚と比例的ではない．

(2) 篩部において多数の篩管の存在する場合には，常に伴細胞 (companion cell)，篩部柔細胞 (phloem parenchyma)，靱皮繊維 (bastfiber) 等の細胞を伴って存在する．これらのうち，靱皮繊維は木質化した細胞膜をもっているから，他方から容易に押しつぶされることがない．また篩部柔細胞も稀に木質化することがあるが，篩管及び伴細胞の膜壁は決して木質化することがない．それ故篩管は通常約1ヵ年位篩管としての形態を維持しているが，間もなく他細胞からの圧力を受けて，そこに靱皮繊維が存在しない限り，押しつぶされてしまうのが普通である．またこのような場合には，同時に古い篩部組織は半径方向に圧縮され，もはや以前と同じような空間を占有することがなくなる．

(3) 古い篩部の組織が集積され，それが木部の生長に対して，妨害になる程度になってくると，自然に外部からの脱落が始まる．この脱落は2次周皮 (secondary periderm) が形成されると，横断面または径断面上において，短い弧状かまたは半月形に取り去られて行くのが観察される．まず最初 primary periderm から始まり，次に最後に形成された secondary periderm の順序で取り去られて行く．

要するに成熟した林木の樹皮は，二つの大きな層から成立し，その一つは外側の外樹皮といわれる periderm の層からなり，すでに枯死した皮層組織 (cortical tissue) で，おおむね暗黒色を呈し，横断面でも径断面においても，また明らかに認められる部分である．他の一つは内側の内樹皮に相当する部分で，篩管などは，もはやその作用を消失してしまうが，篩部柔細胞の如きは依然として生活力をもっていて，おおむね淡色を呈する部分である．

III 林木の形成層

A. 形成層の概説

すでに 18 世紀の初めにフランスの Du Hamel (1700～1781) 氏は，植物体の肥大成長を研究し，粘液質の形成に関係のある細胞層の存在することに気づき，これに cambium（形成層）の名を初めて与えた．

その後 Carl Wilhelm von Nägeli (1817～1891) 氏は植物組織を分裂組織 (generative tissue) と永久組織 (permanent tissue) とに分類し，Hamel 氏の与えた cambium の意味を一層明らかにし，また植物の維管束 (vascular bundle) が木部または導管部 (tracheal portion) と呼ばれる水分の通導に関係する部分と，篩部または篩管部 (sieve portion) といわれる有機物の運搬に関係する部分とに区別される複合組織 (compound tissue) とから構成されていることを確認した．そしてこの木部と篩部との間には，形成分裂組織である形成層が存在し，器官の内方に向って木部要素を，また外方に向って篩部要素をそれぞれ新生し，増加するものであることを明確にしたのである．

いま，これをさらに具体的に説明すると，植物体の形成層は図 8 の G で示すように，その横断面上における木部と篩部とが接している部分，つまり両者を境しているように切線状に配列する 1 個の細胞列の部分である．そしてこの形成層に平行して存在する数層の比較的軟かい細胞列を形成層帯 (cambial zone) と呼んでいる．

形成層から新生された細胞組織は，われわれの住む温帯では冬期が来ると，その活動的な作用は一時休止の状態になるが，冬が過ぎて春期になると，直ちに活発な作用をし始めるようになる．この事実によって形成層帯から篩部への移行は，比較的漸進的であるのに対し，この形成層帯から木部への移行は甚だしく急進的である．

真の形成層を構成している 1 個細胞列の個々の細胞は，いわゆる形成層母細胞 (cambial initial) で，附近の他の細胞層の細胞と非常によく似ていて，一見して他層のものと明確な区別がつかないほどである．しかしこの形成層の始原細胞 (initial)* は活動的条件が好適にしかも充分に備わる場合には，細胞分裂の作用力をもつことになるから，形成層帯における他の細胞とは本質的に全く違っているはずである．

休止期間中の形成層帯の組織は，静止の状態が続き，この期間の初期にあっては，構成細胞の膜壁は多少厚くなり，原形質体 (protoplast) の一部が水様性になるが大部分はゲル (gel) の状態に変るのである[2]．そのため各細胞の滲透圧 (osmotic pressure) が高まり，形成層

---

(2) Priestley, J. H.: Studies in the Physiology of Cambial Activity, III The Seasonal Activity of the Cambium, *New Phytol*, Vol. 29, p. 322 (1930).

* initial は始原細胞或は原始細胞ともいわれ，形成層帯または他の細胞分裂組織を造成すべき単一の細胞である．

の冷害に対する抵抗性が増加するようになる．そして春期になり生長に目覚めるようになると，形成層帯の組織が実質的に膨脹し始め，しだいに多汁になってくる．さらにしばらく経つと細胞内の性質が変り，原形質的な内容が以前は gel 化されていたのが，この時期になると半流動性のゾル（sol）の状態に変る．この段階になると一層可塑性（plasticity）を増すようになるのである．

以上のように，形成層帯の組織の変化の状態が一応終了すると，直ちに真の形成層における単一核の細胞分裂が活発に繰り返され，間接核分裂（indirect nuclear division）または有糸核分裂（mitosis）として知られている型で行われるようになる．核（nucleus, Kern）は型通り規則的な順序で生じ，新しい膜壁が娘核（daughter nucleus, Tochterkern）の間に形成されて，この新生膜は切線上に，顕著に認められるようになる．このような分裂によって形成層細胞の各々は，2個の娘細胞となり，これらの内の1個が形成層細胞の母細胞（mother cell）として残り，さらに分裂作用を続けるのに役立つのである．そしてこの形成層を中心にして，新生細胞が外方に分裂されると，その部分は篩部の一部となり，また内方に向って分裂されると，木部の一部となる．

このようにして細胞分裂は，引続き前と同様にその作用が繰り返される．そして半径方向に繰り返される細胞分裂によって，生産された新生縦型木部細胞は，放射方向に配列されるようになる．ここに生産される細胞の放射方向の配列は，針葉樹材においては極めて普通の現象であるが，広葉樹材においては必ずしも普通の現象とはいえない．例えばクヌギまたはニセアカシアなどの環孔材＊は，それについてその経過した跡が，針葉樹材における場合のように，認められることが少い．何となれば広葉樹材の構成組織は，針葉樹材におけるよりも遙かに複雑で，導管＊＊のような木部に存在する細胞は，それらが形成層から分離して生産され，かつ増大して行く際に，導管に近くの組織は扭れ，歪が生じ易いからである．

B．形成層における母細胞の種類とその配列

形成層を切線縦断面上で観察すると，2種類の母細胞の存在するのが認められる．すなわち，その一つは立木の時には樹軸に平行な縦型の細胞で，紡錘状母細胞（fusiform initials）あるいは紡錘状形成層母細胞（fusiform cambial cells）と呼ばれるものであって，樹軸の方向に長い縦型の細胞である．他の一つは小型の細胞で，切線面では，縦方向に横断された放射組織を見るとわかるように，放射組織を構成する集団細胞であって，これを放射組織母細胞（ray initials, ray mother cells）という．

大多数の林木では以上のように，紡錘状母細胞及びその形成層帯の細胞と，放射組織母細胞及びその形成層帯の集団組織とが，径断面上で直角に食い違って存在するのを認める．紡錘状母細胞が垂直方向，すなわち，樹軸の方向に違った高さで，切線方向に配列する場合が

＊ 本書第4章 pp.122～123 参照．　　＊＊ 本書第4章 p.115 参照．

ある．そしてまた形成層内の放射組織においても，同じようなことが生じ，このように高さの不揃いの状態は，これを非層階状形成層（unstoried cambium）といい，またこれに対して高さの揃う場合には層階状形成層（storied cambium）といっている．

C. 針葉樹材並びに広葉樹材における形成層母細胞の形状とその大きさ

図5を見ると広葉樹材の層階状形成層における縦型木部細胞の3断面の形状と，これらの母細胞から生れた木部の若い細胞とが同時に理解される．

ここに描かれている紡錘状形成層母細胞の内のaは，両端の尖鋭な枕状をした厚さの比較的薄い形のもので，長い8面体（elongated octahedron）である．これを触断面上で見ると紡錘状を呈するので紡錘状母細胞と呼ばれる．またこのものを径断面上で見ると，顕微鏡下では狭小な縦に長い矩形に見え，傾斜をもつ両端はこの面では，傾斜して認めることができない．

これらの細胞の中央部を横断すると，矩形の断面a′が得られる．この8面体の先端部の傾斜面が，たとえ矩形にしだいに近づくとしても，角の所は多少丸身を維持しているものである．図5で紡錘状母細胞が図示されているような，普通の形状に接近するのは，層階状形成層に限られている．

広葉樹材と針葉樹材とを問わず，典型的な形状は，まず存在することがないといっても過言ではなく，実際に甚だしく不規則かつ不揃いなので，幾何学的な形態に対する用語を，そのまま信じることは，誤りを来す恐れがあるから注意すべきである．

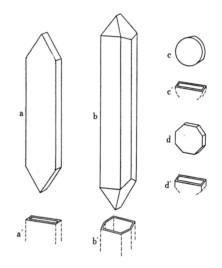

図 5. 広葉樹材の層階状形成層母細胞及び未熟の縦型木部細胞の形状（Brown）

aは8面体紡錘状母細胞，a′はaの横断面で矩形，bは未熟の14面体木部細胞で，aから分裂して出来たもの，b′はbの横断面で6角形，cは板目面の放射組織母細胞の貨幣型のもの，c′はcの横断面，dは板目面における短プリズム型放射組織母細胞，d′はdの横断面．

広葉樹材の紡錘状形成層母細胞の大きさは，樹種によって著しく差異があり，また年齢や生長の条件からも影響されることが甚だしい．触断面上における母細胞の中央部の径は，10～15μ前後で，縦の長さは中央部径の10～60倍にも及ぶことがある．

Bailey氏[3]の調査によると母細胞の長さの変化は，その径に比較して極めて大であるとし，また熱帯産の樹種を含む54種の樹種について長さを調査しているが，それによると長いも

---

(3) Bailey, I.W. : The Cambium and Its Derivative Tissue. II Size Variation of Cambial Initials in Gymnosperms and Angiosperms, *Amer. Jour. Bot.*, Vol.7, pp.355～367 (1920).

のではフィリッピン産の Talihagan (Cagayan) で平均 1.31mm, *Glochidion littorale* は平均 1.04mm, これに対して最短のものでは, 東部アメリカ産の Locust acacia の平均は 0.17mm である. また同氏はアメリカ産の 16 樹種につき, 母細胞の平均の長さを調査したが, 0.532mm と記している. これらの内で Poplar-leaved birch が最長で平均 0.94mm, ついで Sour tupelo が平均 0.83mm, Red gum の平均は 0.70mm の順になっている.

次に広葉樹材の放射組織母細胞を, 触断面上で観察すると, 図5の c, c′, d, d′ におけるように一般に小径で, 丸身をもつか, あるいは多角形を呈している. また縦型紡錘状母細胞の厚さと比較しておおむね薄い.

針葉樹材における放射組織形成層母細胞の形は, 広葉樹材におけるよりも一そうその相違が著しく, 触断面上では非層階状配列を呈しているが, これに対し放射組織母細胞の形及び大きさはおおむね均等で小さい.

針葉樹材の縦型形成層母細胞の長さは, 極めて長く, 幅の 100〜200 倍に相当するものがある. この点は広葉樹材における縦型形成層母細胞と, 比較にならないほど長い. 触断面における長さは, おおむね 1〜2mm, 時としてそれ以上, また幅はおよそ 30μ 以上と測定されている.

D. 形成層の作用による若い木部細胞の増大

1. 縦断面上の木部細胞の増大

木部の縦断面上に現われる諸種の細胞は, それらの若い時代から成熟するにつれて, 切線方向の径については, 時として顕著に増加することもあるが, 普通は僅かに増加するに過ぎない.

ところが半径方向の径の方は, むしろ著しく増加する. しかし導管節*の場合は例外的で通常木理に沿って長さを増し, 半径方向の径は生長が進むに従い, しだいに形成層が外方へ移動して行くに伴って増加して行く.

これらの切口は図5におけるように多角形または6角形になる. 層階状形成層をもつ樹木の縦型細胞は 14 面体 (tetrakaidecahedral) (図5の b) であることが多い. しかし一般に広葉樹材並びに針葉樹材における形は, 極めて不規則でむしろ典型的な形のものは少い.

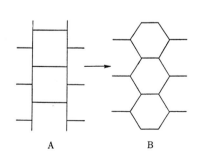

図 6. 形成層母細胞の切線状分裂によって生じた細胞の横断面上における模式図　(Brown)

* 本書 p.126 参照.

横断面上の細胞が多角形になろうとするにつれて，隣接して並ぶ細胞は一つ置きに横の方に移動し，図6のように位置がずれて，くい違うようになる．

しかしこの場合の各細胞の中間層*はなんら変化もなく破壊もしない．このように組織内の張力によって，切線方向の径の増加が起る．また一方導管節の異常の拡大が，半径方向及び切線方向の径において違った状態で起き，完全な導管節に生長するはずの新細胞は，最初切線方向にしだいに拡大して行き，急速にその方向の最大径に達するようになる．この拡大は半径方向の拡張に伴って継続する．

このような拡張の生じている間，紡錘状形成層母細胞の細胞分裂は，一時的に遅滞するが，しばらくすると形成層母細胞は，再び活発な細胞分裂作用を継続するようになる．

導管節の増大拡張から生じる横断面上の面積増加は，すべての方向に影響し，附近の細胞に著しい歪を与える．またこの増大拡張の結果として，成熟した導管は，以前よりも遙かに他の多くの細胞と接触するようになる．このような増大拡張は，隣接細胞間の中間層が破壊されるか，あるいは隣接細胞が細胞と細胞との間に迚り込み，それらの細胞が正常の位置を変えるようになり，全体として増大して行くのである．この場合の増大の仕方を迚り込み生長（sliding growth, gliding growth）といわれる．

次に木理に沿って起る長さの変化について見ると，後で導管節になるはずの縦型木部細胞は，この方向に対し僅かに伸長するか，または殆んど伸びない．ところがこれに反して，これらの細胞の径の増大の方は，他細胞にかまわず活発に行われる．

導管にごく近接した縦型細胞，及びその材における他の部位の縦型細胞は，成熟するに従って，種々な程度にその長さを増加して行く．細胞の最大の伸長は，広葉樹材の発達途上の木繊維細胞（wood fiber）において，しばしば形成層細胞の長さの 4〜5 倍に達することがある．これに対して，針葉樹材の仮導管の長さは，縦型母細胞に対し，その 25〜30％ の長さを増加することは，むしろ珍らしいことである．

しかしながら，針葉樹材の仮導管細胞（tracheid）**は，広葉樹材の木繊維細胞以外の細胞に比較して，長さは一般に長い．しかし針，広葉樹材共に，縦型細胞の伸長の状態については，木部と篩部とのいかんを問わず，なお論議の余地が残されている．

Bailey, Thiemann 及び Kerr 等の研究者によると，若い紡錘状木部細胞は，両端において伸長し，その伸びた先端は，層階状配列をする細胞の上下において，細胞間に突き進み，あるいは突き分けて，発達するものであるという．このことはまさに sliding growth についての観念である．

もしもこの観念が正しければ，層階状配列の細胞の上下の先端部の間に，裂開が生じなければならないし，また各細胞の先端部を，相互に固着していた中間層（middle lamella）が破壊されるはずである．

---

* 本書 pp.43〜44 参照．　** 本書 p.85 参照．

長さの生長が続いて起るに伴って，対孔*(pit pair)すべき紋孔界（これは2次膜の生じる場合，紋孔の形成される場所）の紋孔は中間層の相互の側面上において，もはや対孔に対し符合しなくなる程度に変移するようになる．また，接続細胞を連結している原形質糸の紐（plasmodesmic strands）もまた恐らく破壊されるに違いない．

その結果長さの生長の完成と同時に，接続して生じる細胞間の原形質的接触（protoplasmic contacts）が再度確立されるようになり，かくして細胞の拡大が事実上完了するまで，2次膜の生成は始まらないのである．

上述に対してPriestley氏**は縦型木部細胞の伸長を説明するのに，甚だ巧妙な理論を提唱し，その伸長方法の過程に対して，共生可塑的生長（symplastic growth）という用語を用いている．すなわち，各細胞の位置が相互に均整を保って存在するためには，ある張力によってあたかも弾性をもつ壁のように作用する可塑性膜（plastic wall）によって，半流動性の原形質体を分離しているものと考えるべきであるというのである．

2. 木部放射組織を構成する横臥型放射細胞の増大

形成層から生じる木部放射組織細胞の増大は，たいてい半径方向に増大する．これは形成層帯の部分の触断面を切断して見るとよく解る．すなわち，放射組織を構成している集団的な細胞は，切断場所のいかんにかかわらず，その放射組織を横断することによって，実際の大きさその他が，充分に理解できるはずだからである（図8のC）．

若い木部放射組織細胞は，形成層が外方に移るに従い半径方向に長く伸びる．この場合 sliding growth の生じることは，阻害されないが，放射組織細胞の場合は必ずしもその必要がない．この伸長の速度は，放射組織母細胞の細胞分裂の速度に関係し左右される．一般に放射組織母細胞は，ある時間的の間隔をもって分裂が行われるのが普通である．

またある細胞は他の細胞よりも，急速に分裂することもあって一様ではない．例えば異性放射組織***で見るように，横臥型放射細胞に比較して，縦型放射細胞の分裂の方が急で，形成の速度の相違している場合がそれである．また横断面及び径断面で観察してもわかるように，放射組織の細胞は1年輪層の内で，春材部におけるものよりも，秋材部におけるものの方が，その長さが常に短い．この事実から見て，放射組織細胞の生長速度は，放射組織の構成細胞の大きさを，観察することによってもまた判断ができる．

E. 形成層の構成細胞の増加

形成層細胞の増加の問題について，Bailey氏は切線方向への初生組織の増加が，次の内の

---

* 本書 p.51 参照.
** 本書 p.16 に前出の (2) Priestley—*New Phytol*, Vol.29, pp.96〜140 (1930).
*** 本書第4章 p.164 参照.

一つ，あるいはそれ以上によって，なされることを仮定した．(1) 紡錘状母細胞 そのものの切線方向の径の増加，(2) 紡錘状母細胞の長さの増加，(3) 紡錘状母細胞の数の増加，(4) 放射組織母細胞の切線方向の径の増加，(5) 放射組織母細胞の数の増加．以上の諸条件中 (1), (2), (4) 及び(5) はすでに同氏によって，多数管状細胞をもつ植物について確認している．

　層階状形成層をもつ特殊な高等植物以外は，縦型紡錘状母細胞と，横臥型の放射組織母細胞の形成層母細胞(cambial initial)は，20〜60年の間に漸次増大するものであると考えられている．

　林木の形成層における紡錘状母細胞の数の増加される状態が，図7に図示されている通り，AまたはBのいずれかの一つの方法で行われる．

　針葉樹材及び広葉樹材等の触断面で，観察し得るような紡錘状母細胞は，層階状配列をせず，これらの母細胞の分裂は多くは触断面において平行的に行われる．しかしAにおける二つの新細胞の内に，斜めの隔壁が形成され，しばしば擬似的に切線方向への分裂が生じる．

　これらの細胞の傾斜した先端は，その後相互に成長し，ここに二つの新細胞は平行的に進み，触断面で相互に相接触するようになる．そして層階状配列の初生組織は，結局その材の触断面上において，例えばカキノキで見るように波状紋（漣縞, ripple mark）を現わすものである．

　このような ripple mark を板目上に呈する場合の紡錘状母細胞は，集まって横の方に層階状を呈し，Bにおけるように同高か，殆んど同高の先端をもつものである．そしてこれらの細胞が分裂する時には，その分裂様式は縦型半径的分裂（radio longitudinal division）で，新しい膜が細胞の長さの方向に生じる．そしてこの膜は切線面の膜に直角，すなわち，その新生膜は放射縦断面（柾目面, radial section）に一致する．

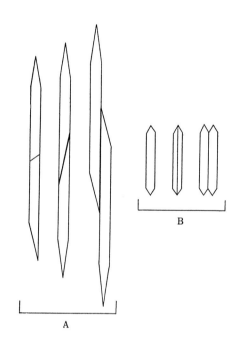

図 7. 形成層母細胞の数の増加模式図
(Brown)
この図は形成層から増殖される非層階状型，及び層階状型細胞の模式図で，Aは側方分裂型擬似的の紡錘状形成層母細胞から生じる非層階状娘細胞，Bは半径方向側方分裂型の紡錘状形成層母細胞から生じる，長さの短い層階状娘細胞．

　結局分裂から生じたこれら二つの新細胞が，切線面に平行して存在し，それらの細胞の両端も，他のものと同高になる．この新しい紡錘状母細胞がさらに細胞分裂をし，このように

して形成層を構成している細胞が増加して行くのである．

Drimys, Tetracentron 及びわが国産ヤマグルマ属等の，無導管広葉樹材においては，針葉樹材に酷似した後生木部（metaxylem）をもっていて，これらの木部の紡錘状母細胞の大きさは，やはり針葉樹材におけると同様に，充分の大きさを備えている．ところがこれに反して，導管をもつ一般の広葉樹材の初生組織の細胞は，長さが短く縮減されて伸びない．

Bailey 氏によると，顕花植物では，紡錘状母細胞及びこれらの母細胞から，誘導されて生じた細胞の長さに対し縮減が起る．すなわち，これは通導組織における高度の特異性の分化による生産物と，見られるといっている．

これらのことと関連して考えられることは，紡錘状母細胞の分裂に当り，そこに形成される斜線による分割位置である．Bailey 氏によると非層階性の初生組織の分裂は，殆んど水平的のものから，かなりの傾斜をもって行われるものまで種々変化がある．母細胞が短くなった場合には，その配列が層階状を呈するか，あるいは殆んど層階状に近い縦型半径的分裂が行われるのが，一般であると述べている．

結局，形成層母細胞から生産される新細胞が，相互に非常によく似ることは，いかなる意味をもつものか，またその他疑問として残る問題がかなり多いが，しかし適確な解答を得ることは困難である．

Ⅳ 木材の可視的性質

A. 木材についての各種の名称

林木を幹，根及び枝の3部分に大別すると，幹（bole）は林業の主たる対称になる重要な部分で，いわゆる木材*（wood）といわれ用材として使われる．

根（root）は林業の対称にするためには，幹とは比較にならない位に不良な部分であるが，それでも従来多少とも合理的な利用法が考えられてきた．例えば木造船の肋骨材として，アカマツやクロマツの根際の彎曲材が使用され，また根部を乾燥すると比較的軽軟質になるところから，浮子として利用し，その他根炭，松根油の製造等にも当てられている．

枝（branch）は一般に土工用としてしばしば用いられる．例えば護岸工事用としての柵工材料，あるいは滑道の一部にも用いられるが，何といっても燃材としての，消費が最も多いことはいうまでもない．

樹皮（bark）の利用には種々あるが，コルク原料，タンニン原料，もしくは繊維原料等と

---

* 木材は時として材木といわれる．両者は全く同義語であるが，恐らく木質の材料を意味する場合は木材で，材種や銘柄の定った用材を意味する場合には材木といって区別されているようである．しかしこれらは慣習から生れた区別のように思われる．

して使用される．

幹の内部はいわゆる木部で，その中心部に縦に長く髄心が通っている．林木の伐倒後枝払いが終り，造材された部分を原木*（log）といい，根に近い直径の大きな部分を元口（butt-end, Stockende），樹梢に近くて細い方の部分を末口（top-end, Jopfende）という．

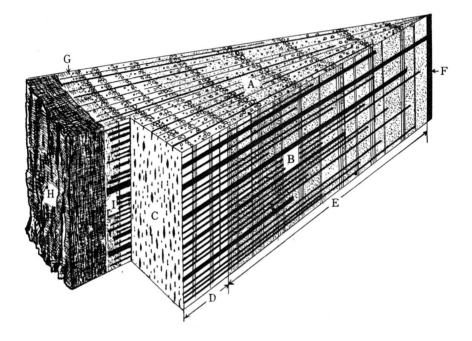

図 8．成熟した広葉樹材から切り取られた3断面をもつ楔形材の模式図（山林）
A—横断面，B—径断面，C—触断面，D—辺材部，E—心材部，
F—髄，G—形成層，H—枯死した外樹皮（粗皮），I—生活せる
内樹皮（節部）．

図 8 のAは幹を樹軸に直角に切断した面で，これを横断面（木口, end, cross section, Hirnfläche, Querschnitt），髄心を含む縦方向の縦断面Bを径断面（柾目，輻射縦断面, radial section, edge grain face, quartered surface, Spiegelschnitt, Radialschnitt），またこの径断面に直角に縦断した，いいかえれば年輪に沿う平行の面で縦断した面Cを触断面（板目，切線縦断面, tangential section, bastard face, flat grain face, plain grain face, Fladenschnitt, Tangentialshnitt）といい，これらの横断面，径断面及び触断面を樹幹の3断面といっている．これらの3断面につき充分に観察することによって，木材の構造組織の全貌がうかがわれる．

以上の3断面中触断面の木理は，一般にV形またはU形を呈するが，径断面の木理は平行の条線となって現われる．径断面すなわち柾目面の木理を単に柾ということがある．そして

---

* 原木は時として原材，素材もしくは資材等種々にいわれるが，すべて同義語である．

この柾には木材の取扱い上,種々な呼び名がつけられ,種類分けがされている*.

ここに注意すべきことは,上述のように髄心を入れた縦断面が,真の柾目面であるから,切断する面は限定されている.ところが板目面になると,どこからどこまでが板目面というように限定することは不可能で,真の柾目面と,髄心から遠い板目面との間の縦断面は,すなわち中間縦断面で柾目ともつかず,板目ともつかない中間の木理が現われるはずである.この面では放射組織も長く帯状とはならず,おおむね断片的となり飛白(かすり)状に現われる.

なお,製材された角材及び板材については,髄心に向った面を木裏(きうら)(inside surface),これに対して樹皮に向った面を木表(きおもて)(outside surface)と呼んでいる.

B. 心材と辺材

樹木が養分の貯蔵をし,また樹液を流動する場合には,樹幹部の外側に近い木部の周辺の生活機能をもった細胞組織で行われる.

この生活機能を持った部分を辺材(白太(しらた), sap wood, alburnum, Splintholz)(図8のD)と呼んでいる.この辺材部の細胞は年齢の推移に伴って,しだいに内容物を消失し,生活力を失うようになると,構成細胞は骨格としての細胞膜だけを残すことになり,樹体を支持する役目だけになる.この部分を辺材に対して心材(赤身(あかみ), heart wood, duramen Kernholz)(図8のE)というのである.

1. 心材化

辺材部が心材部に移行することを心材化(Verkernung)という.辺材部が心材化すると,生理的作用を失うので,生活機能の上からこれを見て,辺材部と心材部とでは大変な相違をもつが,組織の上からは差がない.また心辺材の間に強度の相違も生じるわけはないが,実

---

* 図9のa及びbは木口面から見た柾目板の木取り方で,aは平柾(ひらまさ),bは矩柾(のりまさ)といわれ,これらは板の両面に年輪界が平行して現われ,いずれも2方柾とも呼ばれている.図のcは角材の木取り方で,これを4方柾といっている.これであると,いずれの面にも正常の真の柾目の木理は出てこない.すなわち,放射組織は長く現われないで,飛白(かすり)状となって現われる.これがいわゆる追柾(おいまさ)である.この追柾に対して,放射組織の長く現われる正常の柾目の場合を正柾(しょうまさ)といっている.年輪幅が一様で狭く,乱れず,春秋材の区別の明瞭な場合には,これを糸柾(いとまさ)といって賞美される.スギ,ネズコ等の糸柾はとくに天井板として愛用されている.なお毛柾(けまさ),糠目(ぬかめ)といわれる極端に年輪幅の狭い柾の種類がある.これらは糸柾よりも一層密なもので,このうち糠目は不法正な異常組織でむしろ欠点として取扱われている.何となればヌカメ材は,普通材よりもおおむね軽軟で強度が低いからである.また逆に生長輪が極端に広く粗な柾目の場合はしばしば荒目(あらめ)と呼ばれる.

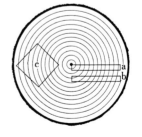

図 9. 木口面における柾目板の木取 (山林)

際には差があるのである．これは両者の間に含水量の差が生じたり，組織内に特殊な物質が沈積するためと考えられる．

材色については，辺材部は心材部に比較して，一般に淡色であるのに対し，心材部は濃色なことが多い．これは色素（pigment）の沈積によって，色調が現われるので，心材化の現象から，その樹種固有の心材色を，呈するのが一般である．

しかしある樹種，例えばエノキのように，心材化の目立って現われないものもあるが，このような例は特定な樹種に限られている．またある特定の樹種では色素の他にゴム質，樹脂質等を細胞内に沈積して，重量を増加させているものがある．また多数の樹種中には導管と隣接柔細胞との圧力差から，柔細胞の内容物を導管の内腔*へ押し出し，いわゆるタイローズ**（tyloses）を作る．また貯蔵されていた養分の残留物が，漸次タンニンや，その他の物質に転化して，心材部の重量を増加させている場合もある．例えば熱帯産の樹種中には，心材の重量が辺材の重量の3倍にも，達するものさえある，といわれている．これらの物質の存在は，強度を強化する他，耐朽性にもまた好影響を与えるものである．

心材化の現象については，種々な意見があって定説がないが，Chattaway 氏[4] は心材化に対して理論的な説明を，次のように与えている．心材の特徴を与える生理的な変化は，専ら柔細胞***の枯死ということに関連をもっている．すなわち，樹体が伐倒されたり，枯死してからは，心材化の現象が起らない．生活している樹木の柔細胞が，まさに枯死せんとする場合に，その部分の心材化が起る．すなわち，心材化の起るのには，幾つかの条件が必要であるが，そのうちの一つは，柔細胞が枯死せんとするに当って，異常に旺盛な活動力をもつ時期が先行することを述べ，この異常に旺盛な活動のために澱粉が消費され，タイローズを形成し，あるいはタンニン分を増量する．この活動の異常さが却って枯死の原因となり，タンニンが組織全体に拡がり，その材の着色が起るというのである．

また藤岡氏[5]の調査によると，古く Th. Hartig 氏[6] は xylochrome を化成することを提唱し，また H. Frank 氏[7]は Wundgummi を生じるものであることを述べ，さらに樹種の相違により，そこに生じる化学的成分もまた異るものであることは当然で，これを一律に説明することは甚だ困難であることを述べている．

例えばわが国産の黒色心材****をもつスギにつき，藤岡氏は次のように説明をしている．元来スギの心材中には，アルカリ類により顕著な反応を呈する特殊成分を含有し，そのため

---

(4) Chattaway, M.M.: The sapwood-heartwood transition, *Australian Forestry*, Vol. XVI, No.1, pp. 25~34 (1952).
(5) 藤岡光長：すぎ材の色素黒変に関する研究，林業試験場報告，第20号，pp. 30~31 (1914).
(6) Hartig, Th.: *Allgemeine Forst und Jagdzeitung*, s.283 (1857).
(7) Frank, H.: Ueber die Gummibildung im Holz und deren physiologische Bedeutung, *Bericht der deutschen botanischen Gesellschaft*, s.323 (1884).
　*　本書 p.43, 図11 参照．　**　本書 p.137 参照．　***　本書 第3章 p.98，及び第4章 p.149 参照．
****　スギの黒色心材については，地方によりカネツケギ，オハグロギ，黒木，黒杉，黒心等と呼ばれるもので，スギ材の利用上一つの欠点とされている．

普通の赤色心材のスギも，アルカリで処理をすると，心材を黒変させることができ，また材中に疵をもつ場合には，材中の蛋白質を分解して，アンモニアを生成し，そのアンモニアによって，自然に心材の黒変を，誘致するものであることを述べている．

要するに心材化についての一般的な考えは，前述のように辺材部の細胞組織が，その生活機能を失い，適量の水分を失うようになると，その樹種に特有な物質を組織内に沈積するようになり，ここに辺材は心材へ移行するものと考えられる．

2. 辺 材 量

辺材部の幅は樹種及び樹齢により，また個々の林木の生長の程度によって一様でない．一般に開放地に生育した疎開木や，急速な生長をする樹種の辺材幅は，おおむね広く，これに反して密生樹や被圧木，もしくは生長の緩漫な林木ほど狭くなる傾向がある．

また樹種によっては，固有の辺材率を保持するのに，かなり強い傾向をもつものもある．例えば今，辺材幅の比較的広い傾向の樹種を挙げると次のようである．針葉樹材ではモミ属，トウヒ属，広葉樹材ではカエデ属，トネリコ属，エノキ属，サワグルミ属等，また辺材幅の比較的狭い傾向の樹種は，針葉樹材ではビャクシン属，イチイ属，広葉樹材ではニセアカシア属，クワ属等である．

3. 心 材 量

立地，樹齢及び樹高等の相違から，同一の樹種でも心材量を異にするものであるが，樹種によってはその樹種固有の心材量を示す場合がある．例えば，アメリカ産の Tuliptree, White oak, Pencil cedar 等の心材率は全材積の約88％を占め，またわが国のヒバは50〜80％，スギは52〜70％と測定されている．

従来わが国産のスギは，利用上とくに重要性をもっているところから，多数の研究がなされている．なかでも心材率に関するものに多数の研究業績があるが，いま山内氏[8]のスギの心材率についての研究結果は，極めて重要と思われるので，参考のため原文のままをここに掲げると次のようである．

(1) 胸高直径，幹材積，樹高及び年齢と心材材積率との相関々係は，胸高直径に於て最も高く，幹材積，樹高之れに次ぎ，年齢との関係最も低し．換言すれば，生長良好なるもの程心材の形成盛にして，従来信ぜられたる被圧木に於て，心材の形成速かなりとの見解は不適当なるものならん．

(2) 造材断面直径の変化に伴ふ心材直径の変化は，略直線的にして，年齢との関係は甚だ薄し．清澄産スギ（平均約 50 年生人工林）と早口産スギ（平均約 150 年生天然林）とは，その関係殆ど一致す．

（8） 山内俊枝：スギの心材率に就て，日本林学会誌，Vol. 10, No. 11, pp. 624〜630 (1928).

(3) 一樹幹に於ける心材直径率は，地上高を増加するも，樹幹部にては著しき変化なきも，樹梢部に接近すれば急激に減少す．

(4) 造材断面直径同一なる時は，その心材直径は地上高の低き程大なり．

(5) スギ樹幹の辺材幅は，平均約 5cm にして，清澄産スギ，早口産スギの何れも同様なり．

(6) 造材断面の辺材幅は，その年輪数に関係なし．

4. 重 心 材

辺材部からの心材化が不法正に行われると，往々にして辺材部の中間に，正常の心材部から離れて，新しく第2次の心材の生じることがある．このような場合には，これを重心材 (double heart wood) といって，正常な心材部と区別をしている．また重心材は逆に重辺材 (double sap wood, included sap wood, internal sap wood) といわれることもある．北米産の Douglas fir または Red cedar の類には，重心材の現われる傾向が多いといわれている．

5. 偽 心 材

樹木が外傷を受け，その部分から菌類が侵入し寄生すると，あたかも正常な心材が形成されたかのような感を呈し，その部分が褐色あるいはその他の色に，変色することがある．このような材はこれを偽心材 (false heart wood, wound heart wood, falsch Kernholz) という．偽心材はブナ，カンバ，ヤマナラシ等の属のものにしばしば認められるが，とくにブナにおいては極めて普通である．

また一般に正常の心材を有しない熟材樹 (ripe wood tree, imperfect heart wood tree, Reifholz=baum)* に多く形成される傾向がある．このことは蔓延した菌糸が，幹材中に含まれている空気を消費しつくすと，酸素がなくなり，発育を停止することになるが，木部は肥大生長を続け，その間に酸素を再び得ることになると，中心部から外方へ向って偽心材を拡張して行くものと考えられている．

常に暗褐色の縁をかたどり，菌類が発育蔓延して外方に拡がって行くと，偽心材は殆んど同心円状となり，時として不規則な雲形状を呈するようになるものである．このような状態はブナについて普通に認められる．

C. 年 輪

1. 春 材 と 秋 材

年輪 (annual ring, growth ring, secondary ring, growth layer, Jahresring) の形成

---

* 生材の辺材及び心材の両者を，色調の上から区別のできない場合に，水分の少い心材相当部を熟材といい，この熟材をもつ樹木を熟材樹といわれる．

理論については，古くから諸説が存在し定説がない．藤岡氏*の研究によると，次のような諸説のあることを挙げている．Nördlinger, H. 氏の樹皮圧力説（1880），Hartig, R. 氏の栄養説（1891），Wieler, A. 氏の栄養説（Hartig, R. 氏に対する逆説）（1891），Hartig, R. 氏の通発説（1888），Jost, L. 氏の水分説（1892），Russow 氏の膨圧説（1881），Metzger, K. 氏の強固説（1908），Hartig, R. 氏の遺伝説（1889），Jost, L. 氏の週期説（1913），Pfeffer, W. 氏の外界影響説（1904）等で，藤岡氏は以上の諸説に対し，いずれも直接の原因に触れていることが少く，内的の原因とするところは，これらの諸説に示すような諸因子の総合結果から，得られる内部生理的状態にあることはもちろん，1因子に帰結させることは当らないとしている．

いま年輪形成の成因について，総合的に考えて見ると，細胞分裂を行う形成層（図8のG）において，専ら気温，栄養及び水分等の関係から，細胞の大きさに差異を生じるためであると，するのが妥当のようである．温暖な春期における急速にして，旺盛な生長期の初期には，細胞膜の薄い大形の細胞からなる春材層が生じ，これを春材（early wood, Frühholz）といい，冷涼な秋期には生長率が著しく低下し，厚膜で扁平な小形細胞からなる秋材層が生じ，これを秋材**（late wood, Spätholz）といって区別をするのである．

一般に肉眼的には春材部は秋材部よりも，柔軟かつ粗で淡色を帯び，これに反し，秋材部はおおむね堅硬，かつ密で濃色のことが多い***．

栄養及び水分もまた，年輪層を形成せしめる，主要な原因の一つであると考えられる．すなわち，通水作用の活発な春期に，大形の細胞が生じ，通水作用のしだいに衰える時期になると，小形の細胞が生じることになる．

小倉氏(9)によると，年輪の限界を明示するのは，温度の変化ばかりではなく，明かに乾湿期が周期的に到来する場合にも関係することを述べている．

要するに，以上のように気温と栄養及び水分との因子の関係から，細胞の大きさに差異ができ，春材層と秋材層とを生じ****，この両生長層が1年輪を形成するものと解釈される．

樹種にもよるが，以上のように春材層と秋材層とが，比較的明かに区別せられる樹種は，暖，温帯産のものに限られていて，熱帯のように気象の変化の甚だ少い地方の樹種は，おおむね春秋材の区別に明瞭を欠くのが一般である．

---

(9) 小倉謙：杉其他ノ樹木ノ肥大成長ニ関スルニ三ノ観察，植物学雑誌，Vol. XXXIV, No. 401, pp. 146〜162 (1920).
　* 本書 p.26 に前出の (5) 藤岡—林業試験場報告，第20号，pp.14〜40.
　** 北米では秋材のことを summer wood（夏材）といわれることがある．
　*** 一般に木材の機械的の性質は，直接秋材率の値に左右されるから，しばしば秋材率が測定される．この場合には木口の全体の面積に対する，秋材部の占める面積の百分率で示される．
　**** 春秋両材部の形成については，藤岡氏の研究による所説がある．すなわち，秋材層は下方部より順次上方へ梢端に進み，また逆に春材層は枝の先端部から形成が始まり，漸次下方に及ぶものゝようであるとしている．（本書 p.26 に前出の(5)藤岡—pp. 262〜263 参照）

2. 年　輪　幅*

　立地の相違から同一の樹種でも，個々の林木によって年輪幅を異にし，また同一木でも，その高さの相違から，年輪幅にかなり大きな差異が認められることがある．まして，このような立地条件の影響に加えて，さらに大きな影響を及ぼす，気象の変化に遭うと，年輪を形成する生長層は，著しく左右されるものである．

　例えば，生長速度の一般に急速な樹種と考えられているポプラ類，またはキササゲ類のような樹種では，順調な条件下において，年輪幅の広く現われることは当然であるが，このような樹種でも立地条件を不良にすると，年輪幅の上に顕著に，不良の結果が現われてくる．またある樹木が他の樹木のために，圧迫を受け，被圧木となると，枝葉は減少し，繁茂はしなくなり，生長は著しく阻害されて，年輪幅は普通の場合よりも一層狭くなる．

　しかし同一の立地で，同一年齢の個々の樹木は，樹冠級の大きくて旺盛なものほど年輪幅が広い．また好湿の樹種が仮りに乾地に植栽され，その生育を強制される状態の下に置かれた場合に，あるいは生存するかも知れないが，正常な生長はできず，年輪幅は狭小になる．

　なお年輪密度と，放射組織の形成との関係については，島倉氏[10]の研究がある．すなわち，同氏は本邦産針葉樹10属，11種，25個体の胸高円盤を材料として，それらの材の放射組織の高さ（250～500個の細胞高の平均値），分布数（触断面における単位面積中の数），並びに分量（単位面積中の細胞総数）の変化を調査した．これらの数量は中心の数10年輪を除けば，従来いわれていたように，年齢や樹高と共に変化するとしても，さらに肥大生長の速さに従って著しく変化するものであり，その変化にはほぼ一定の傾向が認められる．従って幼齢部を除いた時は，材の年輪密度とこれらの数量とは相関連するものであるとしている．

　また小倉氏**はわが国の林木，特に日光産のスギ，コメツガ，イヌブナ，ミズナラ，ヨグソミネバリ，イタヤカエデ等の生長と気象との関係を調査し，次のような結論を得ている．

　1.　各樹木の年輪幅を測定し，各年の肥大生長と気象とが，どのような関係にあるか，相関関係を比較したが，それぞれの樹種によって異り一致する所がない．

　2.　しかし各種の気象現象のうち，降水量は生長量に甚だしい変化を与え，最も重大な影響を及ぼす要素である．ただし過量の時はかえって逆の生長を見た．

　以上のように気候や立地が，年輪幅の広狭に対して，著しい影響のあることはうなづけるが，遺伝的因子もまた大いに関係のあることはもちろんである．

---

(10)　島倉巳三郎：二三針葉樹材ノ射出線ノ高サト分布数（摘要），植物学雑誌，Vol. L, No. 596, pp. 474～475 (1936).

　*　木材使用の際，その材質を表わす要素の一つとして年輪幅がある．年輪幅を表わす場合には，平均の年輪密度によるか，あるいは平均年輪幅によるかのいずれかである．平均年輪密度の方は単位の長さに含まれている年輪数で表わされ，単位の長さは10mmになっている．

　**　本書 p. 29 に前出の (9) 小倉—pp. 146～162.

3. 偽 年 輪

霜害，雪害，虫害，間伐，枝打もしくは移植など，樹木の生長に対し，およそ障害になる原因を与えると，正常な生育が阻害されて，ここに偽年輪*（false ring）の生じる場合がある．

横断面上の偽年輪はこれを追跡して行くと，その年輪界の先端が真の秋材層の中に入り込み，消失しているから，正常な同心円をつくることは殆んどない．それ故正常の年輪と，明確に区別ができる．

また偽年輪は，同一木でも場所によっては，存在することもあるし，存在しないこともある．樹高の位置の相違によって，必ずしも一様に存在するとは限らない．従来の観察によると，針葉樹種中スギはとくに偽年輪の生じ易い傾向をもっている．

また，アテ**はあたかも偽年輪と同じように見受けられるが，これはもともと真正の年輪で，単に中心が一方に偏しているだけのものであるから，混同してはならない．

いずれにしても，アテも偽年輪も正常な年輪とは大いに違い，明かに材質上の欠点の一つに，加えられるべき異常組織といって差支えがない．

D. 放 射 組 織

木材を割裂する場合，木理に沿って縦に割ると容易に割れるが，木理に直角に割裂する場合は甚だ困難である．この現象は次のように説明される．木材は細胞という微細単位から構成されていて，夥しい数の細胞の集合体に他ならない．そして一般に木材の細胞は，その幅に対して，長さが著しく長く，幅に対して100倍，あるいはしばしば，それ以上であることがあるからである．

これらの長さの長い多数の細胞は，樹軸方向，すなわち，縦の方向に長い軸をもち，木理に沿って垂直に配列されているから，縦の方向には割れ易く，直角方向に対しては割れ難い．

ところが木材の構成細胞中のある種のものは，正常の縦方向に配列せずに，部分的にあるいは全部の細胞が，半径方向に長い軸をもち，縦方向に配列する細胞に対して垂直に，換言すれば樹軸に対しては水平に長く，かつ半径方向に集合する細胞が存在する．それらの細胞の集合体を木部放射組織***（wood ray）という．材の柾目面における放射組織は，縦型細胞に対して直角に，半径方向に長いリボン状，または帯状を呈し，樹幹の樹皮部から髄心，

---

* 偽年輪については次の同義語がしばしば使われている．重複年輪，重年輪，secondary ring, double rings, multiple rings 等．
** 樹木の生育時に，ある種の原因から偏心的な生長をすることがある．つまり正常な材と比べて極端に密な部分と，粗な部分とが生じる特殊な異常組織で，この場合の年輪幅の広い粗な部分をアテといっている．詳細は本書 p.203 参照．
*** 本書 第3章 p.99 及び第4章 p.160 参照．

または中心部へ向って長く伸びている．（図8のB参照）

実際に木材を斧で髄心を通して，半径方向に割裂するとよく割れ，その割裂面に長いリボン状の細胞の集合体が目につく．これが径断面上に現われた放射組織である．

つぎに，木口面における放射組織は，髄心から樹皮部に達するものもあるが，多くは木部の途中から，放射状に樹皮部へ伸びた線状の細胞集合体のもので，最も数多く目につく．これらの木口面の放射組織は，通常ある幅をもつ長い線として存在し，年輪層または，年輪界（boundary of annual ring）に対して，直角に交叉して走行する．（図8のA参照）

板目取りに挽かれた板で，とくに板の表面が年輪に対し，真の切線状に挽かれた場合には，放射組織はちょうどその切口を示し，線状，レンズ状，紡錘状もしくは長い紐状に現われるのが普通である（図8のC参照）．また切断力所が柾目面に，接近していた場合の板目面では，前述したように特殊な放射組織の切断面となり，一般に飛白状に現われる．

また板目面では，放射組織の現われる面積が最も少なくなり，肉眼で認められることもあるが，殆んど認められない場合が多い．肉眼で見える時には，凸レンズ状か，少し長い紐状に見え，ある樹種では放射組織以外の他の組織と，区別がつく程度の褐色系統の色調を示すことがある．

またある特殊なカキノキのような材，及び熱帯産の多くの材，とくにマメ科に所属のある材の板目面では，ほぼ同高同大の放射組織の切口が，横の方へ先端を揃えて水平状に密に並び，層階状配列を呈し，いわゆる，波状紋（漣縞）の生じることがある．このような波状紋をもっている木材は，一般に工芸用木材として賞美される．

針葉樹材の横断面上における放射組織は，普通の場合あまりに細微に過ぎ，肉眼では見えにくい．しかしマツ属，カラマツ属，及びトウヒ属等のものは，比較的幅広く，肉眼でも見える程度の放射組織をもっている．広葉樹材ではヤナギ属やヤマナラシ属の極めて細狭のものから，クヌギ属やアカガシ属に見るような著しく幅の広いものに至るまで，著しく多種多様である．そしてこれらは特殊な場合を除いては，おおむねその樹種固有の幅と，固有の形状とをもつ場合が多い．このような放射組織の形状，大きさ，配列状態等は木材相互の識別上の，重要な拠点として役立っている．

E. 木部柔細胞

林木が正常な発育をなし，生長旺盛であるためには，秋頃までに相当量の養分を，活きた細胞組織内に貯えられなければならない．ここに貯蔵される養分は，来るべき春に細胞の増殖，並びに各細胞の長さや厚さの，生長に対して備えられるが，なお種子の生産に対しても，消費するのに準備される．

この養分の貯蔵作用は皮層部，内樹皮，もしくは幹及び根の辺材部等における，活きた木部柔細胞で行われ，これらは集合して柔細胞組織を形成する．そしてこの組織は恐らく通導

作用に関係することはあり得ないから，個々の細胞の形も管状を呈することがなく，その長さは比較的短いのが一般である．また木部柔細胞は，林木の生長に重要な形成層と，連絡が保たれていて，形成層の細胞増殖作用のための養分を供給している．

以上のように木部の一部を構成し，重要な養分の貯蔵作用を行なっている柔細胞は，放射柔細胞 (ray parenchyma)，縦型木部柔細胞 (longitudinal wood parenchyma)，及び樹脂道を形成する場合の薄膜柔細胞 (epithelial parenchyma) の3種類から成立している．

放射組織は長さの短い柔細胞から構成されており，縦型柔細胞は文字通り木理に沿って縦方向に存在している．横断面もしくは触断面上の放射組織柔細胞は，組織全体としての大きさを問題にする以外に，肉眼的には観察の不可能なことが多く，この種の柔細胞を木材の識別その他に役立たせることは殆んどない．

縦型柔細胞が横断面上に，多数集合してそれらの切口を現わし，ナラ類やカシ類に見られるように帯状に配列するか，あるいはかなり集団的に導管の周囲をとり巻くニレ類のような場合には，横断面，縦断面のいかんにかかわらず，ある程度肉眼で明瞭に認めることができる．

以上のように主として横断面上における，木部柔細胞の配列型の中で，とくに肉眼によって明かに認められる場合には，しばしば広葉樹材相互の，識別上の拠点として役立っている．

F. 髄　心

髄心（髄）は図3のp及び図8のFで見るように，木部の中心を通って縦の方向に長く伸びている柔細胞組織である．

最初に形成された当時は，生理的な生活機能を持っていたのであるが，時の経過につれてしだいに内容物を消失し，膜壁だけとなり，やや木質化しているのが普通である．

(1) 髄心の大きさ——髄の横断面における直径は，多くの樹種では肉眼で認め難いほど小さいのが一般で，とくに針葉樹材においてそうである．しかし特定の樹種では著しく大径のものがある．

例えばキリ，クルミ，アオキ，シンジュ，ニワトコ，カミヤツデ等がそれで，なかでもキリ，クルミ等では，しばしばその径が 1cm あるいはそれ以上のことがある．

枝におけるものは，その幹のものとほぼ似ているのが普通であるが，根ではおおむね極めて小径か，あるいは殆んど認めることができない．ニワトコやカミヤツデ等のように，大径で多数の柔細胞で充実しているものは，特殊の用途があるが，普通のものは殆んど使用価値がない．しかし髄心の大きさ，形状もしくはその構造等において，特異の形状をもつ場合に限り，木材の識別上の拠点として役立つことがある．いまその実例を示すと，次のような場合がある．

(2) 髄心の横断面上の形——星状 (star shaped☆) のものはクヌギ属，三角形 (triangu-

lar △) のものはブナ属, カンバ属, ハンノキ属, 卵形 (ovate ○) のものはシナノキ属, カエデ属, トネリコ属, 矩形 (rectangle □) のものはチーク, 時としてトネリコ属, 円形 (circular ○) のものはニレ属, ミズキ属, クルミ属等である.

(3) 髄心の色──髄心の色調はおおむね茶色, または灰色を呈することが多いが, クルミ属は茶褐色または黒色を呈し, このことはこの樹種についての特質と見られる.

(4) 髄心の縦断内部の性状──髄心の縦断内部は, 柔細胞から構成され, 充実していることが普通であるが, しばしば中空であったり, あるいは縦軸方向に対し, 直角の薄膜 (laminate) が多数階段状に重なって存在すること等がある. 中空のものはコウゾ, レンギョウ, キリ等に見られ, 階段状のものはクルミ属, ユズリハ属, カキノキ属, カラスザンショウ, ハリギリ, ヤチグモ等に認められる.

(5) 髄心の構成柔細胞中には, 時として石細胞[11] (stone cell) の存在することがある. 例えば, モクレン属, ユリノキ属等に認められる.

(6) 髄心と木部との中間部に髄冠という組織がある. これは横断面上で時として明瞭に認められることもあるが, 肉眼的には普通不明瞭のことが多い. 髄冠の輪郭は大ていその髄心の輪郭とほぼ一致するものであるが, トベラにおけるように, 特殊な形をもつものもある. 髄冠は一般に明瞭を欠くため, その利用価値は殆んどなく, 従って識別上の価値もまた少い.

G. 樹　脂　道

針葉樹材を観察すると, ある特定の樹種に限って, 樹脂道の存在するのが認められる. これは横断面上に散点している小孔で, 肉眼ででも認められるので, 広葉樹材特有の導管と混同され易い.

樹脂道はいわゆる樹脂の流動に役立つ溝路, すなわち, 柔細胞の一種である薄膜柔細胞＊ (薄膜細胞) によって, 囲まれて出来た隔壁のない溝路で, 導管細胞に見られるような細胞膜がない. 従って, 樹脂道は細胞間隙 (intercellular space) の一種と考えれば間違いがない.

針葉樹材中マツ, ハリモミ, カラマツ及びトガサワラ等, 4属に属する樹種の, 横断面上に存在するものは, 普通正常の樹脂道として知られている. またモミ, イチイ, セコイア等の各属の樹種は, 樹脂道をもたないので, これらを識別する場合に, 重要な拠点として役立っている.

正常な樹脂道に対して, 外傷その他の障害が原因で, 生じた傷痍樹脂道がある. 多くの場合横断面上では年輪界に平行に, つまり切線状に数個或はそれ以上が, 連続して生じるから,

---

(11) 島倉氏によるとタイワンスギの髄心の構成細胞は柔細胞のみからではなく, 石細胞が存在し, 石細胞の方は単独にか, もしくは 2〜3 個集まって存在することを述べている. 〔島倉巳三郎: Anatomy of the wood of Taiwania, 植物学雑誌, Vol. LI, No. 608, pp.694〜699 (1937)〕

＊ 本書 p.109 参照.

正常のものと区別できる．モミやツガ等は，しばしば傷痍樹脂道の現われる樹種である．

　正常樹脂道は樹軸方向，いいかえれば縦の方向に垂直樹脂道，横の方向に水平樹脂道として存在する．横断面上の正常樹脂道は一般に生長層，すなわち，年輪層の中央部から，外方部へかけて散点していることが多く，外傷樹脂道は正常のものとよく似ているが，年輪界の内縁に近く並列することが多い．しかもその配列が切線方向に，1～2 cm あるいはそれ以上の長さに，長く1列に連続するのが一般である．

　正常樹脂道の横断面上の大きさは，樹種の相違から多少差異のあるのが認められる．普通クロマツのものは，アカマツにおけるものよりも大きい．

　また北米産の Sugar pine は，他の針葉樹種のものよりも比較的大形で，その存在が明瞭であるから，肉眼的にも容易に認められる．そしてこの樹脂道が，板目のような縦断面に存在する場合は，しばしば木理に沿って縦の方向に，黒味勝の樹脂条痕（pitch streak）となって，顕著に現われることがある．

　また北米産の Douglas fir における正常のものは，2～30個が多少連続的に，切線状に配列する傾向が強い．しかしこの場合切線方向の連続配列が，傷痍樹脂道のように長くないから，これらの正常のものを，傷痍樹脂道から区別することは，困難ではないとされている．

　要するにこれらの正常樹脂道の存在する場合は，前記のマツ，ハリモミ，カラマツ及びトガサワラの4属の樹種に限られ，普通他の樹種には存在しないから，針葉樹材の識別には，極めて重要な拠点とされている．

　なお垂直樹脂道及び水平樹脂道，その他の顕微鏡的な性質についての詳細は，第3章Ⅳ及び第4章Ⅵを参照されたい．

H. 精　緻　性

　木材の精緻性（fineness）とは，木材を構成する要素の性質及び大きさの状態，換言すれば，木材の組織の状態に関係する性質のことである．

　木材の精緻性を表現するために，精緻（fine-textured）と粗糙（coarse-textured），あるいは均等（even-textured）と不均等（uneven-textured）という用語が使われ，また北米では以上のほかに harsh（ザラザラ，粗糙）と smooth-textured（スベスベ，平滑）という用語も使われている．

　針葉樹材では年輪幅の広狭が，精緻性に大いに影響するが，とくに秋材部と春材部との相違が大きな影響を与える因子のように思われる．

　秋材部の濃色，密，硬重な組織と，春材部の淡色，粗，軽軟な組織との相違が大きければ大きいほど，精緻な精緻性から遠ざかるわけである．いいかえれば，その材を構成している組織において，春材部から秋材部への移行（transition）の急進的な場合には，粗糙な感を与え，移行の漸進的な場合には，精緻な感を与える．

例えばアカマツ，クロマツ，もしくはカラマツ等は，春秋材の性質の相違が甚だしく，またその移行が極めて急激であるため，全体として粗糙な感を与え，これに反してイチョウ，カヤ，もしくはイチイ等の，春秋材の移行の，おおむね緩やかで，漸進的なものは，精緻な木材として取扱われている．

また北米産の Eastern red cedar（エンピツビャクシン）を見ると，その構成要素である仮導管は，比較的厚膜であるが，その大きさは著しく均等で，そのため全体としては極めて緻密，充実した感を与え，他の樹種と比較して精緻，かつ均等質であるところから，鉛筆用材として推賞されている．

次に広葉樹材についても同様で，針葉樹よりも，材を構成している要素の種類が多く，またそれらの配列状況についても，甚だしく変化に富んでいるため，針葉樹材と比べて全くその趣を異にしている．導管径の大きなものや，放射組織の幅の大きなものをもつ場合は，おおむね粗糙な感を呈するものであるが，これらの要素が部分的に，偏在して配列する場合は，ますます粗糙な感を深くするものである．

例えばクリ属，クヌギ属，もしくはクルミ属等において見かけるように，春材部大導管が環孔性を呈し，その上なお広い幅や，狭い幅の放射組織が，入り混じる場合には，甚だしく粗糙である．

ところがこれらに引きかえ，カエデ属，シデ属，もしくはツバキ属のような散孔材では，導管の大きさの相違はもちろん，放射組織の幅における相違も，クリやナラ類と比較して，変差が非常に少ないから，全体として明かに精緻である．またツバキやカエデ等はそれらの構成要素がおおむね均等であるため，いかなる部分を見ても，クリ材やナラ材に見られるような，粗糙な感が与えられない．従ってツバキ，カエデの材には均等材，クリやナラの材には不均等材という用語が使われることがある．

I. 針葉樹材と広葉樹材

市場に集まる木材は，針葉樹材と広葉樹材とに大別されるのが一般である．いうまでもなくこれらの両材は，かなり古い時代から，外部形態に基礎を置いて分類用語として用いられ，数種の例外を別として，前者の樹葉は文字通りおおむね針葉であり，これに対して後者の樹葉はおおむね広葉であって，用語がそのまま形態を表わしている．

針葉樹材の横断面を見ると，広葉樹材で見かけるような小孔（導管）がどこにも認められない．この小孔の存在の有無が，針葉樹材と広葉樹材とを区別するための大きな鍵となっていて，横断面を見て小孔が存在すれば広葉樹材，存在していない場合に針葉樹材として，たやすく，しかも具体的に処理し得る*．アメリカでは広葉樹材のことを porous wood（有

---

* 針葉樹材及び広葉樹材のいずれにも，少数ではあるが例外がある．これらの詳細については本書 p.124 を参照．

孔材），針葉樹材のことを non-porous wood（無孔材）といっている*．

　広葉樹材における横断面上の小孔（導管）は水分を樹軸の方向に通導するのに役立ち，針葉樹材においては導管の代りに，材を構成している主要素である仮導管**によって通水作用が行われている．

　広葉樹材の横断面における春材部の導管が，他の部分の導管に比較して，著大でしかも環状の配列をする場合，例えばナラ類，ニレ類，もしくはトネリコ類のような材はこれを環孔材といい，導管が横断面上のいずれの部位にも，おおむね均等に散在している場合，例えばカエデ類やサクラ類のような材はこれを散孔材といっている．その他導管の配列状況から，それぞれ適当な名称がつけられているが，これらに対し針葉樹材では導管が存在しないから，このような類別が行われない．また横断面上では極めて細狭の放射組織相互間に，ほぼ同形同大の細胞（仮導管）が，半径方向に比較的規則正しく，配列しているのが認められる．しかし広葉樹材においては，このような仮導管の配列は認められない．

---

* 本文の他，北米では広葉樹材に hard wood，針葉樹材に soft wood が慣習用語として用いられている．しかしこれらの hard wood や soft wood なる物理的な性質を表わした用語については，厳密にいって当を得ない場合がないではない．例えばマツ科の Hard pine の材は Bass wood (*Tilia sp.*) の広葉樹材と比べて遙かに堅硬であるからである．しかしながら，これは与えられた物理的の性質を問題にする代りに，僅かの例外を別にし，むしろ全般的な考えから hard wood 及び soft wood の両者を解釈すべきであろう．
** 本書 p.85 参照．

第 2 章
木材を構成する細胞

I 木材を構成する細胞についての概説

　木材は細胞 (cell, Zell) の集合したものである．その単位となる細胞は，比較的長い箱または袋のようなもので，周囲は細胞膜といわれる薄膜によって包まれており，その内部を細胞腔 (cell cavity) と呼んでいる．この細胞腔内には植物体の生命保持に，重要な基礎物質である原形質[12] (protoplasm, Protoplasma) が包蔵されている．このような細胞の集合体は，一般にこれを組織 (tissue, Gewebe) といっており，木材はいろいろ違った細胞の集合体であるから，種々違った組織の集まりと考えてよい．

　木材を構成する細胞は，その若い時代には，生活に極めて重要な原形質の構成要素たる原形質体 (protoplast) から成り立っている．この原形質体は，核膜で境された核質と，同じような物質であるが，核に比較してやや粗な膠質状物質の細胞質 (cytoplasm, Zytoplasma) と，いろいろな色素体 (plastid, Plastid) と，ミトコンドリア (mitochondria)* 等から成り立っている．

　細胞には一般に核と細胞質とが，常に存在しているものと考えられているが，ある種の細胞ではその存在が甚だ不明確な場合がある．

　細胞内には固体あるいは溶解した状態で，植物体の生産物質が貯えられている．例えば糖類，澱粉，イヌリン等の炭水化物，油脂等である．なおこれらの他に，植物体内の代謝物質例えばタンニン，有機酸，色素，もしくは種々な種類の結晶物等の存在することがある．また一般に植物細胞の膜壁は，細胞腔に存在する原形質体によって形成された後生質 (metaplasm)** によって1～数層から成り立ち，多少硬化しているのが普通である．要するに細胞膜は原形質体を包蔵する箱または袋の役目をしているのである．

---

(12) 猪野氏は原形質及び原形質体に対し，次のように解説をしている．"生物の生命現象は，その基礎を原形質という動的にして，また不一様な好水性物質である特殊な生命をもつ物質中に置いている．生物体のこの原形質は，必ずある単位量ずつに，なんらかの形で区画されている．この区画された原形質の小塊を原形質体または原形体 (protoplast) といい，これを生物のからだの基礎単位としている"〔猪野俊平：植物組織学 (1955)〕

　* ミトコンドリアは色素体と同質のものであるが，とくに形の小さい色素体のことである．（上記の (12) 猪野—p.78 参照）

　** 細胞内には原形質の生成物，貯蔵物，排泄物等であるところの澱粉粒，糊粉粒，種々な結晶体などが存在する．こういったものは生命のある物質ではなく，原形質の後からつくられたもので，これを後生質 (metaplasm) といい，また単に細胞内に含まれているものであるから，細胞内含有物 (cell content) ともいわれている．（上記の (12) 猪野—p.83 参照）

II 木材を構成する細胞の発生と増大

　木材を構成している細胞は，未熟な細胞からしだいに成熟してできた細胞であって，木材を構成する細胞がいかにして発生し，どのように経過してきたかを論じることは，後述の木材がいかに増大するかということと，極めて関係が深い．

A. 細胞発生の状態

　いかなる種類の植物細胞も，決して偶然に発生するものではなくて，以前から存在していた細胞の分裂作用によるか，もしくは受精作用を通しての，細胞の発生現象によるものである．

　植物体が融合によって新しい個体を形成する場合は，性別の伴う受精 (fertilization) によって行われる．受精による場合の核は，次代に引継ぐべき遺伝質を具え，各両親の細胞から得た遺伝質を，そのまま遺伝するものである．従って木部は直接には，細胞分裂を通して造成されて行くのであるが，間接には受精作用から生れる種子の形成によって，有機体として生命を長く継続して行くことができるわけである．

　細胞分裂は核が直接二つに分裂する場合と，間接に分裂する場合とがある．前者を直接核分裂 (direct nuclear division, direkte Kernteilung) または 無糸核分裂 (amitosis, Amitose) といい，下等な植物に普通行われるが，高等植物でも稀に見られることがある．そしてこの場合の核は啞鈴状となり，その中央から分離し，新細胞膜が娘核 (daughter nucleus, Tochterkern) の間に形成される．後者は高等植物において極めて普通に見られる分裂法で，間接核分裂 (indirect nuclear division, indirekte Kernteilung) または有

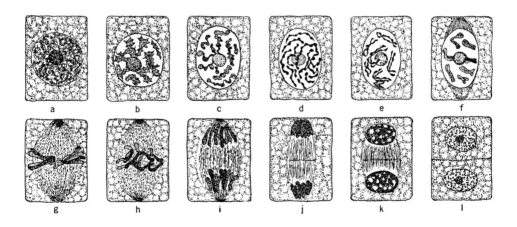

図 10. *Najas marina* の根端細胞における核及び細胞分裂の順序の模式図 (Müller・猪野)

糸核分裂 (mitosis, Mitose) といわれ，核分裂に引き続き細胞分裂が行われる．その有様を図10によって説明しよう．

1. 核が分裂する時期になると，aの休止核内に変化が生じ，染色粒 (chromatin, Chromatin) や核糸 (spireme, Spirem) が集合を始め，bのように不規則な塊状を呈するようになる．

2. これがしだいにcのように紐状になり，dのように変る．この紐状のものはこれを核紐といわれる．

3. この核紐はさらにeのように明瞭な凝集体となる．これを色素で染めるとよく染まるところからこれを染色体 (chromosome) といい，これらの染色体は植物の種類に応じ，それぞれその数が一定し，なおその上にそれぞれの染色体の大きさ，形等まで一定している．これは明かに個体性 (individuality, Individualität) を示すもので，遺伝現象に対する要因と考えられている遺伝子 (gene, Gen) が，この染色体の中に存在しているのである．（図10のb～eまでの変遷期を一般に前期とされている．）

4. 前期の終り頃になると，これらの染色体は縦の方向に2本に分裂し，しだいに太くかつ短くなる．また核外の極の所に糸がfのように生じてくる．この両極の糸はその形状から 極冠 (polar cap, Polkappe) の名がついている．

5. さらに進行するとgのように核膜 (nuclear membrane, Schliesshaut) も仁 (nucleolus, Kernkörperchen) も共に消失し，極冠の糸は核内に発達し，また一部の糸はそれぞれの染色体のいずれか一定の所に付着し，2本に分裂した各々の染色体を，両極へ引張ろうとする牽引糸 (traction fiber, Zugfaser) となる．この際，他の一部の糸は両極から伸びて，牽引糸と出会い両極を連結することになる．従ってこの場合の糸を連結糸 (connective fiber, Verbindungsfaser) といい，またこの連結糸は両極部からしだいに拡張し，中央部で最もよく拡っていて，形が紡錘状を呈しているところからこれを紡錘糸 (spindle fiber, Spindelfaser) という．なおまたこの全体を紡錘体 (spindle, fusiform body, Spindel) と呼ぶ．（図10のf～gまでの変遷期を一般に中期とされている．）

6. 中期に達すると，hのように染色体は核の中央面，すなわち，赤道面に相当する所へ移動する．この場合の中央配列部を核板 (nuclear plate, Kernplatte)，または赤道板 (equatorial plate, Aequatorialplatte) という．

7. 次に縦裂した染色体はiのように各半数ずつに分離し，牽引糸によって両極に引張られ，jのように，ついに半数ずつの染色体群は，両極に集合する．（図10のh～jまでの変遷期を一般に後期という．）

8. 後期が終了すると，両極に集まった染色体は，最初休止核に生じたと同じ変化がちょうど逆に行われ，kのようにすべての染色体の輪郭は，不明瞭になり牽引糸が消失し，連結糸だけが残る．

9. 次に輪郭の不明瞭な染色体の周囲に核膜が現われ，lのようにその中に仁が生じ，休止核の場合と同じ状態の2個の娘核 (daughter nucleus, Tochterkern) ができる．この時期に達すると両娘核間の中央に，いわゆる，細胞板 (cell plate, Zellplatte) が現われるようになる．その後この細胞板は2枚に分離し，両娘細胞の膜を形成することになり，その中間に細胞質の作用から 中間層* (middle lamella, Mittelamlle, 中葉) ができ，ここに新しい完全な2個の娘細胞 (daughter cell, Tochterzelle) を境することになる．

B. 細胞増大の様相

木材を構成する細胞の生活を通して，顕著な様相の一つは細胞の増大ということである．

---

* 本書 p.44 参照．

細胞の増大が認識される時期に達すると，原形質体は1次膜によって包囲され，細胞分裂の際の原因から，細胞の形なりまたは大きさに，ある程度の変化が生じ，その上細胞膜の厚さにも厚薄が生じてくる．そしてここに造成された細胞は，成熟した組織の有形的な一部分になるのである．

この場合，一般に細胞の大きさが増大して，数倍から，時には数百倍になることさえあるといわれている．このような環境の下では，1次膜＊及び中間層がより薄くなり，時として細胞全体に著しい変形が起ることがある．しかしもしもその細胞が制止することなく，すべての方向に向って，増大するものとするならば，表面の生長は全体の細胞膜の表面に相応じて，一様に進行するに違いない．

しかし実際には増大し得る細胞も，木材組織における構成単位として，そう長く増大作用を続けるものではない．何となればこの場合細胞相互間に，著しい圧力が生じるからである．換言すれば組織のもつ圧力によって，相互に牽制し合い，調節し合うようになるからである．実際の場合の面積生長は，細胞膜のある部分に限られて起るかもしれない．

そしてこのように成熟した細胞は，かつて存在していた幼少時代の細胞と比較して，全く違った形や大きさを呈するであろう．例えば一樹木において養分あるいは樹液等が半径方向へ，あるいはまた幹の上部へというふうに，与えられた方向へ，導かれる時に関係するそれぞれの細胞は，一般にその流れの方向に長く伸びるのである．

なおこの種の例は放射組織においても，また認めることができる．すなわち，放射組織の構成細胞は樹軸に対して水平に，しかも半径方向に長く伸びているのである．そして放射組織相互の間に介在する縦方向の，とくに辺材部の細胞における樹液の通導は，常に樹木の上方に導びかれるのを認める．このような細胞はしばしば縦方向に甚だしく長く伸び，また木繊維の場合を見ても，その長さはその幅に対して100倍，稀にはそれ以上の長さにまで達することがある．

水分は細胞の増大作用にとって，極めて重要かつ欠くことのできないものである．容積を急に増大したような組織では，常に水分の流動作用が活発であったに違いない．何となれば組織の一部は，その組織を構成している細胞の原形質体そのものが，殆んど水分から成立していることと，また他の一部は，それらの細胞の増大するのに伴って，細胞液を貯えることのできる細胞腔に，発展すること等によって，推察し得るからである．

しかし原形質体そのものは，細胞腔の容積の増加に伴い，水分を充分に貯蔵することが，しだいに困難になるから，それらの細胞はその未熟の初生時代にあった時のように，原形質で完全に充満されることがなくなる．しだいに増大する植物細胞が，ついにその最後的な大きさに達する時に，しばしば空胞（vacuole, Vakuole）は大きさを増し，空胞相互の間の癒合が始まるようになる．

＊ 本書 p.44 参照．

このような状態になると，僅かな原形質の存在する核は，膜の一方に偏して拘束される．またある場合，原形質は細胞の中央部に，空胞膜によって保持されることもあるかも知れない．細胞中の空胞の増大及びその原因については，その場合の滲透圧を追究することにより了解することができる．

細胞液（cell sap, Zellsaft）には，種々な有機酸及び塩類が存在する．またある結晶質をもっている場合には，滲透圧に対しその負担に応じる，作用のあるものもある．すなわち，その細胞膜の外部からの水を吸収し，またその吸収水を空胞中に貯えることができる．空胞が増大するに従って，原形質体の周辺の部分が，細胞膜に対して緊密になるから，著しく圧迫を受けることになり，そこに膨圧（turgor, Turgor）が起る．その結果細胞膜の中の薄い1次膜を支えるための応力が生じる．またそれによって1次膜は拡げられるか，あるいは生長するか，恐らく両方であろうと思われるが，いずれにしても1次膜は，その表面積を増加するようになる．

このようにして，細胞は外部からの圧力に対し，それ自身適応する状態に置かれる．いいかえれば細胞は形の変化をなし，ある程度の生長をなすものと見られる．しかし多くの理由から細胞の大きさは，ある程度の限界内に制限を受け，無制限に大きくなるものではない．以上の空胞が容積を増加するに従って，細胞液はうすめられ，またその滲透圧もそれに相応じて減ぜられる．なお滲透圧に適応し，かつ関係のある物質は，細胞膜形成の過程中に，確かに原形質体から移動させられる．

1次膜の表面生長が，多少弱くなったか，あるいは殆んど停止したような細胞では，膜に弾力性をもっているから，細胞の増大に伴ってこの膜の張力が増加し，逆にこの張力が細胞の増大を，阻止することにもなるのである．何となれば，この細胞に直接関係する，隣接細胞からの圧力が，作用するからである．結局，最後の細胞の大きさというものは，いうまでもなく限度はあるが，これらの相互の力の均衡いかんによって左右され，どのようにでもなるといえる．

ある種の植物の大型細胞は，いかにして出来るか，この問題に対しては次のように思考される．すなわち，原形質体のその後の生長によるものか，あるいは滲透圧を維持する所から，一様に高められることによって生じるものか，あるいはまた未完成の大形細胞の分裂作用によるものかの中の，いずれかではないかと思われる．いずれにしても，前述の1次膜の表面積増加が，進行するというこの現象は，単に推理のほかはない．

なお別に微細構造の上から，表面積増加の現象を説明しようとする考え方がある．それは1次膜が相互に引っ張り合っている，無数の超顕微鏡的微粒子（ミセル）*から成立し，これらの微粒子相互間は，水のうすい膜で分離させられている，という考え方である．

いま膨圧が発達する時，細胞の内部には圧力が生じ，それによって1次膜が拡張され，そ

---

* 本書 p.69 参照．

こに存在する微粒子相互の間隔が，広く分離させられる．従ってそれだけ水の薄膜は，その厚さを増加することが想像できる．

さらにまた，原形質体の作用から新しい微粒子が古い微粒子の間に挿入され，従って表面積が増加するという見方もある．これは1種の吸収説で，この吸収説（intussusception theory）は全く推測の上に，その基礎が置かれているけれども，1次膜の面積生長の説明をする，一つの手段としては，まことにつごうのよい考え方である．

III 細 胞 膜

A. 細胞膜の構造

植物体が各種の細胞から構成された集合体であり，そして細胞がその形態を保持しているのは，細胞膜（cell wall, Zellwand）があるからである．細胞膜の形成された当初は極めて薄く，しかも軟弱であるが，その内面や表面に新しい微粒子が追加されて厚さを増す，いわゆる肥厚生長をすることによって細胞膜はしだいに強化され，植物体全体が強固に維持されるようになる．

木材の構成細胞の細胞膜は図11に示すように，隣接細胞との間には中間物質の

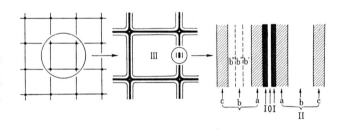

図 11. 細胞膜の模式図（山林）
最左側は横断面上の9個細胞，中央の図は最左側の中央円内の拡大，最右側は中央の円内の拡大，0は中間層，Iは1次膜，IIは2次膜（aは外層，bは中層，cは内層），中央円中IIIは内腔．

層が存在し，これを中間層または中間膜（middle lamella, Mittellamelle）と呼んでいる．この中間層を挾んで1次膜が存在し，そしてこの1次膜は常に2次膜を伴っている．

中間層は光学的等方性（optical isotropic）であるのに反し，1次膜及び2次膜は光学的異方性（optical anisotropic）であって，両者の物理的性質は同じではない．また前者の化学的成分は主としてリグニン（木質素，lignin, Lignin）から出来ているのに反し，後者の成分は，本質的にはセルロース（繊維素，cellulose, Zellulose）であるが，ある程度木質化[13]していることが知られている．

ここに注意すべきことは，従来以上の中間層と1次膜とを区別しない一つのものとする考え方と[14][15]，区別する考え方[16]との存在することである．この点について著者は middle lamella を狭義に解釈し，1次膜から切離して取扱うことを適当と考えている．

第2章 木材を構成する細胞

以上に細胞膜の構造について概要を述べたが，さらに中間層，1次膜及び2次膜等の性質につき説明すると次のようである．

1. 中間層

この中間層 (intercellar layer, Mittellamelle) (図11の0) は細胞分裂の際の細胞板から，生成される細胞間層で，相接する細胞間には，非結晶性の物質が存在し，極めて薄い層を形成し，常にその1部はしだいに，1次膜に移行するものと考えられている．一般に初生組織は pectin 質から出来ているが，後生組織の老成したものでは，主として lignin からなり木質化している．しかしいずれの場合にあっても cellulose を含まない．従って偏光顕微鏡の直交ニコル下では暗黒で，光学的には等方体であることを示している．

2. 1次膜

1次膜 (primary wall, Primäre verdickungs Schicht, Primärewand, 初生壁, 初生膜) (図11のⅠ) は一名原生膜 (cambial wall) ともいわれ，発生学的には原生組織

---

(13) 河村，樋口の両氏は次のように述べている．リグニンを未変化の状態で，木材から単離することは極めて困難であるため，諸性質は明かではないが，C_6—C_3 系物質の縮合体と考える考え方が有力である．リグニンの植物体内における生成については Freudenberg 氏の説がある．すなわち，同氏は coniferylalcohol に phenoldehydrogenase を作用させて得た脱水重合体 (DHP) は，spruce lignin と性質が極めてよく類似しており，さらに植物体にはこの酵素と同じ phenoldehydrogenase 及び β-glucosidase が存在することより，針葉樹の形成層及びその附近の組織中に存在する coniferin から，リグニンが生成されるとしている．〔河村一次・樋口隆昌：パ技協誌，11-pp.88〜95 (1957)〕

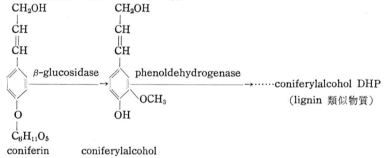

(14) Brown, Panshin 及び Forsaith 氏等によると，中間層と1次膜とを区別せず，両者を複合した層として取扱い，これを複合中間膜 (compound middle lamella) といい，または単に中間膜といって middle lamella を広義に解釈している．〔Brown, H.P., A. J. Panshin, C. C. Forsaith : Text book of Wood Technology, p.85 (1949)〕

(15) また長友氏のアカマツ材の仮導管を 60% H_2SO_4 及び 17.5% NaOH によって膨潤処理を行い，光学顕微鏡による膜構造の観察をし，1次膜と中間膜葉（中間層に当る）とは同様に行動をするので両者の区別はでき難いとしている．〔長友貞雄：The wall structure of tracheid with special reference of its layers, 植物学雑誌，Vol.LXV, No.765〜766, pp.43〜50(1952)〕

(16) Bailey 及び Kerr の両氏はやはり針葉樹材の仮導管細胞膜について中間層と1次膜とを明確に区別することを妥当としている．〔Bailey, I. W. and T. Kerr : *Jour. Arnold Arboretum*, Vol. XVI, pp.273〜300 (1935)〕

(meristem) から由来している膜壁で，分化するに伴いしだいに変化する部分である．主として cellulose から出来ていて 70～95% の硫酸とヨード液とで青色に変り，また塩化亜鉛ヨード液では紫色を呈する．なお1次膜は cellulose 以外に著量の hemicellulose をも含んでいる．

3. 2 次 膜

2次膜 (secondary wall, Sekundärewand) (図11のⅡ) は細胞膜の主体をなす部分で，その化学的成分は主として cellulose* であるが，他に lignin 及び hemicellulose を含み，とくに2次膜のうちの外層は薄い層であるが，かなり多量の lignin が存在する．

なお図11のⅡ及び図28に図示するように，一般にこの2次膜はさらに区分してaを外層，bを中層，cを内層の3層に分けられている．Bailey 氏[17]の観察によると，仮導管，繊維状仮導管及び真正木繊維等の細胞における内層と外層とは，細胞の種類を問わず，比較的一様な厚さをもっているのに対し，中層は厚さが比較的厚く，この厚さの変動から2次膜の厚さが影響されるといっている．

また稀に内層部に膠質化した部分の存在することがある．以前この膠質化の部分はとくに3次膜 (tertiary wall) と呼ばれたこともあるが，現今では3次膜は認められず，2次膜の1部分とされている**．

また Record, Bailey 及び Kerr 等の諸氏は，以上の中層の部分をさらに区分して，b'を第1層，b''を第2層，b'''を第3層に区別している．図11のⅢは細胞腔または内腔と呼ばれる部分である．

以上のように法正な細胞膜の分け方としては，中間層，1次膜及び2次膜の3層であるが，しばしば普通の仮導管，繊維状仮導管または真正木繊維の2次膜に遇発性の多層膜 (multiple layers) を有する場合がある．この時は色素の処理によって，多層部を染め分けることができる．

Bailey 氏によると，これらの染め分けは，異方性の cellulose の配向における，変化には関係せず，むしろ lignin の含有量の相違，または非繊維素物質の配列の変化によるものとしている．従って普通の仮導管，繊維状仮導管及び真正木繊維等に，存在する異方性の層は，非繊維素物質を除去することによって，膜における筋目が目立ち，この関係を充分に強調させ得るわけで，図12は光学顕微鏡によって得られた，2次膜における多層膜の横断面で，以上の事情をよく説明している．

---

(17) Bailey, I. W.: Contributions to Plant Anatomy, pp.74～75 (1954).
  * 2次膜の化学的成分は，従来これを lignocellulose であるとせられたことがあるが，これは誤りで，現今では主体は殆んど cellulose であるとされている．
 ** 膠質化の問題は別として，電子顕微鏡の出現により，最近3次膜の存在を，提唱されようとする傾向が，強くなって来たことは注目すべきである．

B. 細胞膜の木質化

樹体を構成する細胞について顕著なことは，細胞膜の木質化 または 木化（lignification, Verholzung）の現象のあることである．この木質化という言葉は，一般に lignin が膜壁中に沈積すると，細胞膜が一そう堅牢性，強靱性を増すのであるが，この事実から普通この言葉が用いられている．木質化される以前の成熟した細胞の膜壁は，殆んど大部分が cellulose であって，その分子式は $(C_6H_{10}O_5)_n$ である．

lignin は細胞膜の中で形成されるのであるが，これは既存の cellulose が，化学的に変化するのではなくして，全く新しい産物として，lignin がこの cellulose の微粒子間に，沈積するものと考えられている[18]．

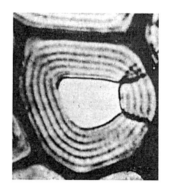

図 12. 光学顕微鏡によって見られる2次膜多層の横断面（Bailey）

多くの化学者によると，木材の構成細胞（中間層をも含めた場合）は約 50% が cellulose，約 25% が lignin，そして 1% 以下が無機物，残りの 24% は hemicellulose 及び種々な種類の抽出し得る物質であるとされている．

被子植物の lignin の含有量は，裸子植物におけるよりも少なく，約 30% に対して 20% である．ところが hemicellulose の方は逆に 23% に対し 26% でやや多くなっている．

古くは 2 次膜は他の部分よりも，lignin の含有量が多いと考えられていた．ところが Ritter, Bailey 及びその他の研究者等は，中間層が最も多く lignin を含むことを発表し，また中間層に沿って存在する 1 次膜は，かなりの lignin 量が存在し，2 次膜が以上 3 種の膜の中で最も lignin が少ないことを述べている．

細胞膜の木質化の現象は，原形質の活動している間だけに行われ，細胞が死ぬともはや行われない．そしてこの木質化の進行を見ると，中間層と 1 次膜とが最も早く完了を見，2 次膜の木質化は遅れる．換言すれば，細胞膜における木質化は，求心的に進行するのである．

木部における木質化は，通常形成層の背後で，比較的早く完了され，普通新細胞が最後の

---

[18] 1植物群と他の植物群との間に，lignin 含有量の相違が存在する際，例えば裸子植物と被子植物とにおけるような場合には，ある試示薬によって両者を区別することができる．この相違はモイレの反応の如きをいう．

　モイレの反応とは 1900 年に Mäule 氏によって発表されたもので，その要点は過マンガン酸カリ溶液，稀塩酸，強アンモニアを以って順次材面を処理すると，まず過マンガン酸 カリにより，材面に生じる二酸化マンガンが塩酸に働き，塩素を化成し，塩素化された lignin がさらにアルカリによって広葉樹材の場合は紅色または深紅色を呈し，針葉樹材の場合は暗褐色または黄褐色を呈する反応をいう．　　〔Scharma, P. D.: The Mäule reaction as a means of distinguishing between the wood of Angiosperms and Gymnosperms, *Jour. Forestry*, Vol. 20, pp. 476～478 (1922)〕

大きさに達する時期，いいかえれば2次膜の厚さが，最後の厚さに達すると，殆んど同時に木質化の完了が認められるようになる．この事実は一般に辺材部が心材部に比して，幾分多くの水分を含有するにもかかわらず，辺材部が心材部とあまり大差のない程度の強さを，有することを説明している．

しかしながら，一方細胞膜における木質化の進まない場合もないではない．これは木質化の必要のない場合であって，例えば2次膜をもたない篩部の柔細胞や，柔細胞といっしょに存在していた篩管が，潰滅してしまった後で永く生存するため，柔細胞としての作用を続けて木質化が行われない．しかしこれらの内のあるものは，一様に大きさを増加して行くことがある．この場合これに続いて2次膜が形成され，中間層と1次膜とが木質化して行くことがある．もしも木質化しない細胞が活きて残る時には，後になってから新しい状態，もしくは特別な条件のために，木質化の現象を惹起することがある．

C. 細胞膜の膨潤構造

celluloseに対して強烈な膨潤（swelling, Quellung）作用を与える酸化銅アンモニア溶液や，カセイソーダのようなcelluloseに対する膨潤剤の作用は，細胞膜における各層のcellulose含有量によって差異がある．すなわち密度が相違することから，反応速度が各層によって違うわけである．

また各層は反応に応じて，それぞれ相違した構造を現わすが，それらの構造中とくに顕著なのは球状膨潤（spherical swelling, Kugelquellung）である．これは反応に与った部分が球状に膨れ出し，その球が相連なって念珠状を呈する現象である．すなわちWiesner[19]氏によって，ワタの種子の毛の表面を蔽うcuticulaは，酸化銅アンモニア液では容易に溶解し得ないが，その内部にあるcelluloseの層の膨潤によって破裂し，内部のcellulose層はその間隙から突出して球状体を形成すると共に，cuticulaは球体と球体との間に集まって，繊維をしめつけ，縊り，その結果あたかも繊維全体が，念球状に膨潤する現象をいうのである．小原[20]氏等はブナの木繊維における，細胞膜の膨潤作用について，次のように報告している．

(1) 原生膜（1次膜）の亀裂，
(2) 2次層（2次膜）の裂罅部からの突出，
(3) 原生膜の収縮，

等のことから球状膨潤の順序による膨潤機構が明かに見られた．またこの球状膨潤の現象は，表面の難溶部分の存在とともに，重要な原因は膨潤剤作用の強弱と，2次層の膨潤の難易であって，膨潤剤が強力であり，表面の層が難溶で，2次層の膨潤が容易な場合には，多くの

---

(19) Wiesner, J.: Einleitung in die technischen Mikroskopie, Wien (1867).
(20) 小原亀太郎・岡田金正：人絹界，10月号 (1939)．

繊維において，球状膨潤を与えることができる．それ故同一の繊維であっても，以上の関係から球状膨潤の起り得る場合と，そうでない場合とがあると述べている．

木材繊維，ことにパルプ繊維を viscose 化する場合にも，同様な膨潤現象が起るので，膨潤に関しては，木材の利用上かなり古くからの研究課題として，取り上げられて来たし，植物細胞膜の微細構造に関連して，現在もまだ多くの問題が，未解決のままで残されている．

D. 細胞膜の増厚

1次膜の生じた新細胞は，原形質体をその内腔内に包蔵していて，原形質体の生命力によって，2次膜の完成にまで発展するのであるが，原形質体の消失した細胞は，もはや細胞膜の増厚作用にあずかる力がない．また2次膜の形成が終了すると，新細胞の増厚作用は，その必要がなくなり停止する．

新細胞が生長するに従って，表面積も増加し，この場合にはこの生長を増面生長（growth in surface, Flächenwachstum）という．この増面生長によって，新細胞がある大きさに達するが，この増面生長の完了後，膜厚が増厚する．この場合の後の生長を称して増厚生長（growth in thickness, Dickenwachstum）といっている．

細胞膜がいかにして増面生長をし，増厚するかについては次の二つの理論がある*．

(1) 填充生長説(intussusception growth theory, Intussuszeptions=wachstum=theorie)——この説は Nägeli 氏の提唱したもので，既存の細胞膜の中へ，新しい膜質である微粒子が追加的に滲み込み，そのため細胞膜の面積と，体積とを増してゆくというのである．

(2) 添加生長説 (apposition growth theory, Appositions=wachstum=theorie)——この説は Peyen, Moll 及び Strasburger 等の諸氏が，提唱したもので，細胞の内腔面の上に，新しい膜質である微粒子が，しだいに添加され，膜が増厚するというのである．

Sponsler 氏** は添加生長説を認め，原形質と細胞膜との相接する面で，葡萄糖の分子が脱水された後，既成の繊維素膜における，結晶分子の力によって，一定の配列をとり，しだいに増厚するという．しかし猪野氏*** は，すべての植物の細胞膜の生長が，単に一つの方法だけで，行われるものとは，考えられないから，むしろ以上の両者が相俟って，同時に行われるものと，考えた方が妥当であるとしている．

以上の填充生長説にせよ，また添加生長説にせよ，いずれにしても原形質体の活動の時期の相違，細胞そのものの性質，及び遺伝質等のために，原形質体から生産される膜質である微粒子に，著しい差異が生じ，細胞膜における増厚程度も一様ではない．従って2次膜の増厚については，極めて薄い膜のこともあれば，これに反して甚だしく厚膜の生じることもあって，その新細胞の相違により，大きな差異が認められる．

---

* 本書 p.38 に前出の (12) 猪野—p.100.　　** 本書 p.73 に後出の (44) Sponsler—p.329.
*** 本書 p.38 に前出の (12) 猪野—p.101.

一般に通導作用にあずかる厚膜細胞のような，通水作用と強固作用とを兼ねた細胞の如きは，膜厚のかなり厚い2次膜をもつことになる．例えばナラ材の構成要素中，縦型の撚糸状柔細胞 (parenchyma strand)* は，比較的薄い細胞膜をもっているのに引きかえ，一方細胞腔の極端に狭小な，真正木繊維 (libriform wood fiber)** は著しく厚膜である．

　次に細胞膜の生長を肥厚方向の見地から見ると，次のように二つに分類することができる．

　(1) 求心的肥厚 (centripetal thickening, zentripetale Verdickung)――これは細胞膜が細胞の中心に向って，生長して行く最も普通の場合である．殆んどすべての細胞は，肥厚の程度の差こそあれ，求心的肥厚によって，細胞膜が増厚されるのが一般である．内部への肥厚が，細胞膜全体に，顕著に行われる時には，厚膜細胞 (sclerenchyma) となり，またこれが部分的に不均一に行われた場合には，細胞膜に凹凸部が生じ，いわゆる紋孔となって現われることになる．

　(2) 遠心的肥厚 (centrifugal thickening, zentrifugale Verdickung)――これは細胞の外面へ向って，細胞膜が肥厚して行く場合で，例えば胞子や，花粉のような遊離細胞 (free cell) の場合がそれである．直接外気に露出している細胞に，極めて普通に見られる現象である．

E. 細胞膜の螺旋紋

　特定な樹種に限り，その木材を構成している細胞中には，2次膜が肥厚するばかりでなく，細胞腔の内面に，図13に示すような，螺旋状の肥厚部を生じることがある．この種の肥厚部を螺旋紋または螺旋状肥厚部 (spiral thickening)，もしくは螺旋状肥厚帯 (spiral band) 等といい，以前はこの部分を3次膜として取扱われ，2次膜から明かに区別されたこともあるが，現今では2次膜に存在するものとされている．

　螺旋紋の方向は，常に時計の指針と反対回り，すなわち，左回りで，かつ螺旋状に上昇しながら，細胞腔内の表面に拡がっている．これを縦断面で観察すると，細胞膜の重なった部分は，しばしば網目状に見えることがある．これは肥厚部が観察者に対して，左回りであるのに，観察者側から見て，この細胞膜の向い側にある肥厚部は，反対方向に存在するからである．プレパラート*** (Präparat, 永久標本) では切片の細胞膜は透明に見え，レンズは焦点に深みを与えるから，違った方向のものが重なって，上記のような網目状に見えることになる(図13のe)．

　これらの螺旋紋は，普通の導管あるいは仮導管のような，紡錘状細胞の膜壁に，見られるものであるが，なお放射組織の細胞中にも，時として見出されることがある．例えばカラマツの放射仮導管壁****において見るような場合である（図13のf）．

---

　　*　本書 p.151 参照．　　**　本書 p.144 参照．　　***　本書第7章 p.244 参照．
　****　本書第3章 p.104 参照．

螺旋紋は一般に，細胞膜全体に拡がって，存在するのが普通であるが，必ずしもそのようでない場合もある．例えば北米産の Red gum の導管壁における螺旋紋は，図13のaのように，導管細胞の先端の舌状部のみに存在し，またある種の針葉樹材の仮導管に限り，その膜壁上の螺旋紋が，その細胞の先端部の方にまで拡がる傾向をもっている．

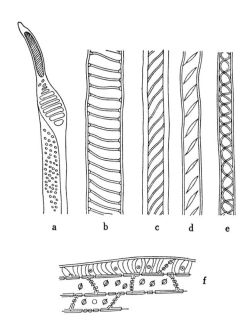

図 13. 細胞膜の螺旋紋の種類（山林）
a—導管細胞の先端の舌状部の螺旋紋
b—最も普通の螺旋紋
c—鋭角度の螺旋紋
d—螺旋状裂罅
e—重なって見える場合の螺旋紋
f—放射仮導管における螺旋紋

螺旋紋の傾角度は，特定の樹種について，ある程度の傾向は認められるが，かなりの変異が存在し，固定的のものとはいえない．従って幾分か樹種相互の識別的意味をもつとしても，これを絶対的な拠点とすることは不適当と考えられる．

一般に細胞膜が厚ければ厚いほど，また細胞腔が狭ければ狭いほど，ますます螺旋紋は膜壁に対して鋭角をつくる(図13のc)．このため年輪界に近い秋材部細胞の螺旋紋は，春材部の細胞におけるものよりも，その側膜に対する傾角は急，すなわち，鋭角であることはいうまでもない．事実，それらの秋材部細胞は厚膜であり，狭小な細胞腔をもつのが一般である．

なお螺旋紋の肥厚線間の間隔が，ある樹種では，固定された傾向の認められることがある．このような場合には識別上の参考拠点としてある程度役立つ．

次にとくに注意を要することは，肥厚による螺旋紋と，孔隙または裂罅による螺旋紋とが，かなり酷似する場合のあることである．このような時にはよく注意し，混同してはならない．

肥厚による螺旋紋の存在する時は，細胞の側膜とのなす傾角度は一般に45°以上のことが多く，むしろ図13のbのように鈍角であるが，これに反して，螺旋状裂罅 (spiral crack, ひび)，もしくは螺旋状孔隙の存在する場合は，一般にその傾角度は急である．

前者の場合の肥厚線は細胞腔の内壁に生じるから，検鏡の際焦点を正確に合せることにより，その映像を捕えることができるが，後者の方は明かに2次膜，または複合中間膜の裂け目であって，一見螺旋状に見えても，その形はむしろレンズ状で，裂け目の中央部と先端部とに，厚さの相違の見られることが多い (図13のd)．

これに反し，肥厚による螺旋紋の場合は，線そのものの幅はほぼ一様である．例えばイチイの仮導管に存在するものは，正常の螺旋紋であるのに対し，ビャクシンに存在するものは螺旋状孔隙に類するものである．また広葉樹材の導管細胞膜の内壁に，極めて細微な条線をもっているものがある．正常の螺旋紋が比較的明瞭に認められるのに反し，条線の方はおおむね水平で，しかも細微なために，正常の螺旋紋とは明かに区別ができる．

F. 細胞膜の紋孔

1. 紋孔と対孔

細胞相互間の物質の流動は，紋孔（pit, Tüpfel）によって行われる．ここにいう紋孔とは，2次膜に出来た凹みまたは間隙のことで，これらは原形質体によって2次膜の生じる際，物質の流動に役立つように出来た通路である．

図14のAは単紋孔の縦断面で，1は中間層，2は1次膜，3は2次膜，4は単紋孔，5は4の正面図，Bは単紋孔の対孔部の縦断面図で，1は中間層，2，3は1次膜，4，5は2次膜，6，7は紋孔で相互の対孔を示している．8は6，7の正面図．図14のA4，及びB6，7で見るように，2次膜に出来た凹みは，普通これを紋孔腔（pit cavity）と呼んでいる．

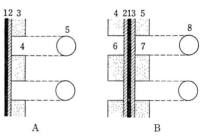

図 14. 単紋孔と対孔の模式図（山林）

紋孔腔の外端には極めて薄く張られた膜A1，2，B1，2，3，が存在し，これを紋孔膜（pit membrane）という．従って紋孔腔は，紋孔膜と細胞の空隙部とから出来た部分を意味している．紋孔膜は図14のA1，B1の黒色部及びA2，B2，3の斜線部分とから成り，前者は2個の細胞を結合させる，中間物質で占められている薄層であり，後者，すなわち，斜線の部分は，この薄層の両側に存在する1次膜である．従って紋孔は個々の細胞の膜に形成されるもので，孤立して生じることは殆んどない．

一般に補充の紋孔が，中間層を界して，相接着する細胞の紋孔と，直接向い合う場合には，これを対孔（pit pair）が形成されるという．

以上のような対孔には単紋孔型対孔，重紋孔型対孔，及び半重紋孔型対孔の三つの型がある．

a. 単紋孔型対孔

これは一般に柔細胞*相互間に，認められる普通のもので，図15の1のように，紋孔膜の

---

* 本書第4章 p.149 参照．

両側の2次膜に向い合って生じる対孔で，これを正面から見ると，図15の2, 3, 4のような単一な孔口に過ぎない．この場合の対孔はこれを略して単に単紋孔 (simple pit, einfache Tüpfel) と呼ぶことが多い．この単紋孔は，柔細胞によって構成されている，放射組織の細胞壁はもちろんのこと，時として木繊維細胞の膜壁にも生じることがある．

b. 重紋孔型対孔

これは相接着する導管相互，あるいは仮導管相互間に，認められる場合の対孔で，図15の7, 9及び11のように，紋孔膜を境にして，両側の2次膜は伸びて，図示するような種々な様相を現わしている．これを正面から見ると図15の8, 10及び12のような重縁を作る紋孔で，この場合の対孔はこれを略して単に重紋孔 (bordered pit, Hoftüpfel, 重縁紋孔, 重縁孔紋) と呼んでいる．図15の5, 6は単紋孔と重紋孔との中間型のものである．

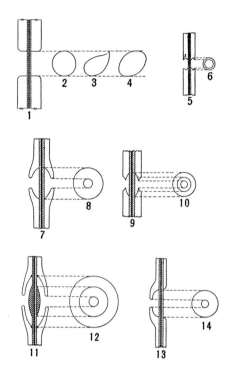

図 15. 各種紋孔の模式図（山林）

c. 半重紋孔型対孔

これは導管または仮導管のいずれかと，柔細胞とが相接着する場合の対孔で，図15の13のように，紋孔膜の左側は導管もしくは仮導管の重紋孔で，右側は柔細胞の単紋孔である．この際の対孔はこれを略して半重紋孔 (half bordered pit, semibordered pit, einseitige Hoftüpfel) と呼んでいる．

この場合放射組織を構成する柔細胞と仮導管とのなす接着面は，ちょうど直角に接合するから，これを直交分野 (cross field, ray crossing) または単に分野といっている．従ってこの分野はおおむね矩形または不斉の矩形を呈している．そしてこの場合，柔細胞の方は単紋孔，これに相対応する仮導管の方の紋孔は重紋孔で，図15の13, 14のようになる．また仮導管に類似の木繊維細胞と，柔細胞との相接着する時にも，半重紋孔の生じることが多い．

以上いずれの場合においても，木材を構成する紡錘状細胞 (fusiform cell, prosenchymatous cells) 相互間はもちろんのこと，柔細胞と紡錘状細胞との相接着する場合にも，生活機能を発揮している間は，これらの対孔が，細胞相互間の流動性物質の通路として役立っている．ことに柔細胞に生じる単紋孔が，専ら養分の輸送の作用をするのに対し，重紋孔の方は，主として通水作用に役立っているのである．

半重紋孔を正面から見ると，図15の14のように見える．以上紋孔とその対孔について概説したが，なお単紋孔及び重紋孔について，さらに具体的な説明を加えると次のようである．

2. 紋孔の種類

a. 単 紋 孔

これは図15の1の縦断面で見るように，紋孔膜から紋孔腔に向って進むに従い，一様な広さを保つか，あるいは極めて僅かに広くなっているか，もしくは逆に極めて僅かに，狭くなっている場合がある．いずれの場合にも，単一な孔以外には，なんら附随するものがなく，開口部は小径の孔口に過ぎない．

図16のAは石細胞（stone cell, Steinzelle）または硬質細胞（grit cell）といわれる細胞であるが，比較的厚膜の細胞膜をもち，単紋孔が存在する．これらの単紋孔は図示するようにしばしば分岐して存在し，2個あるいはそれ以上の紋孔の狭い紋孔溝が，細胞腔に近づくに従って，癒合して一本になるか，または他の方向へ，発達して結合するのを認める．この場合の紋孔を一般に，分岐紋孔（ramiform pit）という．

また柔細胞が集合して細胞間隙を作る場合，それぞれの内腔から，細胞間隙に通じる単紋孔の生じる場合には，図16のBのように紋孔は互に対孔をもたない．それ故このような単紋孔はこれを盲孔（blind pit, 偽紋孔）と呼ばれる．単紋孔は一般に木部柔細胞*（wood parenchyma）を特徴づける要素の一つと考えてよい．柔細胞の膜壁には単紋孔が常に存在し，その膜壁の相違から形や大きさの上に，著しい差異が認められる．例えば紡錘状細胞が柔細胞と相接する場合には，おおむね大型の単紋孔となるのが一般である．

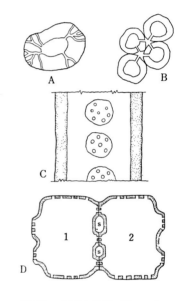

図16. 特種な紋孔（Brown）

単紋孔の配列は柔細胞の膜壁を通じて，全面的に全く一様に散点するか，あるいは他の細胞との，限られた接着面においてだけに，存在することがある．また稀に一小部分に，限定されて存在することもある．この理由については明確ではないが，恐らくこの部分は正常な厚さが形成されず，2次膜のある部分に，偏在した窪みの出来るためであって，その中に単紋孔が図16のCのように，集合的に存在する場合に，生じるものと考えられている．

またこのように集合した単紋孔の存在は，図16のDに見るように，分離状柔細胞（disjunctive parenchyma cell）の管状隆起部の端に認められる．この分離状柔細胞は，相対向

---

* 本書第3章 p.98，及び第4章 p.149 参照．

した細胞が，互いに小管状の隆起部で，連絡を保っているので，従来このような細胞を接合柔細胞 (conjugate parenchyma cell) といい，小管状の隆起を接合管 (conjugate tube) といわれたことがある．

この接合管の先端は，円形の単一穿孔からなるか，あるいは多数が集合して篩状のことがある．それでこの場合の集合した単紋孔を，とくに篩状紋孔 (sieve pitting) と呼んでいる．

以上は紡錘状柔細胞相互の場合であるが，兼次氏[21]は仮導管及び木繊維にも，認められたことを述べている．またその例は，おおむね硬重材に多く，アカガシ，ツゲ，イスノキ，ヤマボウシ，ヤブツバキ，クマノミズキ，アカシデ，リョウブ等に，しばしば現われ，なお熱帯産の樹種に多く，認められることを報告している．

b. 重紋孔

重紋孔は図17のAに示すように，単紋孔における場合と同様，gなる極めて薄い，弾力性に富む紋孔膜 (pit membrane)（中間層と1次膜との併合膜）の上に基礎が置かれている．しかし単紋孔における場合と，著しく相違する点は，2次膜が伸びてaなる紋孔睡 (pit-border, 輪帯) を形成し，bの紋孔室 (pit chamber) を作っていることである．

紋孔膜と紋孔睡とのつけ根の部分で，やや肥厚したiは，これを紋孔環 (pit annulus) という．これは紋孔膜における1次膜の肥厚部で，もしもこの紋孔環が存在しないとしたら，恐らく2次膜における凹みによって，紋孔膜が弱められるであろう．この弱体化を防止し，紋孔膜をより一そう強固にするために，役立つものと考えられる．

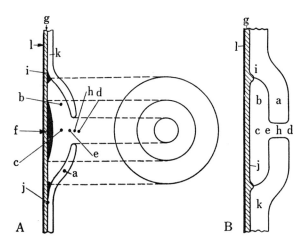

図 17. 重紋孔の各部の名称（山林）
a—紋孔睡（輪帯）　　g—紋孔膜（中間層と1次膜）
b—紋孔室　　　　　　h—紋孔溝
c—紋孔腔　　　　　　i—紋孔環
d—内側孔口　　　　　j—1次膜
e—外側孔口　　　　　k—2次膜
f—torus　　　　　　　l—中間層

図17のBのように，2次膜kの甚だしく厚い場合には，椀状の紋孔室bの開口部eと，内腔側の開口部dとの間に，ある程度の距離を生じることになる．この場合に紋孔室の開口部eを外側孔口 (out aperture, 外隙)，内腔側の開口部dを内側孔口 (inner aperture,

---

[21] 兼次忠蔵：木材識別法の基礎的研究（第3報），木柔細胞の形態，分布並に配列，日本林学会誌，Vol. 12, No. 10, p. 587 (1924).

内隙）といい，この両孔口間の h の部分を紋孔溝（pit canal）といっている．この紋孔溝の横断面は，全長を通じて一般に同形同大であるが，稀に内側孔口が拡張し，その長径が著しく長くなることがある．この場合それらの拡張度の相違から，種々な場合が存在する．

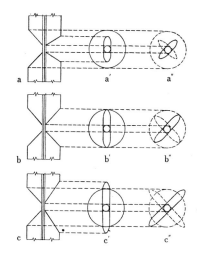

図 18．単紋孔のX状型対孔（山林）

図 18 の a′ は正面から見て，内側孔口の輪郭が扁平な漏斗状で，その上，外側孔口の輪郭内に包含された孔口である．この場合の孔口は，これを在内孔口（included inner aperture）といい，図 18 の b′ は内側孔口の尖端部が，ちょうど外側孔口の所まで伸びた場合の在内孔口で，あたかもネジ釘の頭の溝形に似ているところから，これを screw head と呼ばれることがある．

図 18 の c′ は正面から見て，内側孔口の輪郭が扁平の漏斗状で，その上，外側孔口の輪郭を超えた孔口である．この場合の孔口はこれを越外孔口（extended inner aperture）といっている．

もしも重紋孔型対孔で，その相対する補足紋孔が，斜めの開口部をもち，その長径の比較的長い場合には，紋孔溝の部分は図 19 の a, b のように，扁平な漏斗状を呈するのが普通で，その紋孔口がレンズ状のこともあれば，また線状を呈することもあって，必ずしも円形であるとは限らない．

そして紋孔口の狭くて長い場合には，対孔の相向い合う二つの紋孔口は，互いに反対方向に傾斜し，これが同時に見えるから，紋孔口が図 19 の c のように，

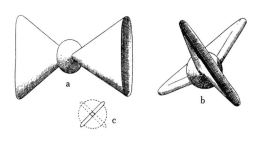

図 19．漏斗状紋孔とX状型対孔
(Eames and MacDaniels)

X状に交叉して見える．それ故これをX状型対孔（X figure pit-pair）という．このような対孔は正面から観察して，図 18 の a″, b″, c″ のように見える．

以上はほぼ同角度に傾斜し，交叉した場合の対孔であることを示している．図 15 の 11 及び図 17 の A の f において示すように，紋孔膜の肥厚した f の存在する時には，この紋孔はトールス（torus, 円節，円形肥厚部，円形突起）をもっている紋孔であるといい，torus 周縁の紋孔膜，つまり肥厚しない膜の部分，すなわち図 17 の j を，とくに閉塞膜＊（closing

---

＊ 塩化亜鉛ヨード（chlor-zinc-iodide）で染色すると，2次膜は黄色を呈するが，閉じられた紋孔膜は染色されずに残る．そのため重紋孔の輪郭を明瞭に認めることができる．

membrane）ということがある．この torus を正面から観察すると，円盤（discus）状で，幾分細微な凹凸のある縁辺をもち，また中心を通してこれを切断すると，その面は図15の11におけるように，プラノ凸面（planoconvex）状を呈している．

針葉樹材における2個の仮導管が相接着し，重紋孔が対孔をつくる場合には，図15の11のように torus をもつのが普通であるが，広葉樹材に存在する重紋孔には，図15の7のように torus を欠いている．また半重紋孔型及び単紋孔型の紋孔膜は，図15の1及び13におけるように，少しも肥厚しないのが一般である．

針葉樹材では Araucaria，及び Agathis の両属以外の他属のすべての樹種に，torus が存在している．この torus の生理学的な機構については次のように考えられている．

すなわち，torus を挟んでいる，両細胞間における流動性物質の，圧力差の存在する場合，torus は図20のBに示すように，圧力の少い方へ押しつけられ，一方の外側孔口を，閉塞し蓋の用をする．

このようにして孔口から入ってくる，流動性物質の高い圧力のために，左右のいずれへでも移動し，外側孔口を閉じ，通水作用に不均衡の来さぬよう，とくに適応した調節機構を，具えているわけである．このことは重紋孔のもつ大きな特徴と思われる．また生活力を失った心材部では，閉塞膜が弛緩し，torus は一方側に移行偏在し，外側孔口を閉じているのが普通である．

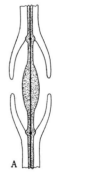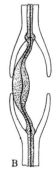

図20．torus の偏移（Brown）

従来 torus に関しては，形態学的にもまた生理学的にも，多くの研究結果が報告されているが，最近電子顕微鏡＊の発達に伴い，種々の新事実が発表されている．それによると torus の表面は，一見平滑であるかのように見えるが，これを電子顕微鏡による高度の拡大像によると，かなり大きな凹凸が認められている．

また torus と紋孔環との間の膜，いわゆる紋孔膜について Liese 及び Fahnenbrock[22]の両氏は，仮導管の重紋孔を，電子顕微鏡によって観察した結果，重紋孔の紋孔膜の構造は，torus を中心として放射状に走る，多数の Fäden（糸）によって torus を吊り上げており，糸と糸との間は間隙になっていて，木材の生活期間中，液体の流動は，この糸と糸との間の間隙を通して，行われると発表している．

原田氏＊＊は torus を中心とする閉塞膜の部分を，replica 法＊＊＊によって電子顕微鏡で観察し，その結果やはりこの"Fädenstruktur"説を提唱し，trous の縁辺は間隙のない膜で

---

(22) Liese, W. und M. Fahnenbrock : Elektron mikroskopische Untersuchungen über die Hoftüpfel der Nadelhölzer, *Biochem. et Biophysica Acta.*, 11, 2, s. 190 (1953).
  ＊ 本書 p.255 参照．　＊＊ 本書 p.66 に後出の (31) 原田—p.194．　＊＊＊ 本書 p.261 参照．

はなくして，torus の縁辺から紋孔環の方へ向って，多数の fibril* が放射状に走り，これらの fibril と fibril との相互の間は，間隙になっているとしている．

これに対して Frey-Wyssling 及び Bashard の両氏は，1〜2 年生の Picea 及び Abies の樹種から材料をとり，超薄切片の試料について電子顕微鏡的観察を行い，間隙は全然認められず，間隙の部分は Mikrofibrillen（微小原繊維）で閉鎖されていて，その中に幾つかの Mikrofibrillen の集合して出来た太い Haltfäden（支持糸）が見られる．また若い状態にある重紋孔は，torus の肥厚する以前に，1 次膜が形成されるのであると，発生学的な見方をしている．また torus の肥厚した部分も Zellulose=fibrillen から構成され，同じく fibril の配列が認められたというのである．なお同氏等は "Ultra=filter=struktur" 説を提唱し，紋孔膜の部分は fibril によって，密に網状構造で閉鎖されているというのである．著者は

図 21. エゾマツの重紋孔における torus の 1 部と周囲の fibril　　（原田）

1956 年に図 21 に酷似した電子顕微鏡による拡大像を得た．これによると Frey-Wyssling 氏の観察した網状構造よりも，むしろ Liese 及び Fahnenbrock もしくは原田氏等の報告したものに全く一致するのが認められる．これを要するに閉塞膜と考えられた部分は，流動性物質を通過させるために，多数の間隙が存在するか，あるいはまた Ultra-filter として，網状構造をもつかであるが，いずれにしても仮導管相互の通水作用が確実に行われ，なんら支障のないような構造になっていることは確実である．

広葉樹材の導管膜壁上に存在する重紋孔の正面の形は，一様ではなく，円形，卵形，多角形，楕円形，先端丸味をもつレンズ状または線状等，変化に富んでいる．これらの内，重紋孔の形がとくに多角形を呈するのは，紋孔の密に集合する場合で，おおむね 6 角形を呈することが多い．しかし針葉樹材の仮導管におけるものは，大ていの場合，円形であることが普通である．

いま重紋孔の一つを正面から観察すると，図 15 の 12 のように，3 個の同心円からなるの

---

* 本書 p. 61 参照．

を認める．最外側の円は紋孔環で，最内側の円は紋孔の開口部，そして中間の円は torus の周縁部である．

針葉樹材の春材部仮導管の径断面上には，多数の重紋孔が縦の方向に，配列するのが普通であるが，これに対して切線面上には，殆んど存在しないか，存在しても極めて少い．しかるに秋材部仮導管の切線面上には，しばしば重紋孔を見ることがある．この事は恐らく次期にくる春材層，つまり生長期の始めに当り，とくに形成層に充分な水分を通導し，その供給に支障なからしめんがための，準備ではなかろうかと考えられている．

次に広葉樹材における，導管膜壁上の重紋孔については，諸種の配列型があるが，もしも重紋孔の外縁と開孔部とが，水平的に長く延びる時は，重紋孔は扁平となり，これを称して階段状重紋孔（scalariform bordered pit, leiterförmige Hoftüpfel）といわれ，主として広葉樹材の縦断面上の導管膜壁に見られ，特定の樹種に存在するので，識別上ある程度の重要性をもっている．

そして広葉樹材における導管膜壁上の，重紋孔の配列には2種あって，階段状型と蜂巣状型とである．すなわち，前者は導管の穿孔（perforation）が階段状を呈する場合で，重紋孔の配列がこれに一致して階段状を呈し，横に長く平行する．後者は穿孔の単一型の場合で，重紋孔の配列は蜂巣状を呈する．この場合の重紋孔の外縁は，多角形を呈する傾向が強い．

なお特殊な重紋孔として，図22に見るような重紋孔が存在する．これは2重の紋孔腔をもっていて，Rは正面図，Tは側面図である．Rを見ると重紋孔の上に，2本の螺旋紋が存在するように見える．またTにおいては外側にある紋孔腔（隣接細胞に接する部分を外方，細胞内腔のある側を内方とする）は扁平なレンズ状を呈し，ちょうど一般の針葉樹における，重紋孔と同じ構造をし，正面から見ると，閉鎖膜の外縁は，図のように円形を呈している．

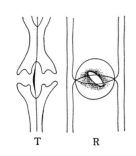

図22．カリトリス型重紋孔
（兼次）
T-側面図　R-正面図

外側紋孔腔と，内側紋孔腔間における開口は，楕円形で，仮導管の長軸に対し，僅かに傾斜する．内側紋孔腔はTを見ると楕円形を呈し，細胞内腔に通じる開口は，外側紋孔腔に通じる開口より大で，正面から見ると，水平に横たわるレンズ状を呈する．正面において，2本の螺旋紋のように見えるのは，レンズ状に開いている内側紋孔腔の開口の縁辺である．この部分を側面から見ると，著しく肥大している．この種の重紋孔は針葉樹材に見られない．兼次氏[23]はこれをカリトリス型重紋孔（callitriform bordered pit）と称し，*Callitris glauca* に認められることを報じている．

また重紋孔の内開口が，水平方向或は斜線方向に伸長し，相接して図23のように重紋孔

---

(23) 兼次忠蔵：木材識別方法の基礎的研究，第4報，仮導管の分布配列及び細胞膜の紋様，日本林学会誌，Vol. 13, No. 4, pp. 251～264 (1931)．

Ⅲ 細 胞 膜

の互に連結する場合がある．主として広葉樹材の大径導管に現われるもので，針葉樹材では Agathis australis において見られる．このような場合の重紋孔を，結合重紋孔 (kombinierte Hoftüpfel) といい，兼次氏*の調査によるとチャンチン，ハゼノキ，トネリコ，チシャノキ，シラカンバ，ハルニレ，タブノキ，サイカチ，ヒロバノキハダ，ニガキ，アオギリ，アカメガシワ，ムクノキ，ヤマグワ，シンジュ，カンバ類等の環孔材の大径導管に多いとしている．

図 23. 結合重紋孔の配列（兼次）

c. 装 覆 紋 孔

マメ科，フトモモ科に所属の樹種や，特定の広葉樹に限って，特殊型の重紋孔の現れることがある（図58の8）．すなわち，導管膜壁上の紋孔口が，ちょうど篩状 (sievelike, cribriform) を呈し，正常な孔口を示さないのである．従来これは導管節が未完成の状態にある時，原形質が互に結合して紋孔膜に多数の小孔の出来たものと考えられていたが，篩状の外観は小孔ではなくて，紋孔腔の内面の全部もしくは一部に，2次膜から生じた隆起が存在し，それらの隆起が孔溝または孔口を閉塞した形の重紋孔であることが，Bailey 氏[24]によって明かにされたのである．それ故このような紋孔を著者は装覆紋孔 (vestured pit) と呼んでいる．

vestured pit の隆起は，紋孔口の内外の縁辺部から，乳頭状の突出装覆部をつくる場合，あるいは紋孔室

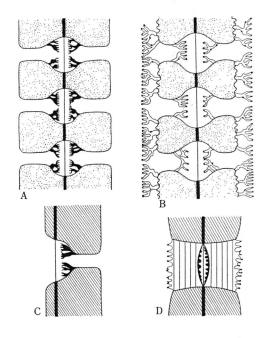

図 24. 装覆紋孔の種類（Bailey・Brown）

の椀形 (dome) の膜壁から珊瑚状の生長物が出来る場合，もしくは紋孔室一杯に多数の分岐，または交錯の甚だしい糸状装覆部を，形成する等の場合のあるのが特徴である．

vestured pit は上記のように，特定の樹種に限って，存在する傾向があるので，この存在の有無は，材の識別上意義があると考えられている．

vestured pit を普通の光学顕微鏡で，認めることは極めて困難である．何となれば被検

---

(24) Bailey, I.W. : *Jour. Arnold Arboretum*, Vol. XIV, pp. 259〜273 (1933).
   * 本書 p.58 に前出の (23) 兼次―日本林学会誌，Vol. 13, No. 4, pp. 251〜264 (1931).

体が非常に薄い切片で，しかも高度の染色技術（むしろ染色しない方が，良好な結果を得る場合があるといわれている）と高倍率とが必要であるからである．図24のAは隣接導管の膜壁上における重紋孔の対孔の場合で，紋孔室の穹窿部（over arching walls）から生じた珊瑚（coralloid）状の分枝生長物である．

Bは導管における紋孔室の内面から分枝し，導管の各紋孔の内面から，珊瑚状の分枝が相合流しているのであるが，これは隣接導管壁の重紋孔の1部である．

Cは右側が導管，左側が柔細胞の場合の対孔で半重紋孔である．この場合重紋孔の方は装襲であるが，単紋孔の方は普通である．

Dは内側孔口部及び外側孔口部両方の縁辺から，乳頭状の突起の存在する場合である．

図 25. ニセアカシアの装襲紋孔（山林）

Bailey 氏によって唱導されたこの特殊な装襲紋孔は，また Jönson, Solereder, Moll 及び Jansonnius 等の諸氏によっても発表されており，その数も20科に及んでいる*．

著者は本邦産マメ科植物に現われる vestured pit の形態を，電子顕微鏡により拡大像を求め，観察の結果取扱った樹種について，次のような結論を得た．

(1) マメ科に所属する樹種の vestured pit における装襲の様相を観察すると，装襲突起物は，明かに2次膜に生じており，従って2次膜の一部の変形体と見られる．図25はニセアカシアの装襲紋孔で，径断面で見た導管膜壁におけるものである．

(2) 装襲の状態はエンジュ，あるいはニセアカシアにおけるように，おおむね紋孔の外孔口から，続いて孔溝部を突起物によって，閉塞することが多く，内孔口から輪帯部に及ぶことが少ない（図25）．

(3) ネムノキ属のネムノキに限り，装襲突起物が外孔口はもちろん，それ以外の紋孔室に

---

* 以上 20 科のうち代表的な科名を挙げると次のようである．
Leguminosae, Melastomataceae, Lythraceae, Polygonaceae, Vochysiaceae, Rhamnaceae, Combretaceae 等であるが，なかんづく Leguminosae 所属のものに最も顕著である．

も閉塞することが認められる．なお突起物の分岐の状態は，他属のものと比べて凹凸が甚だしく，しかもおおむね細系である．

(4) サイシュウイヌエンジュ，ニセアカシア及びフジキ等に限り，内孔口にも突起物の存在するのを認めた．

(5) マメ科中ハナズホウに限り，装覆突起物は存在しない．

G. 細胞膜の微細構造

植物細胞膜の微細構造に関する研究は，今から約100年前という相当古い時代から，すでに進められており，多くの諸説が生れた．そのうち最近の最も有力な説は，細胞膜の組成要素である cellulose の構成微結晶粒子が，繊維方向に長く連続しているという，いわゆる連続説の観念であって，具体的にはこの項の後末に，総状ミセル説として挙げた説がこれである*．しかしまだ不連続説を，提唱する研究者もかなりあって，そのためいずれの説を支持すべきか，なお疑問の点が残されているが，最近ではおおむね連続説を，支持する人々の方が有力のように思われる．

いずれにせよ，この有力な連続説の生れるに至るまでの経過をたどると，この説が実に多数の研究者等の貴重な業績に関し，真摯な論議が重ねられた結果によることがうかがわれる．

ここで，古い歴史的に有名な非連続説のものから，最近の総状ミセル説の生れるに至った経過についての概要を述べることとする．

1. フィブリル（fibril）

a. fibril の形成とその概説

高倍率の光学顕微鏡によって見られた lignin と，cellulose との関係は，単に海綿状の構造として観察されるに過ぎないが，lignin が化学的に除去された場合，残存する格子状の cellulose は，これを適当な物理的，あるいは化学的な処理を施すことにより，fibril（原繊維，糸状体）として知られている極めて微細な紐状の構造が認められる（図26）．しかしながら，化学的に処理をされない細胞膜に，すでにこのような fibril が，最初から存在しているのか，あるいはそうでなくして，fibril が化学的の処理

図 26. ヒノキの fibril（山林）
（電子顕微鏡写真，×ca. 3500.）

によって，はじめて形成されるのかは，光学顕微鏡では，その構造が極めて微細な条線としてしか認められないため，従来不明確な問題として，論議の余地が残されてきたのである．

ところがその後，微細な条線の存在が，しだいに明確となり，fibril の存在については，

---

* 本書 p.79 参照．

現在では，もはや論議の余地がない程度の，段階に達している．

すでに本章細胞膜の項で述べたとおり，仮導管の2次膜はおおむね外層，中層，内層の3層に分れ，これらのうち，外層と内層とは極めて厚さが薄く，長軸に直角かまたは殆んど直角に近い角度の配向（配列方向）をもち，中層の部分は比較的厚く，fibril は細胞の長軸に対して平行か，もしくは殆んど平行に近い角度の配向を，もっていることが知られている．

従って2次膜の横断面を，偏光顕微鏡＊を通して観察すると，図115の2または5のように，fibril を構成する結晶微粒子の配向の相違から，種々な場合の明暗像が認められる．いいかえれば，仮導管細胞の2次膜に対する直交ニコルによる像は，cellulose の micell＊＊の配列と極めて密接な関係をもっていて，この事項の詳細については後述することとする．

b. fibril の大きさ

従来 fibril の大きさについては，多数の研究者によって測定されているが，いま Bailey 及び Kerr 両氏＊＊＊の fibril の径に関する調査から引用すると，Ball 及び Hancock (1922) は 0.4μ，Janke 及び Herzog (1925) は $0.3\sim0.5\mu$，Frey-Wyssling (1935) は 0.4μ，なお岡田氏[25]の調査したものから引用すると，Lüdtke (1928) は $0.3\sim0.5\mu$，Farr 及び Eckerson (1934) は 1.1μ（楕円粒子）等である．

以上によるとおおむね $0.3\sim1.1\mu$ の範囲で，しかも平均値から見ると，およそ 0.4μ 程度と考えられる．ところがその後，電子顕微鏡による直接の観察の結果は，上記の測定値よりも遙かに小径で，例えば Ruska 及び Kretchmer の両氏[26]によると，最小径のものとして 50Å＊＊＊＊を，またこれに対し最大値では，Hess, Kiessig 及び Gundermann 等の諸氏[27]による 750Å が報告されている．したがって多くの研究者等による平均値は，大体 $100\sim150\text{Å}$ の範囲のものと考えられている．

以上の数値を後述の Dermatosomen＊＊＊＊＊ の大きさと対比する時に，甚だしい矛盾を感ぜざるを得ないが，この事は恐らく試料の相違はもちろん，測定に必要な処理方法や，測定者の相違による結果で，まことに止むを得ないもののように思われる．

c. fibril の構造

fibril の構造は光学顕微鏡によっては，詳細が観察できない．そのため従来研究者等は，

---

(25) 岡田元：基礎繊維素化学, p.191 (1944).
(26) Ruska, H. und M. Kretchmer : *Kolloid—Z.*, 93, 163 (1940).
(27) Hess, K., H. Kiessig und J. Gundermann : *Z. Physik. Chem.*, B—49, 64 (1941).
　＊ 第7章 p.266 参照．　　＊＊ 本書 pp.267～269 参照．
　＊＊＊ 本書 p.44 に前出の (16) Bailey, I. W. and T. Kerr.—pp.273～300.
　＊＊＊＊ Å（オングストローム）は Sweden の物理学の権威で，とくに spectrum 分析の研究者として有名な Ångström Anders Jonas (1814～1874) の頭字で，長さの単位である．1Å は 1m の100億分の1，すなわち 10^{-8}cm である．この単位は 1868 年 Ångström が，測定した太陽の Fraŭnhopher 線の波長を，記載する時に採用したもので，一般に同氏の名を採り，単位として命名された．
　＊＊＊＊＊ 本書 p.63 参照．

III 細 胞 膜

X線を専らこの目的に使用しており*，これによると，fibril を構成していると考えられている微粒子相互間の間隔，もしくは集団状態等が，屈折反射の型を通し，極めて精細に察し得るのである．

なおまた光学顕微鏡の結像力の 20 倍，あるいはそれ以上の倍数で，極微細な目的物の像を捕えるためには，電子顕微鏡の電子線の力に依存しなければならない．

Lüdtke 氏[28] の研究によると，繊維細胞膜には横走する層** があって，繊維節 (Faser-abschnitt) をつくり，この繊維節は層状構造をなしているという．（この提唱は後述の連続

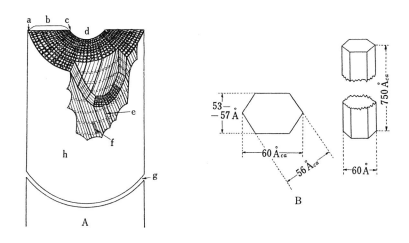

図 27. 原繊維と micell との模式図 (Lüdtke)

A 原繊維の模式図：a—第1次層，b—第2次層，c—第3次層，d—内腔，e—原繊維，f—Dermatosomen あるいは Fibrillen の分節，g—繊維節の横層，h—繊維節
B micell の模式図

説と相違する観念で，明かに不連続説を意味している.）

繊維節は図 27 に示す通り，第1次，第2次及び第3次の3層に分けられていて，さらにこれらの層の内部構造が，多数の fibril の集合体であることを発表した．また1本の fibril は，さらに短い針状粒子 (Dermatosomen, 原皮質) の連続したものであるとし，なおまたこの Dermatosomen は多数の micell*** の集合体であるとした．

この fibril を構成している一単位に対し，Dermatosomen という名称を最初につけたのは Wiesner 氏****である．Wiesner 氏は酸，アルカリ及び塩素水で fibril を分解して径

---

(28) Lüdtke, M.: *Ber.*, **61**, 465 (1928).

* 本書 p.270 参照．

** Sakostschnikoff 氏も Lüdtke 氏の認めたと同様の横層 (Querstruktur-element) を観察し，これは蠟質物であって，cellulose や他の炭水化物質のものではないとしている．〔岡田元：基礎繊維素化学, p.192 (1944)〕

*** 本書 p.69 参照.　**** 本書 p. 47 に前出の[19]Wiesner, J.

0.5μ の微粒子を得たことに始まる．その後，Lüdtke 氏が炭化した ramie 繊維を，16% NaOH で処理し，これを圧砕の上観察し，やはり Wiesner 氏の場合と同様な径 0.2～0.5μ の微粒子を認めている．そしてこれらの微粒子に対しては，いずれも Dermatosomen として示された．

なお Hess 氏[29]は2次細胞膜が酸化銅アンモニア溶液中で，膨潤溶解する状態を紫外線顕微鏡で観察し，fibril から直径約 0.2μ の，やや細長い粒子が分離するのを認めている．

要するに以上のように Dermatosomen の観察者によって，fibril は Dermatosomen なる単位によって構成され，この単位は恐らく光学顕微鏡によって，見ることのできる植物細胞膜の，最小単位であろうと考えられた．

d. fibril の配列

Bailey 及び Kerr の両氏*は，木材を構成している細胞，とくに仮導管，繊維状仮導管及び木部繊維の細胞膜について，3層のあることを実例によって証明した．図 28 は木繊維細胞の膜壁を構成している層を示す模式図である．黒い部分は中間層，その両側の斜線の部分は1次膜である．

なお fibril の配列方向から，2次膜の構成層は，次のように区別される．すなわち図 28 の a は1次膜の次にくる薄い外層，b は2次膜の厚さによって，厚さに変差の多い中層，c は細胞膜の最内側を取り囲む薄い内層

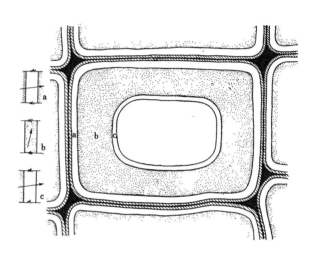

図 28. 仮導管細胞膜の横断面における fibril の配向模式図（Brown）

である．なお図の a，b 及び c における矢の方向は，fibril の配向を示している．

上記の外層及び内層の fibril は，細胞の長軸に対し直角か，あるいは直角に近い角度で，時計の指針と逆回りの螺旋状に配向している．これと対称に中層の fibril は，細胞の縦軸に平行かあるいは鋭角でか，いずれにしても時計と逆回りの螺旋状に配向している．

Bailey 及び Vestal の両氏[30]は2次膜の fibril の配向について，さらに進んだ研究報告を発表した．すなわち，木材の薄い切片にまず予備的な化学処理を施し，次に 2～4% のヨ

---

(29) Hess, K.: Papierfabrikant, Heft 4, 25 (1939).
(30) Bailey, I.W. and M. R. Vestal: The Orientation of Cellulose in the Secondary Wall of Tracheary Cells, *Jour. Arnold Arboretum*, Vol. XVIII, pp.185～208 (1937).
 * 本書 p. 44 に前出の (16) Bailey, I. W. and T. Kerr.,—pp.273～300.

ードヨードカリ液で染色したところ，この処理のために，2次膜の外層及び中層の範囲内において，fibril と fibril との間の間隙に，ヨードの暗褐色の結晶物が形成されるのを認め，fibril の配向が明かにされたというのである．

2次膜の外層及び中層における fibril の配向については，すでに Bailey 及び Kerr の両氏によって発表済みであったが，その後 Bailey と Vestal の両氏によって，さらに確認されたことになる．なお2次膜に存在する fibril の配向については，しばしば針葉樹材における一つの配向型からはずれて，偏差の生じることが認められるが，それらは仮導管膜の重紋孔の存在する位置の影響であるとしている．

図29 はこれらの事情を充分に説明している．すなわち，この図は，斜め方向から透視的に見た，針葉樹材の仮導管における細胞膜の，一部の模式図で，図の基部のところから上方へ目を向けると，この2次膜の3層は，横線XYの上方へ向って，三つの完全なはめ込み管が，順に列べられたように現われている．XY線から上方へ前方の膜が，各3層ともU型状に半分ずつ切り取られている．いうまでもなくXY線より下方に図示した場合と比較して，逆順に描かれている．

図29のA，B及びCは，柾目面の膜に現われた3層で，D，E及びFはA，B，Cのちょうど反対面で，背後膜の3層である．fibril の走向する配列方向は点線で示され，さらに矢印がつけられている．重紋孔はA，B，E及びFにおいて示されている．

A面（外層）は2次膜の最外側面に現われていて，この fibril は矢で示すように時計と反対の方向に向って，極めて低い勾配で登り，螺旋状に配向されている．ただし重紋孔の周縁は紋孔口を中心として，その周囲を同心円的に配向するのを認める．重紋孔の扁平な紋孔口の位置が，紋孔の周縁の fibril の螺

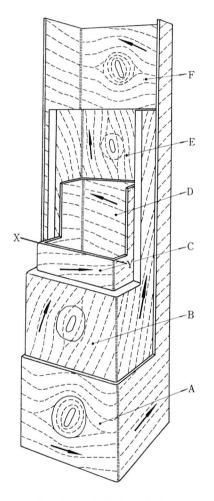

図 29. 仮導管細胞膜の縦断面における fibril の配向模式図（Brown）

旋状配向に対し，急な角度のところだけは一部一致するが，全体としては必ずしも一致をしていない．

次にB面（中層）を見ると，fibril の配向が外層Aにおけるものと，著しく相違しているのが認められる．fibril は外層におけると同様に，時針の方向とは逆回りの，登り螺旋状に

配向されているが，この角度は極めて急角度で，大体水平線に対し約 45°，あるいはそれ以上である．また，この層の紋孔口は扁平で，その長軸は fibril の螺旋状配向に大体平行し，紋孔口周縁の fibril の配向は，Aにおける場合と比較して，図示するように同心円的ではない．

Bailey 及び Vestal の両氏は，2次膜の重紋孔における紋孔口の扁平な場合に，それらの配向を支配するものは，全く2次膜の中層における fibril の配列方向の影響によるものであることを報告している．いいかえると，その紋孔口の配列は一般に fibril の配列方向と一致するか，あるいは殆んど同じであるということを指している．

C面（内層）における fibril の配列方向は，おおむね A における場合と同じである．このことは Bailey 及びその他の研究者等の考えの一致しているところである．

次に D，E 及び F を見ると，各層の接着の状態が A，B 及び C におけると全く反対に，仮導管の背後面の膜壁に，fibril の配向が現われるから，2次膜の3層がそれらの面の状態によって再び描かれている．D面における fibril の螺旋状配向は，C におけると同じ程度であるが，その配列方向は全く反対である．

また同様にしてEとB，FとAとの間には，やはり同じような状態が存在する．これらの相応する層の fibril の配列方向と，重紋孔の存在位置とによって生じた fibril の偏曲は，前記における場合と同じであるが，すべてが逆になっていることはいうまでもない．

次に 原田浩氏[31]の電子顕微鏡的観察によると，放射組織を構成している柔細胞の細胞膜における fibril の配列に，次の二通りを認めている．すなわち，その一つは細胞の長軸に対して平行な fibril の配向を示す層と，もう一つは長軸に対して約 35° の傾斜をもつ fibril の配向を示す層との2種類が存在すると報告している．

なおまた，細胞の長軸に平行な fibril の配向を示す場合，紋孔の開口部の周辺では，その配向が紡錘状の偏異を示すものであるということを附記している．fibril の配向について，細胞の長軸にほぼ垂直か，あるいはある角度を示して配向することは，すでに多くの研究発表のあるところであるが，わが国における細胞の長軸に平行な fibril の配向についての観察は，原田氏の発表が最初のものと思われる．

なお原田，宮崎の両氏[32]は針葉樹（ヒノキ，アカマツ）のアテ材*について，春材仮導管膜のレプリカ**を電子顕微鏡によって観察し，その結果，1次膜並びに2次膜の各層における fibril 配向の傾斜の状態を可視化し，従来の光学顕微鏡による観察の結果が，おおむね妥当であることを認め，次のように報告している．

(1) 仮導管の1次膜における fibril は網状構造を呈する．

---

(31) 原田浩：針葉樹材に於ける射出線細胞の電子顕微鏡的観察，日本林学会誌，Vol. 35, No.6, p. 193 (1953).
(32) 原田浩・宮崎幸男：針葉樹アテ材の電子顕微鏡的観察，林業試験場報告，No.54, pp.101～105 (1952).
    * 本書 p.203 参照．   ** 本書第7章 p.261，電子顕微鏡用標本の作製，参照．

(2) 仮導管の2次膜は，この膜を構成する3層のうち，中層の fibril の配列は細胞の長軸に殆んど平行に近く走向するのに対し，外層の fibril は細胞の長軸に対して，約80°位の角度をなし，水平に近い緩やかな傾斜をし，また内層は比較的急な約35°の角度をもって走向している．しかしアテ材特有の螺旋状孔隙の走向は，内層における fibril 配列の傾斜の方向を示している．

(3) 仮導管の内腔に接する壁面は粒子状構造を呈する．

(4) 仮導管の紋孔の輪帯部では，レンズ状外開口を取巻く同心円的な fibril の配列を示し，かつその周辺部では紡錘状型の配列を呈する．

(5) 両仮導管の間に介在する紋孔膜では，torus を中心として，放射状の褶をなす fibril 配列の構造を呈する．

以上の報告は，欠点材とされているアテ材に関するものではあるが，前記の Bailey 及び Vestal 両氏の研究結果を対照する時に，fibril の配向に対して，充分な認識が得られ，大いに参考になるものである．

2. セルロース（cellulose）の鎖状分子（単位胞*）

細胞膜の組成成分である cellulose が，鎖状構造をもつという観念は，Sponsler 及び Dore 両氏[33]の古い研究によって，はじめて生れたと伝えられているが，このことは植物細胞膜の構造の研究にとって，極めて貴重なことといわねばならない．

cellulose が図30に示すように β-d-glucose の第1炭素と，次の β-d-glucose の第4炭素原子との間で，glucoside 結合によって生じた鎖状構造をもつということは，(1) 有機

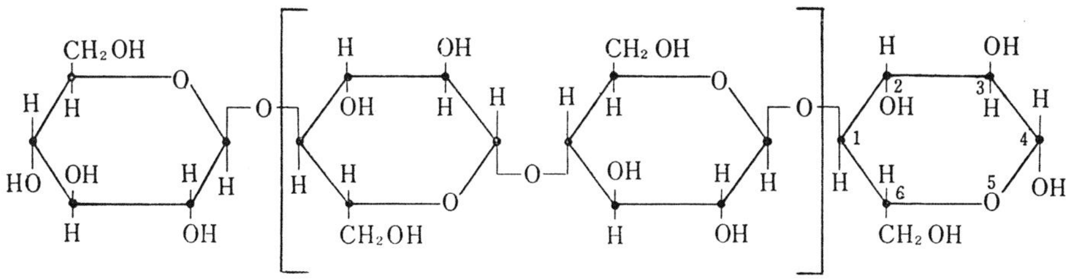

図30. 繊 維 素 の 構 造 式 (Brown)

化学的，(2) X線的，(3) 偏光顕微鏡的等の観察によって明らかであるが，cellulose が繊維の方向に配列された結晶微粒子からなることを，西川，小野の両氏[34]が1913年に報告して以来，cellulose の結晶構造に対して，多数研究者の関心が寄せられた．

---

(33) Sponsler, O. and W. Dore : *Colloid. Symp. Monogr.*, 4, 174 (1926).
(34) 西川正治・小野澄之助：数学物理学会誌，No. 20, 9月号 (1913).
　* 単位胞というのは，結晶内における原子または分子の配列方式を示す単位である．

すなわち，今日多くの支持を受けている，Meyer 及び Misch の両氏[35]の説によると，cellulose は単斜晶系に属する結晶体であり，その結晶単位胞の大きさは，図31に示すように，a軸$=8.35Å$, b軸$=10.3Å$, c軸$=7.9Å$, $\angle\beta=84°$の大きさをもっている．これらの数値から，cellulose の単位胞中に含まれている glucose 基の数 n を，次式によって求めると $n \fallingdotseq 4$ となる．

$$n = \frac{V \cdot S \cdot N}{M}$$

ただし式中 V は単位胞の容積 ($8.35Å \times 7.9Å \times 10.3Å \times \sin 84° = 670 \times 10^{-24} cm^3$)
S は cell の比重 (1.52)
N は Avogadro 数 (6.06×10^{23})
M は glucose 基の分子量 (162) である．

なお同氏等は以上のX線的研究結果と，従来の化学的方法による構造研究の結果とを組合せ，繊維素の単位胞構造について，その見解を明かにした．

Meyer 及び Misch の両氏の説には多少の異論はあっても，現在一般に広く認められていて，同氏等の見解は図31によって説明されている．前記のように，単位胞の大きさは $a=8.35Å$, $b=10.3Å$, $c=7.9Å$, $\beta=84°$で，glucose 基4個によって占められるのであるが，単位胞の4隅と中央とに，b 軸に沿って，1個ずつの cellobiose (1本ずつの cellulose 鎖) が存在し，しかも4個の cellobiose 基の各々は，陵角を共通にする四つの単位胞によって分担されている．この中心の鎖は，単位胞の4隅にあるものとは同じ配列ではなく，逆の方向に走っており，繊維軸に沿って glucose 基の 0.73 倍だけずれているというのである．

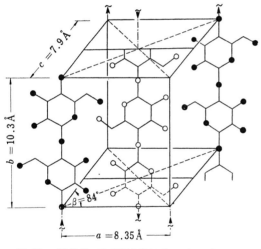

図 31. 繊維素の結晶単位胞模式図 (右田)

以上のように cellulose は β-d-glucose の 1.4. 結合によって，結合した glucose 残基の鎖からなり，その鎖は平行6面体の単位胞中に，規則正しく配列されているのである．

Hengstenberg 及び Mark の両氏[36]は，X線回折法による斑点の広さと，反射に相対応する格子内の平面の数との間の定量的な関係から，植物繊維の細胞膜は，cellulose の鎖状分子がほぼ 55Å の断面と，600Å の長さをもつ大きさの単位から，構成されていることを提唱し，また cellulose の鎖状分子はおよそ120個の glucose 基を含み，さらにX線回折法と光学的技術との適用から，鎖状分子の長さは恐らく，4,000～12,000Å の範囲であろう

---

(35) Meyer, K.H. und F. Misch. : *Herv. Chem. Acta.*, 20, 232 (1937).
(36) Hengstenberg, J. und H. Mark. : *Z. Krist.*, 69, 271 (1948).

と理論的に推察している．しかしながら，他面 cellulose の分子量から見ると，以上の鎖長よりも，さらに長い鎖長を有することに，なるものと考えられる．

3. ミセル (micell)

a. micell 説

(1) **異方性現象**　木材を構成している細胞の，細胞膜の主要部分である2次膜は，かつては lignocellulose からなっていると，いわれていたのであるが，その後これは誤りであり，lignin は幾分存在していても，cellulose と化学的には何ら結合しておらず，多くは cellulose と hemicellulose とからなるものとされている．ただしそれらの比率については，細胞膜のいかんによって一定していない．また普通に pectin 質を含み，後に木質化 (lignification) して行くものと考えられている．

この2次膜をさらに厳密に区別すると，前掲の通り，外層，中層及び内層の3層に分けられ，これらの内で中層の部分の厚さが最も厚い．この部分は1858年に Karl Wilhelm von Nägeli (1817～1891) 氏によって，結晶構造を示す部分であると仮定された．すなわち，繊維素繊維，繊維膜，澱粉その他の複屈折を有する動物性物質のような，いわゆる有機組織物質は，超顕微鏡的の異方性の結晶微粒子から，形成されているという．

この結晶性微粒子を micell (ミセル, Micella, Micelles) と命名し，物質の光学的異方性は，ミセルそのものの性質であるとした．これがいわゆる Nägeli の micell 説といわれるものである．

以上の micell の存在を仮定するに至った理由は，次の二つの根拠によるものと考えられている．つまり植物繊維は (a) 膨潤異方性 (Quellungs=anisotropie) 及び (b) 光学的異方性 (Optische=anisotropie) をもつというのである．

(a) 前者の場合は植物繊維の軸方向と，これに垂直方向とでは膨潤現象が著しく異り，一般に繊維軸の方向の膨潤は，繊維軸に直角な方向のそれに比較して遙かに小さい．いま植物繊維を水中に投入すると，水の分子は micell 間に浸入して micell を包み，そのため個々の micell は互いに押し拡げられ，繊維は全体として大きさを増して膨潤 (swelling) することになる[37][38]．前記のように膨潤が方向によって異ることは，micell の大きさ，形，配置，及びその粗密等によって説明される．

次に (b) 後者の光学異方性ということから，micell が結晶性の多面体であることが解

---

(37) 長沢氏は，繊維が水を吸着して起る膨潤は，ミセルとミセルとの間に液体が浸入するためであって，ミセルそのものには変化が起らないものとし，〔長沢武雄：日本林学会誌，Vol.17, No. 8, p. 67 (1935)〕，また

(38) Mark 氏は，繊維に歪を与えても，多くはミセルそのものには辷りは起らないで，ミセルとミセルとの間に辷りが起ることを証明している．〔Mark, K.H.：*Chem. Phys. Cellulose*, pp.34～40 (1932)〕．それ故これらの点から見て，ミセルそのものは機械的にはかなり安定しているものと察せられる．

る．何となれば偏光顕微鏡*の干渉点から，細胞膜中に光学的異方性をもつ要素が存在し，これらが異った弾性軸をもち，光学的には結晶の性状を示すからであるとしている．

(2) 複屈折現象　前述したように，細胞膜を構成している cellulose は，結晶体として存在している以上，結晶体構成の研究方法の一つである偏光顕微鏡による研究が，重要な研究手段であることはいうまでもない．そして cellulose の micell が糸状分子の並列によって形成された空間格子であって，方向によって空間格子の密度を異にし，光学的異方体を構成するものであることは前述の通りである．これに投射せられた光波は，その進行方向によって速度を異にし，従ってその波長を異にする．つまり，方向によって屈折率の差異が起るから，その結果ここに複屈折の現象を起すこととなる．

この複屈折体における各方向の屈折率の差異を知るには，屈折率楕円体（indicatrix）の観念によらなければならない．すなわち，物体内の1点から各方向に光波が進行するものとすれば，一定時間の後に到着する点を綴ると，等方体の場合は球となるが，図32のように異方体の場合は楕円体となる．そして屈折率は速度の逆数であるから，異方体における楕円の軸の比は速度の逆数として示される．すなわち，異方体の方向による屈折率の差異は，楕円体の軸比によって表わされ，この楕円体は屈折率楕円体といわれている．

cellulose の場合における micell の光波に対する関係は，光学的一軸性結晶に属するから，回転楕円体によって表わされる．それ故図32のように，楕円体の長軸に直角に，切断した面は円であって，この方向には複屈折が起らない．このような楕円体の長軸，つまり物体内で屈折率の最も高い方向を n_γ とし，短軸つまり低い方向を n_α とすると，$n_\gamma - n_\alpha$ が複屈折率（index of double refraction）である．

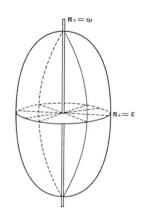

図 32. 屈折率楕円体模式図(小原)

Ambronn氏[39]はかつて屈折率を異にする浸潤液を用意し，それらの中に試料を浸して置き，偏光顕微鏡によって観察したが，それにより細胞膜が明らかに偏光に対して複屈折を示すことを認め，かつて Nägeli 氏の想定した micell は，固有の複屈折をすることを明かにし，さらに光学的異方性であることをも証明した．

なお細胞膜の2次膜の外層，中層及び内層の各層の複屈折性については，次のような研究がある．すなわち，2次膜の外層は横断面で著しい複屈折を示し，偏光顕微鏡の直交ニコル（cross nicol prism）で光輝を放射するのは，その中の cellulose の微結晶の軸が細胞膜の横断面に対し，平行に存在することを示している．また2次膜の中層は最も厚く，同じく直交ニコルの下では，その横断面は暗黒になって光輝を放射しない．これは cellulose の微結晶

---

(39) Ambronn, H.: *Kolloid Z.*, 18, 90, 273 (1916); 20, 173 (1917).
　* 本書 pp.266〜269 参照．

の軸が横断面に対して垂直か，または殆んど垂直に近い傾斜をしていることによる（図115）*．

次に最内層の部分は薄層で，多くは強い複屈折を示し，極めて明瞭に輝いて現われるものであるが，また針葉樹のアテ材におけるように欠くものも多い．この層は塩化亜鉛ヨードの処理で無色の場合が多くその成分は不明である．

b. micell の配列

(1) **複屈折率の測定による micell の配列**　植物細胞膜の複屈折率を測定[40]すると，方向によって前記の n_r, $n_α$ の関係に種々な現象が現われる．この複屈折現象から植物細胞膜中における micell 配列の分類が可能になる．

Frey-Wyssling 氏[41]は植物細胞膜の複屈折率を測定し，micell の配列を分類し，次のように分けている．まず (a) 繊維状構造と (b) 管状構造とに2大別し，さらにまた全体として螺旋状構造，また micell が散乱し不規則な配列をなす場合にはこれを膜状構造として

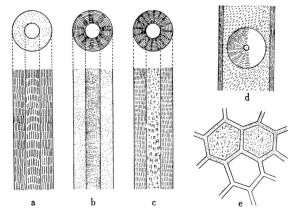

図 33. 細胞膜内の micell 配列の模式図（Frey-Wyssling）
a—繊維状構造　c—管状構造　e—膜状構造
b—環状構造　d—螺旋状構造

いる．いま図 33 によって説明を加えると次のようである．

(a) 繊維状構造は，図33のaのように micell の長軸が，細胞の長軸と平行している場合で，それ故長軸方向では著しい複屈折を現わし，このX線図** は理想的な 4 点図*** を現わすが，横断面では現われない．すなわち，直交ニコルの下では暗黒である．

(b) 環状構造は，図33のbのように micell の長軸が，細胞の長軸に対して水平に横わる場合で，横断面では複屈折を示す．

(c) 管状構造は，図 33 の c で micell の長軸は，細胞壁に対して全部が一定方向をとらず，散乱している場合で，径断面では幾分並列し，さらにまた横断面から見ると micell の長軸が幾分か切線方向に走っている．これらの構造は導管，広葉樹材仮導管及び篩管のような管状細胞に見られる．

(d) 螺旋状構造は，図33のdで示すように，micell の長軸が細胞の長軸に多少傾斜をし，

---

(40) 小原亀太郎：顕微鏡による繊維研究法—植物体の複屈折を計測する方法，人絹界，7月号(1939)．
(41) Frey-Wyssling, A.: Die Anisotropie des Schwindmasses auf dem Holzquerschnitt, Holz., 3, s. 43 (1940).
　* 本書 p.268 参照．　** 本書 p.272 及び，図 34 の c 参照．　*** 本書 p.274 参照．

全体として螺旋状を呈する場合である．螺旋状構造は別に旋回構造ともいわれ，発達した繊維組織の厚膜の細胞は，殆んどこの構造と考えられている．例えば Oregon pine のアテ材（殆んど厚膜細胞から成立している）の旋回構造につき Frey-Wyssling 氏によると，研究者の相違からその旋回度は，およそ35～50°を測定されていることを報告している．

(e) 膜状構造は，図33のeで，micell がその長軸を水平にして横わっているが，方向は全く散乱し，不規則な配列を呈する場合で，普通柔細胞膜に見られる構造である．

(2) **X線の照射による micell の配列** 西川及び小野の両氏*は，天然繊維素（亜麻）についてX線による結晶格子の研究をなし，cellulose が繊維軸に平行な微結晶体の集団からなることを，はじめて観察した．従ってX線回折法**によって，cellulose の結晶性を明らかにしたのはこの実験が最初とされている．

その後さらに Herzog 及び Coworkers の両氏[42]等によって，X線による回折的研究が行われ，植物細胞膜が結晶体によって，構成されていることが実証された．これらの結果を総合し，要約すると次のようである．

(a) 材料の径断面及び触断面に，X線の照射を行う際，繊維軸に直角の場合，ここに生じた Debye-Scherrer 環の赤道上における二つの干渉点が，とくに強く認められる傾向をもっている．（図34のc及び図120参照）．これはとりもなおさず，micell が繊維方向に規則正しく配列されていることを示すものである．

(b) Debye-Scherrer 環の赤道における弧の長さは，micell の繊維軸に対する偏差から生じるものと考えられている．いいかえれば micell 配列のいかんが弧の長さを左右するものである．

(c) 微結晶体の方向性はその材のもつ解剖学的構造によって左右される．すなわち，一般に年輪幅の広い環孔材，年輪幅の狭い針葉樹材，及び輻射孔材並びに散孔材の如き広葉樹材は，同方向性が比較的顕著である．

a　　　　b　　　　c

図34．X線による Debye-Scherrer 環の干渉図
　a―環状図，b―鎌状図，c―繊維図（小原）
micell の軸が細胞の長軸と一致する時には，いわゆる4点図（Vier punkt diagramm）のc繊維図を現わし，螺旋状構造では細胞の長軸に対し micell 軸は傾斜し，しかも漸次螺旋的に変化するから，a環状図とc繊維図との中間であるところの，b鎌状図を示すものである．

(d) 微結晶体の同方向性は，一般に材質の緻密な場合に顕著である．

(e) 抗張力は微結晶体の方向性の程度によって影響される．

---

(42) Herzog, R. O. und Coworkers : *Z. Phys.*, 3, 196, 343 (1921).
　* 本書 p.67 に前出．　** 本書 pp.272～275 参照．

次に長沢氏[43]もまた，X線の示す回折像に関し，極めて注目すべき報告をしているが，いまそれらを要約すると次のようである．

(a) micell の配列はこれを4種の型に分類することができる．すなわち，i. micell の配列が繊維軸に平行をなすもの，ii. micell 相互は平行配列であるが，繊維軸に対して螺旋状またはある傾斜を呈するもの，iii. micell 配列が平行状態から，ある範囲内において多少乱れているもの，iv. micell が不規則に配列するもの．

(b) 密度の大なる樹種は，小なる樹種のそれに比して，より完全な micell の配列を示す．

(c) 秋材部は春材部よりも，著しく完全な micell の配列を示す．

(d) Debye-Scherrer 環における干渉点の幅は，micell の大きさに関係するもので，ある樹種ではその幅が，他の樹種におけるよりも広いことがある．これは micell の小なること，いいかえれば，cellulose の主原子価連鎖が短く，さらにまた連鎖の数の少ないことを，意味するものと考えられる．

(e) lignin の回折像に及ぼす影響は認められない．lignin の含有量の大なる樹種の一つと思われる，コクタン（黒檀）にあっても，cellulose の干渉点が示されるのに，lignin の干渉点は認められない．

(f) 同一木の同一面の試料でも，その部位が違えば示すところの回折像に相違がある．

(3) **X線の照射による細胞膜の増厚と生成物に関する観察**　植物細胞膜の構成物質は，葡萄糖残基の糸状分子である cellulose からなることは明かで，すでに説明した通りである．細胞膜がどのようにして増厚されるかについては諸説があるが，Sponsler 氏[44]はX線的研究の結果から，原形質と細胞膜との界面において，葡萄糖分子は脱水したのち，既成 cellulose 膜の結晶分子の力によって一定の配列をとり，逐次増厚するものと説明を加えている．

また Hess 氏[45]等は棉の毛茸によって，X線による研究からX線図を得，これによって毛茸の発育後 24～36 日で撮影した Debye-Scherrer 環について，cellulose に見られないある種の初生物質環として認め，発育の 36～40 日の間になり，初生物質環と cellulose 環とが混在し，ある期間の後に，cellulose 環が認められるとしている．

(4) **顕微化学的方法による micell の配列**　Bailey 及び Vestal の両氏[46]は，顕微化学的な方法で，micell の配列の方向を観察したことは，既述の通りであるが，もう少し具体的な説明を加えると，まず木材繊維に塩素酸処理を施し，95％ alc. で洗い，強 alc. 中で ammonia 処理を施し，次に alcohol で洗い，さらにまた塩素酸処理をなし，alcohol で洗

---

(43) 長沢武雄：木材のX線的研究（其一の梗概），日本林学会誌，Vol.16, No.10, pp.67～70 (1934) 及び同（其二の梗概），日本林学会誌，Vol.17, No.8, p.67 (1935).
(44) Sponsler, O.: Mechanism of Cell Wall Formation, *Plant Physiology*, 4, p.329 (1929).
(45) Hess, K., C. Trogus, W. Wergin: Untersuchungen über die Bildung der Pflanzlichen Zellwand, *Planta*, 25, s. 419 (1936).
(46) Bailey, I.W. and M.R. Vestal.: *Jour. Arnold Arboretum*, XVIII-3, pp.185～195 (1937); *Tropical Woods*, No.54, pp.60～61 (1938).

い，次にヨードヨードカリの 2〜4％ 水溶液で染色し，最後に 60％ の硫酸を滴下して検鏡した.

その結果，2次膜の層中に暗褐色のヨードの結晶が形成されるのを認め，これらの結晶が細長い形に集団し，なおこの結晶群は処理の方法及び時間の長短によって，その形成結果に相違のあることを見た．また明確に繊維素構成体 (cellulose matrix) としての結晶体が多数生じ，fibril の長軸に平行に形成されることから，micell 配列の方向を明かにした[47].

この結果，ある木材につき，春材仮導管の紋孔のない部位では，micell が細胞の長軸に直角に並び，また他の木材では春材，秋材ともに螺旋状配列が見られ，さらにまたある木材では，1年輪内の仮導管毎に，その配列の異るもののあることが，認められたと報告している．図 35 は2次膜の縦断面における micell 配列の3方向を示すもので，微細毛細管 (microcapillaries) 中に存在するヨードの結晶物である．

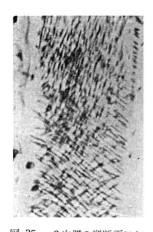

図 35. 2次膜の縦断面における，micell 配列の3方向を示す，微細毛細管中のヨードの結晶，×ca.600.
(Bailey)

なお尾中，原田の両氏[48] は，針葉樹古材の仮導管の膜壁に現われる，腐朽孔の走向角度から，micell 配列の傾角を測定した結果，次のように報告している．

1. 仮導管の2次膜における中層のミセルは，細胞の長軸に対してほぼ一定の傾きをもった，螺旋紋配列をなしている．ただし孔紋（紋孔）の附近ではその縁を迂回する傾向がある．

2. 1個の細胞について見ると，ミセル配列の傾斜は，両端の細くなった部分において，細胞の長軸となす角度が小となり，また切線膜にて射出線（放射組織）の接触により，径の小となっている所においても同様である．

3. 春材仮導管のミセル配列傾角は，放射膜（半径膜）の方が切線膜より大であるが，秋材仮導管においては，反対に切線膜の方が大である．

4. 一般にミセルの配列傾角は，春材よりも秋材において小であるが，その差は切線膜においては放射膜（半径膜）ほど著しくない．

5. 放射方向（半径方向）の細胞径は，いうまでもなく，春材より秋材に向って小となるが，

---

(47) 小林氏は針葉樹材における仮導管の2次膜の傾斜角度を測定するに当り，Bailey 氏の塩素酸処理法によるヨードの針状結晶の配列角度を測定する方法を改良し，次によることが便益が多いことを述べている．i. microtome による切片を時計皿にとり，水でよく洗う，ii. Schurz 氏液に 12〜14 時間浸漬する（小林氏の新工夫．Schurz 氏液は本書 p.243 参照)，iii. 切片を水洗する，iv. アルコールで脱水する，v. 2〜4％のヨードヨードカリ水溶液で染色する（Bailey 氏の方法と同様)，vi. slide-glass 上に切片をとり，約 60％ の硝酸を滴下し cover-glass を覆い検鏡する（Bailey 氏の方法と同様).〔小林弥一：木材細胞膜のフィブリル傾角度測定用試料作製上の一簡便法，日本林学会誌，Vol. 34, No.12, p.392 (1952)〕

(48) 尾中文彦・原田浩：針葉樹仮導管細胞膜のミセル配列，日本林学会誌，Vol. 33, No.2, pp.60〜64 (1951).

(5) **独立 micell 説**　以上のように，X線による微細構造に関する研究法が案出されて以来，これに関連する研究は目覚しい発展をとげた．ここにいうところの独立 micell 説は，当時の Meyer 及び Mark の両氏[49]によって提唱された一仮説であるが，実に両氏は cellulose の micell 構造に関する思想の生みの親といわれている．

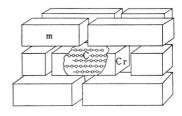

図 36.　独立ミセル説によるミセルの構造（Seifritz）
m—ミセル，c—セルロースの糸状分子が並列し束状を呈する．cr—ミセル間隙

この説によると micell は50〜100個の glucose 基（径約 8Å，厚さ約 3Å）が，繊維方向に glucose 鎖をつくるが，これが cellulose 分子に相当し，この分子がいわゆる van der Waals 力により，繊維方向と直角の方向に，60〜80本集束したものである．さらにこのミセルは，van der Waals 力で6面において，あたかも煉瓦を積み上げたように集束され，われわれの目に映じる繊維にまで発達するというのである．つまり独立ミセル説または煉瓦ミセル説の生れた所以である．

(6) **仮導管膜における micell の配列**　針葉樹材の仮導管の横断面を見ると，円形，多角形，矩形等種々変化に富んだ形をしているが，おおむね矩形またはそれに近い形のものが多い．従って大ていの場合，その切線面と半径面とは区別することができる．

一般に膨脹や収縮の現象は，切線面において大，半径面においては小であるが，その差は1.5〜2倍にも達するといわれている．微細構造に関する研究者のある者は，この原因を両面の構造の差に帰している．いいかえれば，仮導管膜における micell の配列が螺旋状を呈し，両面における縦軸の傾斜角に，差異が認められるからであるとしている．

なお micell 配列の傾斜角を，偏光顕微鏡で計測し，切線面と半径面とにおける，micell 配列の傾斜角の差異を認め，切線面におけるものは半径面におけるものよりも，15°も角度の急なることが明かにされている．このように micell 配列の急なことが膨脹，収縮に際し，切線面におけるものは半径面よりも，著しい変化を起す原因であるとしている．

また小原氏*は仮導管の半径面と切線面とにおいて，それぞれ微細構造の差異のあることを，次のような染色法から明示した．塩化亜鉛ョードで処理すると，切線面は汚黄褐色を呈するのに対し，半径面にあっては黄色を呈し，また oxaminblau 4RX で処理すると，切線面は赤紫色，半径面では淡赤色を呈するという．

このような現象のとくに顕著に認められるのは，仮導管の扁平状矩形の場合で，かつ切線面の幅が大で，半径面の奥行の小なる場合であることを指摘している．切線面は cellulose

---

(49) Meyer, K.H. und H. Mark : *Ber.*, 61, 611 (1928).
　* 本書 p.71 に前出の (40) 小原—人絹界，7月号 (1939).

反応の上に，lignin 反応を同時に示し，その質が粗であるのに反し，半径面は lignin 反応のみを示し，密である等の差異のあることを説明している．

また仮導管の横断面の形が，円形に近づくに従い，両面の反応の差がしだいになくなり，また時として半径面が切線面より大なる場合，いいかえれば，半径方向に長く切線方向に短いものでは，かえって半径方向に cellulose 反応が認められるという．

c. micell の大きさ

以上のように配列される微結晶体たる micell の大きさは，X 線照射による干渉図から，結晶部分の大きさが計測できる．もっとも，研究者の相違することから，その計測された数値については，かなりの差異が認められるが，いまこれらの実験結果を総括すると次のようである．

1. Hengstenberg 及び Mark の両氏*は，ramie の天然繊維素について計測したが，それを見ると，繊維軸に直角方向 $55 \pm 5Å$，繊維軸に平行方向 $600Å$ で，なお再生繊維素 viscose については，繊維軸に直角方向 $41Å$，繊維軸に平行方向 $305Å$ を示している．viscose 繊維素の micell は，天然繊維素における場合よりも，その幅が小さく，長さも短いことが認められている．

2. 長沢氏[50]は，次表のような針葉樹材の仮導管における cellulose について，X 線回折像を得，これら各点の強さをマイクロフォトメーター**で，追跡図を求め，ラウエの計算法によって次のように結晶体の大きさを得た．

樹　種	幅 (Å)	長 (Å)	樹　種	幅 (Å)	長 (Å)
ス　ギ (Ⅰ)	22	約 600	ク ロ マ ツ	15	約 600
ス　ギ (Ⅱ)	24	〃	モ　　ミ	20	〃
ヒ ノ キ	22	〃	ト ド マ ツ	21	〃
ア カ マ ツ	16	〃	エ ゾ マ ツ	25	〃

以上のように，micell の大きさについて計測されたが，それらの結果と，その他の研究成績とをここに総合して見ると，およそ幅は $15 \sim 16Å$，長さは $500 \sim 1000Å$ であって，数値の上に，相当大きな開きのあることが認められる．

3. Meyer 及び Misch の両氏***による天然繊維素の結晶単位胞は，単斜晶系で，その格子常数に対して既述したが，他のものと総合し比較する意味で，再掲すると次のようである．図 31 に示したように，b 辺に対し直角方向の 2 辺の長さは $8.35Å(a)$ 及び $7.9Å(c)$，繊維方向の長さは $10.3Å$，(a) と (c) とのなす角度は $84°$ である．要するに以上の計測結果から，micell は 3 方向に大きさを異にする角柱状の異方体であることが明かにされた．

d. 二 色 性 現 象

植物繊維の細胞膜に微結晶の存在する場合，その繊維細胞の着色したものを偏光光線****

---

(50) 長沢武雄：木材繊維ミセルの大さ，日本林学会誌，Vol. 19, No. 9, pp. 260～262 (1937).
　* 本書 p.68 に前出の (36) Hengstenberg, s. 271.　** 本書 p.274 参照.　*** 本書 p.68 に前出の (35) Meyer 及び Misch.　**** 本書 pp.267～269, 偏光顕微鏡の項参照.

の中に置くと，その方向によって光波の吸収を異にし，透過光線によって，その面の色を異ならしめるものである．この現象を称して二色性 (dichroism, Dichroismus) といわれている．従ってこの繊維の二色性から，その繊維のもつ異方性を，明かにし得ることになる．

例えば古い実験に Kongorot によるものがあるが，まず ramie のような規則正しい構造をもつ繊維を，この Kongorot で染色し，偏光ニコルの振動面と繊維とを平行に置くと，赤色以外の光波はすべて吸収され，赤色だけを通過させ，いわゆる選択吸収の結果として赤色に見える．しかるに繊維の長軸を振動面と垂直に置くと，全光波が透過され無色となるのである．つまり赤色と無色の二色性が観察できるわけである．結局色素が繊維細胞膜の micell に吸収され，しかもその位置は，micell の配列といっしょに整列するため，この結果から二色性が示されることになる．

このような二色性は，単に有機色素によるばかりでなく，Au，Ag，Cu，Hg 等の金属塩の水溶液を，繊維に吸収させてから行う，金属二色性の実験研究も行われ，また塩化亜鉛ヨードを使用してなされた研究もある．例えば ramie の繊維を $AgNO_3$ または AuCl の液中に浸漬し，その塩が充分に浸入した後に，光による還元あるいはヒドラジンのような還元剤によって，繊維内の金属の微粒子を沈積せしめ，その分布の状態から micell 間隙の形状を，測定しようとする実験法がある．この場合，処理された繊維を偏光で見ると着色しており，その上光の電気方向量 (vector) が，繊維軸に対して平行か，直角をなすことによって，異なる色を呈するのである．すなわち，nicol 振動面において，AuCl の場合に，平行では緑色，垂直では赤色となり，また $AgNO_3$ の場合，平行では青色，垂直では黄色となり，いわゆる強い二色性を示すことが認められている．Ag も Au も共に等軸結晶となり，かつそれ自身は光学的等方性 (optical isotropy) であるから，それらが起す二色性は，個々の金属結晶の，異方性配列をなしていることに，基礎が置かれ得ることは明かである．

以上のように，二色性の現象は，細胞膜の微細構造を知る上に，極めて効果的な研究法の一つと考えられている．

e. micell 間隙

二色性の場合のように，金属塩で処理した繊維に対し，X線を照射することにより，二重の回折図が得られる．すなわち cellulose の繊維図上に二重写しになって，金属結晶に基づく回折像が現われる．これらの回折像の幅から Frey-Wyssling 氏は，ramie の繊維に沈積した個々の銀結晶の幅につき，最大幅 84Å の大きさに達するものもあるが，その平均値は約 10Å 程度であることを計算し，同時に micell 間隙は，繊維方向に 50～100Å の長さを有し，かなりの変異をもって，互に連絡をしていることを，測定の結果明かにした．

さらにまた Balls 氏[51]によると，micell 間の空隙の定量的測定を行なっている．その原

---

(51) Balls, W.: Studies on the Quality of Cotton (1928) 〔山田登・丸尾文治共訳：J. ボナー植物生化学, p.77 (1954)〕

理は繊維中の空気を，他の軽いガスでおき替えた場合，その繊維の重量の変化から，空隙を測定しようというのである．

まず繊維の比重を空気中で測定し，次に空気をヘリウム (helium) でおきかえて，重量の減少を測定する．この方法で綿の繊維の約20％が，micell 間のガス空隙からなっていることが知られた．繊維中にガスもしくは水が容易に浸入し，行きわたるということは，micell 間の空隙が，一つの連続相をなして，相互に連絡していることを，示すものと解釈されるのである．

また長沢氏[52]は木材を構成するミセル間の空隙の幅につき，2種あることを提唱し，次のように述べている．すなわち，まずアルコール5種〔メチル alc.(CH_3OH)，エチル alc.(C_2H_5OH)，プロピル alc.(C_3H_7OH)，ブチル alc.(C_4H_9OH)，アミル alc.(C_5H_9OH)〕を用い，木材粉（エゾマツ）の真比重 (true specific gravity) を求め，メチル alc. の真比重は最大で，アミル alc. の場合は最小となり，アルコール中に含まれる炭素原子の数が木材粉の比重に関係することを明かにした．

なお各種アルコールについて，1分子中の炭素原子の数（1……5）と，分子の結鎖長との関係を求め，分子の炭素数が増すと，結鎖長も増すことを明かにした．

従ってアルコール分子の結鎖長が，ミセルの空隙の幅に比して短ければ，アルコールは空隙中に浸入することができ，長ければ浸入し難いことを仮定すると，各種アルコールに対する木材粉の比重が異ることを，容易に説明することができる．すなわちメチル alc. の分子の結鎖長は最も短いから，micell 空隙に浸入する量が多く，従って比重の値は最大に測定されるはずであり，またアミル alc. は結鎖長が最長であるから，比重の値は最小に測定されるはずであって，実験の結果と一致する．また測定の結果，炭素原子 2〜4 の比重は，ほぼ一定することが知られる．

以上のことから，ミセルの実際の空隙には2種類あって，第1種は空隙の幅はエチル alc. の結鎖長より小であり，第2種の空隙の幅はアミル alc. の幅より大なることが知られる．これを逆にいうと，メチル alc. の分子の結鎖長は第1種及び第2種の空隙より短いから，殆んどすべての空隙に浸入することができるが，エチル alc. 以下のアルコール分子は，第2種の空隙内へは浸入することができないことになる．比重がほぼ一定の 2〜4 では，アルコールの浸入し得る空隙体積は，ほぼ一定であることが明かであろう．

要するに木材のミセル空隙には2種類あって，その第1種は 6Å より短く，その第2種は 9Å よりも長いことが結論されるだろうと述べている．

---

(52) 長沢武雄：木材を構成するミセル間の空隙に就て，日本林学会誌，Vol. 22, No. 11, pp. 627〜628 (1940).

4. 総状ミセル理論

Lüdtke 氏の提案された繊維節の層状構造や，Meyer 及び Mark の両氏によって，提唱された独立 micell 説は，一時多くの支持を得たが，その後 Gerngross と Herrmann[53]，Frey-Wyssling 及び Brown, Panshin, Forsaith* 等その他多数の研究者等によって，cellulose の構成結晶微粒子は連続していて，不連続のものでないことを提唱するに至ったが，なかでも micell に関する Frey-Wyssling 氏[54]の構想は，さらに明確に cellulose の鎖状分子の連続性構造を明かにしている．

それによると，cellulose は全体が長く連続した鎖状分子からなるものであって，その中に長軸に並行な無数の間隙があり，間隙と間隙との間の部分，つまり同氏のいうところの Ungestörter Gitterbereich（無間隙格子領域，後述の結晶領域）が micell に相当するものであるとしている．このような間隙に Submikroskopische Kapillaren（超顕微毛細管）の名を与え，この間隙は上下及び側方において連絡する微細原繊維（Mikrofibrillen）間の空隙で，大体その径 100Å 程度となり**，この Mikrofibrillen がさらに多数の micell，すなわち，Ungestörter Gitterbereich からなるものとし，図37のような模式図を与えている．

今これらの研究結果を総括すると，最も多数の支持を得ている理論は総状 micell 説***（Fringe micellar theory, Fransen=micelle=theorie）であって，いいかえれば cellulose の鎖状分子は，格子状配列をした単なる block に属するものではなくて，鎖状分子がある部分では，規則正しく

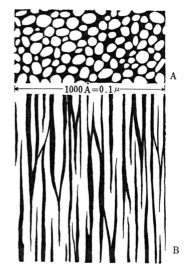

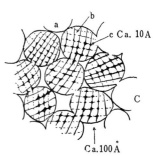

図 37. Frey-Wyssling 氏による繊維素の micell 構造の模式図
A—横断面
B—縦断面
C—A の1部の拡大
  a—微細原繊維（microfibril）
  b—micell
  c—超顕微毛細管
図中黒色部はミセル間隙，黒色部以外の白い所は結晶部分

---

(53) Gerngross 及び Herrmann の両氏は，cellulose の糸状分子が部分的に並列結合し，結晶性を示しているが，他の部分は不規則に散乱して連続 micell を作るといい，この散乱する糸状分子の領域を micell 間隙と呼び，並列結合している部分と区別した．おおよそ，その間隙の径は 10Å としている．〔Gerngross, O. und K. Herrmann: *Z. Physik. Chem.*, B. 10, 371 (1930)〕
(54) Frey-Wyssling, A.: *Protoplasma*, 28, p.271 (1936); 28, p.402 (1937).
* 本書 p.44 に前出の (14) Brown—pp.78〜90.
** 図37のCについて，径 10Å の間隙へは水のような小分子が入り，膨潤され，いわゆる繊維膨潤の原因となり，径 100Å の間隙へは色素，lignin その他の比較的大粒子の沈着場所となるのではないかと考えられている．そしてこれら両種の間隙は互いに連絡し，1種の孔隙系（連続相）を作るものとされている．
*** 総状 micell 説は，研究者によって綏状ミセル説，房状ミセル理論，連続ミセル説，あるいは Micellar Network Theory 等といわれることがあるが，すべて同義語である．

並列結合して結晶性を示し，他の部分では不規則に散乱し，つまり総状に分れて，不定形部分をつくるというのである．従って micell の配列部は cellulose の結晶部分を指し，これらは鎖状分子で互に連絡しているのである．また micell 間隙といわれる部分は，散乱した鎖状分子の領域に，相当する部分と考えられる．要するに cellulose は結晶質領域と非結晶質領域とからなり，cellulose の構成鎖状分子に，二つの領域を貫いて，走っているのであるが，結晶領域と非結晶領域との間に明瞭な境界は存在しないで，結晶領域において規則正しく配列していた cellulose の構成鎖状分子は，その末端部に向うに従って漸次配列を乱し，ついに非結晶領域に溶け込むような連続的変移が考えられている．このように考えると，独立 micell 説では説明し得なかった cellulose の諸性質が，いずれも好都合に説明することができるとしている．また Brown, Panshin 及び Forsaith 等の諸氏* は fibril に関して図 38 を示し，次のような解説を与えている．

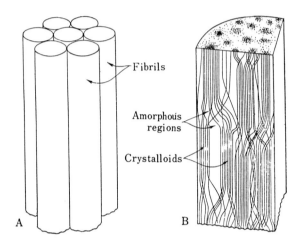

図 38. 細胞膜の fibril 及び結晶質体と非結晶質体との領域
(Brown)

これは植物細胞膜中における，α-cellulose の fibril の配列に関する図であって，図中 A は 7 本の並行した fibril で，ちょうど粗朶束状を呈している．B は 1 本の fibril の ¼ の部分であって，cellulose の長い鎖状分子，すなわち，結晶質領域の部分の平行配列をしている側面図である．

なおこれらの鎖状分子の平行している部分の相互間には，平行をしない，いわゆる非結晶質領域の部分がある．この結晶質の領域の部分と，非結晶質の領域の部分との間には，それらの長さの方向に対し，歴然たる限界というものがない．この平行部分（zone of parallelism）に対しては，以前に用いられた micell よりもさらに合理的な用語 "crystallites"（結晶質体）が用いられている．この crystallites を形成している鎖状分子の平行部分は，かなり強い水素結合で結びついているか，あるいは幾分 van der Waals 力の弱い力で，横の方向に向って結合されているように考えられている．それ故に fibril の中のこれらの結晶質体の縦の連鎖は，全体として見るとき 3 次元体をなすといえる．これに対して非結晶質体の部分は，fibril の横の方向について，鎖状分子との間に連なりというものがない．何となれば，その部分は平行の配列をしていないからである．

---

* 本書 p. 44 に前出の (14) Brown—p. 89.

要するに Meyer 及び Mark 両氏の理論は，植物細胞膜が連続しない微粒子である micell から成立し，これらの micell は非結晶質である媒質中に配列されていると考え，前述のような，連続しかつ平行部分としての crystallites に対する観念は存在しなかった．最近の観念としては，細胞膜の構造及びそれらに関係のある cellulose に対し，結晶質体と非結晶質体とが交互に存在することを明かにしている．

谷口氏[55]はアカマツ材の仮導管細胞につき，Battista 氏法*2.5N. HCl の加水分解によって結晶領域量を求め，アカマツの生長過程における，微細構造の変化に関し，その結論の一つとして，次のように述べている．

苗畑におけるアカマツの hollocellulose の全結晶領域は生長初期に増加し，その以後は緩慢に変化する．しかし真の結晶領域は全結晶領域より遅れて徐々に増加するものである．従って微細構造の発達の経過は，非結晶領域が結晶構造へ移行するにあたり，まず中間領域の増加となり，中間領域の一部はさらに真の結晶領域へと進むが，その速度は遅く，中間領域が極大量となってから，主として真の結晶領域へ移行するものと考えられるとしている．

なお Howsmon 及び Sisson の両氏[56]は前記の総状ミセル構造に対し，さらに進んだ次のような説明を与えている．すなわち，いま繊維素繊維中のある一点に容積 V をとれば，その中に，ある cellulose 分子数が包含され，次式から配列度 (degree of order) $\bar{O}$ を決めることができる．

$$\bar{O} = \frac{(OH_c)}{(OH_t)}$$

(CH_c) は結晶領域中における水素結合の総数で，(OH_t) は全分子が，完全結晶化した時の，全可能水素結合である．従って $\bar{O}$ は $0 < \bar{O} < 1$ の範囲で，容積 V 中に，充填される完成度 (degree of perfection) を表わすことになる．

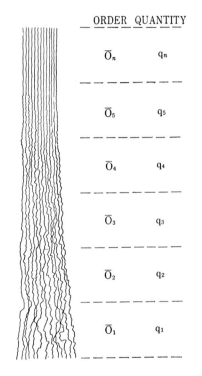

図 39. セルロースの配列度量分布図
(Howsmon・Sisson)
$\bar{O}$ は配列度，q は各々の配列度におけるセルロースの量を示す．

いま V を適当に選び，繊維のすべての方向に，順次その位置を移動していくならば，同一

---

(55) 谷口栄一：繊維素物質の結晶領域に関する化学的研究（第14報），木材学会誌，Vol.2, No.4, pp.148～157 (1956).
(56) John A. Howsmon and Wayne A. Sisson-B. Submicroscopic Structure 〔Ott, E., H. M. Spurlin, and M.W. Graffin : Cellulose and Cellulose Derivatives, Part 1, pp.251～253 (1954)〕
 * Battista, Q.A. : *Ind. Eng. Chem.*, Vol. 42, p. 502 (1950).

配列度の統計的の繰返しで，$\overline{O}_1, \overline{O}_2, \overline{O}_3, \ldots, \overline{O}_n$ を含むことになろう．そしてその全構造は，図39に示されるような，配列度のスペクトルとして，表わすことができる．

q_t 量は配列度 $\overline{O}_t$ の領域に存在する全セルロースの函数を示す．配列度 $\overline{O}_1, \overline{O}_2, \overline{O}_3, \ldots, \overline{O}_n$ にセルロースの量 $q_1, q_2, q_3, \ldots, q_n$ がそれぞれ対応し，これらの量の総和は次式から求められる．

$$Q_n = \sum_{i=o}^{i=n} q_t$$

$\overline{Q}_n$ は $\overline{O}_n$ を含み，O_n までの配列度をもつ試料中に，含有されている cellulose 量を，示すことになる．

以上が Howsmon 及び Sisson 両氏の，総状ミセルの質状構造に対する，大摑みな概念である．従ってこの概念から見ると，前記の Frey-Wyssling の説明する，総状ミセル構造の理論と，根本的な相違は認められないが，多少趣を異にしていることがうなづける．

以上のように植物細胞膜は，極めて微細な分子構造から，光学顕微鏡によって得られる可視構造に至るまで，一連の構成機構が存在していることが明かとなった．これを要領よく，とりまとめたものが，いわゆる Frey-Wyssling 氏の階段状表示[57]で，次に示すように一連の構成機構が一目してうかがわれる．

Frey-Wyssling 氏の可視構造より微細構造に至る，一連の構成機構に関する階段状表示（欄内の数字は一階級下の単位集合の数を示す）．
G.O. は Grössenordnung の略．

						Amikroskopisch		
						Glukose-rest 7.5×5.2Å		
					Submikroskopisch	Zellobiose-rest 7.5×10.3Å	2	
					Haupt-Valenz Kett 7.5×750Å	75	150	
		Mikroskopisch		Micell $60 \times 60 \times 750$Å	100	7.5×10^3	1.5×10^4	
			Dermato-somen $0.4 \times 0.4 \times 0.5\mu$	3×10^4	3×10^6	2.2×10^8	4.5×10^8	
		Fibrille $0.4 \times 0.4 \times 100\mu$	200	6×10^6	6×10^8	4.4×10^{10}	9×10^{10}	
Makroskopisch	Lamelle $0.4 \times 0.4\pi \times 5.10^4 \mu$	4×10^4	8×10^6	2.4×10^{11}	2.4×10^{13}	1.8×10^{15}	36×10^{15}	
Wandschicht $(0.01)^2\pi \times 50$mm	25	1×10^6	2×10^8	6×10^{12}	6×10^{14}	4.5×10^{16}	9×10^{16}	
Baumwollhaar $(0.01)^2\pi \times 50$mm	1	25	etwa 1 Million	G.O. 1 Billiarde	etwa $1/10$ Milliarde	G.O. 1 Billion	G.O. $1/20$ Trillion	Grössenordnung $1/10$ Trillion

(57) Frey-Wyssling, A.: Stoffausscheidung d. höhren Pflanze (1935).

以上細胞膜の微細構造に関して記述を続けて来たが，最後にここで全体を総括して見ると次のように要約することができる．

1) 植物細胞膜を倍率を高くして検鏡すると fibril が認められ，この fibril をさらに最高倍率下で観察すると，紡錘微小体である dermatosomen が見られる．すなわち，これが光学顕微鏡によって認められる最小単位と考えられた．

2) 一方植物細胞膜を化学的立場から観察して，cellulose の鎖状分子構造が問題となり，同時にX線の回折法による物理学的の観察によって，cellulose の鎖状分子が結晶体であることから，その単位胞の大きさが測定された．

3) なお Nägeli 氏の提唱した micell については，偏光顕微鏡その他によって検討が加えられ，複屈折現象が明かにされ，micell の光学的異方性が確認されるに至った．

4) また複屈折率の測定及び X 線照射の結果，micell の大きさ及びその配列等が論ぜられ，引続き micell 間隙が検討されるに至り，強い二色性の現象が問題となってきた．この micell 間隙の問題は，細胞膜の微細構造の研究上，極めて重要な事項として取扱われ，引続く研究への基礎となった感が深い．

5) 独立ミセル説は一時多くの支持を得たが，難点のあることが知られ，疑問がもたれるようになった．例えば micell 相互の結合は，van der Waals 力によると説明されていたが，その程度では繊維の強靱さを説明するのには，甚だ不充分であることなどから，さらに検討が加えられるようになり，一方総状ミセル説が優勢となってきた．

6) cellulose の鎖状分子は，ある部分規則正しく配列する結晶性を示し，他の部分では不規則に散乱し，総状に分れて不定形の部分を，つくるというのである．つまり micell は，cellulose の結晶部分を指し，micell 間隙は，散乱した鎖状分子の領域に，相当するものと考えられるようになった．

7) なお，最近上記の両領域間に，さらに中間領域の存在することが提唱され，なお，その上 Howsmon 及び Sisson の両氏 * によると，cellulose 分子は fibril の配列方向に長く，つまり縦方向に glucoside bond の化学結合で，長鎖状に連結されているが，その側面の方向には，cellulose 分子のもつ多数の活性基，すなわち，主として OH 基同士の間に働く，副原子価的の力で凝集し，その凝集の仕方に強力な方から，弱い方に至る段階的序列がある．つまり，強い水素結合で，しかも三次元の格子を作って，完全に結晶化している状態（こういう状態を lateral order=1 の状態という）から完全に無定形で，凝集力が働いていない状態（こういう状態を lateral order=0 の状態という）に至るまで，各段階の凝集状態が，連続的に存在しているという，連続説が提唱されるようになった．

8) 要するに，cellulose の鎖状分子は，結晶領域と非結晶領域との二つの領域を，通して存在することが明かにされた．またこの項の初めに当って概説した通り，Meyer, Mark

---

* 本書 p. 81 に前出の (56) Ott—pp.251～253.

もしくは，Lüdtke 氏その他の人々等の，提唱した不連続説に対して，なお支持する人々もあろうが，むしろ最近では，大体において，最後に記述した総状ミセル説が有力で，しかも Howsmon 及び Sisson 両氏の説を，支持するいわゆる連続説の支持者の方が多いようである．

第 3 章
針葉樹材の構成要素

I 針葉樹材の仮導管

A. 紡錘状仮導管

1. 仮導管の概説

　仮導管 (tracheid) は針葉樹材を構成している，最も重要な要素である*．しかし一方広葉樹材においても，また導管や木繊維等の補助組織として，存在することがある**．

　針葉樹の仮導管は，樹軸方向に比較的長く，いわゆる紡錘状を呈し，その尖端部は木繊維に比較して，おおむね鈍頭である．その横断面形は，春材部では4角形，5角形，6角形，多角形，円形，楕円形等であるが，なおこれらの斉整形，不斉整形の両様はもちろん，稀に三角形や不斉三角形さえあって，極めて多種多様である．

　その配列状況は，甚だしく不規則なこともあるが，一般に，半径方向には，比較的規則正しく配列する．年輪界に近い秋材部仮導管は，おおむね切線方向に，やや長い矩形で，むしろ扁平状を呈していると，いった方がよい（図40.A参照）．

　仮導管の膜壁には，導管におけると同じように，通水に必要な重紋孔が存在する．仮導管はその固有の機能から見て，広葉樹材の構成要素である導管と，木繊維との両者を兼ねた細胞である．すなわち，導管のもつ通導作用と，木繊維のもつ強固作用とを兼ね具えている．水分の通導に対しては，細胞の性質から見て，恐らく導管が専ら遠距離輸送に，適しているのに引きかえ，仮導管の方は近距離の輸送に，適していると考えられている．

　針葉樹材を強固に維持しているのは，確かに仮導管の存在によるもので，このことは仮導管の長さが，前述のように木繊維に似てやや長く，膜厚もまた比較的厚く，とくに秋材部仮導管においては，ことに厚膜になっているのが，普通であることからうなづける．

　形態上仮導管がとくに木繊維***と相違する点は，先端部であって，仮導管はおおむね木繊維のように尖鋭でない．ことに径断面上の仮導管の先端部を見るとよくわかる．しかし稀

---

*　裸子植物中 Ephedra 属だけのものには導管がある．また広葉樹材であって導管がなく，主要な構成要素が仮導管になっている例外的な樹種がある．本書 p.124 参照．
**　本書第4章 II p.140 参照．　　　***　本書第4章 III p.144 参照．

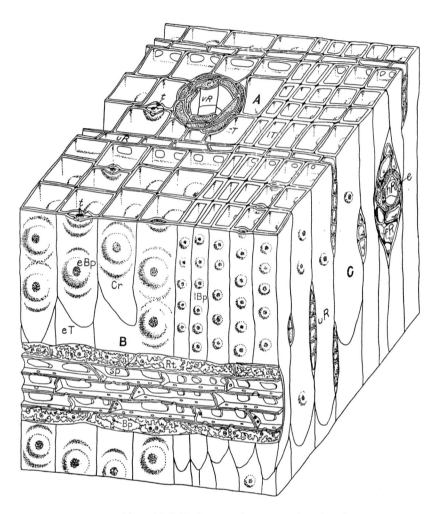

図 40. 針葉樹材（アカマツ）の組織模式図（山林）
A—横断面（木口），B—径断面（柾目），C—触断面（板目）

eT	春材部仮導管	lT	秋材部仮導管
uR	単列放射組織	eBp	春材部重紋孔
lBp	秋材部重紋孔	Cr	Crassulae
t	torus	Rt	放射仮導管
Bp	重紋孔	Sp	単紋孔
vR	垂直樹脂道	hR	水平樹脂道
fR	紡錘状放射組織	e	薄膜細胞

に秋材部において，木繊維に甚だよく似た，先端部の比較的尖鋭な，仮導管の存在することもある．ここに注意すべきことは，一般に針葉樹材の仮導管の先端部は，径断面では鈍頭であっても，触断面上では比較的尖鋭に，なっていることが多いことである（図41）．

以上のように木繊維によく似た仮導管は，これをとくに繊維状仮導管（fibrous tracheid,

faserartige Tracheid) と呼んでいる．

仮導管の水分通導の機構は，導管と非常によく似ている．しかし仮導管の形態や大きさを，導管節*のそれらに比べると，導管節よりもおおむね長く幅が狭い．また導管の場合のように穿孔板**をもつことがないから，外観がたとえ導管に酷似した仮導管であっても，穿孔板の存在の有無によって明確にこれを区別することができる．このように導管によく似た仮導管は，これをとくに導管状仮導管（vesselform tracheid, gefässartige Tracheid）ということがある．

2. 仮導管の長さ

従来仮導管の長さについては，多数の学者が興味ある研究結果を発表している．その概要を記すと1872年にC. Sanio氏は，*Pinus sylvestris* の仮導管の長さについての研究の結果"各年輪の仮導管の長さは，髄心から外周へ向って，年輪の増加と共に増し，一定の年齢に達すると，それ以後は一定の長さになる．またこの一定の長さは地上

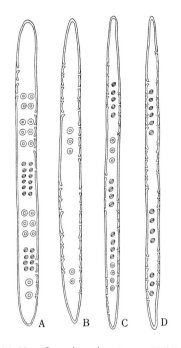

図41. *Sequoia gigantea* の仮導管
(Jeffrey)
A—径断面の春材部仮導管， B—触断面の春材部仮導管， C—径断面の秋材部仮導管，D—触断面の秋材部仮導管

より上方に向うに従って増し，ある高さの所で最長に達し，それ以後は漸減する"と発表している．さらにまた Groom 氏[58]は木部の構成要素の大きさは，単に年齢と地上高とのいかんによって変化するばかりでなく，地況によっても影響し，ことに仮導管の大きさは，気候の変化によっても，また変化するものであることを述べ，その後 Bailey 及び Shephard の両氏[59]は，*Abies concolor, Pinus strobus* 及び *Tsuga canadensis* 等について調査した結果を報告し，仮導管の長さについては，いずれの樹種も，一定の長さに達するものではなく，Sanio 氏が約50年で，一定の長さに達するとしたが，必ずしもこれに合致するものでないことを明かにした．

なお Bailey 及び Tupper の両氏[60]は，1918年に各種の木材の構成要素について測定し

---

(58) Groom, Percy: A Preliminary inquiry into the significance of tracheid caliber in coniferae, *Bot. Gaz.*, Vol.57, pp.285〜307 (1914).
(59) Bailey, I.W. and H.B. Shephard: Sanio's laws for the variation in the size of Coniferous tracheids, *Bot. Gaz.*, Vol.60, pp.66〜71 (1915).
(60) Bailey, I.W. and W.W. Tupper: Size variation in Tracheary cells, *Proc. Am. Acad. Arts and Siences*, 54, No.2 (1918).
* 本書第4章 I C., p.126 参照． ** 本書第4章 pp.128〜129 参照．

たが，その結果によると，数値が甚だしく不規則で，これまた Sanio の説に，必ずしも一致しないことを認めている．

なお小倉氏＊はスギその他の樹木の肥大生長について調査をし，材の構成要素の大きさは，年齢及び地上高のいかんにより，著しく変化することを述べ，また兼次氏[61]は仮導管の丈長生長の速いものほど，その長さが長く，逆に生長の遅いものほど，短いことを報告した．ただし病的な原因による狭年輪の場合は，仮導管は短くならないで，かえって反対に長くさえなることを報じている．

以上仮導管の大きさに関する諸説を，ここに総合してみると，すなわち，仮導管の長さもしくは直径は，樹種によって相違するばかりでなく，同一の樹種にあっても，樹齢，立地，あるいは気象上の変化等の影響を受けて，一定しないとして差支えがないように考えられる．従って針葉樹材相互の識別をするにあたっては，仮導管の長さを拠点の一つとして，過信してはならないのである．ただ長さ，あるいは直径の数値につき，平均した最小値及び最大値の範囲を示して置くことは，その材特有の傾向を，ある程度察知することができる場合があるから，識別上多少の参考に資することができる．

仮導管長の長い場合の実測値については，次のような例がある．すなわち，肥田氏[62]は Metasequoia と，他の多数の針葉樹とを比較研究し，とくに仮導管長について，Araucariaceae 及び Taxodiaceae には，比較的長い仮導管をもつものが，多いことを指摘し，100本の平均値中，最大値は *Araucaria Cunninghami* が 5287μ を示すことを述べている．

従来針葉樹材の仮導管の長さについて，調査された資料は多数存在するが，いまそれらを総合して見ると，およそ $2000\sim4000\mu$ が普通で，稀に 8000μ，ごく稀にはそれ以上に達すると，見ればよい．著者は主な樹種について，仮導管の長さを測定したが，次のようである．

針葉樹材の仮導管長

樹種名	長さ(μ)	樹種名	長さ(μ)
イチョウ	1100～1900	エゾマツ	1600～3200
イチイ	1600～2400	アカマツ	1600～2700
カヤ	1600～2700	チョウセンマツ	1600～2700
チョウセンモミ	1600～2700	ヒメコマツ	1600～3000
トウシラベ	1600～4000	マンシュウクロマツ	2500～5000
コノテガシワ	1300～2100	クロマツ	1300～2100
チョウセンカラマツ	2100～4200	ツガ	500～1600
チョウセンハリモミ	1600～2700		

---

(61) 兼次忠蔵：赤松樹幹の仮導管長に就て，日本林学会誌 Vol.17, No.1, p.53 (1936).
(62) 肥田美和子：仮導管の形態から見た Metasequoia の類縁関係，植物学雑誌，Vol.LXVI, No. 783～784, p.240 (1953).
 ＊ 本書 p.29 に前出の (9) 小倉—No.401～403.

上表中マンシュウクロマツは 2500〜5000μ* を有し，樹種中最長値を示している．トウヒ属及びモミ属に所属するものは比較的長く，およそ1200〜4000μ，これに反してイチイ属及びカヤ属に所属のものは，おおむね短く 500〜2700μ，またマツ属に所属のものは，大体前記長短両者の中間値を，示していることが認められる．

3. 仮導管の幅と奥行

仮導管の幅は横断面における切線方向の長さで測り，奥行は半径方向の寸法を以って測ることが便利とされている**．実際に幅の方は，春材部から秋材部へかけて，あまり変差を示さないで，漸減して行くのであるが，奥行の方は春材，秋材の両部間においてやや急減することがある．そして秋材部，とくに年輪界に近づくに従い，著しく減じるのが一般である．

しかし以上の横断面上の仮導管の幅と奥行とは，これを厳密にいうと，必ずしも正確な寸法を示してはいない．すなわち，縦に長い繊維状の仮導管の横断される場所のいかんによって，横断面上の寸法は，先端部に近づくに従って，多少細胞幅が減じ，とくに仮導管の形態上から見て，半径方向の径がしだいに減じるわけである．それ故可及的に正確な測定値が必要ならば，径断面上の仮導管の中央部の径から奥行を，また触断面上の仮導管の中央部の径から幅を測定するのが最もよい．

仮導管の幅及び奥行は，共に樹種の相違によって，かなり大きな差異を示すものであるが，著者の調査によると，春材部における切線方向の幅については，多くの樹種中著しく大なるものがなく，次表のように数値の大なるものは，むしろ奥行において見られ，すなわち，モミ類の70μは半径方向の測定値中最大であった．

Brown 氏等の調査による最大値は，北米産のラクウショウは70μ，アメリカスギは実に80μで極めて顕著である．著者の見たモミ類といい，北米産の以上の2樹種といい，おおむねその材質において，いずれも等しく粗糙な構造をもっている．これに対し Brown 氏等は精緻な材としてニオイネズコ，エンピツビャクシン及びカリフォルニアン・イチイ等を以って代表させているが，次表に掲げた仮導管の大きさの比較的小さいC群の樹種と，以上の樹種とを対比して見ると，ほぼ一致することがわかる．

著者は朝鮮産針葉樹材の横断面における仮導管の幅と，膜厚とについて調査[63]したが，いまそれらのうちから主な樹種を選び，春材部仮導管の比較的大なるものより小さいものへ，順次列挙すると次表の通りである．

---

(63) 山林漫：朝鮮木材の識別, p.442 (1938).
* マンシュウクロマツの仮導管長 2500〜5000μ を，Brown 氏その他の調査によるアメリカ産針葉樹材におけるものと比較すると，Red wood (5790〜7390μ) に遠く及ばないが，Sugar pine (5140〜5400μ) 或は Sitka spruce (5220〜5450μ) に多少接近している．本書 p.44 に前出の (14) Brown—p.133 参照．
** 本書 p.44 に前出の (14) Brown—p.130 参照．

群別	樹　種　名	横断面上の仮導管の大きさ (μ)				膜　厚　(μ)	
		春材部		秋材部		春材部	秋材部
		切線方向	半径方向	切線方向	半径方向		
A	トウシラベ	10—45	20—70	10—43	6—23	2.5	4.5
	チョウセンモミ	14—38	20—70	14—34	6—25	1.5	5.0
	チョウセンカラマツ	14—42	15—64	14—42	8—28	1.5	5—7
	チョウセンマツ	14—45	20—57	8—40	5—20	1.8	3—5
	ヒメコマツ	20—45	20—57	20—42	5—25	2	4—4.5
	マンシュウクロマツ	15—50	25—50	20—45	10—20	2	8
B	ツガ	12—40	15—50	10—30	8—20	2	4
	アカマツ	14—37	20—50	12—37	8—25	2.5	3—3.5
	クロマツ	14—37	20—45	11—34	10—28	2.5	4
	イチイ	8—35	14—50	8—25	10—30	2.5—5	3—5.5
	エゾマツ	12—40	17—46	9—37	6—20	1.4	2—4
	イチョウ	14—40	20—40	10—37	14—30	3	3—4
C	ネズミサシ	8—23	11—40	8—20	8—14	2.5	3
	チョウセンネズコ	10—28	10—35	6—28	9—21	2	4
	ビャクシン	11—26	14—30	11—20	5—14	3	3

上表中注目に値するのは，チョウセンマツ，ヒメコマツなどの5枚の葉を持つマツ類がA群に属し，これに対してアカマツ及びクロマツのような2葉の類がB群に属している点である．秋材部における仮導管の大きさについては，あまり大した傾向は認められないが，春材部においては，5葉のものが2葉のものよりも，やや大きい傾向をもっている．このことは両者の区別に当り，参考拠点の一つとして多少役立つように思われる．

4. 仮導管の膜厚

春材部仮導管の膜厚はおおむね薄く，夏季を過ぎ秋季に近づくに従って，しだいに厚膜になり，秋材部年輪界に近づくと最も厚くなる．前表によって認められるように，春材部においては，およそ1.5～3μの範囲であるが，秋材部にあっては著しく厚くなり，おおむね3～7μ，稀にマンシュウクロマツまたはチョウセンハリモミのように8μに及ぶものがある．

仮導管の膜厚は，樹種のいかんによって，薄膜の春材部のものが，秋材部のものに移行するに従い，急激に厚さを増すものと，これに反して極めて漸進的に，徐々に増厚するものとあって甚だしく相違する．例えばカラマツ属やツガ属の類は，急進的移行のものに属し，カヤ属もしくはイチイ属の類は，漸進的移行の樹種である．アメリカ産の樹種にあっても，急進的のものは Hard pine[64]，漸進的のものは Eastern spruce であるといわれている．

---

(64) Hard pine は Diploxylon，すなわち葉の維管束は2個，葉は2～3葉をもち，葉鞘の発達している種類で，*Pinus palustris*, *P. sylvestris*, *P. Thunbergii*, *P. densiflora*, *P. nigra*, *P. ponderosa*, *P. taeda* 等を指し，Soft pine は Haploxylon，すなわち葉の維管束は1個，葉は5～3葉をもち，おおむね葉鞘を欠いている種類で，*P. Strobus*, *P. monticola*, *P. koraiensis*, *P. cembra*, *P. Lambertiana* 等を指す．〔Dallimore, W. and A. B. Jackson : A Handbook of Coniferae including Ginkgoaceae, pp. 444～445 (1948)〕

前表の A, B, C の3群における膜厚の数値を, それぞれ対比して見ると, 秋材部については3群中比較的厚いものはA群で, なかでもチョウセンカラマツは首位を占め, 比較的薄いのはC群で, B群はおおよそA, C両群の中位と考えられる.

次に前表から仮導管の大きさと膜厚との, それぞれの数値を対比して見て, 秋材部の膜厚と春材部における仮導管の大きさとの間に, なんらかの相関的な関係があるらしく見える. すなわち, 春材部仮導管の大なる樹種は, また膜厚も厚く, これに反して小さいものは膜厚が比較的薄い.

以上, 針葉樹材の仮導管のもつ長さ, 及び幅等の調査による測定値を示し, それらを基礎にして, 説明を加えて来たが, なお以上の測定値に合せて, 他の統計的な数値とを, ここに総括して見ると, "触断面上の仮導管の幅の広いものは, おおむね長さが長く, これに反して仮導管の幅の狭いものは, おおむね長さが短い".

これらの点から, 仮導管の幅とそれらの長さとの間には, なんらかの相関関係が存在するように思われる.

5. 仮導管の膜壁における重紋孔

針葉樹材の構成要素たる仮導管の最も顕著な特性は, 膜壁に存在する重紋孔と, 2次膜の内面に認められる肥厚部の生じることである. 重紋孔の構造*の詳細については, すでに細胞膜の紋孔の項で, 記述したため省略し, ここでは専ら針葉樹材においてだけに, 認められる場合の特性について, 摘記することとする.

重紋孔の pit pair (対孔)** については大体三つの場合が存在する. すなわち, (a) 同質の繊維状仮導管の相互に認められる場合の pit pair, (b) 一方は繊維状仮導管, 一方は放射柔細胞で, これら両者間の pit pair, (c) 一方は繊維状仮導管, 一方は放射仮導管で, これら両者間に生じる pit pair である. いずれの場合においても, 水分の通導に役立っていることはいうまでもない.

以上の pir pait の内, とくに繊維状仮導管相互間の pit pair は, 普通顕著に認められ, 常に仮導管の径断面における膜壁に存在し, またある状態の下では, 触断面上における膜壁にも存在する. 径断面における重紋孔は, これをとくに半径面重紋孔といい, また触断面上のものを切線面重紋孔ということがある.

針葉樹材における重紋孔の形及び大きさは, 樹種により相違し, また同一の材でも, 材の部分によって一様ではない. しかしその形は, おおむね円形か楕円形を, 呈することが多く, 大きさは半径面における春材部では, 直径 $10 \sim 30\mu$, おおむね $15 \sim 20\mu$, 秋材部におけるものは, その大きさは一般に小さい.

春材部仮導管の半径面重紋孔は, おおむね 1〜2 列の配列をするのが普通であるが, 時と

---

* 本書第2章 p.54 参照. ** 本書第2章 p.51 参照.

して多列の配列をすることがある．例えば，アメリカスギ及びラクウショウにおける場合には，3〜4列の配列をすることが知られているが，なお肥田氏*によると，Glyptostrobus, Sequoiadendron, Metasequoia, Sequaia 等のものの重紋孔の配列数が，おおむね1〜3列であることを認めている．

図42．ヒノキのイボ状構造（山林）
左側はイボ状構造，右側はフィブリル
（電子顕微鏡写真，×ca.4000.）

秋材部仮導管の半径面においては，多くは単列である．切線面重紋孔は，普通の場合は秋材仮導管において存在し，その直径は，おおむね $5〜14\mu$ で，一般に小さく，しかも少数である．しかし金平氏[65]によれば春材仮導管の切線面にも，生じることを報じ，例えば Agathis, Araucaria あるいは Sequoia 等における場合を指摘している．

なお針葉樹材の仮導管の細胞膜について，原田氏**は電子顕微鏡的研究によって，特異な構造の存在することを明かにした．これは仮導管膜に存在する重紋孔の輪帯面全体にイボ状隆起のあることで，同氏はこれを疣状構造（wart-like structure）と呼んでいる．（図42及び図21参照）．そしてこの疣状構造の存否は，樹種の特徴と見られるところから，針葉樹材の識別的価値をもつものであることを附言し，なおまた針葉樹材24属，35樹種について調査した結果から，次のことがいえることを報告している．

(1) イボ状構造の存否は属の特徴である．
(2) イボ状構造をもつ科（属）は次の通りである．

   ナンヨウスギ科   ヒノキ科
    ショウナンスギ属   ヒノキ属
    アガシス属   コノテガシワ属
   コウヤマキ科   アスナロ属
    コウヤマキ属   ビャクシン属
   スギ科   ニオイヒバ属
    スギ属   イトスギ属
    コウヨウザン属   マツ科
    ラクウショウ属   モミ属
    セコイア属   ツガ属
           Pinus の内の Hard pine に属するもの

(3) イボ状構造をもたない科（属）は次の通りである．

---

(65)　金平亮三：大日本産重要木材の解剖学的識別，p.48 (1926).
　*　本書 p.88 に前出の(62)肥田—p.242.
　**　原田浩：針葉樹材仮導管のイボ状（粒状）構造に関する電子顕微鏡的研究，本書 p.66 に前出の (31) 林業試験場報告，Vol.35, No.12 (1953).

イチイ科　　　　　　マツ科
　イチイ属　　　　　　トガサワラ属
　カヤ属　　　　　　　トウヒ属
　イヌガヤ属　　　　　カラマツ属
マキ科　　　　　　　　Pinus の内の Soft pine に属するもの
　マキ属

(4) イボの直径はほぼ 0.1〜0.3μ で，細胞膜の壁面及び重紋孔の輪帯面に存在する.

(5) イボの配列には一定の型式がない．その化学的組成は明かでないが，3次膜と考えるのが妥当であろう．

以上の報告から，仮導管の重紋孔における，輪帯面上の疣状構造の存在について，特定の樹種につき確認されたことになり，また原田氏の発見した疣状構造の部分が，果して3次膜に相当すべきか，あるいは2次膜における，内層の部分の変形態であるかは別として，電子線による拡大像と，研究家の努力とから，このように，極めて貴重な発見を見たことは，木材組織学上，確かに注目に値するものである．

6. クラシュレー (Crassulae)

仮導管の膜壁における重紋孔の配列が，1〜2列の対状型を呈する場合には，しばしば重紋孔の上下の縁辺に細胞間物質が集積し，あたかも眉毛状の肥厚部をつくることがある．この肥厚部を I.A.W.A* ではラテン語の小肥厚という意味である crassulae (クラシュレー)** の文字を用いることに決定した．そして Bailey 氏によればこの crassulae の存在は必ず後生組織に限られ，また常に仮導管の径断面の膜壁に限られている．

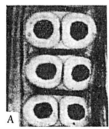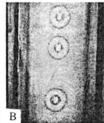

図 43. crassulae (Brown)
A—Sugar pine (*Pinus lambertiana*) の径断面における春材仮導管膜壁上の重紋孔と crassulae
B—Sugar pine の触断面における秋材仮導管の重紋孔
C—Bald cypress (*Taxodium distichum*) の径断面における仮導管の重紋孔と crassulae

重紋孔相互間の距離が比較的狭い場合には，crassulae は1本であるが，かなり離れている時には，2本の平行線となって現われる．また crassulae の長い時には，その両端部が重紋孔の輪廓に沿って彎曲して見え，重紋孔の近接している所では，紋孔間の2本の crassulae が癒合し，左右の両端部

---

* I.A.W.A. は The International Association of Wood Anatomists (国際木材解剖学会) の頭文字である．巻末 p.280 参照．
** 肥厚部の発見後，かなり長い間 "Bars of Sanio" と呼ばれたものであるが，現在では crassulae が用語とされている．

が分岐しているのが認められる．

多くの針葉樹中，ナンヨウスギ科におけるように，重紋孔の交互型（alternate）の配列をするものには肥厚部は生じない．しかしこのような例外を徐けば，針葉樹材の仮導管では，普通の存在と見てよい．ただしイチイ属，カヤ属，イヌガヤ属，ビャクシン属及びネズコ属等の材には，その存在が乏しく，マツ属，カラマツ属，及びモミ属等のものには，極めて普通に認められる．従って材の識別については，特別な意味をもっていない．

crassulae の存在は，独り針葉樹材のみならず，また時として広葉樹材中のある樹種に限り，導管または仮導管にも見られることがある*．

7. 螺　旋　紋

仮導管の内腔面いわゆる2次膜の内面に，螺旋状の肥厚線の生じることがある．この肥厚線を螺旋紋，または螺旋状肥厚部（spiral thickening）と呼んでいる．普通螺旋紋の存在する樹種は，イチイ，カヤ，イヌガヤ，ウラジロイヌガヤ，トガサワラ等の各属のものに限られているが，トウヒ属またはカラマツ属に所属の樹種にも，偶発的に生じる場合がある．螺旋紋の進行方向や，樹軸に対する傾角度については，諸説があって一定していない．

北米産の針葉樹材仮導管膜の螺旋紋については，Douglas fir, Pacific yew, Torreya spp., Toamarack 及び Loblolly pine 等に認められ，なかでも Douglas fir の螺旋紋は，春材部仮導管において最も明瞭に見られ，なおそれらの傾角度は，一般に低角度で，秋材部に進むに従って，螺旋紋の傾角度が急斜となり，やや不明瞭になる．なおまた年輪界に近い秋材部仮導管では，螺旋紋が全然認められないとされている．

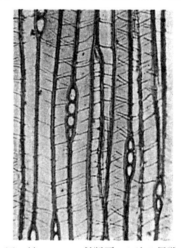

図 44．カヤの触断面における仮導管の螺旋紋，×ca.300(山林)

また Pacific yew の螺旋紋については，甚だしい急傾斜をする上に，それらの間隔が比較的密で，そのため傾角度の比較的小さく，螺旋紋の間隔のやや粗な Torreya と区別することができる．次に Tamarack 及び Loblolly pine における螺旋紋は，春材部におけるよりも，むしろ秋材部において存在し，その配列は非常に不規則で，ことに螺旋紋相互の間隔が不均一であるとされている．

著者が仮導管の螺旋紋について，調査したものの中から，参考に資せられる事項を，ここ

---

* Brown 氏はクリ（*Castanea dentata*）の導管の周囲状仮導管（vasicentric tracheid）に crassulae の存在を認め，また Betula, Fagus, 及び Fraxinus 等の春材部仮導管にも認めている．（本書 p.44 に前出の (14) Brown—p.137 及び p.212参照）．

に摘記すると，チョウセンイヌガヤ，カヤ，イチイ及びチョウセンカラマツの4種の内で，イチイの傾角度はほぼ45°を保ち，おおむね等しい間隔を置いて存在するのに対し，チョウセンイヌガヤは，その配列が極めて不規則，かつ傾角度の傾向は，甚だしく不明瞭で，かつ水平状のものが，かなり多数存在する傾向が強い．

カヤは図44で見るように，おおむね1～2本ずつ，稀に4本集合して存在し，平行することが多く，イチイにおける場合と，ほぼ同程度の傾角度を，保っているように見える．チョウセンカラマツの場合は，とくに秋材部仮導管において認められ，その配列はおおむね不規則である．

以上の諸例を総括して見ると，次のように要約することができる．

(1) 針葉樹材の仮導管の螺旋紋は，**おおむね**時針の回る反対方向に上昇しながら，同時に2次膜の内面に沿って拡がる．

(2) 螺旋紋の傾角度は，常に仮導管の幅と膜厚との2因子によって，左右されて存在し，一般に細胞膜が厚く，内腔の狭い場合は，その逆の場合に比して傾角度が大である．従って秋材部仮導管におけるものは，春材部仮導管におけるものよりも傾斜が急である．

(3) 螺旋紋の間隙は，樹種に固有の傾向が比較的強いから，樹種相互の識別に役立つかも知れない．

針葉樹材の仮導管の膜壁に螺旋紋の存在するのは，前述の通り甚だ少数の樹種に限られている．その後須藤氏[66]は世界各地に産するPiceaに所属の18種1変種について，研究調査の結果，Piceaの内のある種類にも，螺旋紋の存在することを認めている．すなわち，Piceaに存在する場合には，高齢部におけるよりも，幼齢部のものに認められることが比較的多く，また春材部におけるよりも，秋材部において認められることの多いことが知られ，そしてトウヒ属のもので，その仮導管の膜壁に螺旋紋をもつものは，その放射仮導管の膜壁にも，また螺旋紋が概ね存在することを報じている．

なお同氏は螺旋紋をもつ仮導管の出現の仕方が，樹種により相違することを認め，これらを次のように3種類に大別している．

(1) 常に秋材部及び春材部に出現し，不顕著なこともあるが顕著な場合が多く，トガサワラ属の木材に出現するのによく似ている．（幼齢部では，かえって他のものより，不顕著な時がある）（例 *Picea Simithiana, P. Wilsonii, P. Maximowiczi*（ヒメバラモミ），*P. morrisonicola*（ニイタカトウヒ），*P. Breweriana* 等）

(2) 幼齢部だけでなく，比較的樹齢を重ねた部分にも，秋材部仮導管に螺旋紋が不顕著ながら出現する．非常に稀に春材部においても，不顕著ながら認められることがある．（例．*Picea polita*（バラモミ），*P. Koyamai*（ヤツガタケトウヒ），*P. pungens, P. bicolor*（イラモミ）等）

(3) 幼齢部（数年または極めて稀には10年程度まで）にのみ秋材部仮導管に，螺旋紋を有するものが出現する．極めて稀には偶発的に，幼齢部以外の秋材部に認められることもある．（例．*Picea Abies*,

---

(66) Sudō Syōji : Wood Anatomical Studies on the Genus Picea, 東京大学農学部演習林報告，No. 49 (1955).

P. koraiensis (チョウセンハリモミ), *P. Glehni* (アカエゾマツ), *P. rubens, P. mariana, P. glauca, P. Engelmanni, P. jezoensis* (エゾマツ), *P. jezoensis var. hondoensis* (トウヒ), *P. sitchensis* 等)

8. 螺旋状孔隙

針葉樹材の仮導管には,しばしば螺旋紋に似た孔隙の存在することがある.これを螺旋状孔隙 (spiral crack),または顕微鏡的罅割れ (microscopic check)* といって螺旋紋と区別をしている.

金平氏**はこの螺旋状孔隙に対して"螺旋状孔隙は材の乾燥するに当り,人工的と自然的とを問わず,ガス体並びに油分の通過のために生じるもので,壁の厚い秋材仮導管に多い.そして孔隙が secondary 及び tertiary wall だけに生じて primary wall にないのは,primary wall はガス及び液体の通過が容易なことによる.またこの螺旋状孔隙は仮導管の中軸に甚しく鋭角をなし,孔隙の広さは不同で,かつ間隔が同一でないから,螺旋紋と区別ができる"と述べ,*Larix Griffithii, Pin s densiflora, P. longifolia, P. monticola* 及び *Ke eleeria Davidiana* 等に観察したことを報じている.

著者もまたハイマツ,チョウセンネズコ,ビャクシン等にこれを観察した.なお Brown 氏その他***によると仮導管膜の螺旋状ヒビ割れは,しばしば北米産 Southern pine のような針葉樹材に現われ,そしてとくに密な秋材部や,檔材の仮導管膜に生じることが多い.この内アテ材の場合は,製材の際の乾燥によるものではなくて,立木として存在する時に,すでに生じていると述べている.

B. 仮導管の種類

1. 多室仮導管

この仮導管の全形は紡錘状を呈しているが,その内腔部は隔壁で多くの室に分割され,あたかも撚線型柔細胞 (wood parenchyma strand) に酷似している.この特異な仮導管はこれを多室仮導管 (longitudinal strand tracheid, septate tracheid, gefächerte Tracheid) と呼んでいる.

多室仮導管の本質はやはり紡錘組織細胞 (prosenchymatous cell) で,成熟すると比較的速かに原形質体 (protoplast) を失ってしまう.隔膜は仮導管の側膜に対して,おおむね直角に生じ,これは仮導管から柔細胞へ分化しようとする際,その過程中に生じるものと考えられている.分割して出来た各細胞は,おおむね柔細胞型であるが,稀に柔細胞と混在し

---

* 第6章Ⅱ.乾燥による異状組織,p.221 参照. ** 本書 p.92 に前出の(65)金平―p.46.
*** 本書 p.44 に前出の (14) Brown―p.313 参照.

て strand を生じることもある．

以上の隔膜には，稀に仮導管の側膜におけると同様に，重紋孔の存在することがあるといわれる．多室仮導管は普通トウヒ属，カラマツ属，トガサワラ属等の垂直樹脂道の附近，外傷によって造成された柔組織内，または年輪界の附近に，見られることがある．

2. 樹脂仮導管

多室仮導管の隔膜の代りに，樹脂質の隔板の存在することがある．この場合の仮導管は，これを樹脂仮導管（resinous tracheid）という．

針葉樹材において辺材が，しだいに心材に移行する際，しばしば仮導管が放射組織と，接触する場所において，その放射組織を構成している柔細胞から，仮導管の内腔部へ樹脂質を分泌し，仮導管の内径面を覆い，時には内腔を横切って，板状のものを造ると考えられている．仮導管内に樹脂質の隔板を生じる場合には，その側膜の接着部において，その厚さを著しく増加するもので，この点次項で説明する trabeculae の場合とよく似ている．

この種仮導管の存在は，針葉樹材においては比較的少いが，しかしショウナンスギ属に最も頻繁に認められ，常に放射組織に沿って存在するといわれている．その他アガシス属，セコイア属，セドルス属，フィッツロヤ属等の各属にも見られる．

C. トラベキュレー（trabeculae）

針葉樹材，ことにマツ科に所属する樹種の横断面，または半径面には，稀に仮導管の内径を，切線壁から切線壁にわたって，貫いている棒状のものが認められることがある．このものをtrabeculaeと呼んでいる．

これは単一の仮導管に限られていることもあるが，また他の多数の仮導管壁を貫き，一直線に長く伸びていることもある．そして一般に trabeculae が，膜壁に接する接着部は，図 45 のように幾分太くなり，その著しい場合には，糸巻状に膨脹していることがあり，とくに秋材仮導管において顕著である．

trabeculae は全く偶発的の生産物で，最初は形成層から，極めて細い糸状のものとして生じ，他の細胞と同様，しだいに2次膜をもって覆われるようになり，ついに太い棒状に，なるものと考えられている．

trabeculae の機能は明かではないが，この成因については恐らく一種の寄生菌の作用によって，生じる

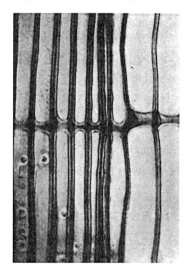

図 45. trabeculae
Alaska yellow cedar (*Chamaecyparis nootkatensis*) のトラベキュレー，×ca.250.
(Brown)

のではないか，という説がある．

II 針葉樹材の縦型木部柔細胞

針葉樹材における木部柔細胞は，おおむね次の3種の型として存在する．(1) 紡錘状柔細胞 (fusiform wood parenchyma), (2) 放射柔細胞 (ray parenchyma), (3) 薄膜柔細胞 (epithelial cell) である．これらの内(2)の放射柔細胞は放射組織の項で，また(3)の薄膜柔細胞は樹脂道の項において，それぞれ詳細に記述することとし，ここでは専ら (1) の紡錘状柔細胞について説明を加える．

ヒノキ，ヒバ，サワラもしくはコウヤマキ等の縦断面で，紡錘状柔細胞を観察すると，ちょうど strand（撚線型）を呈し，やや膨らみを帯びた長方形の細胞が，多数縦方向に連続するのを認めることができる．そしてこれらの細胞膜は，附近の仮導管の膜厚と比べて，比較的薄く，内容にはしばしば着色した内容物を貯えている．その内容物の存在のために，従来樹脂柔細胞もしくは樹脂細胞 (resin cell) という用語が通用している．しかしながら，厳密にいって，内容物は樹脂様のものであって，真の樹脂 (resin) と同一のものではない．

このような strand 型の樹脂細胞は，形成層の紡錘状母細胞 (fusiform initial) から，形成された娘細胞の分裂によって，生じるものと考えられている．この strand の両端部の細胞は，少し膨らみをもった長い二等辺三角形で，頂点に進むに従って細くなっている．中間部のものは縦の方向に，やや長い矩形を呈し，上下の細胞の接着部では，僅かに括れている．strand の膜厚の著しく厚い部分には，しばしば紋孔を観察することができる．このような場合の紋孔は，単紋孔で，いうまでもなくこの strand と，他の仮導管とが接触する時の pit pair は半重紋孔である．

紡錘状柔細胞としての strand を横断面上で見ると，秋材部の終末部，すなわち，年輪界に沿って点々と切線方向に連なって配列し，終末状 (terminal) を呈することもあれば，また1年輪層の中間部に，切線状 (metatracheal) に，もしくは切線型散点状 (metatracheal-diffuse) に配列することもある．

これらの内 metatracheal のものは，北米産の Taxodiaceae または Cupressaceae の樹種に，顕著に存在するといわれている．

針葉樹材における，縦型木部柔細胞である紡錘状 strand は，数種の樹種に限られて存在し，他のもの，例えばマツ属，イチイ属，カヤ属等の諸属には存在しない．また北米産のトウヒ属の，ある樹種の根材において，存在するにもかかわらず，幹材に現われないともいわれている*．しかし北米産のラクウショウ，ニオイヒバ，レッドウッド，レッドシダー等は極めて顕著に現われる樹種とされている．

---

* 本書 p.44 に前出の (14) Brown—p.145 参照．

従来わが国，朝鮮及び台湾等に産する針葉樹材中，樹脂細胞の存在の比較的顕著なものの属名を，配列型に応じて列記すると次のようである．ただし配列型中に同じ属名の重複記入してあるのは，そのいずれにも兼ね有することを示す．

1. 散点状型——カラマツ，ビャクシン，イヌガヤ，ショウナンボク，ナギ，ヒノキ．
2. 切線状型——ビャクシン，ツガ，ヒノキ，ショウナンボク，スギ，サワラ，アスナロ．
3. 終末状型——ツガ，カラマツ，ビャクシン，コノテガシワ．

なお針葉樹材で，樹脂細胞を欠くものは，次の諸属である．マツ，トウヒ，イチョウ，イチイ，カヤ，モミ，コウヤマキ，Dacrydium, Phyllocladus, Cedrus, Araucaria.

なお永田，岡本の両氏[67]は，サワラ材の樹脂細胞について調査し，次のような結果を得ている．

1. 横断面上の樹脂細胞は，年輪と殆んど平行に配列するが，ある配列幅の範囲に限り密に配列する．
2. 横断面上における樹脂細胞の $1cm^2$ 当りの数は，秋材部におけるものは，春材部におけるものの約10倍である．そして，極端に狭い年輪では非常に少いか，しばしば存在しない．
3. 樹脂細胞の径は，半径方向及び切線方向のいずれにおいても，年輪の内方から外方へ向うに従って減じる．
4. 秋材部における樹脂細胞の膜厚は，一般に春材部のものに比較して厚い．
5. 樹脂細胞の長さは，秋材，春材の両部を通じて殆んど等しい．
6. 樹脂細胞の大きさ及び膜厚は，樹脂細胞に隣接の仮導管の大きさや，膜厚と比較して小さく，半径方向において，その差異がとくに大きい．

III 針葉樹材の放射組織

A. 放射組織に関する概説

樹体を構成している要素の多くは，樹軸の方向に縦走し，伸長する細胞であるが，これらの要素以外に，なおこれらに直交し，水平的に形成層から，造成される輻射状の集合細胞組織が存在する．この組織は樹体の中央部から篩部に向って，単列，複列あるいはそれ以上の細胞列をもっていて，その全形はおおむね帯状，またはリボン状を呈している．この帯状組織は，すべて柔細胞から構成され，養分の貯蔵，または通導組織として役立っている．

以上の帯状組織に対し，従来，髄線（pith ray, medullary ray, Markstrahlen）の用語

---

(67) 永田潤一・岡本健次：サワラ材に関する研究（第2報），樹脂細胞について，日本林学会誌，Vol. 33, No. 2, pp.222〜225 (1951).

が用いられて来たが，現在この用語は，髄心と初生皮部とを，結合する柔細胞組織だけに限られ，一般に用いられなくなった．何となれば，以上の帯状組織で，髄心から篩部にまで伸びているのは，僅かに数本に過ぎず，多くは後生的のもので髄心部から出ていない．それ故後生の帯状組織に対して，髄線の用語を用いるのは，不適当であると考えられるようになった．従って本書では髄心から出ている帯状組織のものだけに，髄線（pith ray）を，また木材部の途中から出ている次生的のものに対しては，放射組織（ray または wood ray）* を用語として用いることにした．

放射組織は図40の uR, fR において示すように，材の横断面では，帯状組織の切断カ所における幅，すなわち，その部分の細胞列と長さとが認められ，径断面では帯状組織の側面部が現われ，切断カ所の高さと長さとが観察できる．しかし，単一の細胞列からなる ray 以外の，紡錘状放射組織においては，切断カ所が必ずしも紡錘状放射組織の，真の中央部を切断するとは限らない．従って以上の幅なり，高さなりは，その切断カ所そのものの位置におけるもので，真の幅や高さを示さない．

いま精確な放射組織の幅及び高さを知ろうとするならば，切線縦断面，すなわち，触断面（板目）において，これを観察するに如くはない．いうまでもなく，この面では，放射組織の切口全部が，線状またはレンズ状もしくは紡錘状等の形で現われ，その中央部の幅は，その放射組織の真の幅であり，また現われている線状，または紡錘状の組織の高さは，その放射組織の真の高さを示しているからである．それ故放射組織の形態なり，構成細胞の配列状況を充分に観察する際には，その触断面によるのが最も便とされている．

触断面の放射組織について見るに，針葉樹材では1個或は稀に2個細胞列のいわゆる，狭状放射組織（narrow ray）と，図40の fR で見るように，中央部に樹脂道を抱いた，紡錘状放射組織（fusiform ray）との，僅かに二つの型が存在するに過ぎないが，広葉樹材では構成細胞の形態上の相違と，配列上の差異とから，後述するように種々の放射組織の型が存在する**．しかしながら，いずれの場合にあっても，放射組織を構成している細胞は，柔細胞であって本質的にはなんら変りはない．

---

* ray に対する邦訳語として放射線，放射組織，射出線，射出組織，輻射線，あるいは従来のままの髄線，射出髄，放射髄，第2髄線もしくは小髄線（髄心から皮部までのものを第1髄線もしくは大髄線）等が用いられていて一定していない．以上の説明のように，水平的だけに伸びている帯状組織のものに対し，あらゆる方向に射出していると解される放射線も当らないし，また何か飛び出す感じを与える射出線も適当とは思われない．この意味から ray も適当とは考えられない．しかしながら I.A.W.A. では ray または wood ray を下記のように定義しており，国際的にも一応使われて来ているので，著者は上記のように邦語では放射組織を，外国語としては ray または wood ray を用いることとした．
　Ray: ribbon-shaped strand of tissue extending in a radial direction across the grain, so oriented that the face of the ribbon is exposed as a fleck on the quarter surface.
　Wood ray: that portion of a ray included in the wood.
** 本書 p.172 参照．

B. 針葉樹材の放射組織の種類

針葉樹材に存在する放射組織には二つの型がある．その一つは狭状型で，他の一つは紡錘状型である．

(a) 狭状放射組織——これは図40のuRのように，水平樹脂道の存在しない場合の放射組織で，これを触断面上で見ると線状を呈し，おおむね1細胞列，すなわち，単列放射組織 (uniseriate ray) であるが，時にはある樹種に限って2細胞列，すなわち，複列放射組織 (biseriate ray)* を混えることがある．一般にこの単列放射組織も，複列放射組織も共に，便宜上これらを総称し，狭状放射組織として取扱われる．

(b) 紡錘状放射組織——これは図40のfRのように，水平樹脂道の存在する場合の放射組織で，これを触断面上で見ると，凸レンズ状の紡錘形を呈し，多数の細胞の中央部に，水平方向に存在する樹脂道の切口が見られる．このような放射組織を紡錘状放射組織 (fusiform ray) と呼んでいる．さらに詳細に説明すると次のようである．

1. 狭状放射組織

針葉樹材の横断面の木部放射組織は，外方へ篩部まで輻射状に伸び，その材の肥大生長に伴なって，既存の放射組織の相互間に，新しい放射組織が形成層母細胞の分裂によって，造成追加されて行く．そのため既存の放射組織と追加された放射組織との相互の間隔は，おおむね均等に残されて行くのである．そして樹種の相違により，一定間の放射組織の数には，多少の差異があるが，その樹種についてはほぼ固有の傾向が存在するように見える．

著者は識別上の必要から，針葉樹材3科，12属，22種，個体数126個について，一定間の狭状放射組織の数，並びに相互の間隔等に関して調査**をしたが，いまそれらの中から，参考になる点を次に摘記する．

後生材の横断面上における，放射組織相互の間隔について，最大値，最小値の差の大なるものは，放射組織の間隔不均等であり，これらの較差の小なる場合は，比較的均等であることを，示すことはいうまでもない．多くの樹種中カヤは，間隔の最大最小の較差が最も大なる部類に属し，すなわち $100 \sim 1000\mu$ で，その較差 900μ，またこれに反して，較差の最も小なる部類のものと，思われるものは，チョウセンイヌガヤで，$20 \sim 110\mu$ でその較差僅かに 90μ に過ぎない．カヤはチョウセンイヌガヤよりも，放射組織相互の間隔が，不揃いであり，従って不均等であることを，示すものといえる．

次に触断面上では，放射組織のいずれの部分を切断しても，放射組織の水平に伸びる方向に対し，直角に横切れば，放射組織そのものの高さが現われるから，縦に連続している構成細

---

* わが国のコノテガシワ，あるいは北米産の Red wood, Californian yew 等には複列放射組織が普通に存在する．
** 本書 p.89 に前出の (63) 山林—p.315．

胞の数によって，全高がほぼ察せられる．普通の針葉樹材は，単列放射組織の高さは 1～20 細胞高，時として 50 細胞高に達するものがある．また高さを知るのに，細胞高によらず micrometer（測微計）* で測定する場合もある．

著者の観察によると，単列放射組織の高さはマツ，トウヒ，モミ，カラマツ，ツガ等の各属におけるものは，おおむね 35～300μ の範囲，またビャクシン，イヌガヤ，イチョウ，カヤ，イチイ等の各属のものは，おおむね 23～200μ の範囲にあって，前者の場合よりも低い．比較的高いものの中で，チョウセンカラマツの材には，特段に高い放射組織の存在するのを認めた．すなわち，しばしば 700μ に及び，ごく稀にはそれ以上のものを見た．また北米産のラクウショウまたは Red wood 等の単列（稀に複列）放射組織の高さは，40～60 細胞高，500～1000μ が測定されていて，甚だ高い部類に属す．また Red cedar 及び White cedar 等のものは，おおむね低く 6 細胞以下，300μ 以下である．北米産針葉樹材のもつ，狭状放射組織の最高の平均値は，おおよそ 10～15 細胞高と見られている**．

なおショウナンスギ，ラクウショウ，モミ，トウヒ，マツ等の各属のものにおいて，髄心から等距離の所の放射組織では，生長の旺盛なものほど，高い放射組織をもち，年輪幅の狭いものは，一般に放射組織が低いことがいわれ，また外傷を受けた時は，正常の場合よりも高くなり，その上幅も広くなるといわれている．

2. 紡錘状放射組織

紡錘状放射組織の存在する樹種は，マツ科のマツ属，トウヒ属，カラマツ属，トガサワラ属に属するものである．水平樹脂道は常に 1 個存在するのが普通であるが，ごく稀に 2 個をもつ種類がある．例えば北米産の Longleaf pine において見られる***．

以上の各属の樹種に見られる水平樹脂道は，図 40 の e のように，epithelium**** によってとり囲まれた，正常の構造をもつ樹脂道であるが，時として樹脂嚢を包含した大形の，特殊型放射組織の存在することがある．例えば北米産ヒマラヤスギ，またはシツカトウヒにおける場合で，恐らくある種の傷害から，形成されたものであろうといわれている．

紡錘状放射組織の大きさを観察する場合には，その材の触断面上における放射組織の切断面で見るのが最も好都合である．その幅の比較的大なるものは，マツ属のもので，他のトウヒ属，カラマツ属，トガサワラ属のものは，マツ属におけるものよりも一般に狭い．紡錘状放射組織の高さは変化に富み，樹種についての一貫した固有な特異性は認められない．従って識別的価値に乏しい．最高の限度はおよそ 30 細胞高と考えられる．

---

* 本書第 6 章 p.240 参照． ** 本書 p.44 に前出の (14) Brown—p.148．
*** 本書 p.44 に前出の (14) Brown—p.159 参照． **** 本書 p.109 参照．

C. 針葉樹材の放射組織の構造

1 放 射 仮 導 管

針葉樹材の放射組織は，通常半径方向に長い柔細胞，つまり放射柔細胞（ray parenchyma）から構成されているが，特定の樹種に限り放射組織の上下の縁辺に図40のRt，図46のb，dのように仮導管（tracheid）類似の性質をもつ細胞を具えている場合がある．このような細胞を放射仮導管（ray tracheid）と呼んでいる．

ray tracheid はマツ科所属のマツ属，カラマツ属，トウヒ属，トガサワラ属，ツガ属，セドルス属等に極めて普通に存在する．ところがこれに対しイチョウ科及びイチイ科においては全然存在しない．またヒノキ，ビャクシン，ネズコ，ショウナンボク，セコイア，コウヨウザン，モミ，ラクウショウの各属のものにあっては，ある時は存在し，またある時は存在しないことがあって甚だ不安定な部類

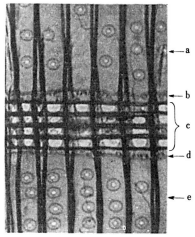

図 46. アカマツの径断面（山林）
a, e は重紋孔の顕著な春材部仮導管，b, d は小重紋孔を有する放射仮導管，上下壁は鋸歯状に肥厚している．c は放射組織を構成している柔細胞．各十字分野には窓状単紋孔が見られる．

に属している．これらの内のあるものは，傷痍放射仮導管（traumatic ray tracheid）として取扱われることがあるが，恐らく外傷からの刺戟によって，偶発的に出来たものであろうと考えられている．ray tracheid の存在は，前述のようにマツ科中，とくにマツ属において一般的であるが，わが国産の2葉のものは5葉のものよりも顕著であり，北米産のものでは，Soft pine*よりもむしろ Hard pine** において，ことに著しい．

これらの場合には放射組織の上下の縁辺に，1細胞層の存在を普通とするが，アカマツ，またはクロマツにあっては，しばしば2細胞層（稀にはそれ以上）のことがあり，時には ray parenchyma の配列層中に ray tracheid の細胞層の介在することがあり，また稀に高さの低い放射組織では，ray parenchyma はなく，ray tracheid のみから構成されることもある．

ray tracheid の存在する放射組織の正常な場合は，一般に放射組織の中央部に存在することがなく，常に縁辺のみにあって，普通1細胞層に限られている．

ray tracheid が多数の針葉樹材中，とくにマツ属に所属の樹種に，最も顕著に現われるのは，系統的発生の見地から見て，マツ属が古い地質時代のものであることが考えられる．また ray tracheid を比較的多く存在する，マツ科のマツ属以外のカラマツ属や，トウヒ属

---

*, ** 本書 p.90 脚註 (64) 参照．

のような他属のものは，上記の ray tracheid をもつことから，植物学的に密接な関係，いわゆるマツ属と類縁的存在であるといえる．マツ科の属中でとくに ray tracheid の存在が極めて不安定なモミ属のようなものは，系統的に見て過渡的移行中の属と思われる．

ray parenchyma が辺材部に存在し，生活細胞としての機能のある間は，内容物をもっている．またそれらが，2次膜をもつ場合には，その膜壁上に単紋孔が存在する．ところがこれに対して，ray tracheid の方は，紡錘状仮導管のように，比較的早く原形質体を失い，半径壁には重紋孔を備えている．

なおこの ray tracheid が紡錘状仮導管と異る点は，ray tracheid の方は紡錘状仮導管よりも長さが比較的短く，常に半径方向に横臥状を呈し，また重紋孔の大きさは，紡錘状仮導管におけるものに比して甚だ小さく，普通に見られるような crassulae は全く見られない．ray tracheid の長軸は，おおむね半径方向に長く，横臥状を呈しているのが一般であるが，時には若い根部や幹部において，斜状或は直立状のことがある．このことは普通の仮導管が横臥状に移行し，ray tracheid を形成しようとする過渡的状態ではないかと考えられる．

ray tracheid の膜壁に，しばしば図13の f のような螺旋紋をもつものがある．例えばカラマツ属，トガサワラ属及びトウヒ属の樹種に認められる．ことに Douglas fir の縦断面を見ると，紡錘状仮導管における螺旋紋の存在は，極めて顕著であるが，それに匹敵する程度の螺旋紋肥厚が，Douglas fir の ray tracheid にも認められる．

一般に螺旋紋をもつ ray tracheid の大きさは，甚だ不同であることが多く，それらの縁辺は不規則な小波状を呈している．しかるにマツ属，ツガ属，セドルス属等のように，螺旋紋をもたない場合の ray tracheid の大きさは，おおむね一様で，縁辺の小波状は変化に乏しい．ray tracheid の半径壁の紋孔は，細胞そのものの性質から見て，当然図40の Bp のように重紋孔*である．従って ray tracheid と紡錘状仮導管とのなす，直交分野における pit pair は，二重の重紋孔として存在することになる．そしてこの紋孔は ray parenchyma に生じる半重紋孔に比して一般に大きい．

ray tracheid に半重紋孔の生じる場合は，縦方向の紡錘状柔細胞，もしくは strand 型柔細胞**とのなす，直交分野に生じる場合の pit pair である．

ray tracheid の膜壁の肥厚については，ある特殊な樹種に限り，ray tracheid の上下水平膜の肥厚部が長く伸びて，図40の Rt，図46の b，d のように，あたかも洞穴中の石筍か鐘乳石に酷似した，極めて不規則な肥厚を見ることがある．このような状態の肥厚を鋸歯状肥厚 (dentate, (toothed) thickening) といっている．

ray tracheid における鋸歯状肥厚の顕著な存在は，アカマツの特徴の一つと見られる．

---

* 原田浩氏の電子顕微鏡的観察によると，アカマツの放射仮導管と，これとほぼ直角に相接する仮導管との十字分野における pit pair は重紋孔対孔で，紋孔の径が小で紋孔膜の構造は，普通の仮導管相互の場合と同じく，torus を中心としていわゆる "Fäden" を認め得ると報告している．〔本書 p.66 に前出の (31) 日本林学会誌，Vol.35, No.6, p.194 (1953)〕

** 本書 p.151 参照．

なおこの他に鋸歯状肥厚の著しいものにクロマツ，マンシュウクロマツ，タイワンマツ等がある．そしてなお北米産のマツ属中，Hard pine に属するものの ray tracheid の内壁は，一般に鋸歯状肥厚が甚だしく，それに引きかえ Soft pine に属するものは，おおむね平滑である．一般にマツ属中，5葉のものに限り，ray tracheid の縁辺が，平滑で肥厚しない．従ってこれらの点から，鋸歯状肥厚の発達した2葉もしくは3葉の材を，5葉の材から区別することは困難ではない．

2. 放射柔細胞

a. 放射柔細胞の膜壁の肥厚

放射組織の構成細胞の膜壁は，樹種の相違により，また同一の樹種にあっても，春秋両材部の相違から，平滑なもの，僅かに肥厚するもの，肥厚の著しいもの等が存在し，その状態は一様でない．その内水平壁については春材部のものは，おおむね $1.5～2.5\mu$ の膜厚であるのに対し，秋材部では $2.5～4.0\mu$ に及び肥厚の程度が一般に大である．

垂直壁（切線壁）と水平壁とを比較すると，垂直壁は水平壁におけるよりも，おおむね薄く，かつ平滑なことが多い．紋孔の少いものでは，その膜厚僅かに $0.8～1.5\mu$ を有するに過ぎない．

針葉樹材中 ray parenchyma の膜壁の肥厚が殆んどなく，平滑なのはイチョウ科及びイチイ科に属するもので，肥厚するものの中，とくに水平壁の肥厚の甚だしいものにはカヤ，イヌガヤ等がある．

一般にマツ科所属のものにあっては，膜壁の肥厚するものが甚だ多い．とくにトウヒ，カラマツ，トガサワラ，ビャクシン等の各属のものは水平壁，垂直壁共にその肥厚が甚だしい．垂直壁は必ずしも常に垂直状に位置せず，むしろ彎曲し，または著しく傾斜することの方が多い．しかしコウヨウザン及びタイワンスギ等では，傾斜することなく，おおむね直立状のことが多いといわれている．

b. 放射柔細胞の半径壁の紋孔

放射柔細胞の半径壁に現われる紋孔の状態は，紡錘状仮導管との直交分野，すなわち両者の相接着する接合面を見ると，充分にうかがわれる．この分野の輪廓は，おおむね不整な短形を呈しているのが普通で，放射組織側の紋孔は，常に単紋孔であるのに対し，これと相対する仮導管側の紋孔は，すべて重紋孔である．それ故すでに，紋孔の pit pair の項でも説明した通り，単紋孔と重紋孔とが pit pair をなす部分は，半重紋孔を生じることになる．従って針葉樹材の放射組織における半径壁の紋孔は，通常半重紋孔を有することが多い．しかし特定の樹種に限り，単紋孔の生じる樹種が存在する．

イチイ科所属のもので単紋孔をもつものは，Dacrydium, Phyllocladus, またマツ科で

はモミ属，マツ属，ツガ属，コウヤマキ属，Glyptostrobus 等であるが，金平氏*によれば以上のうち例外的な樹種として，Dacrydium の中の *D. Cupressinum* だけは，単紋孔を有しない．またツガ属の中で *Tsuga Sieboldii* だけが単紋孔を有し，他のものは有しないとしている．

なおトガサワラ属では *Pseudotsuga wilsoniana* だけが単紋孔を有し，またモミ属では *Abies conco or, A. grandis, A.nobilis* の3種は半重紋孔を有し，他のものは単紋孔である．また同一の春材部において，単紋孔と半重紋孔とを，同時に具えているものは，Oregon balsam fir, Longleaf pine, リュウキュウマツ，ランダイスギ，コウヨウザン，スギ，ネズコ等である．またツガ，コウヤマキ，ランダイスギ，クロベ等においては，それらの秋材部における紋孔は，半重紋孔であるのに，春材部ではすべて単紋孔である．

なお単紋孔のとくに大なるものを挙げると，Dacrydium, Pinus (Soft pine の中の Cembra, 及び Hard pine の中の Lariciones), Sciadopitis, Phyllocladus, Microcachrys の各属に所属の樹種である．以上は針葉樹材の識別に当り，重要な参考拠点になる．

一般にモミ，ツガ，ネズコの分野に見られる単紋孔は，おおむね小さく，その形は凸レンズ状，円状あるいは楕円状等を呈し，一定していない．またマツ属に属する単紋孔は，おおむね大形であるが，この場合もまた諸種な形を呈し，例えばアカマツにおいては，広い窓状を呈することもあれば，厚い凸レンズ状，または不整楕円形を呈することも多く，ヒメコマツは円形や不規則な矩形等を呈していることが多い．

半重紋孔の場合を見ると，おおむね円形または長楕円形であることが多く，その径が一般に小さい．ただしナギ属のものは頗る大形で，他のものと甚だしく相違している．また孔口が外越のもの，孔口の両端が外縁に一致しているもの，あるいは内方へ包含されているもの等，樹種の相違することによって種々な場合が存在する．

一般に内孔口は一方へ傾斜していることが多く，水平であることは極めて稀である．しかし Red wood においては，水平状の孔口を認めるが，この場合は全く例外と見てよいと考えられる．

小原氏**は本邦産及び北米産の針葉樹材中より，トウヒ，カラマツ，モミ，ツガ等の樹種を選び，仮導管と放射組織とのなす直交分野における，半重紋孔の傾角度を調査し，孔口の傾角度と種属との関係を，統計学的に研究し，その間に密接な関係のあることを見出した．すなわち，トウヒ属の紋孔の傾斜度については 8～60°，これに対しモミ属の方は 24～90° であることを認め，トウヒ属の仮導管膜の微細構造は，モミ属におけるよりも，その配列が通直であることを指摘している．

また，仮導管膜の紋孔の傾角は，ある程度，膜の内部構造を示すものであるから，これに

---

* 本書 p.92 に前出の (65) 金平—pp.55～57.
** 本書 p.71 に前出の小原 (40)—人絹界，7月号，p.635 (1939).

よって膜の微細構造がうかがわれ，またこのことは，樹種の系統発生的に関係をもち，樹木の部分によって異ることが，考えられると報じている．

なおエゾマツ材について，その仮導管膜との直交分野における，半重紋孔の傾斜度については，春材部において 9.5～45.9°，平均 29～36°，秋材部において 6～37°，平均 16～26.5°であることを示し，また樹高との関係については，一般に梢端に至るに従って傾斜度が小さく，根端においては，その逆で傾斜度が大となり，また樹木の中心から，およそ 10 年輪の部分までは急減し，その後は周辺部に至るまで，多少の変異はあるが，おおむね同一の傾斜度を保ち，変化が見られないと報告している．

次に針葉樹材の径断面における春材部の直交分野の紋孔につき，Phillips*氏の示す 5 つの型を，ここに引用し参考に供すると次のようである．

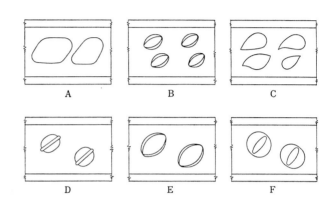

図 47. 直交分野における各種の紋孔 (Phillips)

(1) **Windowlike simple pit**（窓状単紋孔）　これは図 47 のA型単紋孔で，ガラス窓のように比較的大きく広がっている．Pinus に所属の樹種が全部この型に入る．

(2) **Pinoid**（マツ型紋孔）　　B型とC型とがこれに入る．これらの紋孔は他の型のものに比較して大体において小さく，cross field の紋孔数も多い．C型は一方側の広くなっている単紋孔で，一般に lopsided type（傾斜型）といわれているのであるが，この型もこの Pinoid に含まれている．Pinoid type はマツ属以外のマツ類のものに見られる普通型である．

(3) **Piciform**（トウヒ型紋孔）　　これはD型で，おおむね楕円形を呈し，極めて狭い紋孔口をもっているのであるが，時として図のように，僅かに外越した孔口 (extended aperture) のこともある．またこの型は広い輪帯 (border) をもっていて，これに属するものはトウヒ属，カラマツ属，トガサワラ属等である．

(4) **Taxodioid**（落羽松型紋孔）　　これはE型の場合で，卵形または円形に近い紋孔で，輪帯の部分は比較的狭い．このE型に属するものはイチイ属，セコイア属等で，また時としてモミ属，ネズコ属にも現われることがある．

(5) **Cupressoid**（ヒノキ型紋孔）　　これはF型の場合で，前記の Piciform に類似の型である．しかし Piciform における孔口の形が，線状であるのに対し，F型はむしろ長楕円状に近く，そして輪帯がかなり広く，紋孔の大きさも大形の場合が多い．これらの点が Piciform

---

* 本書 p.44 に前出の (14) Brown—pp. 150～152.

と相違している．このF型はネズコ属を除く，すべてのヒノキ科所属の，全部の材に現われ，また，しばしばツガ属にも存在することがある．その他，ショウナンスギ属，アガシス属 (Agathis)，ナギ属，イチイ属，時としてセドルス属 (Cedrus) 等の各属のものに現われることがある．

針葉樹材の各分野に存在する紋孔の種類は，樹種について，それぞれほぼ一定した型をもつことは，上述のようであるが，しかし樹種によっては春材部と秋材部とを通し，必ずしも同一の紋孔型を有するとは限らず，1樹種で各種類の型をもつことがある．

この点につき亘理氏[68]の調査したものによると，例えばコウヤマキについて，藤岡氏は春材部のものは1個の大きな横に長い楕円形の単紋孔，秋材部のものは1個の垂直狭楕円状または線状の単紋孔をもつとし，金平氏は春材部は 1～2 個の眼瞼状の半重紋孔，秋材部は直立レンズ状の1個の単紋孔，また尾中氏及び Gothan 氏等は，金平氏の調査したものとほぼ同様であるが，秋材部のものは垂直レンズ状の半重紋孔であることを，観察しているところから，ほぼ春材部は半重紋孔であり，その形は眼瞼状または眼窩状で，秋材部に近づくにつれて，斜めの広レンズ状を経，秋材部では，ほぼ直立した狭レンズ状の，半重紋孔であることを述べている．

c. 放射柔細胞の半径壁の紋孔数

春材部放射柔細胞の半径壁の紋孔数について，著者の調査したものを基礎に，その他の研究結果を総合して見ると，マツ属の場合の単紋孔の数は，おおむね少く 1～3 個，とくにチョウセンマツ，ヒメコマツ，アカマツ，クロマツ等はさらに少く，おおむね 1～2 個のことが多い．しかるに，シロマツ (*Pinus bungeana*) の場合は，極めて小径で各分野の紋孔数は 4～6 個を数え甚しく多い．これは例外的な特殊型と考えてよい．

また半重紋孔で，紋孔数の多い樹種としては，カラマツ属を挙げることができる．すなわち，前記の Piciform のD型で，チョセンカラマツの場合は，各分野におおむね 1～6 個，時として 8～9 個を認めた．またB，C及びD型で，各分野に存在する平均紋孔数は，おおむね 1～4 個，稀にそれ以上のこともある．

特別な場合として金平氏は，ショウナンスギ属の 12～16 個を挙げているが，恐らく最も多い記録であろうと思われる．ショウナンスギ属の場合は，縁辺細胞の ray crossing に，とくにその数の多いことを附記している．

一般に Windowlike simple pit, Taxodioid 及び Cupressoid 等の型に属する場合の紋孔数は，他型におけるよりも比較的少数である．

なお放射柔細胞中に，蓚酸石灰の結晶物を包蔵していることがある．例えば須藤氏の調査*

---

[68] 亘理俊次：コウヤマキの分野の膜孔に就いて，植物学雑誌，Vol. XXV, No. 3～4, pp. 33～38 (1950).

* 本書 p.95 に前出の (66)—sudō.

によると，トウヒ属に所属の樹種で *P. smithiana*, *P. Wilsonii*, *P. Maximowiczi*, *P. polita*, *P. bicolor*, *P. morrisonicola* 等においては，6角形または長方形の結晶物が認められることを報じている．

IV 針葉樹材の樹脂道

A. 針葉樹材の樹脂道の概説

針葉樹材とくにマツ科について，特有な性質の一つは，樹脂道をもっているということである．例えばアカマツ材の横断面を見ると，肉眼でもわかるような，かなり大きな孔がある．これは樹脂道または樹脂溝（resin canal, resin duct, Harzgang）といわれる特殊な細胞間隙の溝道（intercellar canal）で，細胞そのものではない．いいかえれば，柔細胞組織で囲まれた通路で，やはり細胞間隙の1種と見なされる．

横断面上の孔の周囲を，とり囲んだ柔細胞組織は，樹脂*を分泌する特殊な組織で，これを薄膜組織**（epithelium）といい，普通は1～数層の細胞層から形成されている．そしてこれらの細胞は薄膜細胞***（epithelial cell）（図40のe及び図48）といっている．

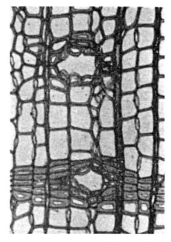

図 48. カラマツの垂直樹脂道（山林）樹脂道を形成する細胞は，おおむね扁平，または不整三角形 epithelial cell である．下方の小樹脂道は，扁平な厚膜細胞よりなる秋材層の中に存在している，×ca. 250.

樹脂道の成因は，特殊の刺激によって，形成層から生じるものとされており，細胞内の空隙が離生的に，内側の薄膜細胞の膜が，分離して発達するものと考えられている．マツ属の場合を除けば，この空隙は非常に早期に生じ，大ていの細胞膜の2次膜に引続いて生じる．しかしマツ属では最内側の薄膜細胞の層は，薄膜のまま円形の細胞からなり，第1年目には，しばしば分離しないで，時として定った樹脂道を形成しないことがある．

しかし，一般にこれらの細胞は，終りに至り，圧縮されたように扁平になって，中央に大きな管状の空隙，すなわち，空溝を造る．この空隙は後になって tylosis で塡充される．

---

* この樹脂はテルペン及びテルペンの酸化によって生じる樹脂酸との混合物といわれている．
** 薄膜組織はまた皮膜組織，溝周組織，あるいは周囲組織等ともいわれることがある．すべて薄膜組織と同義語である．
*** 薄膜細胞はまた皮膜細胞，溝周細胞あるいは周囲細胞等ともいわれることがある．すべて薄膜細胞と同義語である．

この空溝または溝道に分泌される樹脂については，一種の老廃物であろういう説もあるが，他に異説もあって全く成因不明である．しかし一説には，前記の epithelial cell の生じる，重要な役目の一つと考えられるのは，組織が露出し，外菌その他のために，腐敗しようとする場合，これを防止するため，その表面に防腐の意味から，樹脂を分泌するのであろうと考えられている．

一般にマツ属に見られる薄膜細胞は，比較的大きく，膜厚薄く，形は扁平状，三角状または不規則である．これに反してマツ属以外の樹脂道をもつ他属の樹種は，大きさが小さく，やや厚膜で，形はほぼ円形のことが多い．また薄膜細胞が，生きている辺材中に存在している間は，内容物を保有していて，辺材が心材化する時に，これらの細胞は，残された樹脂質の容器として役立つのである．

樹幹における樹脂道には，次の二つの型がある．(1) 横断面上では孔として垂直に存在する垂直樹脂道（垂直道，垂直溝，vertical resin canal）（図40のvR, 図48）と，(2) 触断面上では紡錘状放射組織の中央部に，水平的に存在する水平樹脂道（水平道，水平溝，horizontal resin canal）（図40のhR）とである．

B. 正常樹脂道

マツ属，トウヒ属，カラマツ属及びトガサワラ属等の4属に所属する樹種については，垂直並びに水平の両樹脂道をもっているが*，モミ属，セコイア属，イチイ属等には存在しないのが普通である．

以上樹脂道をもつ樹種中マツ属のものは，他の3属のものに比して，樹脂道の数が一般に多い．横断面上における垂直道について1平方mm当りの数は，平均およそ0〜5個である．また北米産の Dauglas fir の横断面に，正常垂直道の存在する場合は，常に年輪の外側部において，おおむね均等な散点状の配列をする傾向があり，この樹種の特徴とされている．

これに対して他の樹種，例えば Eastern spruce (*Picea orientalis*) の横断面では，およそ1年輪内に5〜30個，あるいはそれ以上が集団するか，あるいは切線状に配列される傾向が強いとされている．

水平道の場合は，紡錘状放射組織の中央部に，1個，稀に2個存在し，例えばトウヒ属，またはトガサワラ属等に見られるが如くである．

樹脂道の大きさについては，垂直道のものは水平道のものよりも，一般に径が大である．北米産の Northern white pine においては，垂直道の最大径は200μ，平均径$135〜150\mu$であるのに対して，同一材の水平道は，僅かに80μ以下の小径であることが多い．一般に垂

---

* Keteleeria は樹脂道をもっているが，垂直道だけで水平道を欠いている（本書 p.92 に前出の (65) 金平—p.53）

直道の径の大きい場合には，水平道の径も大きく，垂直道の径の小なる場合には，水平道の径も一般に小さく，相応じる傾向がある．

正常の垂直道及び水平道の大きさについては，マツ属が樹脂道をもつ他の3属に比して，おおむね大きい．またマツ属の垂直道の径に関し，北米産の材につきその例を引用すると，Sugar pine は最大，Northern white pine は最小，Western white pine はそれらの中位，また Sugar pine の垂直道の最大径は，実に 300μ 以上にも，及ぶものがあるといわれている．なおまた Yellow pine, Red pine, Lodgepole pine 等のものの垂直道は，大径であり，またトウヒ属中では，とくに Sitka spruce は，他のものと比べて，垂直道の大きいために顕著である．

著者の調査では，マツ属中，5葉（チョウセンマツ，ヒメコマツ等）の垂直道の径は，2葉（アカマツ，クロマツ等）のそれと比較して，幾分大きい傾向をもっている．

前述のように epithelium には，2種類の型が存在する．すなわち，薄膜型と厚膜型とであって，マツ属のものは常に薄膜の epithelial cell を，もつことによって特徴づけられるが，他のトウヒ属，カラマツ属，トガサワラ属等の場合は，幾分厚膜である．そして epithelial cell の膜厚の薄い場合は，紋孔を欠くのが普通であるが，幾分リグニン化して厚い時には，単紋孔をもつことがある．

Brown 氏及びその他*によると，水平樹脂道の周囲の薄膜細胞の数につき，各属相互間に差異を有し，識別の拠点になることを述べている．例えばトガサワラ属は約6個，トウヒ属は7～9個，カラマツ属は12個あるいはそれ以上であるとしている．

C. 傷痍樹脂道

樹脂道をもたないはずの樹種，例えばモミ属，またはツガ属の類が，たまたま，外傷あるいはその他の刺激を受けると，偶発性の樹脂道を生じ，正常の樹脂道と全く同様の発達をすることがある．このような樹脂道をとくに外傷樹脂道または傷痍樹脂道あるいは略して外傷道 (traumatic resin canal, wound resin canal) と呼ばれている．この傷痍樹脂道にも，正常樹脂道におけると同様に，垂直道と水平道との両型がある．普通これらの両型が同一材に生じることは甚だ稀で，二つの内の一方だけを備えているのが普通である．**

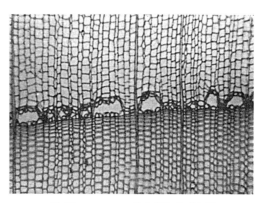

図 49. シラベの外傷樹脂道（山林）

---

* 本書 p.44 に前出の (14) Brown—p.160.
** 北米産の *Cedrus Deodara* は，垂直道と水平道との両型をもっていると，いわれているが，全く例外と見てよい．（本書 p.44 に前出の (14) Brown—p.161）.

これらの外傷道は，図49(シラベの外傷樹脂道)におけるように，大ていの場合，横断面上では切線方向，いいかえれば年輪界に沿って，数個連続して存在することが普通であるが，時には，その連続の全長が長くなり，その極端な場合は 2cm にも及ぶことがある．この点は，おおむね，散点状に配列している正常の垂直道と趣を異にし，配列状況の点から，両者を明かに区別することができる．

　以上の傷痍垂直道は，図 49 のように，通常新しく増殖する生長層の春材部に限られ，年輪界に沿って生じることが多く，正常な垂直道と甚だしく相違する．

　傷痍水平道は正常の場合と同様に，紡錘状放射組織の中央部に位置し，大きさは正常のものに較べて比較的大きい．

　傷痍樹脂道を構成している薄膜細胞は，おおむね正常樹脂道の場合と変りなく，マツ属以外のものの薄膜細胞は，やや厚膜で単紋孔が存在する．

　形成層の細胞が傷害を受け，その発達が阻害されると，正常の長い溝道が造られないで，比較的短い袋状の樹脂胞 (resin cyst)[69] を形成する．

　従来，この resin cyst に関しては，わが国産の樹種について，その適確な研究調査が，殆んどなかったのであるが，1953 年に小林氏[70]はモミについて resin cyst を確認し，その結果を次のように報告している．

　1. 横断面における resin cyst の形態は，トウヒ，カラマツ，トガサワラ等の正常樹脂道によく似ているが，径断面では水平方向に走っている放射組織と，交叉する部分で緊縮するために，ある放射組織と次の放射組織との間の溝隙部は，一つの袋状を呈している．また触断面では大ていの場合，細長い溝隙として存在するが，所々溝道内を水平方向に，貫通している放射組織の細胞列のために，それらの介在する部分の溝道部は，狭められて不整な形状を呈する．

　2. 縦断面における外傷樹脂道は，一般に正常のものに較べて，比較的短いのが普通で，およそ 0.2～10.0mm の長さの範囲をもち，その中でも 3～6mm 程度のものが最も多い．

　3. resin cyst の中には，一般外傷樹脂道の配列型と異り，単独または 2～数個の切線方向に並列のものが比較的多く，その横断面における局部的形態は，マツ属以外の正常垂直樹脂道と，全く区別のつかないものが多い．このことは針葉樹材の相互の識別上，とくに注意を要する．

　なお樹脂をもつ針葉樹材が，機械的か，あるいはその他の方法で，傷害を受けると，その部分に薄膜細胞組織の異状な発達を見るものである．このような場合には，その部分に過剰の樹脂が集積され，材の使用の際に甚だしく支障となるから，欠点の一つとして取扱われる

---

(69) Record 氏は針葉樹材の縦断面における外傷樹脂道のうち，その長さのとくに短く袋状を呈している特殊型のものに対し risin cyst なる用語を使っている．〔Record, S.J. : Identification of the Economic Woods of the United States, p.29 (1919)〕
(70) 小林弥一：Resin Cysts について，林業試験場報告，No.77 (1953).

ことがある．

　この場合，これらの欠点部分の状態が，前記の resin cyst とは甚だしく相違し，もしもその部分が不規則で，またその部分と正常組織との間の，限界の甚だ不明瞭な時には，これを単に樹脂痕（pitch）といい，限界が明瞭で輪廓の存在する場合には，これを樹脂条痕（pitch streak）または樹脂傷痕（pitch seams）といわれ，さらにまたその範囲の大きい時にはとくに樹脂嚢（pitch pocket）* といっている．

　pitch pocket の横断面における形は，三ヵ月形の凸面形を呈し，その大きさは半径方向に，およそ 1cm 以内であるが，年輪に沿う切線方向には，しばしば 数cm に及ぶことがある．また径断面では大体 1cm 以内の溝であるが，触断面では樹軸に長い卵形，または長楕円形を呈する．

　このように，かなり大きな樹脂部は，pitch pocket の他に樹脂割れ（pitch shake）と呼ばれることがある．pitch pocket または pitch shake の原因は，物理的な障害，例えば風圧の害によるという説もあれば，霜害によるものであろうという説もあって明確ではない．

V　針葉樹材の結晶性含有物

　針葉樹材の細胞中に存在する結晶性含有物は，広葉樹材の場合と比較して，極めてその存在が稀である．そしてその上結晶物は，一般に非常に小形であるから，注意を欠くと見失うことが多い．もし結晶物の存在する場合には，おおむね6面体，8面体もしくは角柱状のものとして発見されるが，これらは蓚酸石灰からなる場合が多い．

　Peirce 氏[71]は Pseudolarix の縦型仮導管中に6面体，稀に角柱状の結晶物の存在することを述べているが，仮導管中に結晶体の生じることは，極めて珍らしい現象とされている．

　Brown**氏等は北米産のトウヒ属及びモミ属の ray parenchyma 中に，しばしば結晶物を発見し，なお欧州産の Pseudolarix, Cedrus 及び Keteleeria 等の，ray parenchyma 中にも，結晶物の生じることを指摘している．

　針葉樹材の ray parenchyma 中に含有物の存在することは，Ginkgoaceae, Taxaceae 所属のものには極めて少ないが，著者はかつてイチョウの横断面において，少数ではあったが巨細胞（idioblast）といわれる大形の柔細胞*** 中に，金平糖状の結晶物の存在するのを観察した．

　従来結晶物はマツ科のものに，比較的多く存在するといわれているが，金平氏****の調査

---

(71) Peirce, A.S.: Anatomy of the Xylem of Pseudolarix, *Bot. Gaz.*, Vol.95, pp. 637～677 (1934).
　* 本書 p.44 に前出の (14) Brown—p.305.　　** 本書 p.44 に前出の (14) Brown—p.163.
　*** イチョウの材には柔細胞の存在しないのが普通であるが，極めて例外的に巨細胞が認められる．
　**** 本書 p.92 に前出の (65) 金平—p.58.

によると，最も多いのは *Saxegothaea conspicua* 及び New Zealand cedar で，またイラモミ，Himalayan spruce, Balsam fir, Japanese silver fir, Himalayan ceder, Golden larch, アブラスギ等にも，蓚酸石灰の方柱体の結晶物を，有することを報じている．

なお針葉樹材の仮導管の含有物については，金平氏＊の台湾産の樹種について調査したものがある．それによるとタイワンツガの材は，白色の斑点をもち，あたかも飛白（かすり）のように現われ，鉋削を困難ならしめるものであるが，これは蓚酸石灰の結晶物を填充している仮導管が，群団状をなして存在するためであるとし，またこの場合の結晶は，仮導管の全長にわたって存在するのではなく，部分的に含有することを述べている．そしてこれは Record 氏のいわゆる集合性柔細胞（aggregate parenchyma）に相当するものであろうと考えており，なお金平氏はタイワンスギもまたツガにあるような，白色の斑点をもっているが，これはアルコールに可溶性であることから，恐らく樹脂の填充によるものと，推定されるということを附記している．

＊ 本書 p.92 に前出の (65) 金平—p.49.

第 4 章
広葉樹材の構成要素

I 広葉樹材の導管

A. 導管に関する概説

　広葉樹材において，水分の通導作用をつかさどる，主な器官は導管（vessel）である．この導管は樹軸の方向に，長く連続した管状の細胞で，横断面上の導管の切り口を見ると，特殊なものを除いては，図50の sPe 及び sPl のように一般に小さな孔（pore）として，肉眼ででも，認めることができる．また縦断面上では，図50の Ve のように，それらは極めて細い溝として現われるので，しばしばこれを導管溝（vessel line）ということがある．

　この導管溝を顕微鏡的に観察すると，管状構造の構成細胞単位，つまり導管節（vessel segment）の縦に長く連なっている集合体に他ならない．この縦に長い導管節が，横切りされて出来た孔は，北米ではこれを vessel とはいわないで，pore が一般に用いられている．なお pore という用語は単に普通の孔というだけでなしに，孔の周囲の膜壁をも合せた意味にとるべきである．

　pore も vessel もいずれも導管には違いないが，実際の使用に当って，横断面上の場合に pore を用い，縦断面上の導管に vessel，導管節には vessel segment の用語を用いることは，いかなる場合にも，導管だけで片づけてしまうよりは，明確なので，本書では，しばしばこの用語を使って説明する．

B. 横断面上の導管

1. 導管の種類

　横断面上の導管（pore）には単一のものと（図50の sPe, sPl）と，数個あるいは数多く複合*（図51の $a_1 \sim a_{11}$, $b_1 \sim b_5$, c, $d_1 \sim d_3$）しているものとがある．前者はこれを単一導管（simple pore）といい，後者はこれを複合導管（pore multiple）といっている**．

---

* 複合の代りに接合の用語が用いられることもある．
** 猪熊泰三氏等はエゴノキ科の樹種について，それぞれ横断面上の複合導管と単独導管（単一導管）との分布比率を求め，相互の識別拠点として利用したが，ある程度良好な結果の得られることが報告されている〔東京大学農学部演習林報告，第45号（1953）〕．

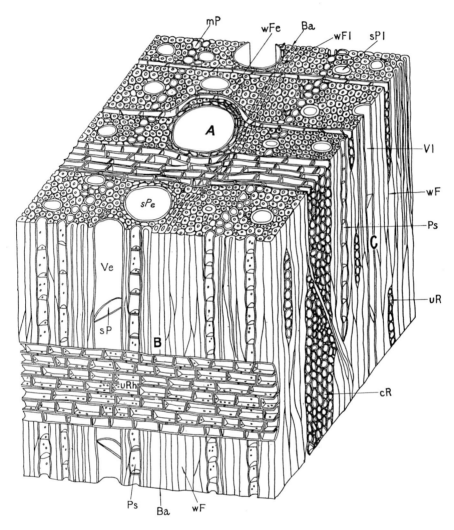

図50. 広葉樹材（コナラ）の組織模式図（山林）
A—横断面（木口），B—径断面（柾目），C—触断面（板目）

sPe	……春材部単一導管	wF	……木繊維
mP	……切線状型配列の柔細胞	Ps	……strand 型柔細胞
wFe	……春材部木繊維	uR	……単列放射組織
Ba	……年輪界	cR	……複合放射組織
wFl	……秋材部木繊維	Ve	……春材部導管節
sPl	……秋材部単一導管	sP	……単一穿孔
Vl	……秋材部導管節	uRh	……同性単列放射組織

a. 単 一 導 管

(1) **単一導管の形** 横断面上の単一導管の形は，円形，楕円形，広楕円形，長楕円形，卵形，不斉円形，多角形，扁平形等があって，極めて多種多様であるが，樹種により，ほぼ固有の形状を呈する傾向がある．例えばヤマナラシ属，ヤナギ属等は，おおむね円形または広

楕円形，シイノキ属，クヌギ属等は，ほぼ円形か扁平形のことが多く，またエゴノキ属，イスノキ属等は，多角形を呈する傾向が強い．

1年輪を通じ，春材，秋材における導管は，同形のことが普通であるが，相違することもあるので，導管の形を表示する場合には，春秋材を区別する必要がある．

(2) **単一導管の大きさ**　横断面上の単一導管の大きさは，新細胞造成の際，主として養分の多少と，気象上の影響とから，春材部のものは秋材部のものよりも，比較的大であると考えられるが，必ずしもそうではなく，稀に春秋両材部の大きさの差が，極めて少いか，あるいは殆んど等しい場合があり，ごく稀には全く逆に，秋材部のものよりも春材部における導管の径が小さいこともある．例えば著者は，シモツケ科のホザキナナカマドにおいて，これを観察した．しかしこのような事は，むしろ例外的な場合と考えてよい．

1年輪中の春秋材については，相互の限界の極めて不判明なものと，逆に甚だしく明瞭なものとがある．著者は不判明なものを避け，春秋材における単一導管の半径方向（奥行）の径について，個体数約 1400 個の広葉樹材について調査したが，最小径 20μ，最大径 400μ の範囲内に存在することを観察した．

いまこれらの多数の樹種中から，用材として比較的価値があると，思われる樹種をもつ62属を選び，それらの名をその径の小なるものから順次列記すると次のようである．

横断面上の春材部における単一導管の半径方向の径（μ）と属名

20～40	カエデ	シイノキ	チャンチン
ツゲ	サンシュユ		
40～60	ハンノキ	180～200	280～300
イスノキ	シナノキ	ムクロジ	クルミ
サンザシ	100～120	200～220	300～320
ツバキ	グミ	ムクノキ	ニレ
60～80	カゴノキ	カキノキ	ネムノキ
ウコギ	ヤマボウシ	アカメガシワ	シンジュ
イイギリ	シャラノキ	アワブキ	ケンポナシ
ヤマモモ	シデ	220～240	320～340
カマツカ	120～140	ノブノキ	ハリエンジュ
シロダモ	ミズキ	ハリゲヤキ	ハリギリ
モッコク	エゴノキ	クワ	
モクレン	140～160	240～260	340～360
ソヨゴ	ヤマナラシ	キササゲ	センダン
クロウメモドキ	ヤナギ	エノキ	キハダ
80～100	クスノキ	260～280	360～380
イボタ	アサダ	ケヤキ	トネリコ
サクラ	アカガシ	サイカチ	クヌギ
タブノキ	カンバ	エンジュ	380～400
	160～180	ウルシ	クリ

上表中最小径はツゲ属（チョセンヒメツゲの 20μ），最大径はクリ属（クリの 400μ）である*．また 220μ 以上の樹種中，クルミ属を除けばすべて環孔材**である．

次に秋材部導管の半径方向の径は，およそ $20\sim30\mu$ で，20μ 以下のもの，または 30μ 以上のものは比較的僅少である．最小径 10μ をもつ属名を抜記すると，ヤマモモ属，サンザシ属，マユミ属，シデ属，クロウメモドキ属，アオキ属，ツツジ属等で，なお 30μ 以上を有し，比較的大きいものはハリグワ属，クスノキ属，タブノキ属，カゴノキ属，アワブキ属等である．

(3) **単一導管の数**　横断面上の単一導管の数は，同一の樹種であっても，樹齢，立地，気象及び材の部分等の諸因子により，影響されるから一概にいえないが，後生材で極端に不法正でない材には，ほぼ 1 平方mm 当りの最小値と最大値とを算えることは，識別上の参考拠点として無意味ではない．

いまその極端と思われる場合を見ると，1 平方mm 当りの数はオガラバナの $20\sim25$ 個に対して，ナナカマドは $200\sim360$ 個の多きに及んでいる．また北米における例を見ると，比較的単一導管数の多い樹種は，Box wood で 1 平方mm につき平均 180 個，一般の材の平均値は，おおむね $6\sim20$ 個程度といわれている．

導管数の測定には，専ら散孔材のみに適用されることはいうまでもないが，散孔材以外の樹種については，導管の配列の偏重しているものを，避けなければ意味がない．ただし環孔材にあっては孔圏外の導管，すなわち秋材部の導管について，その数を測定して比較することは，不合理ではない．また複合導管を混えて，単一導管と同様な取扱いをする場合も，またその旨の附記が必要である．

(4) **単一導管の膜厚**　春材部のものは，おおむね薄く，秋材部のものは比較的厚い．しかし時として全く逆のこともある．例えばウコギ科のハリギリ，カクレミノ，タラノキ等の秋材導管膜は，春材導管膜よりも，むしろやや薄い．またヤナギ科の樹種は，春秋材共に，おおむね薄膜で，殆んどその差が認められない．

導管の膜厚は，例外的な樹種を除けば，およそ 3μ 程度であるが，しかし秋材導管膜には著しく厚いものがある．その場合の導管形は，おおむね円形，時として楕円形を呈することが多く，これに反して薄膜のときは，多角形を呈することが多い．

いま秋材導管の膜厚が，比較的厚く 10μ に及ぶ樹種を挙げると，アカメガシワ，シラキ，ヤマウルシ，ケンポナシ，マメガキ，チョウセントネリコ，ヤチダモ，アオダモ等で，一般にトウダイグサ科，ウルシ科，クロウメモドキ科，カキノキ科及びモクセイ科等の，各科所属の樹種は，概して厚膜の秋材単一導管をもっている．

---

* 兼次氏の調査によれば，わが国産の広葉樹材中その最大径をもつものはシラクチヅルの 560μ であることを報告している．〔日本林学会誌，Vol.14, No.2. pp.99〜100 (1932)〕
** 本書 p.223 参照．

b. 複合導管

ここにいう複合導管は，2個以上の導管が接合し，接合膜を有する場合を意味し，導管の接近または接触する場合は単一導管とみなしている．

(1) **複合導管の種類** 導管の接合するものには種々あるが，大別すると次の四つの型に分けられる．それぞれの型につき図によって説明すると次のようである．

a. 半径状型——半径状型は図51の a_1〜a_{11} のように，半径方向に導管が接合連続する場合で，a_1, a_2 は導管2個の接合のもの，a_3, a_4 は3個のもの，a_5〜a_7 は多数導管のもの，a_6は導管の大きさ不同のもの，a_8〜a_{11}は大きさ及び形ともに不同の場合である．この型に属するものはカ

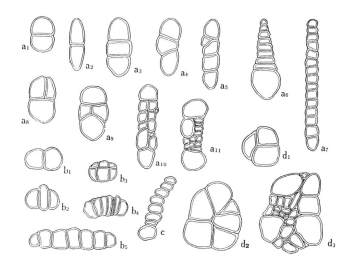

図 51. 横断面上における導管の複合型の種類（山林）

ンバ属，シデ属，ソヨゴ属，カエデ属，エゴノキ属等のものに見られる．

b. 切線状型——切線状型は図51の b_1〜b_5 のように，おおむね切線方向に導管の接合する傾向のある場合で，b_1〜b_2 はいずれも，ほぼ同形同大のもの，b_3, b_4 は大きさ，形ともに不同の場合，b_5は切線方向に，ほぼ同形同大の導管が，多数接合する場合である．この型のものはアオキ，サワフタギ等に見られる．

c. 斜状型——斜状型は接合方向が不規則で，導管全体の配列が図51の c のように，おおむね斜状を呈している場合である．この型のものはヤマナラシ属，ブナ属，サクラ属等のものに見られる．

d. 集合状型——集合状型は図51の d_1〜d_3 に見られるように，接合方向が甚だ不規則で，導管全体としての配列が，おおむね集合性を呈するもので，北米ではこれを pore cluster （群状導管）と呼んでいる．この型のとくに顕著な樹種は，ケヤキ属，ニレ属，クワ属，ネムノキ属，エンジュ属等のものに見られる．北米産 Coffeetree wood の秋材部における，導管の pore cluster は，ことに著しく，この樹種の特徴となっている．

複合導管の型については，兼次氏[72]の研究があるが，同氏は接合膜の存在しないものも

---

(72) 兼次忠蔵：木材識別方法の基礎的研究，第2報，導管配列並に導管接触の分類，日本林学会誌，Vol.11, No.12, pp.654〜658 (1929).

加えて，6種類の型に分類している．

(2) **複合導管の複合数**　複合する場合の導管数は，2～3個の場合が最も普通である．複合数の多い場合は，切線方向におけるよりも，むしろ半径方向の場合で，とくに輻射孔材＊の秋材部導管において顕著である．また一般にカバノキ科の樹種は，半径方向に複合することが多く，サワシバ，シラカンバ等の複合数は15，稀にそれ以上のことがある．そして複合数の多い導管をもつ樹種は，複合の数が増加するに従い，複合導管の数が漸減する傾向がある．

集合性不規則状の複合導管で，複合数が極端に多く顕著なものがある．例えばアワブキ科，クロウメモドキ科，ウコギ科の樹種で，その導管の配列状況は全体として火焔状，紋様状または斜状を呈する傾向が多い．

(3) **複合導管の接合膜の厚さ**　この厚さはその樹種の単一導管の膜厚と，ほぼ等しいのが一般である．しかし単一導管の膜厚が，比較的厚い時に限って，複合導管の接合膜がそれ以上の厚さをもつ傾向がある．

複合導管の接合膜の比較的厚い樹種を挙げ，それら膜厚の数値を示し，また単一導管の膜厚とを，比較すると次のようである．

樹種名	複合導管の接合膜の厚さ (μ)	単一導管の膜厚 (μ)
ノブノキ	4～10	2～3
ニセアカシア	3～10	3～5
エンジュ	4～9	2～7
シンジュ	7～10	4～6
チャンチン	7～8	3～5
ナツメ	5～10	3～7
ケンポナシ	10～18	5～10
ヤチダモ	6～11	2～4
チョウセントネリコ	7～10	2～6

上表中ケンポナシの複合導管の接合膜が最も厚く，また単一導管の膜厚も，表中最高値を示しているのが目立っている．なお反対に接合膜の極端に薄い場合を見ると，アオキ，ミツバウツギ，ヤブサンザシ，ヤブツバキ等でほぼ 1μ に過ぎない．またこの厚さはそれらの樹種の単一導管の膜厚よりも薄い．

2. 導管の配列

広葉樹材の横断面における導管の配列型を分類すると，まず固有型と移行型とに2大別することができる．

＊　本書 p.223 参照．

a. 固有型配列

この型は導管の大きさの相違と，導管相互の連絡や移行の状況を，基礎にして見た場合の配列型で，その樹種が不健康であり，また不法正な生長をしない限り，各樹種それぞれが，ほぼ一定した固有の配列状況を示し，おおむね遺伝的かつ永続性の型である*.

以上の理由から，広葉樹材相互における識別上の重要拠点とされ，その分類法も研究者の相違から種々に分けられている．例えば兼次氏**は従来の各種分類法を基礎にして検討を加え，同氏独自の分類型を次のように提示している．（原文のままを抜記する）

Ⅰ．散在状配列，或は等斉分布 (gleichmässig, zerstreute)
   A．五点形配置をなすもの (Stone の Quincux)——五点形配置をなす導管が，全部導管群のみの場合と然らざる場合あり．
   B．五点形配置をなさざるもの (Stone の crowded pores)

Ⅱ．環状配列 (Kreisförmig)
   A．一個の年輪又は一生長輪に同配列を，一個有するもの（環孔材の孔圏）
   B．一年輪又は一生長輪に同配列を，少くも二個以上有するもの（金平博士の切線状配列 tangential）

Ⅲ．輻射状配列 (Strahlig, radial)
   A．輻射状導管線を形成する導管は，概ね殆んど孤立する．而して輻射導管線は，しばしば dendritische に分岐すること少なからず．
   B．線状輻射導管群，即ち輻射線は，半径方向の導管群 (radiale Gefässgruppe) に依りて形成せらるるもの．

Ⅳ．斜線状配列 (Oblique)
   A．単一斜線及び電光状斜線配列 (Oblique, Zigzag)
   B．階段状斜線配列 (Stone の所謂 Échélon)

Ⅴ．花綵状配列 (Festungsförmig, Festoon-like)

Ⅵ．火焰状配列 (Flammig, flame-like, fan-shaped, cruciform)

同氏の分類法は以上のように6大別するもので，その上Ⅰ～Ⅵまでの各項をさらにそれぞれ2項ずつに細別している．

著者は従来の各種分類法を参酌し，検索に実用せられるよう，最も普通の名称を採り入れて，分類型を次の5種類に大別し，なお標本とするに足る多数の材鑑を準備し，それらの一つ一つにつき，秋材部導管の配列状況を調査し，これらを根拠に，以上の5種類の型を，さらに細別した．それらの型を示すと次のようである．

まず固有型導管の配列を次の5種類に大別する．

---

* 導管の配列は，もともと固定したものではないから，植物学上重要な意義をもっていない，とした研究者がないではない．例えば兼次氏の調査によると，Berger 氏はジャバ及びスマトラ産のチーク材が環孔性のこともあれば，散孔性のこともあって，一般識別上の拠点とはならないと，固定説を否定しているのに対し，兼次氏は木材の導管の配列は，周囲の生活条件のいかんにより，著しく左右されることもあるが，しかしチーク材のような変則的な例は極めて稀であることを述べ，温帯産の広葉樹材における導管の配列は，最も安定した性質の一つであることを述べている．〔兼次忠蔵：木材識別方法の基礎的研究（第2報），導管の配列並に導管接触の分類，日本林学会誌，Vol.11, No.12, pp.637～639 (1923)〕

** 本書 p.119 に前出の (72) 兼次—pp.648～654.

(1) 環孔材 (ring porous wood) (図 52 の Aa～Ai)
(2) 散孔材 (diffuse porous wood) (図 52 の Ba～Bf)
(3) 輻射孔材 (radial porous wood) (図 52 の Ca～Cg)
(4) 紋様孔材 (figured porous wood) (図 52 の Da～Db)
(5) 無孔材 (non porous wood)

さらに前述のように，秋材部導管の配列状況を，考慮に入れた場合の固有型を細別し，それらの配列型を図 52 によって図示した．それぞれにつき説明を加えると次のようである．

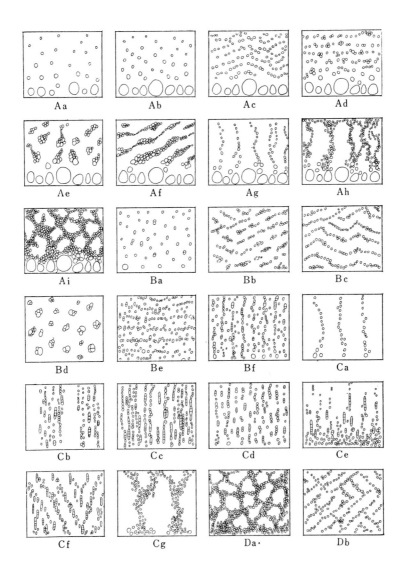

図 52. 横断面上における導管の固有型配列の模式図 (山林)

I 広葉樹材の導管

横断面上における導管の固有型配列の説明

A. 環孔材

Aa 不完全性環孔材——春材導管はやや散点状を呈し，散孔材に似た不完全な環孔材（ヒトツバタゴ）

Ab 散孔性環孔材——秋材導管の配列が，散点状を呈する場合の環孔材（ハリグワ，センダン）

Ac 斜孔性環孔材——秋材導管の配列が，斜状を呈する場合の環孔材（ノブノキ，ニセアカシア）

Ad 波孔性環孔材——秋材導管の配列が，波状または時として切線状を，呈する場合の環孔材（ハリギリ，ハリウコギ）

Ae 集孔性環孔材——春材導管は数個ずつ集団し，散点する場合の環孔材（エノキ，ハルニレ）

Af 集孔斜孔性環孔材——秋材導管は数個ずつ集合し，かつ連続的に斜状，波状または時として切線状を，交える場合の環孔材（ケヤキ，ハリゲヤキ）

Ag 輻射孔性環孔材——秋材導管が輻射状を，呈する場合の環孔材（アベマキ，アカメガシワ）

Ah 火焰孔性環孔材——秋材導管が多数集合し，火焰状に配列する場合の環孔材（カシワ，クリ）

Ai 紋様孔性環孔材——秋材導管が極めて多数集合し，不定方向にかつ紋様状に配列する場合の環孔材（ヒトツバタゴ）

B. 散孔材

Ba 散孔材——導管の配列が，平等に散在する場合の散孔材（アズキナシ，マサキ）

Bb 短斜孔性散孔材——導管の配列が，短い斜状を呈する場合の散孔材（カジノキ，ナツメ）

Bc 長斜孔性散孔材——導管の配列が，長い斜状を呈する場合の散孔材（ドロノキ，マンシュウクルミ）

Bd 集孔性散孔材——導管は数個ずつ集団し，散点状を呈する場合の散孔材（カゴノキ，フシノアワブキ）

Be 切線孔性散孔材——導管の配列が切線状，または小波状を呈する場合の散孔材（コウライシャラノキ，クサギ）

Bf 輻射孔性散孔材——導管の散点状配列中に，輻射方向に長い複合導管の，存在する場合の散孔材（アワブキ，ミカン）

C. 輻射孔材

Ca 単列輻射孔材——導管の配列が1～(2)列の輻射孔材（シラカシ，アオキ）

Cb 多列輻射孔材——導管の配列が(2)3～4(5)列の輻射孔材（アカガシ，イヌシデ）

Cc 広列輻射孔材——導管の配列が5列以上の輻射孔材（ヒロハハンノキ，アカシデ）

Cd 散孔性輻射孔材——導管の配列は輻射状であるが，導管相互の連絡の乏しい場合の輻射孔材（エゾノダケカンバ，アカメガシワ）

Ce 急減性輻射孔材——輻射状配列の導管は，春材部に多数集合し，秋材部に至り，急にその数を減じる場合の輻射孔材（オオボダイジュ，シベリアハンノキ）

Cf 斜孔性輻射孔材——導管の配列は輻射状であるが，しばしば斜状を呈する場合の輻射孔材（イヌツゲ，イイギリ）

Cg 火焰孔性輻射孔材——導管の配列は，おおむね幅の広い火焰状を，呈する場合の輻射孔材

(シイノキ)

〔上記の表中，導管の配列数に（　）を附したものは稀に存在する場合である〕

D. 紋様孔材

　Da　広紋様孔材——導管の配列が幅の広い紋様状を呈する場合の紋様孔材（マルバクロウメモドキ）

　Db　狭紋様孔材——導管の配列が，幅の狭い紋様状を，呈する場合の紋様孔材（トベラ）

E. 無　　孔　　材——導管のない材（ヤマグルマ）*

　以上の固有型には，時として中間型のものが存在する．例えば環孔材と散孔材との中間型は，ヒトツバタゴ，カジノキ，サンショウ，ウルシ，ハゼノキ等に見られる．著者はこれらの中間型のものを図 52 の不完全性環孔材 Aa に属すべきものとして処理をした．北米においても，カキノキ，クルミ等は，環孔材と散孔材との中間型として取扱い，これらの材に対して semi-ring porous wood，あるいは semi-diffuse porous wood 等の用語が使われている．広葉樹材における横断面上の，導管の配列型中，散孔性と環孔性との間の関係を，系統的発生の見地から観察し，環孔性のものは，多分散孔性のものから，進化したものであろうと考えられ，いいかえれば，散孔材は環孔材よりも，遙かに原始的な性質をもっていると考えられている．このことについては Jeffrey 氏[73]は，後期の石炭紀（carboniferous period）に遡り，最古のものと考えられる被子植物（Angiosperm）の化石につき，基礎的な研究を行い，それから次のような結論を得た．

　すなわち，この最古の化石には，vessel の存在は認め得るけれども，環孔性のもつ導管の配列を欠いている．このことから恐らく現今，環孔性として認められるものも，その源は散孔性のものから，進化して来たものであろうということを，証明することができると説明している．またこのことは古い時代の乾燥に引きかえ，多分第三紀（Tertiary period）中の中新世（Miocene）及び鮮新世（Pliocene）の間における湿分の供給が，大きな原因となっているものと思われ，現存する散孔材の説明として，それは環孔性への，この湿分関係から来る一般的な強制が，あったにもかかわらず，散孔材としての最古のままの状態を，維持されて

---

(73) Jeffrey, E.C.: Anatomy of Woody plants, *University of Chicago press*, Chicago (1917).

*　Eichler, Harms, Van Tieghem 及び Solereder 等の各氏によれば，広葉樹中導管を有しない樹種は，世界で 4 属 20 種余である．すなわち 4 属は Trochodendron, Tetracentron, Zygogynum, Drimys と記載されているが，日本では 1 種ヤマグルマ（*Trochodendron aralioides*）だけが存在する．以上の 4 属はそれらの初生木部も，後生木部も共に仮導管と柔細胞とから構成され，仮導管には隔壁や穿孔の形成が認められない．このような諸属は導管をもつ被子植物型から，仮導管だけからなる裸子植物型の方へ，退行した原始的な 1 分系と思われている．

　また Jeffrey 氏の報告によると，これらの属の中で，*Drimys colorata* の傷を受けた根の組織中に，導管のような構造のものが発見されている．この事実から祖先は，真の導管をもっていたことを表わすものであるとしている．これに対し Bailey 及び Thompson の両氏は導管節の perforation を欠いている点から Jeffrey 氏の報告に対して疑問をもっている．

　しかし仮導管と柔細胞とからなる上記の属の後生木部は，マツ類に似ているかというと，あまりよくは似ておらず，それ故恐らく祖先から松柏類を経ないで，直接一足飛びに，移り変って来たものであろうと考えられている．また Trochodendron は放射組織の型においても，また原始的な性質が，うかがわれるといわれている．なお裸子植物中 Ephedra 属のものは導管をもっている．（本書 p.38 に前出の (12) 猪野——pp.190〜191）

I 広葉樹材の導管

来たことは，適応性に対して強く，耐えて来たものであろうと解釈している．なお従来の調査によると，温帯産材と熱帯産材とを対比するに，温帯産のものには比較的多数，環孔性の樹種が存在するのに対し，熱帯産には環孔材を産する種類が，極めて少いとされている．

b. 移行型配列

この移行型は横断面上の pore が，春材部から秋材部へ至るに従い，その大きさ及び配列数が変化して，粗密が生じた状況を基礎にした場合の配列型で，その変化も急進的な場合と，漸進的な場合とがある．気象または立地等のような，導管配列に変化を与える因子により，直接の影響によって左右される変移型である．横断面上における導管の移行型は，大別して次の2型に分けられる．すなわち，その一つは導管の大きさによる移行型，他の一つは導管の量的分布による移行型である．以上の2型につき，実例によってさらに説明を加えると次のようである．

(1) **導管の大きさによる移行型** この場合は1年輪内における導管が，その量的分布のいかんにかかわらず，春材部から秋材部へ至る場合のporeの大きさが，いかなる程度に減少するか，いま図53のA〜Fによって例示すると次のようである．

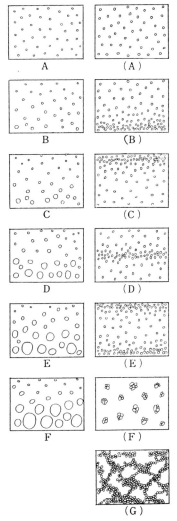

A. 不変（タブノキ）
B. 極漸（ヤマザクラ）
C. 漸（イボタ）
D. 稍急（カライヌエンジュ）
E. 急（トネリコ）
F. 極急（ハリギリ）

以上はタブノキのような型から，ハリギリのような環孔型への移行状況をも説明している．

(2) **量的分布による移行型** この場合は春材部，秋材部を通じて導管の大きさは変化せず，量的の分布，つまり，粗密の偏重度を示すもので，散孔材によってそれらの実例を模式図で示すと図53の(A)〜(G)のようである．

(A) 均等に分布する場合（ハマヒサカキ）
(B) 春材部に密に偏重する場合（カリン）
(C) 秋材部に密に偏重する場合（チョウセンヒメツゲ）
(D) 中央部に密に偏重する場合（モモ）

図 53. 横断面上の導管における移行型配列の模式図　　（山林）

126　　　　　　　　　　第4章　広葉樹材の構成要素

（E）　中央部は粗で，春材，秋材の両部において密なる場合（ハシドイ）
（F）　導管は数個ずつ密に集まり，おおむね均等な配列をする場合（ミヤマザクラ）
（G）　導管は種々の紋様状に密に集合する場合（トベラ）

C. 導　管　節

通水機能をもつ導管は，縦に長く接続した導管節（vessel segment, vessel member）の

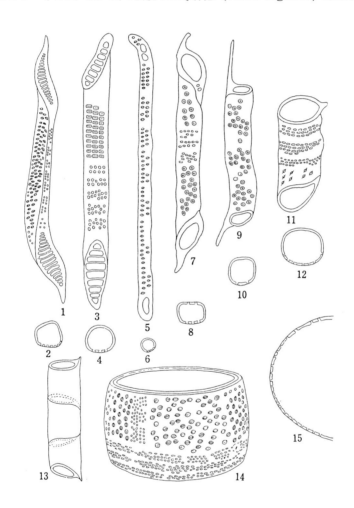

図 54. 導管節と各種導管の側面並びに横断面図（猪野・山林）
　　　1, 2………シラカンバ（*Betula alba*）
　　　3, 4………ユリノキ（*Liriodendron tulipifera*）
　　　5, 6………ミゾカクシ（*Lobelia cardinalis*）
　　　7, 8………アルバガシ（*Quercus alba*）の秋材部導管
　　　9, 10………セイヨウコリンゴ（*Malus pumila*）
　　　11, 12………ネグンドカエデ（*Acer negundo*）
　　　13…………連読する3個春材部導管節
　　　14, 15………アルバガシ（*Quercus alba*）の春材部導管

接合組織で, 樹種の相違や, 存在する部位のいかんによって, それらの形状や, 大きさに差異がある.

図 54 を見ると, 1, 3, 5, 7, 9, 11, 13, 14 等は, いずれも径断面上において, 見られる導管節で, 13 は充分に発達した 3 個の導管節が, 縦に接続している場合, 14 は春材部から得た薄膜の導管節, 7 は秋材部から得た厚膜のものを示している.

いまこれらの導管節の, 形成される状態について観察すると, 導管節は形成層の細胞分裂によって, 生じる縦型細胞から形成され, その発達の早期においては, 1 次膜と原形質体とから出来ている. そしてこの時期のものには, まだ水を通す開口部もない. ここに形成された導管節は, 縦方向の伸長は殆んど認められないが, 横の方向には大きな増大が見られる. すなわち, 原形質体の存在によって, その細胞がしだいに膨脹し, 大きさを増加することになる. しかし, いよいよ成熟期に達すると, 形成された導管節は, 周囲の細胞によって側方から圧力を受け, 増大の進行は停止させられる. このように導管節が最大の大きさに達すると, 2 次膜が内腔面にしだいに造成され, なおこの 2 次膜造成の際に, 部分的の肥厚部が生じて, 凹凸が出来る. この場合の凹部がいわゆる紋孔で, つまり細胞膜の適当な部位に, 開口部が生じることになる.

ここに形成を終った導管節の, 形状や大きさを見ると, 樹種や存在部位の相違から, 比較的大きな差異が認められる.

1. 導管節の形と長さ

縦断面上の導管節は長短区々で, 直径が大きくて長さの短いものは, 図 54 の 14, 15 のように, ビール樽型またはドラム罐型となり, 径が小さくて長いものは, 細長い管状を呈する.

導管節は一般に円柱状であるから, その断面の形は図 54 の 4, 6, 12 のように, おおむね円形を呈するのが普通であるが, 稀にマユミ属, ユズリハ属, あるいは北米産の Red gum* 等のように横断面の形が, おおむね角ばった形であるのは, 導管節が角柱状 (prismatic) であるからである. また先端部は細く伸びていることもあれば, 図 54 の 1, 7, 9 のように舌状に多少広がり, これが 1 端部だけにあることもあれば, 両端部に存在することもあって一様でない.

著者は識別上の必要から, 広葉樹材の約 300 種, 個体数約 1400 個につき, 導管節の長さを測定したが, その結果を要約して見ると, ニセアカシアの 50μ から, ヒサカキの 2000μ に至るまで, 樹種の相違によって, 甚だしく差違のあることを見た.

導管節の長さが, おおむね 1000μ 以上の比較的長い傾向の樹種については, 次の三つのことがいえる. (1) 階段状穿孔**をもっている (図 54 の 1, 3). (2) 穿孔板の傾斜の急なもの

---

* Red gum (*Liquidambar styraciflua* L.) は北米の北部, 南東部, メキシコ, ニカラガ等に産し, 心材褐色, 辺材黄色, 比重 0.50～0.65, 工作容易, 建築, 家具, ベニア, 箱板等に使用される.　　** 本書 pp. 129～130 参照.

が多い．(3) 数種を除けば，おおむね散孔材所属の樹種である．

またこれに対して長さ 240μ 以下の，比較的短い導管節をもつ樹種については，次のような二つの傾向をもっている．(1) 殆んど環孔材所属の樹種である．(2) 穿孔はすべて単一穿孔である（図54の7, 9, 11, 14)．

一般に環孔材における導管節の長さは，春秋両材部において，大きな差違の認められるのが普通で，秋材部における導管節の長さは，春材部におけるものよりもおおむね長い．また導管節の長さはその幅に比して，約2倍あるいはそれ以上の場合が多い．ところがこれに反して，ナラ類では春材部における導管幅が，その導管の長さよりも，しばしば大きいことがある（図54の14)．

なおこの点につき，他の測定者による数値を，参考のために附記すれば，Bailey 氏は 0.1～2.4mm，金平氏は 0.06～2.0mm（普通の場合 0.2～0.8mm）を示している．

2. 導管節の穿孔

導管を縦断面で見ると，縦に長く数多くの導管節が連続し，一つの長い管状として認められるが，上下の導管節の接着部が明かに存在し，それらはおおむね傾斜していることが多い．この傾斜した接着面は，通水のために，常に種々な状態の穿孔（perforation）となって存在している．

元来導管が最初に形成された時には，他の細胞と同様に尖端があり，また横壁膜もあったのであろうが，発達の経過につれて，(a) 上下の通導器官として横壁膜に紋孔が生じ，(b) それらの紋孔が横に連続してついに格子状となり，(c) 発達のかなり早い時期に，細胞の膨脹のため，形成された横壁膜に裂目が生じ，導管節のどちらかの先端に輪縁をつくって吸収されてしまい，横壁膜の全く存在しない，管状となったもの等，種々な段階が存在する．

最後の連続導管節が，管状となる経過につき，猪野氏＊は春材部大導管の発生に当り，横壁膜の消失への発展とともに，その直径の増大の伴う場合の例を，ニセアカシアによって，

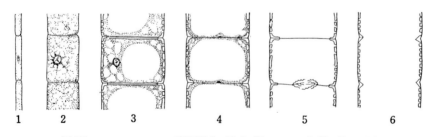

図55. ニセアカシアの導管発達の順序 (Eames and MacDaniels)

次のように図示し説明している．

すなわち，ニセアカシアの導管原始細胞は，原形質を増すとともに直径を増し（図55の1

＊ 本書 p.38 に前出の (12) 猪野—p.188．

~2），充分な大きさに達し，初めて膜壁に肥厚が起き，特有の膜孔の形をとる．そうなると原形質中には，大きな液腔が出来るようになり（図55の3〜4），ほとんど各導管節の形が整えられるまで，上下の膜が存在するが，やがて穿孔が始まり，原形質も消失し，導管節としての形が出来上るようになる．その結果上下の導管節が一連となって，大きな導管が完成する（図55の5〜6）．この際，原始細胞と導管節とを比べると，両者の幅は著しい増減があるが，長さ（高さ）にはなんらの変化もない．また穿孔形成の位置，すなわち，細胞の中間部に核が存在するため，隔膜穿孔には核が関係あるように，思われると附記している．

以上のような導管の接着部は，これを穿孔板（perforation plate）といい，I.A.W.A.*ではこれらの穿孔の種類を，次の2型に類別している．

(1) 上下二つの大きな春材部の導管節が，その側膜に直角に接着する時は，その横膜壁は殆んど水平で，その輪縁は円形か卵形，あるいは殆んどそれに近い形の穿孔環をつくる．この場合の穿孔型は，膜壁の全く吸収された型のもので，これを単一穿孔（simple perforation）という．（図54の7, 9, 11, 13, 14, 及び図56の5）．

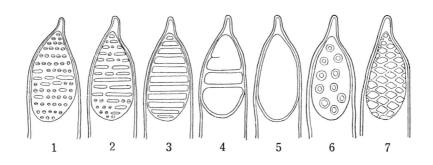

図 56. 導 管 節 の 穿 孔 板（猪野・山林）
1. 数個の穿孔したもの, 2. 穿孔の多くなったもの, 3. 階段状に穿孔の連絡したもの, 4. 3個の穿孔に癒合したもの, 5. 単一の穿孔になったもの, 6. マオウ属（Ephedra）の有縁穿孔板, 7. ヤマモモ（*Myrica rubra*）の網状穿孔板（1〜5………コケモモ属（Vaccinium）の穿孔板）

(2) 導管節の接着部が傾斜するか，または先端部が舌状に細くなっている時には，穿孔板の輪郭は，楕円形，卵形または長楕円形で，接着部の横壁膜上には紋孔が存在するか，あるいは階段状（grid like）の孔が存在する場合で，これらを多孔穿孔板（multiple perforation plate）と呼んでいる．（図54の1, 3, 及び図56の1, 2, 3, 6）．

またこれらの多孔穿孔板のうち，図56の6の場合を，特に小孔穿孔板（foraminate perforation plate）といい，図54の1, 3及び図56の3の場合のように，穿孔が横に長く伸びて平行し，階段状を呈する時には，これを階段状穿孔板（scalariform perforation plate）といって区別し，なお図56の7のように網状を呈する場合には，これを網状穿孔板

---

* 本書巻末 p.280 参照．

の名が付けられている．

　穿孔板の傾斜については，導管節の長いものほど一方に強く傾斜し，しかも階段状を呈する傾向をもち，一般に仮導管に似て，原始的な性質を示すものと考えられている．また導管長の短いものは，おおむね単一穿孔であり，導管長の中間のものには，階段状穿孔と単一穿孔とを，併有する混合型の見られることがある．

　階段状穿孔板の階段状を，形成している平行の残留物は，棒状を呈しているので，これをバー（bar）と呼んでいる．この bar の数，太さ，間隔等は樹種によってかなりの差異があり，その樹種の特性として扱われることがある．例えば Red gum における bar の数は，おおむね 20～25 本で比較的密であり，これに対して Sassafras

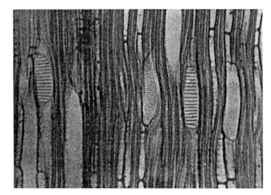

図 57.　ヤブツバキの階段状穿孔板（山林）
左から1番目及び3番目の穿孔は，階段状のものになろうとする過渡的の状態（図56の1～2参照）

の秋材部の導管節におけるものは，その数が極めて少い．またバーのある型のものに，Epacris 型という特殊型もある[74]．図 56 の 6 に見るような小孔穿孔板はグネツム科のマオウ，グネツム等に存在する型である．著者は広葉樹 46 科に所属する樹種について，穿孔板に関する調査をしたが，それらの結果を総括すると，次のように要約することができる．ことに横断面上の導管配列の状況と穿孔板との関連性については，

(1)　環孔材所属の樹種は，殆んどすべてが単一穿孔をもち，散孔材及び輻射孔材所属の樹種は，おおむね多孔穿孔である．調査個体数の約 70% が単一穿孔であり，残りの約 30% が多孔穿孔であった．

(2)　単一穿孔をもつものでカバノキ科，ブナ科，クスノキ科，ナシ科等に所属のもののうち，ある樹種に限り，階段状穿孔を併有し，いわゆる混合型*であった．

(3)　多孔穿孔をもつもののうち，階段状穿孔をもつものは 17 科で，このうちある数属のものは単一穿孔をもつ傾向**がある．

(4)　階段状穿孔をもつ樹種中，シキミ，ユズリハ，ヒサカキ等の各属の樹種に限り，穿孔板の長さが極めて長く，なかでもヒサカキなどは 160～560μ に及ぶものが認められた．

---

[74]　階段状穿孔板の特殊型として，Epacris 型といわれるものがある．この型のものは上記の平行している bar の他に，さらに間隙部に，ある角度をもって，狭小な bar の存在する場合のもので，Thompson 氏は *Epacris coriacea, Helianthus sp.* 等に，この種の穿孔を発見している．〔Thompson, W. P.: The Relationship of the different Types of Angiospermic Vessels, *Ann. Bot.*, 183～191 (1923)〕

*,**　具体的な樹種名は拙著"朝鮮産木材の識別"の p.329 参照．

(5) 階段状穿孔をもつ樹種の導管径は比較的小径である．

(6) 階段状穿孔をもつ樹種中，ヤマモモ，ユズリハ等においては稀に網状穿孔*の存在することがある．

3. 導管節の膜壁上の紋孔

導管節の膜壁上には，通水作用に役立つ紋孔が多数存在する．導管節と他の導管節，またはその他紡錘組織細胞（prosenchymatous cell）とが相隣接する時の pit pair は，一般に重紋孔であるが，導管節と縦型の柔細胞，もしくは放射柔細胞（ray parenchyma）とが接着する時の pit pair は，半重紋孔を生じることもあれば，単一紋孔の現われる場合もある．

導管節の膜壁上の重紋孔は，樹種により大きさに，かなりの差異が見られ，また形も必ずしも円形だけではなく，楕円形のものもあれば，角形のものもあって一様でない．

a. 重紋孔の配列

重紋孔の配列状況については，おおむね交互型，対列型，階段状型及び篩状型の4種の型に類別することができる**．

(1) **交互型重紋孔（alternate pitting）** 重紋孔が交互に配列する場合で，紋孔相互の間隔に余裕のある時には，円形または卵形を呈し，密集する場合には，5角形，6角形，時として多角形を呈することがある．この場合の配列状を別名錯列型または蜂巣型ということもある．（図58の1及び4）．

(2) **対列型重紋孔（opposite pitting）** 重紋孔が縦横に規則正しく，平行して配列する場合の配列型で，重紋孔は普通円形を呈するが，しばしば図58の6のように角張った形の場合もある（図58の3及び6）．

(3) **階段状型重紋孔（scalariform pitting）** 重紋孔が導管の長軸に，直角に長く伸び，一見階段状を呈する場合の配列型（図58の5）．

(4) **篩状型重紋孔（sievelike pitting）** 重紋孔が篩状に散点する場合の配列型（図58の2）．

著者は朝鮮産広葉樹材46科，個体数1300個につき調査し，以上4種の配列型に所属す

---

* Yamahayashi, Noboru.: Types of Vessel perforation in Corean woods, *Tropical woods*, No.46 (1936).

** 兼次氏は細胞膜壁上の紋孔の配列型を，次の7種に大別し得るとしている．いま参考のため原文を転記すると次のようである．表中（ ）内はその例示である．
 a. 垂直配列（Quercus の導管の重紋孔）
 b. 水平配列（イテフ，タウヒ仮導管の重紋孔，ハンテンボクの導管に於ける重紋孔）
 c. 階段状配列（Magnoliaceae, Rhizophoraceae の導管の階段状重紋孔，及び Anacardiaceae の導管と髄線細胞との接触面に於ける単紋孔及び半重紋孔）
 d. 格子状配列（Quercus の導管と髄線細胞との接触面に於ける単紋孔及び半重紋孔）
 e. 交互配列（円形及び蜂窩状をなせる重紋孔は概ね交互配列をなす）
 f. 螺旋配列（*Agathis australis* の仮導管の重紋孔）
 g. 散在せるも（柔細胞の単紋孔は一般に散在す）
〔兼次忠蔵：木材識別方法の基礎的研究（第4報），仮導管の分布配列及細胞膜の紋様，日本林学会誌，Vol.13, No.4, pp.253〜254 (1925)〕

る属数を算え，その百分率を見たが，篩状型は29％，対列型は25％，交互型は40％，階段状型は6％の比率を得た．このように交互型のものが最も多く，階段状型は極めて少数であった．また一般に階段状型のものは，その導管節の長さが比較的長い．

この階段状型の存在の有無は，広葉樹材識別上の拠点として重要と思われるので，日本，朝鮮及び台湾産の樹種中階段状型のものを，抜記すると次のようである．

導管の膜壁上における紋孔の階段状型を呈する樹種

ヤマグルマ科	ハマヒサカキ
ヤマグルマ	ヒサカキ
フサザクラ科	サカキ
フサザクラ	モッコク
カツラ科	ウコギ科
カツラ	フカノキ
モクレン科	ミズキ科
シキミ	ヤマボウシ
ホウノキ	リョウブ科
コブシ	リョウブ
オウヤマレンゲ	ハイノキ科
キタコブシ	サワフタギ
クスノキ科	タンナサワフタギ
ダンコウバイ	クロキ
マンサク科	ハイノキ
イスノキ	クロバイ
フウ	スイカズラ科
トウダイグサ科	ゴマギ
ヒメユズリハ	サンゴジュ
ユズリハ	カラスガマズミ
ツバキ科	コバノガマズミ
ツバキ	カンボク

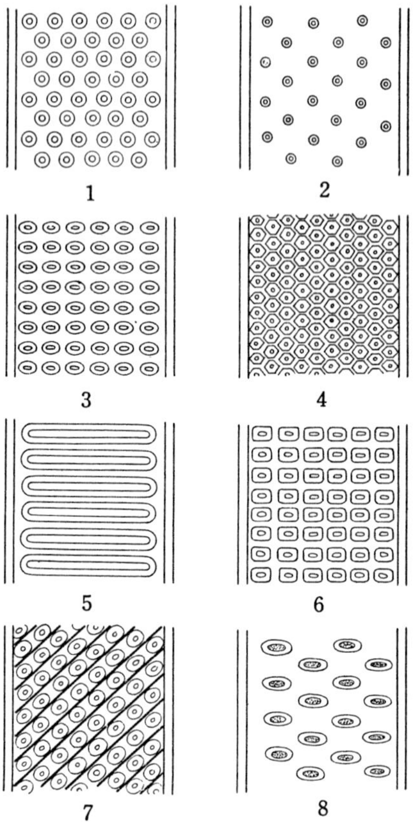

図58. 導管の膜壁における紋孔の配列型
　　　　　　　　　　　（猪野・山林）

上記の樹種がすべて階段状穿孔をもっていることから，導管の膜壁における重紋孔の配列が，階段状を呈する場合は，穿孔板においてもまた，おおむね階段状を，現わすということがいえる．しかし金平氏＊は台湾産のミヤマハシカンボク，北海道産のホウノキ，北米産のMountain magnolia 等にあっては，重紋孔の配列状態が，階段状型であるにもかかわらず，穿孔は単一穿孔をもっていることを指摘している．しかしこれらは極めて稀な例と考えられる．

＊ 本書 p.92 に前出の (65) 金平—p.78.

b. 紋孔の特殊型

これは導管節と放射組織とが，相接する場合の紋孔で，従来その中央の薄膜は篩状（sieve-like cribriform）を呈し，あたかも小孔が存在するかのように，観察されたのであるが，これは全くの誤りで，それは小孔ではなくて，Bailey 氏が指摘したように，明らかに装襖紋孔（vestured pit）* という特殊な紋孔であることが知られた（図25及び図58の8）．そしてこの特殊型の紋孔の存在する樹種は，多数の広葉樹種中，およそ20科に限定されている．

c. 紋孔の大きさ

階段状型のものを除く，他の配列型の重紋孔の大きさは，樹種によって相違し，径 8μ 以上の大型のものもあれば，径 3μ 以下の小型のものもある．この重紋孔の大きさは，それらの樹種について，おおむね固有の性質として，存在するもののようである．著者は次のように属毎の傾向を明かにした．

径 8μ 以上の重紋孔をもつ属名

クルミ科——クルミ	モクセイ科——ヒトツバタゴ°
カバノキ科——シデ，ハシバミ	ゴマノハグサ科——キリ°
マンサク科——イスノキ	ウコギ科——タラノキ，ハリギリ°，カクレミノ°
マメ科——ハリエンジュ	
ウルシ科——ウルシ°	スイカズラ科——ニワトコ
クロウメモドキ科——クロウメモドキ	イイギリ科——イイギリ
ミズキ科——ミズキ，サンシュユ°	メギ科——メギ

次上の属中○印のものは，その径がとくに大で，しばしば 10μ 以上のことがある．

径 3μ 以下の重紋孔をもつ属名

カバノキ科——カンバ°	ムクロジ科——ムクロジ°
マメ科——ハギ	アワブキ科——アワブキ°
クスノキ科——クロモジ，シロダモ	クロウメモドキ科——ネコノチチ
ミカン科——サンショウ，ミカン	ミズキ科——アオキ°
ニガキ科——ニガキ°	カキノキ科——カキノキ°
ツゲ科——ツゲ	スイカズラ科——タニウツギ
ニシキギ科——マユミ	

以上の属中○印のものは，その径が特に小さく，しばしば僅かに $1.5～2\mu$ に過ぎないことがある．上表以外の樹種の重紋孔の径は，おおむね $3～8\mu$ の範囲にある．

4. 導管節の膜壁の螺旋紋

導管節の2次膜が，原形質体から形成される早期において，膜壁に，肥厚した部分と，肥厚しない部分とが生じ，これらの凹凸部の生じることによって紋孔が出来る．なおまた種々な配列状の違った斑紋を現わしたり，またこの凸部が螺旋状肥厚部，あるいは条線肥厚部と

---

* 本書 p.59，第2章，紋孔の種類の項，参照．

なって現われることとなる*．紋孔の配列状から生じる配列型については，すでに前述した通りである．

螺旋状肥厚部について見ると，多数の広葉樹中ある特定の樹種に限り，導管膜のいわゆる2次膜の内層部が，とくに螺旋状（spiral thickening）に肥厚することが認められる．そして螺旋方向は，時針の進行する方向と一致することもあれば，全く逆のこともあって一様でない．また螺旋紋は殆んど水平に近いこともあれば，かなり傾斜の急なこともあって，樹種の相違から種々の場合が存在する．

例えばトベラ，ナナカマド，マユミ，マサキ，サンゴジュ等にあっては，おおむね水平状を呈し，チョウセンクロツバラなどは大きな傾斜角度をもち，またアヅキナシは約45°に傾斜するほか，数本ずつ集合して存在する傾向が強い．

螺旋紋をもつ樹種で，それが散孔材である場合には，春秋両材部の区別がなく，年輪を通して導管節に螺旋紋の存在するのが一般である．ところが環孔材で螺旋紋の存在する場合には，秋材部の小径の導管節だけに限られるか，あるいは導管節の舌状尾端部だけに存在するのが普通である．

北米産の Red gum の導管節には，螺旋紋の存在が認められるが，普通の場合のように導管節の中央部にはなくて，舌状の尾端部のみに限られて存在する．このことは Red gum の特異性の一つとされている．

金平氏の調査によると，同一の属にあっても，樹種によって螺旋紋の存在するものと，これを欠くものとがある．この例は熱帯産のものの場合に多い．例えばハボソ属またはズクノキ属に所属のもので，日本に産する種類のすべてに，螺旋紋を有するのに反し，フィリピン産のものにはこれらを欠く．また日本産のセンダン属及びマユミ属の殆どすべての樹種が，螺旋紋をもっているのに反し，台湾産の同属のもの，または同種のものは，これを欠くことがある．換言すれば熱帯に近づくに従って，螺旋紋をもつ導管の存在数が，減ることを指摘している．

次にまた螺旋紋をもつ秋材導管はニレ属，ハリエンジュ属，シナノキ属，クロウメモドキ属等の樹種に見られるが，これらの小導管が，しばしば層階状（story）の配列を，呈して存在することがある．いずれにしても，何故導管節の内壁に，これらの螺旋紋が存在するかについては，恐らく螺旋状の弾道をもつ砲身と弾丸との関係のように，上昇する水分の通導作用を円滑ならしめる一つの補助機構であろうと考えられる．

---

* 猪野氏は導管の膜壁に現われる斑紋から，
1. ダリア，トウに見られるような環状のものを環紋導管
2. シナノキに見られるような螺旋状のものを螺旋紋導管
3. ブドウ，イチジクに見られるような階状のものを階紋導管
4. ホウセンカに見られるような網状のものを網紋導管
5. カシ属に見られるような孔紋状のものを孔紋導管

と呼び，以上5種類に類別している．（本書 p.38 に前出の (12) 猪野—p.191）

I 広葉樹材の導管

以上のように導管節の螺旋紋につき，その存在の有無，明瞭度，存在の部位，導管の長軸に対する傾斜度，集合性，秋材部螺旋紋導管の層階状配列等は，広葉樹材の識別に当り，極めて重要は拠点である．図58の7は，導管壁の重紋孔の配列と，螺旋紋とを示す模式図である．

広葉樹材中，螺旋紋の比較的顕著な樹種をもつ科名と属名とを，ここに摘記すると次のようである．

広葉樹材の導管壁における螺旋紋の比較的顕著なものをもつ科名と属名

クルミ科	ナシ属	ムクロジ科
ノブノキ属	カマツカ属	ムクロジ属
カバノキ科	カリン属	クロウメモドキ科
シデ属	シャリンバイ属	クロウメモドキ属
ハシバミ属	ナナカマド属	クロイゲ属
アサダ属	シモツケ科	シナノキ科
ニレ科	ホザキナナカマド属	シナノキ属
ムクノキ属	サクラ科	ツバキ科
エノキ属	サクラ属	ツバキ属
ハリゲヤキ属	マメ科	ヒサカキ属
ニレ属	サイカチ属	イイギリ科
ケヤキ属	イヌエンジュ属	クスドイゲ属
クワ科	ハリエンジュ属	グミ科
カジノキ属	ハナズホウ属	グミ属
ハリグワ属	ミカン科	ウコギ科
クワ属	ゴシュ属	タラノキ属
メギ科	キハダ属	ミズキ科
メギ属	カラタチ属	アオキ属
モクレン科	ニガキ科	ツツジ科
モクレン属	シンジュ属	ツツジ属
クスノキ科	センダン科	ナツハゼ属
タブノキ属	センダン属	モクセイ科
ユキノシタ科	ウルシ科	レンギョウ属
ウツギ属	ウルシ属	イボタ属
トベラ科	モチノキ科	ハシドイ属
トベラ属	ソヨゴ属	ノウゼンカズラ科
ナシ科	ニシキギ科	キササゲ属
ザイフリボク属	マユミ属	スイカズラ科
サンザシ属	カエデ科	スイカズラ属
アズキナシ属	カエデ属	ガマズミ属

なお導管節の内壁に，螺旋紋に似た条線の存在することがある．しかしこの条線は，甚だ微細で螺旋紋のような厚みがない．また破壊されていて，不完全な状態で存在することが多いから，顕微鏡下で観察する場合でさえ，この検出は容易でないことが多い．

著者はヤナギ科，ウコギ科，スイカズラ科等のものに，これらの条線を認めたが，そのうちヤナギ科についてみると，ヤナギ属のものは，その存在が比較的顕著であるが，ヤマナラシ属の樹種にあっては，僅かにチョウセンヤマナラシ及びスイゲンヤマナラシのみに認められたに過ぎない．また金平氏もヤナギ科のヤマナラシ，ドロノキ，カバノキ科のアカシデ，クスノキ科のアカハダクス，ムクロジ科のリュウガン，クマツヅラ科のオオニンジンボク等に条線の存在することを報告している．

D. 導管中の含有物

樹体の生存中に，生活機能をもっていた辺材部の細胞も，時日が経過すると，活細胞としての機能を失い，いわゆる心材化して来る．その際には，しばしば前以って，種々な物質を導管中に分泌し，もしくは充塞することがある．

最も多く存在する内容物には，2種類あって，その一つは後述するはずの tyloses で，他の一つはタンニンやゴム質のような，無定形の有機質の沈積物か，あるいは炭酸石灰や硅酸石灰等の，無機塩類の結晶物である．これらは導管中に，部分的に存在することもあるし，また全体的に内腔部を，閉塞する場合もある．

導管中の含有物質である色素のために，心材部の着色することは，最も普通のことであるが，わが国産の樹種中カキノキの黒色，またはメギの黄色等は極めて顕著な場合であり，南方メキシコ産の Log wood の赤色，熱帯南米産の Fustic の黄色等もまた顕著な例である．なお，中米あるいは南米産の，Roble の心材部の導管中には，あたかも硫黄の粉末のような外観をもった，黄色の通称 lapachol という結晶体が存在している．また導管中に黄色物質を含有する樹種として，フィリッピンに産する Ipil（南洋では Mirabau）があるが，これは恐らく lapachol が存在するので，あろうといわれている．

次に導管中に含有する無機物質の場合を見ると，ブナ属やニレ属の導管中に，炭酸石灰を含み，ビルマ産の Teak が非結晶性の硅酸塩を含むことは，人のよく知るところである．南米産の Lignum-vitae や Violet wood のように，硬重で香気が強く，その上濃厚な色素に富む樹種は，一般に導管中に含有物質を蔵することが多い．

時には導管中に，しばしばゴム質物を沈積することがある．この場合は導管中のすべての部位にわたって，填充することもあれば，あるいは一見樹脂仮導管（resinous tracheid）に，見られるような脂板（resin plate）に，酷似した隔板状として，導管を横切り，側壁に直角で比較的厚く存在し，また内壁上に不規則な塊となって沈着し，あるいは導管の内腔部を，完全に閉塞してしまうことさえある．

ゴム質物は通常赤色，あるいは褐色の黒ずんだ色を，呈していることが多く，真正のコクタン（Ebony）の漆黒色は，黒色のゴム質物が，導管はいうに及ばず，その他の要素にも充分に，浸透沈積したものであるといわれている．

またある材部の導管中には，炭酸石灰の沈積物（chalky deposits）の，存在することが認められる．例えば西インド産の Mahogany に見ることができる．

著者の調査した樹種中，導管含有物質として，とくに色素の存在の，顕著と思われる属名を，ここに摘記すると次のようである．

```
メ　ギ　　科――メギ
サ　ク　ラ　科――サクラ
マ　　メ　　科――ハリエンジュ，サイカチ，ネムノキ，イヌエンジュ，エンジュ，
　　　　　　　　　ハナズホウ，ハギ
ユキノシタ　科――スグリ，ウツギ
クロウメモドキ科――クロウメモドキ，クロイゲ，ナツメ，ネコノチチ
カ キ ノ キ 科――カキノキ
```

E. 導管中の填充体

導管の環孔性配列をもつ広葉樹材，例えばマメ科のニセアカシア，あるいはブナ科のクヌギ等の横断面を見ると，春材部における比較的大径の，導管の細胞腔を，図 59 のように，完全に閉塞している泡状構造（foam-like structure）の組織が認められる．この組織を填充組織*(tyloses) と呼んでいる．

木材片の木口の鉋削面を，レンズを使って拡大して見ると，泡状構造の薄い膜壁から発する，強い反射光線のために，大ていの場合，tyloses は非常に輝いて見える．しかし熱帯産の Meranti のように，ゴム質様の物質で填充されている場合には，あまり光輝を発しないので，しばしば tyloses の存在に，気付かないことがある．

tyloses の成因については諸説があるが，辺材部における導管が，生活機能を失い樹液の通導作用を停止すると，空気は自然に稀薄となり，その細胞腔の圧力が減少するよ

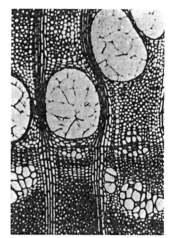

図 59. ニセアカシアの横断面における導管の tyloses
　　　　　　　　　（Brown）

うになる．これに引きかえ，その導管に隣接する木部柔細胞や，放射柔細胞等が生活力をもっている時には，相当の膨脹力をもっているから，圧力の減少した導管の細胞腔内へ，導管壁の重紋孔，または半重紋孔を通して，柔細胞の一部が容易に押し出されるようになる．いいかえれば，導管内外の圧力差によって，導管の細胞腔内へ，薄膜の袋を多数圧出して，泡状構造にまで，発展させるものと思われる．従って，これらの tyloses の中には，時として原形質や細胞液を含んでいることもある．

---

* 填充組織は別に填充体，閉塞組織，tylosis, tylosoid, Thyllen, 等ということがあるが，すべて同義語である．

前述のように tyloses は，導管の生活機能の活発な場合には，生じないのが普通であるが，辺材部の導管が，ようやく通水作用の機能を，失おうとする部分に見ることが多い．しかしまた時には樹皮に近い辺材部に，とくに多数見られることもある．

tyloses は導管に最も多く，発達することはいうまでもないが，なお材の他の構成要素中に，存在することもある．例えば針葉樹材の縦型仮導管中にも，またとくに根部の組織内にも，認められるといわれている*．

導管中に多数の tyloses が生じた際には，相互の間に圧力を加え合うために，しばしば不規則な多面体を呈し，それら相互の間の隔壁に紋孔が生じ，しかも分岐紋孔（ramiform pit）さえ出来て，ここに石細胞に酷似した細胞の生じることがある．

例えば南洋産の Billian，中米産の Snake wood 等は，極めて顕著な例である．とくに Snake wood の tyloses は，極めて不斉な4面体，あるいは多面体を呈し，厚い膜壁をもっていて，多数の紋孔が存在する．このような厚膜の tyloses は，とくに厚膜填充体**（sclerotic tyloses）といわれている．

tyloses の内容は，普通周囲の柔細胞のそれと大した変りはないが，澱粉が認められたり，稀には樹脂，石灰またはゴム質物を含んでいることがあって，機能的には貯蔵器官になっているものと考えられる．また前記の Snake wood に認められるような sclerotic tyloses は，樹体の強化に大いに役立っており，gum 質や tannin 質等の物質と共に，菌糸等が材の内部へ侵入することを防止し，材の耐朽性に大きな関係をもっているものと思われる．

しかし辺材部に tyloses が形成されていても，心材部と比較して耐朽性の案外小さい場合もある．このことは tyloses に関係のない有機物質，例えば澱粉のような成分の存在することによって，かえって腐朽の機会を与え，耐朽性低下の素因をつくる場合があって，このような問題については，単純に決められないことがしばしばある．

なお広葉樹材で，その一部に外傷を受けた場合，その傷口の近い所の導管に，薄膜の tyloses が生じて，その部分を塞ぎ，流動物の外部への流動を，完全に遮断することがある．このような場合には，樹液が外へ流出するのを防止し，全く柔細胞と同じ作用をなすものと思われる．常にこうした tyloses は，一般に薄膜で，しかも形が不斉で，皺曲の出来ているものが多く，しばしばトネリコの外傷部に，認められる現象である．

tyloses は普通ニレ科，ブナ科，クワ科，マメ科，トウダイグサ科，ウルシ科，ゴマノハグサ科，ノウゼンカズラ科等の樹種に認められるが，著者の調査したもののうちで，tyloses の存在のとくに顕著な樹種は，ニレ科のハリゲヤキ，ブナ科のクヌギ，ナラガシワ，カシワ，オウバコナラ，アベマキ，シイノキ，クワ科のハリグワ，マメ科のニセアカシア，ネムノキ，

---

* 本書 p.44 に前出の (14) Brown—p.209.
** 厚膜填充体はまた硬膜性閉塞細胞，石細胞填充体，sclerosed tyloses, stone celled tylosis 等といわれることがある．

I 広葉樹材の導管

チョウセンサイカチ，ウルシ科のヌルデ，ウルシ，ヤマハゼ等で，とくに春材部に大導管をもつものは顕著である．

なお伊藤，貴島の両氏[75]は，わが国産の広葉樹材40科，69属，109種について，tyloses の存在の有無を調査し，次のように要約をしている．

1. クヌギ，ヤマグワ，ニセアカシア，ウルシ等 約10種では，心材部に填充体の著しい発達が認められた．またこのような樹種では，殆んどすべて辺材部にも，填充体が存在した．

2. ヒメグルミ，クヌギ，ハルニレ，ヤマグワ，ニセアカシア，ヌルデでは，辺材部の最外年輪中にも，填充体の存在が認められた．

3. 一般に填充体の発達の著しい樹種は，環孔材もしくはそれに準じるもので，散孔材もしくはそれに準じる樹種には顕著でなかった．

なおフィリッピン産の *Vitica mangachapoi, Mimusops parviflora,* インド産の *Boehmeria rugulosa, Pentacme sauvis,* ボルネオ産の *Eusideroxylon zwageri* 等の tyloses の存在は，極めて顕著であると述べている．

tyloses の存在することは，特定の木材に限り，その使用上ある程度の関連性の，あることが認められている．例えば tyloses の膜が，水分の透過を阻止することは，かなり古い時代から知られていて，ナラ材を好んで酒樽に用い，酒の漏洩防止に役立て，また腐朽菌の侵入を防止することから，tyloses をもたない材に比較して耐朽性が大である．ことにその乾燥材が，極めて良好な結果をもたらすことは，しばしば実例によって，これを知ることができる．

tyloses の存在が，かえって使用上不都合な結果を示すことは，防腐剤または防火剤の注入処理の場合に認められ，tyloses が完全に注薬処理を受けつけなかった多くの例がある．

tyloses の存在の有無が，木材相互の識別に，ある程度の参考拠点として役立つことがある．例えば White oak の類には，おびただしく存在するのに引きかえ，Red oak の類には極めて少い．また Mahogany に酷似した Meranti* には，tyloses が存在するのに対し，真正の Mahogany** には存在しない等である．

---

(75) Ito Mitsugu, Tsuneo Kijima : Studies on the Tyloses their Occurence in the Domestic Woods (1951).

* Meranti は *Shorea sericea* DYER で通称 Lauan または Philippine mahogany といわれている．

** 真正マホガニー (Echtes Mahogani) といわれるのは，*Swietenia mahogoni* L. で，これを英国では Mahogany, フランスでは acajou といっている．フロリダ，西インド，メキシコ，中米産．樹高 100ft，直径 5〜6ft．材暗赤，赤褐，淡紅乃至黄色，光沢良，辺材淡黄乃至無色，狭，軽軟乃至硬重，比重 0.38〜0.84，木理美，塗装仕上良，耐朽力強，リボン状綾目，緻密，反張収縮少，家具，指物，船室装飾等．なおこの種は産地の相違によって Honduras mahogany (Bay wood), Mexican mahogany, Cuba mahogany, Spanish mahogany, St. Domingo mahogany の異名が用いられている．マホガニーには以上の真正のもののほかに，世界でマメ科，ウルシ科，バラ科，オトギリソウ科，センダン科等に所属のもので mahogany といわれるものが約 36 種存在する．〔渡辺全：改訂世界樹木字彙 (1936)〕

F. 導管の層階状配列

材の構成要素である導管，仮導管，木繊維，放射組織の多室柔細胞，もしくは紡錘状柔細胞等の中の1種，または数種の要素が，繊維方向に，高さほぼ等しく，並列する場合を層階状（story）を呈するという．

これらは広葉樹種中，特殊のものに限り，単に肉眼を以ってしても，縦断面上において，しばしば波状紋（ripple mark）として，認めることのできるものである．

導管が層階状を呈する場合は，年輪界に近い秋材部の導管で，これらの小導管が仮導管や，その他の要素及び柔細胞と共に存在する等，いろいろな場合の層階状を呈し，おおむね径断面上に認められることが多い．導管の層階状配列は，ことにニレ科，メギ科，マメ科等の樹種において顕著である．また Record 氏[76]は Smoke tree, *Artemisia tridentata*, *Bigelovia graveolens* 等における導管が，仮導管と共に，層階状を呈する場合の，極めて顕著な実例であることを報じている．

II 広葉樹材の仮導管

広葉樹材の通水作用が，専ら導管の存在によって行われていることは，すでに述べた通りであるが，なお他に仮導管が存在していて，その作用をさらに助けている．

広葉樹材の仮導管は管状仮導管，周囲状仮導管及び繊維状仮導管等の，基礎的な型として，3型が存在する．いま，これらの各々について，その特質を摘記すると次のようである．

A. 管状仮導管

管状仮導管（vascular tracheid）は導管状仮導管の省略語で，形は小導管に極めてよく似た細胞である．管状仮導管と導管との間の大きな相違点は，管状仮導管には導管におけるような穿孔板がないことである．これについては導管の退化したものか，あるいは不完全に形成されたものか，いずれかであろうと考えられている*．

管状仮導管はニレ属の樹種の縦断面上に，しばしば見られるように，小導管といっしょに縦方向に配列し，両先端部だけが，かなり強く彎曲して，穿孔板を欠き，側壁に小重紋孔が存在する．稀にニレ属やエノキ属では，螺旋紋の発達していることがある．

管状仮導管の横断面は，導管の場合と同じような pore であるため，横断面上では真の導管と，区別することは甚だ困難である．しかし，縦断面では導管の方は，上下の導管節が接合して，長い管状を形成するが，これに対し仮導管の方は，単一の繊維状の要素として存在

---

(76) Record, S. J. : Identification of the Timbers of Temperate North America, p. 83 (1917).
  * 管状仮導管はまた不完全導管（imperfect vessel member）といわれることがある．

し，上下の接着部が隙間なく接着するのと，先端部に穿孔がないため導管におけるように，長い管状とはならないから，容易に両者を区別することができる．

管状仮導管の膜壁上の重紋孔は，導管の場合と甚だよく似ていて小さく，また針葉樹材における仮導管のように，必ずしも径断面上の膜壁だけに，存在するとは限られていない．

B. 周囲状仮導管

周囲状仮導管（vasicentric tracheid）は，導管の周囲状という意味である．クヌギ属やクリ属の樹種に見られるような，環孔材の春材部大導管の附近に，見受けられる細胞で，普通は常に大導管の周囲を，取り囲んでいる．そして秋材部小導管の周囲には，存在しないか，あっても極めて少い．

周囲状仮導管の全長は，他の要素，例えば縦型柔細胞や，管状仮導管と比較して，一般に短く，その上先端部が，おおむね彎曲していることが多い．例えばナラ類におけるものは，しばしば釣針状を呈していることが顕著である．クリ属の周囲状仮導管は，針葉樹材の短い仮導管によく似ているが，比較的短い上に，先端の鉤曲することのために，容易に区別がつく．

周囲状仮導管は，おおむね不規則な形の仮導管で，一定の縦方向の配列が見られない．また横断面上においては半径方向にも，切線方向にも，規則正しい配列をすることは稀で，常に導管から強く圧迫を受け，扁平状を呈することが多い．また圧力の非常に大きい時には，しばしば横の方へ押し出され，相互の仮導管は管状の突起で連絡しているが，全体としては分離されたような状態になっている．このような仮導管は，とくに分離状仮導管（disjunctive tracheid）* と呼んでいる．

周囲状仮導管の縦断面上の膜壁に，小重紋孔の存在することは，いうまでもないが，クリにおいては針葉樹の場合のように，時として crassulae の存在することが，あるといわれている．

C. 繊維状仮導管

典型的な繊維状仮導管（fiber tracheid）は次の三つの条件を備えている．

1. 比較的厚膜である．
2. 内腔は狭小で両先端部は尖鋭である．
3. 膜壁に凸レンズ状，または裂罅状の，孔口をもつ小重紋孔が存在する．

繊維状仮導管は前記の管状のものや，周囲状のものと，共に存在することが多い．しかし

---

* I. A. W. A の "Revised Glossary of Terms and Definitions" によると，disjunctive tracheid は細胞分裂中，側方に分離した形の仮導管で，その接合部は管状に保持されている形のものであるとあり，また disjunctive tracheid は conjugate tracheid（接合仮導管）の変改語と見られるとある．

繊維状仮導管は，他の二つのものに比較して，図60の5及び7のように，先端部が長く尖鋭である．

一般に縦型の紡錘状の要素が，形成層において造成される場合には，形成層母細胞（cambial initial）から形成され，後にしだいに成熟するが，そのものは最初の cambial initial に比べて，著しい大きさの相違は認められない．ところが成熟した繊維状仮導管は，cambial initial に比較して，しばしば 4〜5 倍の長さに達するものがある．また繊維状仮導管は，真の木繊維ともよく似ているが，その幅は真の木繊維よりも，おおむね大で，比較的大なる直径をもっている．

次に繊維状仮導管の膜壁における，重紋孔を見ると，越外孔口の型のものが普通で，切線面側におけるよりも，半径面側に多数存在する傾向をもっている．内孔口（iuner aperture）の方向は，通常垂直か，あるいは急斜状であるが，普通の場合は急斜のことが多い．一般にこのような pit の構成される pit pair には，torus を欠いている．

繊維状仮導管の中には，ユリノキに見られるように，2次膜の内面の平滑なものが存在し，またウツギ類や，北米産のヒイラギ類におけるように，螺旋紋の存在するものや，多室繊維状仮導管（septate fiber tracheid）の存在することがある．

多室繊維状仮導管は，北米東南部産の Mahogany に認められ，このような仮導管は，2次膜の完成後，原形質体が明らかに数室に分離され，そこに薄い無紋孔の横膜壁が，形成されて出来たものである，といわれている．また繊維状仮導管にはゴム質物，または樹脂質物を含有することがある．このような場合の横膜壁は，真の多室木繊維の場合に，酷似した厚さの，やや厚い横隔板の形で存在する．

なお Harrar 氏[77]は米国 Duke 大学林学部に所蔵の材鑑と，Yale 大学の故 Record 氏の好意によるスライドとを合せ，78科620属に属する septate fiber tracheid をもつ，2253種という多数の樹種について調査し，次の8属に所属のものに，澱粉粒含有の顕著な樹種のあることを観察し，次のように属名を報告している．

    Acanthaceae——Anisacanthus, Sanchezia.
    Anacardiaceae——Astronium.
    Apocynaceae——Odontadenia.
    Burseraceae——Bursera.
    Flacourtiaceae——Casearia, Ryania.
    Rubiaceae——Sickingia.

---

(77) Harrar, E.S.: Note on Starch Grain in Septate Fiber-Tracheids, *Tropical Woods*, No. 85, pp.1〜9 (1946).

III 広葉樹材の木繊維

A. 木繊維の概説

木繊維 (wood fiber, Holzfaser) は，広葉樹材を構成している主な要素で，専ら樹体の強固性を保持するための，極めて重要な細胞である．

木繊維の全形は一様でないが，図 60 のように，おおむね両端の尖鋭な細い糸状，または紡錘状を呈し，多くは膜壁が厚く，内腔 (lumen) は狭小で空気を含むか，または種々な物質を含む細胞である．

木繊維の横断面形は，円形または多角形で，年輪界に近い秋材部のものは，一般に切線方向に長い扁平状を呈することが多い．

木繊維の形状が，普通長い紡錘状を呈しているために，尖端部と中央部の切り口とでは，直径に著しい相違が認められる．従ってそれらの測定値を，木繊維の径として扱う場合には，その中央部によらなければ，ならないことは，いうまでもない．それで横断面上で径を測るよりは，縦断面上で中央径を測った方が精確である．

木繊維の長さは，樹種により相違するばかりではなく，同一の樹種にあっても，樹齢の相違や，存在する部位によって一様でない．従ってその長さも 500～2000μ という，かなり大きな開きをもっている．Sudworth 氏[78]によると，北米産のナラ類の木繊維の長さの平均値は，およそ 1300μ (約 1/20 inch) であると報告している．

木繊維の膜厚のとくに厚い場合には，10μ 以上に及ぶものがある．著者はミズキ科のアオキ及びヤマボウシにおいて，とくに厚膜の木繊維を見，また大多数の樹種については，2～5μ の範囲であることを認めた．この範囲に入る属数は，51 属を占め，調査した全属数 132 属に対し，約 39% に当る．

一般に，肥厚した膜壁には，線状または凸レンズ状の孔隙の，存在することがある．これらの孔隙の pit pair の場合には，孔口が互に反対方向に傾き，検鏡に当っては，相互に隣接した膜が同時に見えるので，これらの孔隙はX字状に認められるのが普通である（図18の a″, b″, c″)．ところが pit pair でない場合の孔隙は，一般に細胞の長軸に対して，強く傾斜していることがある．また単紋孔の代りに，外縁の甚だ不鮮明な重紋孔をもつこともある．また膜壁にはマオウ属の木繊維に見られるような，螺旋紋様の細条が存在することもある．

木繊維は専ら樹体を強固に保持し，木部の機械的作用に，密接な関係をもつ要素であるから，木繊維の性質，配列の状態，数の多少等は，直接その材の硬度，比重及び強度等の物理

---

(78) Sudworth, G.B. : *U.S. Dep. Agr. Forest Service, Bul.* 102, p.18 (1911).

的性質に，深い関連性をもっている*.

　木繊維の分類法には種々あるが，その一つとして横断面の形から分けることがある．すなわち，その切り口の4角形，乃至多少丸身をもつものは，これを円状繊維 (round fiber, Rundfaser)，切り口が圧縮されて扁平な形の場合は，これを広状繊維 (wide fiber, Breitfaser) と呼び，以上2種の型に分ける方法である．後者の広状繊維型は，おおむね年輪界に沿って存在し，秋材層を形成するのが普通である．

　なお木繊維の膜壁にある紋孔の種類，あるいは隔膜の存在の有無等から，分類する方法もあるが，むしろ木繊維の形態と，その内容とを主体とし，他の性質をも加味して，なされる分類法が，普通に用いられることが多い．

　広葉樹材に存在する木繊維を，その形態と内容とから分類すると，(1) 真正木繊維，(2) 多室木繊維，(3) 膠質繊維，(4) 代用繊維，以上の4種類に区別される．いまそれらのもつ特質を摘記すると次のようである．

B. 真正木繊維

　真正木繊維 (libriform wood fiber, echte Holzfaser) は，また篩部繊維状繊維とも呼ばれているもので，図60の1及び4に見るように，その形は細長く，紡錘状を呈し，先端部は，おおむね尖鋭であるが，稀に図60の3のように2叉に分岐し，あるいは鋸歯状または扁平状を呈することがある．これらの特殊な形態は，恐らく相互に堅く，連結を必要とするための，機構であろうと思われる．

　真正木繊維が他の繊維と比較して，他のものよりも厚膜であり，しかも狭い内腔ををもっていることは，この要素がもつ機械的な，強固作用の上から見て，極めて優位な性質を，具えているものと思われる．

　なお真正木繊維が厚膜であり，かつ内腔が狭小であるという点で，図60の5及び7のよ

---

* 同一樹種の繊維組織の体積は，しばしば生長率の変差によって，著しい差異が生じる．例えば環孔性の樹種の場合，一般に速い生長率で正常な材部よりも，遅い生長率で生産した狭年輪の材の方は，単位体積当りの繊維の含有量は少い．従って繊維の含有量と強度とが，かりにほぼ比例するものとすれば，環孔性の樹種の場合は，遅い生長率の狭年輪幅の材のものよりも，急な生長率の広年輪幅をもつものの方が，強度において大であるということができる．

　また兼次氏は木繊維における細胞膜の断面積と，細胞腔の面積との百分率を，木繊維の径隙比または径隙率と呼び，木繊維の長さと直径との比，すなわち長径比と共に木繊維の形の良否並びに繊維応力の大小等を，判断する拠点とすることができるとしている．つまり径隙率の小なるものほど繊維応力が大なわけである．ここにいう径隙率は，木繊維の横断面を円とみなし，その直径と細胞膜の厚さとから，次の比によって径隙率 (Q) を得る．

$$Q = \frac{\pi\, r^2}{\pi\, R^2} \times 100 = \frac{r^2}{R^2} \times 100$$

ただし $r=$木繊維の内腔の半径，いま木繊維の径を d，細胞膜の厚さを w とすると，

$r = \dfrac{d-2w}{2}$ である．　　$R=$木繊維の半径$=\dfrac{d}{2}$

〔兼次忠蔵：木材の解剖学的性質と二三の物理的性質に就て，日本林学会誌，Vol.14, No.7, pp.566～576 (1932)〕

III 広葉樹材の木繊維

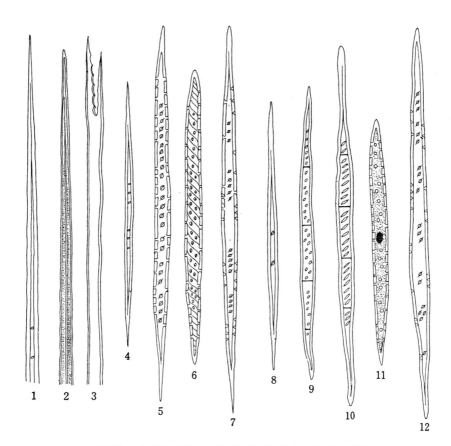

図 60. 木繊維及び繊維状仮導管（小倉・猪野）

1. 真正木繊維 (libriform f.)
2. 膠質繊維 (gelatinous f.)
3. 分岐繊維
4. *Carya ovata* (Shellbark hickory) の真正木繊維
5. モクレン属の繊維状仮導管
6. マオウ属の繊維
7. アカガシ属の繊維状仮導管
8. *Guaiacum sanctum* (Lignum-vitae) の木繊維
9. *Vitis vinifera* (ブドウ) の隔膜繊維 (septate f.)
10. チークの隔膜繊維
11. *Sassafras variifolium* の代用繊維 (Substitute f.)
12. 双子葉類の標準型木繊維

うに繊維状仮導管と甚だよく似ている．しかし真正木繊維は殆んど常に単紋孔をもち，仮導管は重紋孔をもっているので，両者は明かに区別される．また真正木繊維の紋孔は，繊維状仮導管の重紋孔よりも小径である．そして真正木繊維が繊維状仮導管と共に，広葉樹材中において，容積として占有する量はおびただしく，材の 50%，あるいはそれ以上ではないかと想像される．

真正木繊維が他の要素と共に，材を構成し存在する場合には，その樹種特有の配列を現わすことがある．ことに横断面上で観察すると，その配列状況が充分に認められる．例えば繊維組織がその材を通して，導管組織帯と交互に存在し，おおむね一様な配列をする場合で，

カエデ類や，カンバ類のものに普通に見られるが，また同様な配列を，北米産のものでは，Red gum や American elm にも認められる．

C. 多 室 木 繊 維

多室木繊維（septate wood fiber, septate fiber, gefächerte Holzfaser）は，また隔膜繊維とも呼ばれる細胞で，前記の真正木繊維の内腔には，全く内容がないのに引きかえ，この種の木繊維には，原形質をもち，膜壁には単紋孔，あるいは退化した外縁の不鮮明な重紋孔をもっている．そして図60の9及び10のように，側壁が2次膜の完成した後に，水平状の隔膜が出来て，多室になったものと，考えられている．

これらの隔膜は，普通中間層と1次膜とから形成され，cellulose か，または pectin 質である．やや厚く2次膜の発達するのを，見ることもあるが，しかしおおむね薄く，側壁の厚さに比べて，著しい差異がある．この薄い隔膜には紋孔が，一般に認められない．

多室木繊維に類似の細胞に，分室状の柔細胞*がある．多室木繊維が以上のように，その水平隔膜の薄いのと，垂直の側壁における厚い膜との間に，格段の差があるのに対し，分室柔細胞（chambered parenchyma）の方は，その水平の隔膜の厚さと，垂直の側膜の厚さとがほぼ等しい．従ってこの事から，両者を容易に，区別することができる．

この多室木繊維は，辺材部の澱粉の貯蔵所として役立ち，また心材部においては，稀に蓚酸石灰の結晶を，蔵していることがある．

広葉樹材における多室木繊維の存在は，普通熱帯産の樹種に多く，Mahogany には常に認めることができる．

著者の調査したもののうち，多室木繊維の存在の，比較的顕著に認めらられる樹種を挙げ，なお金平氏の調査結果をも，これに合せて列記すると次のようである．

日本，朝鮮，及び台湾産の広葉樹種中，多室木繊維の存在の顕著な樹種

クルミ科――オニグルミ，マンシュウグルミ
クワ科――アコウ，ガジュマル
メギ科――メギ，チョウセンメギ，サイシュウメギ，アムールメギ，ヒロハノアムールメギ
モクレン科――ホウノキ
クスノキ科――アオカゴノキ，シナクスモドキ
ユキノシタ科――ヤブサンザシ，チョウセンウツギ，ウツギ
トベラ科――トベラ
マメ科――エンジュ
センダン科――グミトベラ
トウダイグサ科――ヒトツバハギ，アカギ
ムクロジ科――ムクロジ，リュウガン

---

* 本書 p.156 参照．

アワブキ科——フシノアワブキ，アワブキ，ヤンバルアワブキ
シナノキ科——アムールシナノキ，マンシュウシナノキ，シナノキ，ハリミ
　　　　　　コバンモチ
ミソハギ科——シマサルスベリ
イイギリ科——クスドイゲ
ウ コ ギ 科——ウコギ，ハリウコギ，マンシュウウコギ，タラノキ，フカノキ
クマツヅラ科——オウニンジンボク

D. 膠 質 繊 維

厚膜の繊維中には，粘質性の2次膜をもっているものがある．この種の繊維はとくに膠質繊維（gelatinous fiber, mucilaginous fiber, Gallertfaser）と呼ばれている．

膠質繊維（図60の2）は，膜壁の厚いことが特徴で，極端な場合には，内腔部が殆んど認め得ない程度にまで，発達しているものさえある．

この繊維の膜壁は，とくに吸湿性が大で，水分を含むと内腔部へ，膨脹する傾向が強い．従って，材全体の体積の増加に対しては，比較的その影響は少い．

膠質繊維はマメ科のハリエンジュ属，またはブナ科のアカガシ属の樹種に認められるが，ユーカリのアテ材（tension wood）* の鋸断面は，羊毛のような外観を呈し，解剖学的には明かに gelatinous fiber の存在に，よるものであるとされている．そしてとくに2次膜の内層部の発達が目立つが，これはユーカリのアテ材のもつ，注目すべき一つの特徴と考えられている[79]．

なお外国産のものでその存在の比較的顕著なものは，北米中部産の Black locust，ヨーロッパの西部及びアジア産の Hackberry，ヨーロッパ，支那，日本産のマグワ（Mulbery），また北米東南部産の Overcup oak 等である．

E. 代 用 繊 維

代用繊維（substitute fiber, Ersatzfaser）** は図60の11または図61のaにおけるように，他の繊維と全くその趣を異にし，原形質をもった生活細胞の1種と見られる．

この種の繊維の膜壁上には，柔細胞のように単紋孔があり，その上内容をもつ点と膜壁の

---

[79] 緒方清八：ユーカリ材における Brittle heart と Reaction wood，日本林学会誌，Vol.35, No.6(1953).
* 本書 p.207 参照.
** 代用繊維は別に柔細胞型繊維，wood parenchyma fiber 等ともいわれ，また柔細胞と同じように原形質をもち，養分の貯蔵作用をも兼ね，紡錘状を呈するところから，紡錘状木部柔細胞（fusiform wood parenchyma）（図61のa）といわれることがある．
なお兼次氏の調査によれば，Moll 及び Jansonnius の両氏は，この代用繊維が薄膜であるために，薄膜繊維（dünnwandigere Libriformfasern），またしばしば澱粉を含有することがあるところから，澱粉繊維（die Stärke-führenden Fasern）等と呼び，いずれにしても，木繊維の部類中に，包含していることを報告している．〔兼次忠蔵：木材識別方法の基礎的研究，（第3報），木部柔細胞の形態，分布，配列；日本林学会誌，Vol.12, No.12, p.8(1924)〕

比較的薄いために，一見柔細胞に酷似している．しかし，ただ柔細胞と著しく相違する点は，この細胞の全長が長く，その全形が全く繊維状を呈していることから，両者を容易に区別することができる．

またこの種の繊維は，1年輪内では，導管の最も多い部分に，比較的顕著に存在し，しばしば導管や，仮導管等の周囲に，接近して存在する．緊密な秋材部における，この柔細胞型繊維は，半径方向に，並列している厚膜の木繊維間に，切線状の不規則な帯状を呈して配列し，そのため比較的その存在が明瞭である．ことにナラ材の充分に鉋削した横断面をとり，その秋材部を観察すると，柔細胞型の繊維が切線方向に，帯状配列を呈するのを，肉眼ででも認めることができる．ただし木繊維のために，中断されるような場合には，この帯状配列が甚だしく不明瞭となり，顕微鏡なしでは，もはや認めることができない．

F. 木繊維の配列

1. 錯綜状配列

木繊維の存在する場合には縦方向，つまり繊維方向に対し，おおむね平行に並列するものであるが，平行せずに相錯綜して配列することもある．例えば Sudworth 氏*は北米西部産のクヌギ属のあるものでは，とくに木繊維が相互に錯綜し，肉眼によってもある種の杢理が認められ，これを割裂するには，他のナラ類に比して甚だ困難であると報告している．

2. 層階状配列

縦断面ことに触断面上の木繊維は，中央部がやや太く，殆んど一定の長さの紡錘状を保ち，繊維の成熟する時に，伸長と辷り生長（sliding growth）とが続けられ，上下の高さがさらに整えられ，他の要素の層階状配列と同様に，しばしば木繊維の層階状配列として存在し，識別上の拠点とすることがある．

著者の調査**によると，マメ科，センダン科，カエデ科，モクセイ科，及びその他の9科の樹種において層階状配列を認めている．

一般に層階状配列を呈する場合の木繊維の長さは，比較的短く，おおむね 1000μ 内外で，長くとも 1330μ を越えないようである．また層階状配列の木繊維の長さは，樹種の相違する場合はいうまでもないが，同一の樹種でもその存在する部位の相違から，その長さに差異の生じることがある．例えばこの点については Chalk 氏等[80] によって層階状配列をもつ

---

(80) Chalk, L., E. B. Marstrand and J. P. De C. Walsh : Fibre length in storeyed hard woods, *Acta. Botanica Neerlandica*, Vol. 4(3) (1955).
  * 本書 p.143 に前出の (78) Sudworth.
  ** 本書 p.89 に前出の (63) 山林—p.334.

Pterocarpus angolensis, Nesogordonia papavifera 及び *Aeschynomene elaphroxylon* 等3種の広葉樹材につき，それぞれのもつ木繊維，及び撚糸状柔細胞の長さの測定がなされた．

それらの結果から Chalk 氏等は次のような結論を得ている．

(1) 1年輪の範囲内における木繊維の長さは，その年輪の中央部で最大の長さを示し，年輪界の附近で急激に低下する．しかし撚糸状柔細胞の長さは，いずれの部分においても，長さの変化が認められない．

(2) 一般に，木繊維及び撚糸状柔細胞の，いずれにおいても，髄心から外方へ向い，長さを増加する傾向は示さない．

木繊維の層階状配列は，他の木材の構成要素の場合におけると同様に，肉眼的で，とくに明瞭な時には，いわゆる波状紋として，その板目面の工芸的紋様が賞美される．例えばイタヤカエデ，カラコギカエデ，オユメグスリ，チョウセンミネカエデ等，一般にカエデ科のものは，板目面の波状紋がとくに美しい．

IV 広葉樹材の木部柔細胞

A. 木部柔細胞の概説

針葉樹材並びに広葉樹材の木部を構成している，種々なる要素のうちで，導管，多くの型の仮導管，真正木繊維等は，専ら通水または機械的作用等に役立っているが，これらに対し，とくに養分の貯蔵や，炭水化物の通導運般等の作用を，つかさどる重要な細胞は，木部柔細胞 (wood parenchyma, xylem parenchyma) である．

木部柔細胞は，他の要素と比較して，著しく違った特性をもっているが，これらの特質を次の3項にまとめることができる．

(1) 細胞の内腔内に原形質を保有している．

(2) 膜厚は稀に肥厚し，やや厚膜のこともあるが，概して薄いのが普通である．

(3) 細胞膜は木質化 (lignification) し，その膜壁には単紋孔が存在する．

次に相隣接する2個の柔細胞の膜壁には，多数の単紋孔の対孔が存在し，その径は小径であることが多く，またこれらの形状はおおむね円形であるが，楕円形，あるいは凸レンズ状を呈する場合もあって，その形状と配列とは常に不規則である．

柔細胞が導管，または仮導管の，いずれかと接する時には，柔細胞側は単紋孔，導管または仮導管側は重紋孔であるため，その対孔が半重紋孔を呈することは，既述の通りである．稀に紋孔が長く伸びて，階段状の紋孔をつくることもある．また木繊維と接する場合に，紋孔を生じることもあれば，生じないこともある．

広葉樹材の木部柔細胞の形状には，針葉樹材における場合と，同じように二つの型がある．(1) 木理に沿って，繊維方向に存在する縦型（longitudinal）のもの，(2) 木理を横切って水平に伸びる横臥型（transverse）の二通りで，後者の横臥型の木部柔細胞は，いわゆる放射組織を構成している放射柔細胞*である．

B. 木部柔細胞の種類

前記縦型木部柔細胞は，さらに二つの型に大別することができる．すなわち，紡錘状木部柔細胞（図61のa）と，撚糸状木部柔細胞（図61のb, c）とである．

1. 紡錘状木部柔細胞

紡錘状木部柔細胞（fusiform wood parenchyma）は，以前に代用繊維（substitutes fiber），あるいは中間木繊維（intermediate fiber）と，いわれたことのある細胞で，細胞の形態から見て，先端部がやや尖鋭であるので，一見したところ，篩部繊維状木繊維（libriform wood fiber）とよく似ている．しかし木繊維と違って薄膜であり，また内容が存在するから，実質的には柔細胞としての性質を，充分に具えているが，形態上木繊維と類似するところから，混同され易い．それ故この細胞が木繊維から明かに区別し得るように，I. A. W. A**ではfusiform wood parenchyma（紡錘状木部柔細胞）という用語を採用している．

多くの被子植物中，喬木類における紡錘状木部柔細胞の存在数は，撚糸状木部柔細胞数に比較して，おおむね少いが，灌木類，草本類もしくは蔓茎類等にあっては，極めて普通に見受けられる型である．

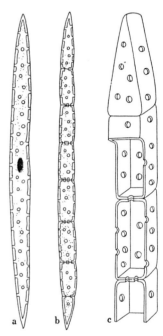

図 61. 縦型木部柔細胞
（Forsaith・山林）
a―紡錘状木部柔細胞
b―撚糸状木部柔細胞
c―撚糸状木部柔細胞の一部の拡大

なおまた，この紡錘状木部柔細胞は，形成層から分離して充分に発育した後も，かなり永い期間，原形質を失わず，膜壁には単紋孔をもち，養分の通導作用に役立っている．

草本類もしくは蔓茎類においては，機械的に強固性を付与している細胞の多くは，この紡錘状木部柔細胞の存在に，よるものと考えられている．

従って紡錘状木部柔細胞は，要するに植物体に対し，ある程度の強固性を与えると同時に，養分の貯蔵と，運搬の両作用にも役立つから，草本類や蔓茎類のような，おおむね強固性に乏

---

* 本書 p.164 参照．　　** 本書巻末 p.280 参照．

しい植物体にとっては，とくに有利な機能を，保有しているものといえる．

紡錘状木部柔細胞が，広葉樹材に存在する場合，横断面上でこれを観察すると，次の撚糸状*（撚線状，strand）のものと，殆んど区別をすることが困難である．実際に存在する場合の配列型は，おおむね切線状か終末状で，その数は極めて少い．

2. 撚糸状木部柔細胞

撚糸状木部柔細胞（wood parenchyma strand, strand parenchyma）も，また紡錘状木部柔細胞と同じように，形成層の紡錘状の initial** から形成される．紡錘状木部柔細胞の方は，その母細胞の分裂という現象は，見られないが，撚糸状木部柔細胞の方は，母細胞が2～数個に分裂し，あたかも糸を撚った際と，同じような状態となる．

この種の柔細胞の上下の両先端部は，常に図 61 の c のように，接断面側から見ると，先端が尖鋭に細まって

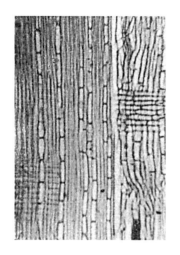

図 62. コナラの径断面における strand 型柔細胞の配列 （山林）
右側の明るい部分は春材部
左側の暗い部分は秋材部

いるが，径断面側から見ると，多少鈍頭になっていて，楔形を呈しているのが一般である．中間部の細胞は，縦方向にやや長く，ある材の撚糸状木部柔細胞の各細胞の接着部が，幾分収縮し，くびれを呈していることがある．またその横断面形は，矩形または多少多角形をしていることが多い．そして縦型柔細胞中紡錘状型よりも，むしろ撚糸状型の方が，普通型になっている．

strand を構成している細胞数は，同一の樹種でも相違し，通常 5～12 個の範囲にあって，とくに層階状組織をもつものにあっては，おおむね全長が短く，2～4 個細胞数のことが多く，大体限定されている傾向が強い．そして針葉樹の strand parenchyma と比較すると，広葉樹材におけるものは，幾分長さが短い．この strand parenchyma の細胞中には，しばしば結晶物の存在することがある．

strand parenchyma のすべての細胞膜は，おおむね厚さが等しく，比較的厚膜であることが多い．そして strand parenchyma の側膜における紋孔の性質は，この柔細胞と，接触する細胞の種類によって相違し，strand parenchyma が，他の柔細胞と接触する場合には，それが縦型あるいは横臥型のいかんを問わず，それらの pit pair は常に単紋孔である．

導管節を伴って，接触して出来る pit pair の紋孔は，導管膜における補充紋孔の性質に影

---

* 撚糸状または撚線状とは，あたかも糸を撚った時に，出来る股（こ）の連続した状態のことで，米国では strand が用いられている．（図 61 の b，c 及び図 62 参照）
** initial は形成層帯，または他の細胞分裂組織を，造成すべき単一の細胞．始原細胞または原始細胞といわれている．

響され，木繊維との場合の pit pair は，存在することもあり，全然存在しないこともある．

strand parenchyma の配列量については，北米産の材によって，調査したものによると，体積にして約 1～18% で，かなりの開きをもっている．一般に配列量の比較的多い場合には，横断面上で肉眼によってでも認められる．

C. 木部柔細胞の配列

1. 横断面上の木部柔細胞の配列

この柔細胞の配列は，極めて変化に富んでいるが，ほぼ次の二つの型に大別することができる．a. 独立型柔細胞 (apotracheal parenchyma), b. 随伴型柔細胞 (paratracheal parenchyma) である．前者の独立型は，導管から離れ，単独に存在する意味の型で，後者の随伴型は，導管の側近に存在し，いわば導管に附随して配列する型である．

以上の各々の型は，その配列状況から，さらに次のように細別するのが便宜が多い．すなわち a. 独立型柔細胞は (1) 終末状型, (2) 散点状型, (3) 切線状型に細別され，b. 随伴型柔細胞は (4) 周囲状型, (5) 翼状型, (6) 連合翼状型に分けられる．このように配列状況から見た分類法は，材の識別上つごうよくしたもので，決して決定的なものではなく，さらに細分した方がよいのかも知れない．

著者は 1933 年 I.A.W.A.(国際木材解剖学会) で決定を見た，以上のような用語*を採用して来たが，その後 1954 年パリにおける同学会において，Dr. Laurence Chalk 氏によって，提出された改訂案によって，なお検討が加えられ，以上の用語の他に，さらに数用語が追加されようとしている．

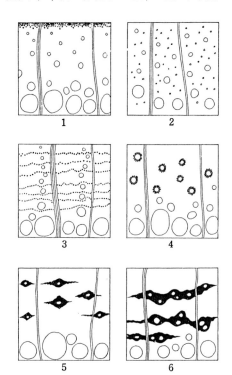

図 63. 横断面上の柔細胞の配列型
(山林)

木材相互の識別を主な目的とするならば，あまり細分に過ぎることは，かえって取扱い上不便なことが多いと考えられるので，著者は将来の分類用語通りを採用し，特殊な配列型を示すものについては，別に説明を加えること

---

* 本書巻末 p.280 参照．

Ⅳ 広葉樹材の木部柔細胞

にした．いま横断面上における木部柔細胞の配列状況を，以上の分類法に従い，それぞれの用語を具体例によって，説明を加えると次のようである．

a. 終末状型柔細胞

終末状型 (terminal type)（図63の1）は，また年輪状型ともいわれることがある．この型のものは，柔細胞が1年輪の秋材部における最終細胞層として，またはその附近に並列し，不均等で比較的狭い幅をもって，やや連続して配列する場合をいう．終末状型の幅の広い場合には，年輪界に沿って明色の線として，肉眼ででもよく認めることができる．

ヤナギ科のヤナギ属，ヤマナラシ属，及びカエデ科のカエデ属のものの，終末状配列は，おおむね狭くて 1～2 細胞層に過ぎないが，マメ科のハリエンジュ属，サイカチ属等では，普通 1～3 細胞層であり，稀に 7～8 細胞層の広いことがある．またクワ科のカジノキ属，ハリグワ属，クワ属のもの，ニレ科のエノキ属のもの等は，1～7 細胞層で，比較的広い細胞層をもっている．以上の終末状配列の細胞層数は，その樹種を特色づけている傾向が強い．

またこの型の柔細胞中には，しばしば結晶物の存在することがある．例えばマメ科のニセアカシア，ハナズホウ，カエデ科のカエデ属等において，菱形の結晶を見ることができる．

なお Hess 氏[81]は，広葉樹材の木部柔細胞の，横断面上における配列型について，行った調査研究の結果，apotracheal parenchyma の内の，年輪界に近く配列する柔細胞として，以上記載の terminal type すなわち，terminal parenchyma を挙げているが，さらに類似の配列型として，initial parenchyma 及び marginal parenchyma の型を提唱し，これらの用語に対する定義を次のように述べている．前者は春早く成長輪において，最初に形成された縁辺柔細胞で，線状または帯状に配列する，典型的の独立型柔細胞，後者は生長輪の外層〔終末状 (terminal)〕，または初層〔始原的 (initial)〕を形成し，線状あるいは帯状に配列する典型的独立型柔細胞であり，いいかえれば，marginal parenchyma は terminal parenchyma と initial parenchyma とを総称した独立型柔細胞を意味する．

b. 散点状型柔細胞

散点状型 (diffuse type)（図63の2）は，また分散状型ともいわれることがある．この型の柔細胞は，木繊維の組織の間に，導管から離れて存在し，単純な柔細胞群として，または比較的一様な散点状に，あるいは甚だ不規則に，分散して存在する場合をいう．この種の型のものは，一般に肉眼では認めにくい．普通ナシ科，ツゲ科またはサザンカ科のものに認められる．なお diffuse type の1種と見られる diffuse in aggregate がある．この種の型は，いわゆる集合性の散点状型で，横断面上の放射組織から，放射組織へと切線方向に，比較的短い線状に，集合した場合の配列で，集合性の傾向をもつ独立型の柔細胞配列である．この意味から切線状分散型柔細胞（metatracheal diffused parenchyma）といわれること

---

(81) Hess, R.W.: Calassification of wood parenchyma in dicotyledons, *Tropical Woods*, No. 96, p. 16 (1950).

がある．例えばカンバ類や北米産の Red gum 等に，この種の配列が見られる．

c. 切線状型柔細胞

切線状型（metatracheal type）（図63の3）は，また導管中間型ともいわれる．この型は柔細胞が，導管並びに導管状仮導管から，離れて存在し，おおむね同心円状，いいかえれば切線方向に，単一の細胞層または，数層の帯状をなして，配列する場合である．

この帯状（band）が，極めて狭小な時と，かなり幅の広い場合とがある．シデ類またはナラ類に，存在する柔細胞の metatracheal type は，前者の場合に類し，1～2 細胞列で，おおむね幅が狭い．なお北米産の Basswood, Hickories, Oak のあるもの，Persimmon, Dog wood, Hop hornbeam 等の材にも，やはり切線状型柔細胞の，狭い band 型の配列が見られる．この切線状の柔細胞の配列線が，狭く密で，しかもその間隔の一様な場合には，これらとほぼ直角に交叉している放射組織から，特有な網状を呈することがある．例えば北米産の Anonaceae, Sapotaceae, Ebenaceae の樹種に，顕著であるといわれている．

以上のような狭切線状型に対し，広い帯状配列，すなわち，2～3細胞層あるいはそれ以上の幅で，広い band として配列しているのは，熱帯産の樹種に顕著である．例えば，クワ科のイヌビワ属，マメ科の Pongamia, Erythrnia 及び Bauhinia 等の，各属のものに認められる．一般にそれらの band は，その band と交互に平行して，配列している組織帯と，幅が同じであるが，あるいはそれ以上の広い幅の場合もある．西部アフリカ産の Ponhon, また英国産の Red ironwood 等は後者の場合で，band の幅が比較的広い．

以上は独立型細胞についての配列型であったが，以下は随伴型柔細胞（paratracheal parenchyma）に関する配列型である．

d. 周囲状型柔細胞

周囲状型（vasicentric type）（図63の4）は，また導管周囲型ともいわれることがある．これは柔細胞が周囲の導管を取り巻き，鞘状または縁帯を形成している場合で，横断面を見ると，導管の周囲に種々の幅をもって，円状あるいは楕円状に，集合しているのが認められる．

しかし以上のような鞘状，もしくは縁帯状の形成は，必ずしも常に完全な周囲状に，集合するとは限らず，甚だしく不完全な場合もある．このような場合の配列につき，正常な方は paratracheal type（随伴型），これに対して不完全な方は，とくに sparsely paratracheal type（不完全随伴型）として区別することがある．

e. 翼状型柔細胞

翼状型（aliform type）（図63の5及び図64）は，また

図 64．翼状型配列の柔細胞 *Intsia bijuga* (*Colebrooke*) O.KUNTZEの横断面における柔細胞の翼状型（ダイヤモンド型）の配列（Reyes・山林）

菱状型ともいわれる型の配列で，柔細胞が導管の周囲に集合し，導管を中心にして切線方向に，あたかも翼を拡げたような配列をし，一見ダイヤモンド状あるいは菱状 (lozenge shape) を呈する場合をいう．この翼状型柔細胞は，ニレ科，クワ科，クスノキ科，マメ科，ミカン科，ニガキ科，クロウメモドキ科，ゴマノハグサ科，ノウゼンカズラ科等の樹種に，ごく普通に認めることができる．

f. 連合翼状型柔細胞

連合翼状型 (confluent type) (図63の6) は，また合流型ともいわれる配列型で，前掲の翼状型の切線方向の突出部が，相互に連合または合流して，不規則な切線状または斜状の，band を形成している場合で，切線状帯の配列を，とくに連合帯状型柔細胞 (paratracheal zonate parenchyma) といわれている．

この連合翼状型柔細胞は，例えばニレ科のムクノキ属，エノキ属，ケヤキ属，クワ科のクワ属，ハリグワ属，マメ科のサイカチ属，ハリエンジュ属，イヌエンジュ属，エンジュ属，ハナズホウ属，ミカン科のキハダ属，ミカン属，ニガキ科のシンジュ属，ニガキ属，センダン科のセンダン属，ムクロジ科のムクロジ属，クロウメモドキ科のケンポナシ属，ゴマノハグサ科のキリ属，ノウゼンカズラ科のキササゲ属等の各属のものに顕著である．

ここに附言して置くべきことは，柔細胞配列型の安定性ということである．

柔細胞の配列型は，おおむね安定していて，識別上の重要な拠点と，されているのであるが，しかし，しばしば同一の樹種のものでも，産地に伴う変移の認められることがあり，甚だしく安定性の少い例もある．ことに特定の樹種について，著しい変化性に富む場合のあることが指摘されている．

例えば兼次氏[*]の調査によれば，Myrtaceae, Dipterocarpaceae, Sapindaceae 等に属する材の柔細胞配列型は，随伴型に属するものであるが，導管を遠ざかるにつれて散在し，散点状型への変移の傾向を，示すことを述べている．

一般に柔細胞配列型の安定性については，次のように考えられている．すなわち独立型に属する樹種は，産地や個体の相違から影響されるが，比較的少く，配列を乱すことがなく，おおむね安定である．ところが上記のように随伴型に属する樹種には，配列の変化の生じ易い，不安定な傾向が強い．

2. 縦断面上の木部柔細胞の層階状配列

広葉樹材中，特定の樹種に限り，縦断面上において，木部柔細胞が集合して，先端部を揃え，いわゆる，層階状に配列をすることがある．そして層階状構造の strand parenchyma は，その高さがおおむね低く，細胞数約 2〜4 個で，ほぼ限定される傾向がある．

著者の調査によれば，次に挙げる樹種が，とくに顕著である．クワ科のハリグワ，ニガキ

---

[*] 本書 p.54 に前出の (21) 兼次—日本林学会誌, Vol.12, No.10, pp.596〜597.

科のニガキ，マメ科のチョウセンサイカチ，カライヌエンジュ，ニセアカシア，エンジュ，ミヤマハギ，ムクロジ科のムクロジ，グミ科のアキグミ，モクセイ科のチョウセントネリコ等である．

D. 特殊型柔細胞

1. 分室柔細胞

分室柔細胞 (chambered parenchyma, Gekammert=parenchyma) は，また多室柔細胞ともいわれる．この種のものは，全形がおおむね紡錘状を，呈している柔細胞であるが，2次膜の形成後，側膜にほぼ直角の薄膜が生じ，原形質体が分離され，内腔をこの隔膜で横断し，多数の室に分けられている柔細胞である．前記の strand parenchyma と相違するところは，側膜に直角に位置する，隔壁の厚さの点であって，strand の方は側膜の厚さと，ほぼ等しい厚さであるのに対し，分室柔細胞の場合は，側膜に比して大てい薄い．

一般にトネリコ属やアカガシ属のものに，普通に認められるものであるが，なおこの種の柔細胞は，熱帯産の樹種に多数認められ易い．また時々この分室柔細胞中に，蓚酸石灰のような，結晶の含まれていることがある．

2. 分泌細胞

分泌細胞 (secretory cells, Sekretzellen) は薄膜の大形細胞で，一般に木部柔細胞間に介在し，油またはゴム質物を常に分泌し，かつ貯蔵している細胞で，油を貯蔵している場合は，とくに油細胞 (oil cell)（図65）と呼んでいる．

従来 Record, Solereder, Moll, Jansonnius 及び金平等の諸氏*によると，分泌細胞は下記各科の樹種において，単独に，または ray parenchyma の中の巨細胞**(idioblast) として，もしくは同時に両者において，存在することが確められている．バンレイシ科，クスノキ科，モクレン科，マツブサ科及び Canellaceae 等の各科である．これらの内で，クスノキ科のものは，放射組織と木部柔細胞との両者に，分泌細胞をもつのが普通で，その他の科のものは，おおむね放射組織にだけ存在し，木部柔細胞には認められない．

しかしその後 Garrat 氏[82]はニクヅク属，スミレ属等のほか，ハスノハギリ科のHernandia

---

(82) Garrat, G.A.: Systematic Anatomy of the Woods of Myristicaceae, *Tropical Woods*, No.35, p.38 (1933), 及び Garrat, G.A.: Systematic Anatomy of the Woods of Monimiaceae. *Tropical Woods*, No.39, p.32 (1934).

* *Tropical Woods*, No.1, p.9.

** 単純組織の中の細胞で，その大きさ，形状，内容物，膜壁等が，隣接の細胞と著しく相違し，孤立または群状を呈している場合，これらの細胞を特殊細胞，異型細胞，異常細胞，もしくは巨細胞 (idioblast) といわれる．例えば，ナシの果肉中の石細胞 (stone cell)，あるいはサトイモの葉に見られる針状結晶細胞 (raphidian cell) 等は idioblast に属するものである．

に，さらにまた同氏は Monimiaceae の *Daphnandra micrantha*, 及び Doryphora, Sassafras 等の放射組織中にも，介在することを報告し，なお兼次氏*の調査によれば,*Canangium odoratum* (*Anonaceae*), *Cinnamosma fragrans* (*Canellaceae*), *Physocalymma scaberrimum* (*Lythraceae*) 等の放射組織及び木部柔細胞の両者に，存在するようであることを報じている．

idioblast については Brown 及び Panshin 等の諸氏** も，また California laurel 及び Sassafras の ray parenchyma 中に，極めて顕著な oil cell の存在することを認めている．

著者は oil cell について調査し，クスノキ科の次の樹種に，存在することを確認した．すなわち，カゴノキ，ヤマコウバシ，ダンコウバイ，カナクギノキ，クスノキ，ヤブニッケイ，アオガシ，タブノキ，シロダモ等である．以上は単

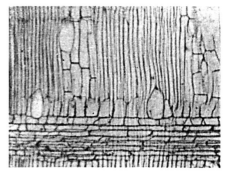

図 65. クスノキの径断面における分泌細胞（3個の特大細胞）（山林）

独の ibioblast として，認められたばかりでなく，同時にまた ray parenchyma, ことに縦型の細胞中にも，それらの介在していることを認めた．図65はクスノキの径断面における異性放射組織中の分泌細胞で，縦型細胞中に2個及び左方，strand 型柔細胞中に1個の巨細胞が認められる(図74の Bf 及び Cf). 一般に分泌細胞の有無，数量及びその大きさ等は，しばしば識別上の拠点として役立っている***.

3. 傷痍柔細胞

ある種の原因，例えば一般に外部からの機械的の傷害，ことに昆虫の刺激のために，形成層からの正常な組織の形態が阻害され，集団的な傷痍柔細胞（wound parenchyma）の生じることがある．この種の柔細胞の個々の大きさ，形状及配列等は，甚だしく不規則である．また傷痍柔細胞組織は，紡錘状木部柔細胞から形成されているのが一般で，膜厚は比較的厚く，多数の単紋孔を有し，内腔内に内容をもっていることが多い．この wound parenchyma の横断面上における場合は，褐色の斑点として肉眼でも，認め得ることが普通で，これをとくに髄斑点****（pith fleck, medullary spots）または褐色斑等と呼ぶことがある（図89及び90参照）．

---

* 兼次忠蔵：木材識別方法の基礎的研究（第3報），木柔細胞の形態，分布，並に配列；本書 p.54 に前出の (21) 日本林学会誌, Vol.12, No.10, pp.586〜587 (1924).
** 本書 p.44 に前出の (14) Brown—p.565 参照.
*** クスノキ科の中でもクスノキ属のものは，とくに大きく，しかも多数である．これに対し，ボルネオ鉄木（*Ensideroxylon zwageri*）及び Sassafras 等のものは，おおむね小さくて，しかも少数であるとされている．
**** 本書 p.227 参照.

著者の調査では，ヤナギ科，カバノキ科，カエデ科等のものに，普通認められたが，必ずしも特定の科のものだけに，存在するとは限らない．また樹種の相違する場合はもちろん，同一の樹種でも，個体の相違から，その存在に差異が見出される．従ってその存在の傾向を知り，参考にすることはできるが，これを識別上の拠点とすることは妥当でない．

E. 気候が木部柔細胞の配列に及ぼす影響

植物の生育が気候によって，左右されることは，いうまでもないが，柔細胞の配列状況に対しても，極めて密接な関係のあることを，Bailey 氏[83]は次のように説明している．

柔細胞の配列は，同一の科における樹種の間においても，気候によって変化する．例えばバラ科の柔細胞は，温帯産のナシ属，ザイフリボク属，ナナカマド属，サンザシ属等において，散点状型であるのに対し，熱帯及び亜熱帯に産する Pygeum, Chrysobalanus, 及び Parinarium 等は，同じくバラ科所属のものであるにもかかわらず，柔細胞の配列型は，metatracheal（切線状）型を呈する．また温帯に産するサクラ属のものには，柔細胞の存在が少ないが，これに反して，暖帯に産する樹種には，その数が比較的多い．

なお金平氏の統計的な調査＊によると，終末状型は温帯産の樹種に多く，切線状型は熱帯産のものに，多いことを報告している．そしてこの事実に対し，終末状型の場合は温帯地方において，植物が生長をなすに当り，春期活動を始める際，多量の養分を迅速に供給しようとするため，終末状に配列する必要が生じたものである．ところが熱帯地方にあっては，この現象が四季の区別なく発生するため，時に応じて切線状に配列することが多く，生理的効果については，この切線状型の各配列部は，あたかも終末状型柔細胞に，等しいと考えられる事を述べている．

F. 木部柔細胞の配列型とその系統

Kribs 氏[84]は導管の穿孔板の進化の程度による型と，該材の木部柔細胞の配列による，分類型との系統的な関係を基礎にして，木部柔細胞の配列型を，原始型から順次進化したものへ，次のように置き並べることができるとしている．すなわち，

  diffuse type（散点状型）
   ↓
  diffuse aggregate type（集合性散点状型）
   ↓
  vasicentric scanty type（僅少周囲状型）
   ↓

---

(83) Bailey, I. W.: The rôle of the microscope in the identification and classification of the "Timbers of Commerce" *Jour. Forest*, Vol.15, No.2 (1917).
(84) Kribs, D.A.: Salient lines of structural specialization in the wood parenchyma of dicotyledons, *Bot. Gaz.*, 96 (1935).
  Kribs, D.A.: Commercial foreign woods on American market (1950).
 ＊ 本書 p.92 に前出の (65) 金平—pp.98〜99．

metatracheal narrow type（狭切線状型）
↓
metatracheal wide type（広切線状型）
↓
vasicentric abundant type（多量周囲状型）

以上の進化の段階の内，最後の vasicentric abundant type は，banded paratracheal type（連合導管近接状型），confluent type（翼状型），及び aliform type（連合翼状型）等に対する総称で，これらの型の発生的の関連的な関係は，とくに示されていない．

次に木部柔細胞の配列型と，その柔細胞の長さとの関係について，同氏は原始型配列の柔細胞は一般に長く，進化型配列のものは，短いことを述べている．その柔細胞の進化の程度に従って，各細胞の径が大となり，平均長は短くなってくる．それ故径長比（長／径）は，小になることが認められる．

例えば Kribs 氏の測定値をここに挙げると，散点型では平均の径長比は 1621，集合性散点型では 711，僅少周囲状型では 564，狭切線状型では 510，終末状型では 450，広切線状型では 345，多量周囲状型では 314 となっていて，しだいに漸減しているのを認めることができる．このように柔細胞の長さは，導管における場合と同じく，進化の程度に伴って，長さが短くなる傾向が，認められるというのであるが，この事は極めて興味深い事実である．

G. 木部柔細胞中に存在する結晶物

木部柔細胞中に存在する結晶物については，広葉樹材と針葉樹材とにおいて，かなり大きな相違がある．広葉樹材は一般に，結晶物を生産し得る，木部柔細胞の存在することが，極めて多い．既述の縦型木部柔細胞に

(1) 撚糸状木部柔細胞（strand parenchyma）
(2) 紡錘状木部柔細胞（fusiform parenchyma）
(3) 樹脂道の薄膜細胞（epithelial cell）

の3種が存在することは，既述の通りであるが，これらのうち epithelial cell を除く2種が，常に結晶物の貯蔵に，関係の深い要素で，なかでも strand parenchyma は，とくに結晶物の包蔵し易い細胞である．結晶物を包蔵する細胞は，常に幾分大形であるから，他の結晶物を有しない細胞と，容易に区別することができる．

strand parenchyma を構成している細胞は，二室あるいは数室に区画され，そして各分室毎に結晶を，おおむね1個ずつ包蔵するのが普通のようである．

結晶の種類は，偏菱形結晶（rhomboidal crystal）が最も多いが，ナラ類に属する殆んどすべての樹種の strand parenchyma には，しばしば4角形結晶（正方晶系の結晶，tetragonal crystal）が見出される．なお Indo-Malayan 地方に産する，Dilleniaceae の土語でいう Simpoh（Dillenia 属）は，その材の木部柔細胞中に，針状結晶（raphides）として知られている，長くて丸い針状の束を有している．また "druses" といわれる球塊の結晶物

が，多くの樹種の篩部柔細胞に，存在することがある．

結晶物の化学的成分は，樹種の相違と，植物組織中における，存在部位とによっても違うが，最も普通に包蔵しているものは，おおむね蓚酸石灰（calcium oxalate）で，この結晶には$(C_2H_4)\cdot H_2O$ なる分子式のものと，$(C_2H_4)\cdot 3H_2O$ のものとが存在し，前者の結晶水1分子を有するものは，単斜晶系型（monoclinic crystal system）のものに属し，後者すなわち3分子の結晶水をもつものは，正方晶系型（tetragonal crystal system）に結晶するもので，結晶学的には晶系を異にしている．この2種類の結晶は，光線に対する屈折率が，違っているから，偏光顕微鏡によると明瞭に区別される．

なお時として硅酸塩を含むこともある．例えば熱帯産の White meranti, Apitong, もしくは Queensland walnut 等の木部柔細胞に，存在するが如くである．

このように広葉樹材中に，生産される結晶物は，恐らく同化作用における副産物であろうと考えられ，また strand parenchyma が活細胞として，まだ原形質体としての作用の活発な間に，生産されるものではないかと思われている．

広葉樹材における結晶物の存在は，識別上とくに重要な拠点とはならないが，ただごく稀な場合として識別上役立つことがある．例えば，北米産の Black walnut (*Juglans nigra*)のstrand parenchyma には，結晶物が包蔵されているが，Butter nut (*Juglans cineea*)には欠けているなどがその例である．

また常緑ガシ類中，アカガシとイチイガシとの識別は，普通甚だ困難とされているが，アカガシには，多数の結晶があるのに対し，イチイガシには極めて少い．
このように包蔵する結晶の数量から，ある程度識別できるものである．一般に常緑ガシのものは比較的多数，結晶を包含する種類に属するが，落葉ガシ類には，結晶がおおむね少い[*]．

材中に結晶物の多数存在する時には，その材の加工具を著しく鈍くし，加工速度を不良にする．従って能率を甚だしく低下させるものである．例えば北米産のColombia mahoganyの材には，結晶物の存在することから，製材加工の際の鋸歯を著しく鈍くするため，その材の材質が極めて優秀であるにもかかわらず，甚しく評判の悪い木材にされている．

V 広葉樹材の放射組織

A. 広葉樹材の放射組織の概説

放射組織（ray, wood ray）の構成要素，構造，種類及び作用等に関しては，すでに針葉

---

[*] 包蔵する結晶の数量は，プレパラートによって観察するのが普通であるが，プレパラート作成の際の処理がよくないと，脱落や消失する虞れがある．このようにプレパラートに依存できない場合には，素材片を灰化し，その灰像を検鏡して，結晶の有無，多寡を知ることができる．（本書 p.252，灰像法の項参照）

樹材の放射組織の項において記述したので，これと重複しない特殊性についてだけに，説明を加えることにする．

1. 広葉樹材の放射組織の形成

放射組織は木部放射組織 (wood ray)，篩部放射組織 (phloem ray)，及び形成層部放射組織 (cambial ray) の3者から構成されていて，普通にいう放射組織は，全体から見て，その1部の木部放射組織だけを意味している．

形成層が外方へ移動するに従って，形成層の放射組織形成層母細胞 (cambial ray initial) から生れた娘細胞 (daughter cell) が，木部放射組織の外方の最終端に追加され，しだいに外方へ伸ばされて行き，また他の daughter cell の1部は，篩部放射組織の内方の最終端に追加され，しだいに phloem ray を内方から，外方へ向って押し出して行く．

放射組織の母細胞は，縦方向に長い，いわゆる紡錘状母細胞 (fusiform initial) と比べて，非常に相違している．すなわち，fusiform initial の方は，大部分の木部を構成する縦型細胞であるのに対して，cambial ray initial の方は，半径方向つまり水平方向に長く，放射組織の構成細胞である柔細胞だけを，形成する細胞である．そして後生材を作っている年輪細胞層を，横切って放射状に伸長し，結局 phloem ray と接続する．

このようにして出来た2本の wood ray の間隔が，充分に拡張して行くと，それら2本の wood ray の間に，さらに新しい wood ray が，形成層から生じることになり，全体としての ray 相互の間隔は，おおむね均等を保って形成され，後生材における放射組織が，材の肥大生長と共に増して行く．

なお横断面における多列の放射組織が，年輪界を横切って伸びているが，その横切る部位で，しばしば切線方向に張開 (flare) を，作っているのを見ることがある．またこの現象は形成層で生じる変化と，恐らく関係が深く，そのような flare の生じるのは，ちょうど休眠期の初めに起ることが推察できる．

2. 横断面上における放射組織の数と体積

放射組織の数は，横断面上で算えるのが最もつごうがよい．すなわち，一定間隔の間の ray の数，または放射組織密度 (ray spacing) は，切線方向の 1mm 間に，年輪界を横切る ray の数で算えられる．例えば 1mm 当りの ray 6〜9 という風に，平均数よりもむしろ最大限と最小限の数が記録される．北米では材質を評価し，あるいは木材相互の識別上の必要から，次のような基準を示す記載用語が用いられている．

Spacing of Wood Ray in Porous Wood*

1. 5 or less rays per mm……………Widely spaced

---

* 本書 p.44 に前出の (14) Brown—p.231.

2. 6〜9 rays per mm……………Normally spaced
3. 10〜13 rays per mm……………Fairly close
4. 14〜20 rays per mm……………Close
5. 20〜 more rays per mm…………Extremely close

多くの北米産の材にあっては，大ていその ray spacing は正常で，1mm 当り，おおむね 6〜9 であるが，特殊な Red gum, Nyssa 属のある種のもの，Hop hornbeam または Buckeye のものは，おおむね 14〜20 で close (密) な ray spacing をもっている．

著者の調査したものの中で，極端に密な ray spacing のものと，極端に広い ray spacing のものとを見たが，前者にはカバノキ科またはツツジ科のもので，例えばトキワゲンカイツツジは 1mm 当りの放射組織数は 22〜36，これに対して後者に属するものは，ヒロハノアムールメギで僅かに 2〜4 に過ぎないのを認めた．従って前記の基準に当てはめると，前者は Extremely close に，また後者の方は Widely spaced の部類に入る．

同一の樹種でも樹齢や環境によって，多少差異が生じるものと思われるが，ray spacing はその樹種の大体の傾向を知り，材相互の比較をする場合の拠点になる．以上の ray spacing は横断面における場合であるが，径断面や触断面における放射組織の spacing も，その樹種特有の ray spacing をもつもので，このような場合にも，識別の拠点としてある程度役立っている．

また一定間隔間の ray の数は，放射組織体積 (ray volume) に大きな関係をもち，また ray volume はその材の現わす割れや強度等，材の物理的性質に，重要な影響を及ぼすものである．

Meyer 氏[85]の調査によると，広葉樹材の多くのものは，10〜20% の ray volume をもち，その平均値は 17% である．針葉樹材の平均値は 7.8% であることから，広葉樹材の ray parenchyma の平均の容量は，針葉樹材におけるよりも，遙かに高いことを実証したことになる．また同氏によると，材における ray volume の大きな相違は，種々違った生態的な変化の長い期間から，結果した遺伝によるものであろうという．

なお広葉樹材に存在する放射組織の体積については，Chalk 氏[86]の調査があるが，それによると，

(1) 全体積に対する放射組織の体積の比率を，240 種の広葉樹材 (これらのうちの多くは熱帯産のものである) について測定した結果，5.3〜59.3% というかなり大きな開きがあった．そして全樹種中 72% の樹種について，全体積に対する放射組織の比率が，9〜24% の間に存在し，その平均値は約 16% であった．これは前記 Meyer 氏の平均値 17% と，大

---

(85) Meyer, J.E.: Ray volumes of the Commercial Wood of the United States and their Significance, *Jour. Forestry*, Vol.20, pp.337〜351 (1922).
(86) Chalk, L.: *Tropical Woods*, No.101, pp.1〜10 (1955).

体似た値になっている.

(2) 熱帯産樹種と温帯産樹種との間における, 放射組織の比率については, とくに差が認められない.

(3) この放射組織の全体に対する百分率と, 放射組織の並列細胞数による最大幅との間には, 正の相関々係が認められる.

(4) 多くの樹種のうちで, とくに著しく低比率の樹種は, マメ科, クワ科, ミカン科の3科に所属のものであった.

なお以上の調査結果から, 放射組織の全体積に対する比率が, 材の収縮の程度を, 左右するものではないか, という暗示が, 得られることを附記している. この点は木材の利用上, 注目に値する事項のように思われる.

3. 触断面上における放射組織の幅と高さ

ray の長さは不定である. 何となれば, 形成層の放射組織母細胞から, 一度これらの細胞が形成され始めると, 新細胞の形成を阻止するような傷害を与えない限り, またその林木が活きている限り, 新細胞の形成が継続するからである. 従って放射組織の大きさについては, その幅と高さとだけが意味をもっている. そして広葉樹材の放射組織の幅と高さとは, 針葉樹材における場合よりも一層変化に富んでいる.

まず広葉樹材の触断面上における放射組織の幅について見ると, 狭放射組織はおよそ15~20μ程度で, その並列細胞数は1~2個に過ぎないが, 広放射組織の場合の幅は極めて広く, 並列細胞数30個以上に及ぶものは普通で, 稀に50細胞列にも達するものがある. ブナ科の中でとくにクヌギ, カシワ等は, しばしば1mm以上の幅をもっていることがある.

次に触断面上における放射組織の高さを見ると, 放射組織の幅の場合よりもさらに変化が多い.

最低の高さのものは1細胞高で, 僅かに 15~20μ 程度に過ぎないが, 単列放射組織で比較的低いものをもつものは, ヤナギ科, ニレ科, メギ科, クスノキ科, ユキノシタ科, ナシ科, サクラ科, マメ科, ミカン科, ニガキ科, センダン科, ウコギ科, モクセイ科等のもので, おおむね130μ前後, とくにサクラ科のウラボシザクラでは 80μ しかない.

また高いもののあるものは, トウダイグサ科, アカネ科, スイカズラ科等に所属するもので, おおむね 1800μ 前後である. とくに, アカネ科のシマタニワタリノキの如きは実に 5300μ に及ぶものがある.

なお紡錘状放射組織の場合を見ると, アカガシ, クヌギにおけるように, 広放射組織の場合の高さは, 極めて高く数cm~数10cmに及ぶものさえあって, 肉眼によっても充分に認められる. また北米産の Oak, Alder, Beech の類のものの広放射組織の高さは, しばしば 2 inch 以上のものが記録されているが, これらは別個に取扱わざるを得ない. 著者の調

査した範囲内で，普通にいう多列紡錘状放射組織のもので，最高と思われるものは，ウコギ科のハリウコギで，実に 9550μ に達するものを観察した．

B. 広葉樹材の放射組織の構成細胞

放射組織を構成している細胞の形には種々あるが，これらは径断面または触断面で，充分に観察ができるので，構成細胞の形や大きさの比較に当っては，一般に径断面でなされる．

1. 放射組織の構成細胞の普通型

径断面上の放射組織の構成細胞で，高さが低く，半径的に横に長い横臥状のものを横臥細胞 (procumbent cell)，または横臥型放射細胞 (procumbent ray cell, liegende Zelle) といい，これに反して半径的には横に短く，比較的背の高い細胞を，直立細胞 (upright cell)，または縦型放射細胞 (upright ray cell, aufrechte Zelle)，あるいは，また縦列細胞といっている．いずれにしてもこれらの細胞は，すべて柔細胞的で放射柔細胞ともいう．

2. 放射組織の性別

放射組織が図 66 のように，横臥細胞のみから構成される場合には，これを同性放射組織*

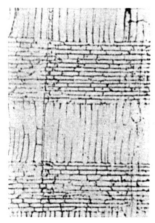
図 66. チョウセンネムノキの径断面における同性放射組織（山林）

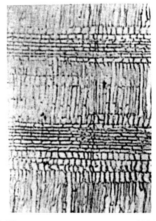
図 67. チョウセンヒメツゲの径断面における異性放射組織（山林）

(homogeneous ray) といい，そして図 67 のように，直立細胞または方形細胞と，横臥細胞とから構成される場合には，これを異性放射組織 (heterogeneous ray) と呼んでいる．例えば横臥細胞のみから構成される放射組織をもつ，ヤマナラシ属の樹種の放射組織は同性であり，横臥細胞以外に，直立細胞の存在する放射組織をもつ，ヤナギ属の樹種の放射組織は異性であるというが如くである．

---
* 本書 p.89 に前出の (63) 山林—p.340．

V 広葉樹材の放射組織

また直立状あるいは角形の細胞から構成され，横臥状細胞の含まない場合も，異性放射組織として取扱われている．これには異論があるかも知れないが，現在 I.A.W.A. の規定*するところに従えば，異性放射組織ということになっている．

著者は朝鮮産広葉樹材 37 科に所属する樹種について，放射組織の性別を調査し，属毎に取纏めたのが次表である．

表中Aは環孔材，Bは散孔材，Cは輻射孔材，Dは紋様孔材，また→印は傾向の方向を示す．

例えばある樹種の放射組織が，おおむね同性ではあるが，同属の樹種中に異性のものも多少含んでいる場合は，同性→異性として，傾向の存在することを，明かにしておいた．

朝鮮産広葉樹材の放射組織性別属名

科名＼性別	同性		異性		科名＼性別	同性		異性	
ヤナギ	ヤマナラシ	B→	ケショウヤナギ	B	メギ	メギ	A		
			ヤナギ	B				ブナ	B
ヤマモモ			ヤマモモ	B	ブナ	クリ	A		
クルミ	クルミ	B→	ノブノキ	A		シイノキ	C→		
						アカガシ	C→		
カバノキ	ハンノキ	C	シデ	C		クヌギ	A		
			アサダ	C	モクレン			シキミ	B
			カンバ	B・C				モクレン	C
			←ハシバミ	C	クスノキ			カゴノキ	B
ニレ	ニレ	A→	ハリゲヤキ	A				クロモジ	B
			ケヤキ	A				クスノキ	B
			ムクノキ	A				タブノキ	B
			エノキ	A				シロダモ	B
クワ			ハリグワ	A	ユキノシタ			スグリ	B
			カジノキ	A・B				ウツギ	B
			クワ	A				バイカウツギ	A・B
					マンサク			イスノキ	B
					トベラ			トベラ	D

* いま念のために I.A.W.A. で規定しているものから，関係の事項をここに抜記し，参考に供すると，すなわち "homogeneous ray とは，半径方向に長い横臥細胞のみから構成される木部放射組織をいい，heterogeneous ray とは異性細胞から構成される木部放射組織をいう．異性細胞とは（a）広葉樹材における横臥細胞と方形乃至直立細胞との存在する場合，（b）針葉樹材における放射柔細胞と放射仮導管との存在する場合である．この heterogeneous ray なる用語は，また直立細胞のみから構成される単列放射組織にも普通に用いられる" となっている．同性，異性の用語は H.H. Jansonnius 氏の "einfach" 及び "zusammengesetzt" の翻訳語として，C. Reinders-Gonwentak 氏によって全く違った意味に用いられたが，しかしその用語は一般に上述の通り，限られた意味に用いられている．しかしながらこの定義は，方形乃至直立細胞のみから構成される，個々の放射組織に対しては，なんら規定していない．言語的には，このような放射組織が，方形または直立細胞のみから構成される場合には，当然同性とすべきであろうが，しかしこのような場合の単列のものは，常に異性多列放射組織を伴ってあらわれるのが一般である．従ってこの単列放射組織の構成細胞も，簡単な異性として取扱われてもよいかも知れないというのである．例えば Kribs 氏は異性放射組織の第1型の定義の部分に，この放射組織の存在することを含めている．それ故に異性放射組織の中に，それらを含めることは実際的であるとも考えられる．このことは多くの灌木中に，僅かに直立細胞のみから構成される多列放射組織について，一つの問題として，未解決のままで残るかも知れない．

科名	性別 同性		異性		科名	性別 同性		異性	
ナシ	ザイフリボク	B→			クロウメモドキ			ケンポナシ	A
	サンザシ	B→						ネコノチチ	A
	ズミ	B→						クロウメモドキ	D
	アズキナシ	B→						クロイゲ	B
	ナナカマド	B→			ナツメ		B		
	ナシ	B→			シナノキ	シナノキ	C→	エノキウツギ	B
			カマツカ	B	ツバキ			ツバキ	B
			カリン	B				ヒサカキ	B
			シャリンバイ	B				サカキ	B
シモツケ	ホザキナナカマド	B→						シャラノキ	B
サクラ			モモ	A				モッコク	B
			サクラ	B	イイギリ			イイギリ	A
			ウメ	A				クスドイゲ	C
マメ	ネムノキ	A			グミ			←グミ	A
	サイカチ	A			ウコギ			ウコギ	A
	イヌエンジュ	A→						タラノキ	A
	ハリエンジュ	A						エゾウコギ	A
	ハナズホウ	A						カクレミノ	A
			エンジュ	A				ハリギリ	A
			ハギ	A	ミズキ			アオキ	C
ミカン	ゴシュ	A						ミズキ	B
	イヌザンショウ	A→						ヤマボウシ	B
	キハダ	A						サンシュユ	B
	ミカン	B			ツツジ			ツツジ	B
			サンショウ	A・B				ナツハゼ	B
			←カラタチ	B	ハイノキ			サワフタギ	B
ニガキ	ニガキ	A			エゴノキ			エゴノキ	B・C
センダン	センダン	A→			モクセイ	トネリコ	A		
			チャンチン	A				←ヒトツバタゴ	A
トウダイグサ	ヒトツバハギ	A→						レンギョウ	A
			ユズリハ	B				イボタ	A
			シラキ	B				ハシドイ	A・B
			アカメガシワ	A・C	クマツヅラ			ムラサキシキブ	B
ツゲ			ツゲ	B				クサギ	B・A
ウルシ			ウルシ	A・B	ゴマノハグサ	キリ	A		
モチノキ			ソヨゴ	C	ノウゼンカズラ			キササゲ	A
ニシキギ	マユミ	B→			アカネ			シマタニワタリノキ	A
ミツバウツギ			ミツバウツギ	B					
			ゴンズイ	B	スイカズラ			タニウツギ	B
カエデ	カエデ	B→						スイカズラ	A・B
ムクロジ	ムクロジ	A・B						ニワトコ	A
アワブキ			アワブキ	B・C				ガマズミ	B

上表のように同性のものは 35 属, また異性のものは 88 属であって, 全属数に対する百分率を見ると, 同性のものは約 28%, これに対し異性のものは約 72% に当る. また同性の散孔材及び輻射孔材の多数が, 異性への傾向を示している. しかし Record 氏* によると, 北米産広葉樹材 90 属を調査し, 約 37% が異性であったことを報告している.

3. 放射組織の構成細胞の特殊型

a. 柵状細胞

直立細胞で著しく縦に長くなり, 放射組織の縁辺において, あたかも柵状に並列すること

---

* 本書 p.112 に前出の (69) Record—p.67.

がある．このような場合には，これを柵状細胞(palisade cell)といっている．Record 氏*
は *Tovomitopsis multiflora* における場合を指摘し，これに"palisade"なる用語を使用した．著者は朝鮮産の樹種について調査し，とくにモクレン科のシキミが極めて顕著であるとを認めたが，この時の径断面の柵状縦列細胞の大きさは，幅 15～40μ，高さ 95～240μ であった．このような柵状型細胞をもつ放射組織を，触断面上で見ると，単列，複列，多列のいずれの場合にあっても，その両先端の細胞は，長楕円形，長卵形または広卵形で，先端部はおおむね鋭頭である．それらの形を標準型に，あてはめて見ると Ae，Bc 及び Cc 等**
の型である．

b. タイル細胞

直立細胞の特殊型にタイル細胞 (tile cell) がある．この細胞の径断面における高さは，ほぼ横臥細胞に等しく，方形またはやや高さが高い．一般に内容を欠く細胞で，常に横臥細胞間に介在している．

I.A.W.A. では tile cell について次のように定義している．"Special type of apparently empty upright cell of approximately the same height as the procumbent cells and occuring in indeterminate horizontal series usually interspersed among the procumbent cells"

Moll, J. W. 及び H. H. Jansonnius の両氏は，すでに 1906 年にシナノキ科，パンヤ科，アオギリ科の樹種に，tile 状の特殊型細胞の存在することを認めているが，その後 1933 年 Chattaway 氏[87]は，tile cell をさらにその形態上から，Durio Type と Pterospermum Type との 2 型のあることを報じている．

(1) **Durio Typus**　これはパンヤ科のドリアン属に属している樹種に，tile cell の，ことに顕著であるところから，Durio と命名された．

tile cell の垂直壁相互間の距離が，横臥細胞の高さにほぼ等しいため，内容に対してとくに注意しないと，触断面上では両者間の区別が極めて解りにくい．しかし横断面と径断面とにおいて，明かに区別ができる．

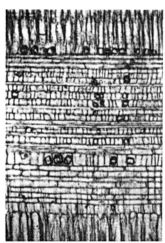

図 68. *Triplochiton scleroxylon* K. SCHUM.（アオギリ科）の径断面における放射状組織の Durio 型タイル細胞（F. Heske）

例えば図 68 のように，tile cell の切線面の幅は，横臥細胞の高さとあまり差が認められないが，半径面では垂直壁相互間の距離が甚だしく短い．その顕著な場合は，1 個横臥細胞に対して tile cell の数は，しばしば 10～14 個ぐらいに相当するものがある．触断面上で

---

(87) Chattaway, Margaret, M.: Tile Cells in the ray of the Malvales, *New Phytologist*, 32：261～273, Nov. 6 (1933).
　* 本書 p.112 に前出の (69) Record—p.64.　　** 本書 p.173 参照．

は tile cell と横臥細胞との差異は，内容の有無で認められる．すなわち，横臥細胞には暗色の含有物が存在するのに，tile cell にはこれがなく，細胞質と核とが見られるという点で，僅かに区別される．この Durio Typus に属するものは，アオギリ科の Guazuma, Kleinhovia, Leptonychia, Reevesia, Scaphopetatum, Triplochiton, シナノキ科の Columbia, Luehea, Grewia の一部，パンヤ科の Durio, Cullenia, Neesia, Boschia, Coelostegia 等の諸属が挙げられている．

(2) **Pterospermum Typus** これはアオギリ科の Pterospermum 属に見られるので，この名がつけられている．この型のものを触断面上で見ると，内容のない多少角ばったタイル状の細胞と，その間に介在する群状の暗色の内容をもつ小形の横臥細胞とから，構成されている状態がよく認められる．径断面では横臥細胞の方は，高さが tile cell の約 $\frac{1}{2}$，また長さは 4～6 倍程度，なお tile cell には横臥細胞におけるような，内容物がないから容易に区別がつく（図69）．

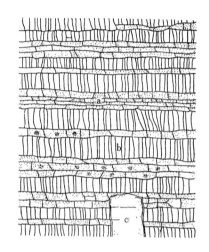

図69．エノウツギ（*Grewia parviflora* BUNGE）の径断面における放射組織の Pterospermum 型タイル細胞
(山林)
a―横臥細胞
b―タイル細胞
c―破壊された導管の一部

この型のものはアオギリ科の Pterospermum, シナノキ科の Belotia, Duboscia, Grewia の一部，パンヤ科の Hampea, Ochroma 等の各属に属する樹種である．また tile cell には，以上2型の中間型ともいうべきものも存在する．

なおエノキウツギ属におけるように，1属中に2型をもつものがある．すなわち，*G. microcas* は Durio 型であり，*G. Rolfei*, *G. Ropolifera*, *G. multiflora* 等は Pterospermum 型であり，*G. stylocarpa* は両型の中間型である．

tile cell が一般の直立細胞と相違する点は，i 特異な形状をもつこと，ii 内容を欠いていること，iii 配列位置が放射組織間に介在すること，以上の3点にあるが，しかし tile cell はその形の上では，異性放射組織に見られるような，直立細胞とよく似ていて，僅かに tile 状である点で区別される．また直立細胞も内容を欠くこともあるが，それらは大てい，縁辺部に存在するので区別ができる．

また tile cell も直立細胞と同じく，放射組織の縁辺に，形成されることもあるが，直立細胞の方は，常に縁辺部に限られているのに対し，tile cell の方は縁辺部のみでなく，放射組織内にも介在している．

なお tile cell と横臥細胞とを，発生の状態の点から比較すると，形成層における放射組織原始細胞から，分裂して放射組織細胞が生じる場合に，横臥細胞となるものは内容をもち，

分裂後さらに伸長生長のみが続けられて，一定の長さに到達する．しかし将来 tile cell となるものは，比較的透明な原形質と核とだけを備え，細胞の分裂後もさらに切線方向への分裂を，繰り返すことによって，横臥細胞の伸長に歩調を合せていく．それ故に1個横臥細胞に対して，多数の tile cell が形成されることとなり，従って tile cell 特異の形を形成し，さらに tile cell が充分な大きさに達すると，内容を欠いた空虚な細胞になるのである．

著者の調査したものの中で，tile cell をもつ樹種は，シナノキ科におけるエノキウツギの一種であったが，これには明瞭な Pterospermum 型（図 69）が存在している．

c. 鞘 状 細 胞

多数細胞列の放射組識を，触断面上において観察する場合に，図 74 の Ch 型＊及び図 70 のように多数の小細胞を中央部にし，その周縁を縦に長くやや大形の細胞で，取り囲んでいるのを認めることがある．このような細胞をとくに鞘状細胞（sheath cell, Scheidezelle）と呼んでいる．例えばアオキまたはウスバイカウツギ等に，典型的な sheath cell を認めることができる．

d. 鎖 状 細 胞

著者は放射組織を構成する細胞で，特殊型と考えられるものに鎖状細胞（chainlike cell）のあることを，かつて報告した[88]．すなわち，この種の細胞は，触断面を観察する時に，

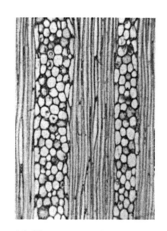
図 70. アオキの触断面における鞘状細胞（山林）

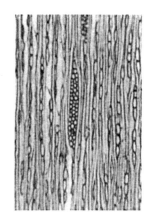
図 71. ミツバツツジの触断面における鎖状型単列放射組織（山林）

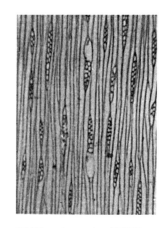
図 72. クスノキの触断面における分泌細胞（山林）

その特殊性が認められるもので，単列放射組織に限られている．

他の単列放射組織と著しく相違する点は，図 71 及び図 74 の Ag のように，構成細胞の縦に長く，連続する場合の接着部が，甚だしく括れて，あたかも楕円状の珠と珠とが，接触しているように見え，全体が珠数状を呈していることである．

例えばツツジ科のチョウセンヤマツツジ，クロフネツツジ，カラゲンカイツツジ等，ツツ

---

(88) 山林遑：数種朝鮮産木材の解剖学的特質，日本林学会誌，Vol. 18, No. 8, p. 49 (1936).
　＊ 本書 p. 173，図 74 参照．

ジの類に観察される．

e. 巨　大　細　胞

放射組織の径断面上における直立細胞で，とくに巨大細胞をもつことがある．これの比較的顕著な樹種は，ヤマモモ科，クスノキ科，マンサク科，ツバキ科，モクセイ科等の，各科の樹種に認められる．なかでもツバキ科に属するものに，とくに著しいものがある．例えばモッコクにおけるものには，巨大細胞の一辺が $60 \sim 130 \mu$ に及ぶものがある．

f. 分　泌　細　胞

放射組織の径断面上の直立細胞の間に，とくに巨大な分泌細胞（secretory cell, Sekretzellen）の介在することがある．前記の巨大細胞ととくに相違する点は，巨大細胞の方はすべてが，ほぼ同形同大であるのに対し，分泌細胞の方は，普通型である直立細胞の間に，ある間隔を置いて，離れ離れに存在し，しかも特大形で，群を抜く巨大細胞であるという点で，前者と全く趣を異にしている．

またこの種の細胞は，油分やゴム質分を分泌し，油の場合はとくに oil cell といい，時には油嚢（oil syst）にまで発達するものがある．例えば北米産の *Sassafras albidum* は，oil syst が存在するのが特徴とされている．

著者はクスノキ科のものに限り，分泌細胞の存在するのを認めた．カゴノキ属のカゴノキ°，クロモジ属のヤマコウバシ，ダンコウバイ，カナクギノキ，クスノキ属のクスノキ°，ヤブニッケイ，タブノキ属のアオガシ，タブノキ，シロダモ属のシロダモ，ハマビワ° 等であるが，上記の樹種中，とくに°印をつけたものは顕著である．触断面上における標準型は，図 74 の Bf 並びに Cf 型*で，図 72 はクスノキの触断面の分泌細胞である．

4. 放射組織の構成細胞の膜壁

a. 放射組織の細胞膜の肥厚

径断面上における放射組織の細胞膜の厚さは，樹種の相違により，差異がかなり大きい．例えばモクレン科，サクラ科，ツゲ科，ツバキ科，ミズキ科，ノウゼンカズラ科等のものは，膜厚が比較的厚く，おおむね $2 \sim 7 \mu$ であるのに対し，ヤナギ科，クルミ科，クワ科，クスノキ科，ニガキ科，ウコギ科，ハイノキ科，ゴマノハグサ科等のものは，僅かに $1 \sim 3 \mu$ でおおむね薄膜である．

b. 放射組織の細胞膜の紋孔

樹種の相違から，放射組織細胞と導管との相接する場合の，直交分野における半重紋孔にして，とくにその径が大で，少数のこともあれば，逆にその径が小で多数の場合がある．

これらの内でとくに顕著なものは，その樹種の特徴と見てよい場合がある．例えばイイギリ，ハリウコギ，チョウセンカクレミノ，ハリギリ，クスノキ，アオガシ，タブノキ等は，

---

* 本書 p.173 参照．

前者に属する場合の樹種であるが，紋孔の径は比較的大きく，おおむね 7μ 内外でしかも少数である．ところがハンノキ属，カンバ属，カキノキ属，トネリコ属等のものは後者に属し，とくにハンノキ属のものの中には，稀に紋孔数のとくに少い種類もあるが，おおむね大きさは小径で数が多い．

放射組織細胞と導管との，相接する分野の紋孔の配列は，常に散点状であるが，時には対列状，階段状のこともあり，またアカガシ属，クヌギ属の樹種に見られるように，紋孔が完全に癒合し，垂直またはやや傾斜した柵状，もしくは格子状を呈するものがある．

5. 放射組織の構成細胞内の含有物

放射組織の細胞中に，しばしば菱形または単斜晶系型の結晶物を，含有することがあり，また不定形の結晶体を，包蔵することもある．これらの結晶物は，蓚酸石灰の場合が多く，炭酸石灰，酒石酸石灰の場合もある．

例えばカジノキ，ヤマハゼ，ムクロジ，ツバキ等に存在する結晶は，おおむね典型的の菱形または柱状を呈し，なかでもツバキにあっては大形で，一辺の長さ $30\sim50\mu$ に及ぶ（図73）．またヤマウルシ，アワブキ，ケンポナシ，カキノキ，イイギリ等にある結晶体は，殆んど単斜晶系型 (monoclinic crystal system) で，シャシャンボ，イボタの場合は，正方晶系型 (tetragonal crystal system) を呈し，ネコノチチなどは，全くの不定形，またバッコヤナギ，ヌルデ等には，金平糖状の結晶型をもつ等，樹種により結晶型も，特異の型をもっていることが認められる．

図 73. ヤブツバキの径断面における放射柔細胞内の結晶（山林）

なおこれらの結晶物は，直立細胞または横臥細胞のいずれにも存在し，その数も1個の割に，おおむね1個ずつ存在するのが普通である．ところが Red gum の場合にあっては，直立細胞の方に結晶物が多く，包蔵される傾向が強く，また水平方向の薄い膜壁によって，しばしば二つの分室に分けられていることがある．

時として1個の細胞が，半径方向ばかりでなく，垂直方向にも膜壁で区画され，結晶体が各々の分室に1個，稀に2個存在することがある．例えばこれらはアカメガシワ，ヤマウルシ等において認めることができる．

なお熱帯産の樹種中には，しばしば放射組織中に，不定形の物質が沈積し，その材を特色づけていることがある．この不定形の物質は，多くはゴム質であるが，放射組織の細胞中の含有量が過剰になると，縦型の紡錘状細胞中に，移流するものと考えられている．例えば熱帯産の *Diospyros Ebenum* は，わが国では黒檀で通用している材であるが，材色は全くの

黒色である．これは木部の構成細胞膜，そのものが黒いのではなくて，浸透物質である黒色のゴム質が，浸透するためであるといわれている．

C. 広葉樹材の放射組織の分類

広葉樹材に存在する放射組織の型については，従来諸種の研究がある．それらの結果をここに総合して見ると，次の3型に大別することができる．すなわち，集合放射組織，複合放射組織，及び拡散放射組織である．

1. 集合放射組織

これは aggregate ray* といわれる放射組織で，触断面上でこれを見ると，比較的短小の放射組織が集合して，一見あたかも太い1本の放射組織のように見えるもので，偽放射組織 (false ray) といわれることもある．例えばシデ属，ハンノキ属，ハシバミ属等のものに普通に認められる．集合性放射組織を顕微鏡的に観察すると，単列放射組織，複列放射組織，もしくは多列放射組織等が多数不規則に集合し，その放射組織の間に木繊維，その他の細胞が混在している．それ故に，逆にいって多数細胞列の1本の放射組織が，木繊維，柔細胞，仮導管またはその他の紡錘状細胞等によって，不規則に短小の放射組織に分割されて，生じたものと解釈する説も存在する．

2. 複合放射組織

この放射組織は compound ray，また古くは複合髄線ともいわれたもので，構成要素は全部同型の柔細胞からなり，触断面上では極めて幅の広い，多数細胞列の放射組織である．この複合放射組織の成因については，前記の集合放射組織の進化したもので，その放射組織中に，介在している木繊維が柔細胞に変り，しだいに幅の広い放射組織を，形成したものであろうと考えられている．この型にはクヌギ属**，ブナ属等に所属する樹種がある．

3. 拡散放射組織

これは diffuse ray*** といわれる放射組織で，横断面はもちろん触断面においても，極

---

* Aggregate ray については，研究者の相違により，種々に命名されている．例えば田原正人氏 (1935) は集合性髄組織，小倉鎌氏 (1940) は聚合射出髄，また亘理俊次氏 (1943) 及び金平亮三氏 (1926) は聚合髄線と呼んでいる．これらはすべて著者のいう集合放射組織の同義語である．

** 複合放射組織をもつナラ類の柾目は，美麗な放射組織の紋様を現わすところから，これを silver figure とも呼ばれることがある．Australian silky oak の径断面では，とくに顕著であるといわれているが，わが国でも従来木材加工業者間では，ナラ類の径断面に現われる紋様をとくに虎斑（トラフ）といって賞美されている．

*** diffuse ray については，拡散放射組織という以外に，種々な別名がある．例えば兼次忠蔵氏 (1928) は離散髄線，小倉鎌氏 (1940) は拡散射出髄と呼んでいる．

V　広葉樹材の放射組織

めて普通に見られる型の放射組織で，とくに著しい大きさの差や，また分布状況に特別な変化がなく，ほぼ均等に分布しているものである．この型に属するものは，例えばヤナギ属，カツラ属，サクラ属，マユミ属等がある．

以上3型の関係については，単列放射組織が集まって多列放射組織となり，この群集の完全なものが複合型となり，不完全なものが集合型になり，またその傾向の極端な場合には，拡散型の放射組織になるものと考えられている．3型のうち集合型及び複合型のものは，特

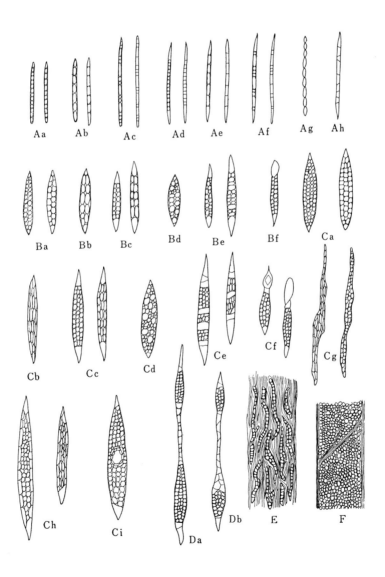

図 74.　触断面上における放射組織の標準型（山林）

定の広葉樹材だけに存在するもので，大部分の広葉樹材は拡散型の放射組織をもっている．従って広葉樹材の識別に当っては，この拡散型をさらに細分し，種々な標準型を定めて置くことは，甚だ便宜が多い＊．

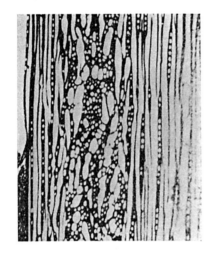

図 75. Red Alder (*Alnus rubra* BONG.) の集合放射組織（E型）(Brown)

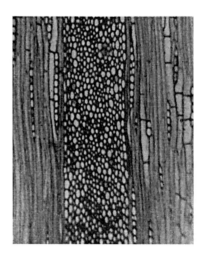

図 76. コナラ (*Quercus grandulıera* BL.) の複合放射組織（F型）(山林)

4. 著者の分類型

著者は放射組織を触断面上における並列細胞の数，形状及び配列状況等から，次のように分類し，その標準型を図 74 によって図示し，それぞれについて解説を附記した．

<u>触断面上における放射組織の標準型</u>

Ⅰ. 狭放射組織

 A. 単列放射組織（並列細胞数1個の場合の放射組織）

  1．線状型——先端細胞は卵形または殆んど卵形で，先端はおおむね鈍頭，その全形は線状（線状単列放射組織）

   Aa ——横臥細胞，中間細胞は円形または方形，時として楕円形または広楕円形，同性（マユミ，ハンノキ）

   Ab ——横臥細胞，中間細胞は長楕円形または長方形，同性（ヤマハンノキ）

   Ac ——横臥細胞及び縦列細胞，中間部は円形及び長楕円形細胞の混在，もしくは方形及び長方形細胞の混在，同性（マサキ）

  2．針状型——先端細胞は長卵形，または殆んど長卵形に近い形で縦列細胞からなり，先端は鋭頭，その全形は針状（針状単列放射組織）

   Ad ——中間細胞は横臥細胞，円形または方形，時として楕円形もしくは広楕円形，異性（チョウセンバッコヤナギ）

＊ 兼次氏は放射組織をその構造上から19種に分類している．〔兼次忠蔵：木材識別方法の基礎的研究（第1報），広葉樹材の髄線とその構造，日本林学会誌，Vol. 10, No. 3, pp. 136〜139 (1928)〕

Ae ── 中間細胞は横臥細胞または縦列細胞で，長楕円形または長方形，異性（カンボク）
Af ── 中間細胞は横臥細胞及び縦列細胞で円形及び長楕円形の混在，もしくは方形及び長方形の混在，異性（サカキ，チョウセンミネヤナギ）

3．特殊型

Ag ── レンズ状細胞の連読，鎖状または珠数状，異性（チョウセンヤマツツジ，クロフネツツジ）

Ah ── 背の高い縦列細胞だけからなり，その水平膜は傾斜甚だしい，異性（索状単列放射組織）（イヌツゲ，ムシカリ）

B. 複列放射組織 ── 細胞数2個並列，全形は紡錘状

1．普通型 ── 紡錘状複列放射組織

Ba ── 横臥細胞，中間細胞は円形または広楕円形，もしくは不斉多角形，先端細胞は卵形または殆んど卵形，同性（オオヤマレンゲ，アズキナシ）

Bb ── 横臥細胞，中間細胞は長楕円形，先端細胞は卵形か殆んど卵形，同性（ヤチダモ）

Bc ── 中間細胞は円形，広楕円形，もしくは長楕円形の横臥細胞，先端細胞は広卵形，長卵形で縦列細胞，先端は鈍頭または鋭頭（鈍頭のものはカキノキ（異性），鋭頭のものはハシドイ（異性））

Bd ── 横臥細胞，中間細胞は大きさ不同の円形または殆んど円形の混在，または大きさ不同の多角形混在，同性（ムクロジ，マメナシ）

Be ── 横臥細胞と縦列細胞，中間細胞は大きさ不同のもの混在，先端細胞は広卵形または長卵形，異性（ユズリハ，イボタ）

2．特殊型

Bf ── 横臥細胞と縦列細胞，中間細胞は円形または広楕円形，先端は巨大な広卵形または嚢状の分泌細胞，異性（巨頭複列放射組織）（ダンコウバイ，ヤマコウバシ）

C. 多列放射組織 ── 細胞数3個以上並列，全形は紡錘状（紡錘状多列放射組織）

1．普通形

Ca ── 横臥細胞，円形，広楕円形，または不斉多角形，先端は鈍頭，同性（イタヤカエデ，チョウセンサイカチ）

Cb ── 横臥細胞，長楕円形，先端は鋭角，同性（カライヌエンジュ）

Cc ── 横臥細胞と縦列細胞，中間部は円形，広楕円形，長楕円形，先端は広卵形または長卵形，同性または異性（先端のやや鋭頭のものはハリギリ異性，先端の鈍頭のものはテウチグルミ同性）

Cd ── 横臥細胞，大きさ不同のもの混在，円形，広楕円形または不斉多角形，先端は鈍頭，同性（チョウセンゴシュ）

Ce ── 横臥細胞と縦列細胞，中間部は大きさ不同のもの混在，楕円形と長楕円形または円形と楕円形混在，一般に随所に存在する巨大細胞間に多列の小細胞の介在することが多い．先端は広卵形または長卵形，異性（先端の鋭頭のものはチョウセンヒメツゲ，イスノキ）

2．特殊型

Cf ── 横臥細胞と縦列細胞，中間部は円形または広楕円形，先端部は広卵形または嚢状の分泌細胞，異性（巨頭多列放射組織）（ダンコウバイ，ヤブツバキ）

Cg ── 横臥細胞，不斉円形または楕円形のもののみ，あるいは長楕円形のもののみ，全形は特殊性があり，一般に線状または紡錘状を呈せず不規則状で，時として分岐することがある．同性（不規則状放射組織）（チョウセンミネカエデ，マンシュウシナノキ）

Ch ── 横臥細胞と縦列細胞，全形は紡錘状，周囲細胞は中央部細胞に比して著しく大，そ

の形は長楕円形, 円形, 広楕円形, 不斉多角形等で不定, 異性（鞘状多列放射組織）（アオキ, ウスバイカウツギ）

Ci ——放射組織の全形は紡錘状, 中央部に水平道が存在, 異性（有道多列放射組織）（ヤマハゼ, チョウセンカクレミノ）

D. 連続放射組織——2個以上の紡錘状放射組織が, 単列放射組織または複列放射組織細胞で, 連続する場合の放射組織

Da ——連続部の細胞が長方形, 長楕円形または円形, 広楕円形の場合（ハナヒョウタンボク, ハクウンボク）

Db ——連続部の細胞が不定形, 水平膜は常に不定方向に傾斜する場合（ヒサカキ, クマノミズキ）

Ⅱ. 広放射組織

E. 集合放射組織——狭放射組織, すなわち比較的幅狭く, かつ短形の単列放射組織, 複列放射組織, 時として多列放射組織等が, やや不規則に多数集合し, それらの狭放射組織間に, 木繊維, 導管を除く, その他の紡錘状細胞が混入して不規則な配列をなし, 全体としては, 幅の広い放射組織を呈する場合, この場合の狭放射組織は, 相互に癒合することがない（前記の集合型または偽放射組織, 図75）（ヤマハンノキ, イヌシデ）

F. 複合放射組織——多列放射組織の並列細胞数が, 著しく多数存在する幅の広い形の放射組織, 時として木繊維, 導管を除く他の要素が, 介入し不規則に分割することがある．（前記の複合型, 図76）（シラカシ, クヌギ）

朝鮮産広葉樹材の各樹種における觸断面の放射組織が, 上記の標準型のいずれに属するかを調査したが, 属毎に総括したものを示すと次の通りである.

表中Aは単列放射組織, Bは複列放射組織, Cは多列放射組織, Dは連続放射組織, Eは集合放射組織, Fは複合放射組織を示し, なお（ ）を附けたものは, 存在が稀であるが甚だ少い場合,（（ ））を附けたものは, 極めて稀であることを示す.

科名	属名	A	B	C	D	E	F
ヤナギ	ケショウヤナギ	+					
	ヤマナラシ	+					
	ヤナギ	+					
ヤマモモ	ヤマモモ	+	+	(+)	+		
クルミ	クルミ	+	+	+	+		
	ノブノキ	+	+	+	+		
カバノキ	ハンノキ	+			+		
	カンバ	+	+		+		
	シデ	+	+	+	+	+	
	ハシバミ	+	+		(+)	+	
	アサダ	+	+		+		
ニレ	ムクノキ	+		+	+		
	エノキ	(+)	+	+	((+))		
	ハリゲヤキ	(+)	(+)	+	+		
	ニレ	(+)	(+)	+	(+)		
	ケヤキ	+		+	+		
クワ	カジノキ	(+)	(+)	+	(+)		
	ハリグワ	+	+	+	+		
	クワ	+	+	+			
メギ	メギ	((+))	(+)	+	+		(+)
ブナ	ブナ	+	+	+	+		+
	クリ	+					
	シイノキ	+					
	アカガシ	+		+			+
	クヌギ	+		(+)			+

科名	属名	A	B	C	D	E	F
モクレン	シキミ	+	+	+			
	モクレン	+	+		+		
クスノキ	カゴノキ	(+)	+	+			
	クロモジ	(+)	+	+	((+))		
	クスノキ	(+)	+	+	+		
	タブノキ	+	+	+			
	シロダモ	+	+	((+))	(+)		
ユキノシタ	スグリ	+	(+)	+			
	ウツギ	+	+				
	バイカウツギ	(+)	+				
マンサク	イスノキ	+	+				
トベラ	トベラ	+	+				
ナシ	ザイフリボク	(+)	+		(+)		
	サンザシ	+	+	(+)	(+)		
	ズミ	+	+	(+)	(+)		
	アズキナシ	(+)	+		(+)		
	ナシ	(+)	+		(+)		
	カマツカ	+	+		(+)		
	カリン	+	+		+		
	シャリンバイ	+	+				
	ナナカマド	+	+		((+))	(+)	
シモツケ	ホザキナナカマド	+	+		(+)		
サクラ	サクラ	+	(+)	+	(+)		

V 広葉樹材の放射組織

科名	属名	放射組織型 A	B	C	D	E	F	科名	属名	放射組織型 A	B	C	D	E	F
マメ	ネムノキ	(+)	(+)	+	+			ツバキ	ツバキ	(+)	+	(+)	(+)		
	サイカチ	(+)	(+)	+	(+)				ヒサカキ	+	(+)	+	+		
	イヌエンジュ	(+)	(+)	+	(+)				サカキ	+	+	+	+		
	ハリエンジュ	(+)	(+)	+	(+)				シャラノキ	+	+		(+)		
	エンジュ	(+)	(+)	+	+				モッコク	+	(+)	+	(+)		
	ハナズホウ	+	+	+	+			イイギリ	イイギリ	+	+		+		
	ハギ	+	+	(+)					クスドイゲ	+	+		+		
ミカン	ゴシュ	+	+	+	+			グミ	グミ	(+)	(+)	+	(+)		+
	イヌザンショウ	+	+	+	+			ウコギ	ウコギ	(+)	(+)	+	(+)		
	キハダ	+	+	+	(+)				タラノキ	(+)	(+)	+	((+))		
	サンショウ	+	+	(+)	+				エゾウコギ	+	(+)	+	(+)		
	カラタチ	(+)	+	(+)	(+)				カクレミノ	+	+	+	(+)		
	ミカン	+	+	+	+				ハリギリ	+	+	(+)	((+))		
ニガキ	シンジュ	+	+	(+)				ミズキ	アオキ	+	+				
	ニガキ	+	(+)	+	(+)				ミズキ	+	+	+	+		
センダン	センダン	+	(+)	+	+				ヤマボウシ	+	+	+	+		
	チャンチン	(+)	+	+	((+))				サンシュユ	+	+	+	+		
トウダイグサ	ユズリハ	+	+		+			ツツジ	ツツジ	+	(+)		(+)		
	シラキ	+	+						ナツハゼ	+	+				
	アカメガシワ	+						カキノキ	カキノキ	+	+	(+)	((+))		
	ヒトツバハギ	+	+		+			ハイノキ	サワフタギ	+	+	+			
ツゲ	ツゲ	+	+					エゴノキ	エゴノキ	+	+	(+)			
ウルシ	ウルシ	+	+	(+)	+			モクセイ	ヒトツバタゴ	+	+		(+)		
モチノキ	ソヨゴ	+	+	+	(+)				レンギョウ	+	+		(+)		
ニシキギ	マユミ	+							トネリコ	(+)	+	+	((+))		
ミツバウツギ	ミツバウツギ	+	+	+	+				イボタ	(+)	+		(+)		
	ゴンズイ	+	+	(+)	+				ハシドイ	+	+		(+)		
カエデ	カエデ	+	+	(+)	+			タマツヅラ	ムラサキシキブ	+		+	+		
ムクロジ	ムクロジ	+	+	(+)	(+)				クサギ	(+)	(+)	+	+		
アワブキ	アワブキ	(+)	(+)	+	(+)			ゴマノハグサ	キリ	(+)	(+)	+	((+))		
クロウメモドキ	ケンポナシ	+	+	+	(+)			ノウゼンカズラ	キササゲ	(+)	+		(+)		
	ネコノチチ	(+)	+	+	(+)			アカネ	シマタニワタリノキ	+	((+))	((+))	((+))		
	クロウメモドキ	+	+	+	(+)			スイカズラ	タニウツギ	+	+	(+)	+		
	クロイゲ	+	+	+	+				スイカズラ	+	+	(+)	+		
	ナツメ	+	+	(+)					ニワトコ	+	+	+	+		
シナノキ	エノキウツギ	+	+		(+)				ガマズミ	+	+	(+)	(+)		
	シナノキ	+	+		+										

5. Kribs 氏の分類型*

Kribs 氏は分類学上ばかりでなく，系統発生学上の見地から，重要なものと考え，広葉樹材につき放射組織の型を，次の6型に区別している．(1) 異性第1型，(2) 異性第2型，(3) 同性第1型，(4) 同性第2型，(5) 異性第3型，(6) 同性第3型，以上の通りである．いまこれらにつき説明を附すると次のようである．

(1) **異性第1型**——この型は単列放射組織と多列放射組織とを含む．

　i′ 単列放射組織は一般に高さ高く，数も多く，構成細胞は大形で直立し，多列放射組織の多列部の細胞と形が異なり，著しく縦に長い細胞からなる．

　ii 多列放射組織は通常両辺平行で，単列型のものと同様の細胞からなる．著しく縦に長い単列の翼部を上下縁辺にもっていて，その翼部の細胞は単列放射組織のものと同形である．多列部の細

---

* 本書 p.38 に前出の (12) 猪野—pp.357〜358.

胞の断面は楕円状で放射方向に長い（横臥細胞）か，または垂直に長く（直立細胞）なっている．

(2) **異性第2型**——これは単列放射組織と，多列放射組織とからなり，前の異性第1型と同様であるが，単列放射組織は通常異性第1型のものよりも低く，多列放射組織の多列部細胞と異った細胞からなる．これをさらにA，Bの両型に分ける．

A型—— i 単列放射組織のものは，方形の直立細胞のみからなる． ii 多列放射組織のものは，両辺平行または紡錘形で，多列部の細胞の断面は，円形または楕円形，大形の横臥細胞からなる単列の短い翼をもつか，または1細胞の高さの直立縁辺細胞をもつ．

B型——単列放射組織のものに2型混在で，一つは方形の直立細胞からなり，他の一つは多列放射組織の多列部の細胞と，ほぼ同様の細胞からなる．多列放射組織は両辺平行または紡錘形で，多列部の細胞は，断面は円形または楕円形の横臥細胞で，両端に通常1細胞高，時として2細胞高の中庸または小形の直立縁辺細胞をもつ．この単列部がさらに高い時には，細胞は方形に変形する．

(3) **同性第1型**——これは単列と多列との放射組織をもっている． i 単列放射組織は，むしろ低く，その数は多数現われる場合もあれば，また少数の場合もある．これを構成する細胞は，多列部のものと同形の細胞である． ii 多列放射組織は多くは紡錘形で，その多列部の細胞は，断面が円形または楕円形の横臥細胞で，先端の単列細胞は，多列部と同形である．多列放射組織は，極めて小さい1細胞の高さの方形縁辺細胞を，偶発的に形成することがある．

(4) **同性第2型**—— i 単列放射組織は僅小で，時には皆無であり，存在する時には高さの低い放射組織である． ii 多列放射組織は紡錘形で，全細胞の切口は小円形の横臥細胞，先端の単列状の縁辺は極めて短い．

(5) **異第性3型**——これは単列放射組織のみの場合で，横臥及び直立の両細胞からなる．

(6) **同性第3型**——これは単列放射組織のみの場合で，横臥細胞のみからなる．

以上の放射組織の型と，導管の各種の型との間には，相関関係があって，それらの事実から異性第1型が最も原始型で，原始的な導管型を示し，またこの型のものは，異性第2型と同性第1型とを通って，最も進化した同性第2型に至るものと考えられている．

すなわち，異性第1型の最原始型が進化し，その多列放射組織は翼が短くなって，紡錘状になり，単列放射組織の構成細胞は，小さくなって異性第2型となり，次の階梯は異性より同性に変る．すなわち，単列放射組織の細胞は，多列放射組織の細胞と，同様のものとなり，ここに同性第1型を生じる．さらに単列放射組織は，しだいに短くなり，その数も減じて非常に小さくなり，または全く消失する．一方多列放射組織は紡錘形をなして，最高に分化して同性第2型が生じたものとされている．

D. 広葉樹材の放射組織の層階状配列

広葉樹材の触断面で，ほぼ同形同大の，比較的高さの低い狭放射組織が，規則正しく水平状に並列し，その配列の全体が層階状，もしくは階段状を，呈することがある．この場合の放射組織を，とくに層階状放射組織（stratified ray）と呼んでいる．

なお触断面上の層階状放射組織は，ripple mark（波状紋）として知られている一種の，美麗な杢理を現わすので，木材の使用上工芸的な価値をもっている．この点は既述の導管，木繊維，木部柔細胞等における，層階状配列の場合と全く同じである．

この層階状放射組織は，一般にマメ科，ノウゼンカズラ科及びハマビシ科等の樹種＊に多く認められ，その中でもマメ科の樹種の中には，極めて顕著なものが多く，北米では Cocobolo＊＊, Central american mahogany, Cuban mahogany または Lignum-vitae 等に ray の ripple mark が存在し，また熱帯産の樹種中に，とくに顕著なものが多い．

著者の調査したもののうち，カキノキ，マメガキ，ハナズホウ等に，放射組織の層階状配列を見たが，とくにマメガキのものは極めて顕著である．

Record 氏＊＊＊は，パンヤ科，アオイ科，及びアオギリ科等のものの層階状配列は，他の場合と違い放射組織の高さに，高低不同のあることを指摘している．また同氏

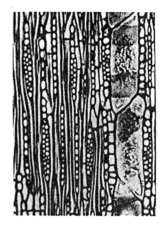

図 77. Persimmon (*Diospyros virginiana* L.) の触断面における放射組織の層階状配列 (Brown)

はその顕著な例として，アオギリ科の *Triplochiton scleroxylon* の触断面を図示している．

なお Brown 氏＊＊＊＊等もまた，Persimmon (図77)，Yellow buckeye その他熱帯産材の触断面上における，放射組織の層階状配列について報告している．

VI 広葉樹材の細胞間隙道

A. 細胞間隙道の概説

細胞間隙道としての樹脂道については，すでに針葉樹材における樹脂道の項で，述べたところであるが，針葉樹材では，垂直道並びに水平道の2型と，外傷樹脂道とが存在し，ゴム道は存在しない．しかるに広葉樹材における細胞間隙道は，その殆んどすべてがゴム道(gum canal)として存在し，特定の樹種に限って，樹脂道が存在する．

樹脂道及びゴム道のいかんにかかわらず，これらの溝路または空道 (canal) が，エピテリウム (epithelium, 薄膜細胞) によって，形成されていることは，いうまでもない．従って広葉樹材における canal については，針葉樹材における場合を参照されたい．ここでは説明の重複することを避け，専ら広葉樹材に関係する部分の，特殊な性質だけについて述べることとする．

＊ *Tropical Woods*, No.9, pp.13〜18 (1927).
＊＊ 本書 p.140 に前出の (76) Record—p.82.
＊＊＊ 本書 p.112 に前出の (69) Record—p.83.
＊＊＊＊ 本書 p.44 に前出の (14) Brown—p.230.

1. 樹脂道及びゴム道の成因

Record[89]氏によると，樹脂道の成因については，次のようにいっている．針葉樹材の垂直道，または水平道のいかんにかかわらず，殆んどすべてが分裂細胞から，形成されているのに反し，広葉樹材においては，水平道に限って分離細胞からなるのに，垂直道の方は樹種の相違によって，いろいろな場合があって一定しない．すなわち，(a) 分裂細胞 (schizogenous cell) からなる場合，(b) 崩壊細胞 (lysigenous cell) からなる場合 (c) 分裂状崩壊細胞 (schizo-lysigenous cell) からなる場合の3者のうち，いずれかから形成されるものとしている．

2. 細胞間隙道の種類

細胞間隙の空道に，含有するものの成分は，種々で，樹脂質，ゴム質または粘液質のこと等がある．なおまた正常樹脂道のほかに，傷害によって生じるもの，あるいは病理的に生じるもの等種々な場合が存在する．

B. 正常樹脂道と傷痍樹脂道

1. 正常樹脂道

広葉樹材にあっては，針葉樹材における場合と同じように，正常樹脂道に，垂直道と水平道とをもっている．しかし針葉樹材におけるように，両型の樹脂道が，同一樹種に存在することは極めて少い．またいずれの場合にも，樹脂道の存在は，温帯産の樹種に極めて少く，熱帯及び亜熱帯産のマメ科に属する多くの樹種，マンサク科，フタバガキ科等に属するものに多く見られ，その他の樹種に存在することは甚だ少い．フィリッピン産のフタバガキ科の樹種には，垂直道としてか，あるいは水平道としてか，いずれか1種の樹脂道をもっていて，横断面の垂直道の配列状況を，分類の基礎にしている[90]．また Record 氏の調査によ

---

(89) Record, S.J.: Intercellular Canals in Dicotyledonous woods, *Jour. Forest*, Apl. (1918); *Tropical Woods*, No.4, p.17 (1925).
(90) フタバガキ科に属する材の分類に，横断面上の樹脂道の配列状況を基礎にして，次のように識別されている．
 A．樹脂道は散点状，あるいは極めて短い切線状配列
  1. "Palosapis" 群――精緻度は中庸，淡黄，Anisoptera のすべての樹種がこれに含まれる．
  2. "Apitong" 群――精緻度は中庸乃至粗，紅，Dipterocarpus 属のすべての樹種がこれに属する．
  3. "Narig" 群――精緻度は極めて精，淡色，Vatica 属のすべての樹種がこれに含まれる．
 B．樹種道は長い切線状配列
  4. "Lauan" 群――硬度はやや軟～やや硬，精緻度はやや粗～粗．
   (a) Red lauans
    (1) Red lauan (*Shorea negrosensis*)   次頁脚註☆へ

VI 広葉樹材の細胞間隙道

ると，広葉樹材における正常垂直道をもつものは，5科存在するとし，次のような科名を挙げている．(カッコ内の数字は，その科に所属の属数を示す)

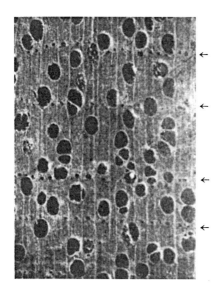

図 78. *Shorea palosapis* (*Blanco*) MERRILL の横断面において，年輪界に沿って存在する，1列の垂直樹脂道（←印の所）　　　　　　(Reyes)

ウルシ科 (1)，ミズキ科 (1)
フタバガキ科 (1)，マメ科 (7)
ニガキ科 (1)

フタバガキ科に属するものには，しばしば白色または黄色の塡充物が，樹脂道中にあることが多い．これは横断面上の垂直道が，切線方向に連続して存在するとき，縦断面上では顕著な白色，または黄色の条線として，肉眼ででも明かに認められる．この塡充物は，樹脂の1種の dammar が沈積しているためであるといわれ，商業上ではこれを誤ってしばしば石条 (mineral streaks) と呼ぶことがある．

以上は垂直道の存在する場合であるが，水平道の存在するときは，触断面上ではマツ属におけるように，紡錘状放射組織の中央部に存在する．例えば Melanorrhoea または Shorea の各属に属するものには，とくに顕著な水平道が存在する．また水平道をもつ属中，フィリッピン産の Apitong は，dammar の代りに，粘性の強い油を含んだ樹脂が，存在しているといわれている．

正常の水平道の存在する属について，Record 氏の調査したものの内から，比較的属数の多い科名を列記すると次のようである．(カッコ内の数字は，その科に所属の属数を示す)

(1) 樹脂道の小径型――ウルシ科 (16)，ウコギ科 (4)，カンラン科 (7)，クワ科 (4)
(2) 樹脂道の大径型――キョウチクトウ科 (2)，トウダイグサ科 (2)

☆　　(2) Tangile (*Shorea polysperma*)
　　　(3) Tiaong (*Shorea teysmanniana*)
　(b) White Lauans
　　　(1) Almon (*Shorea eximia*)
　　　(2) Bagtikan (*Parashorea sp.*)
　　　(3) White lauan (*Pentacme sp.*)
5. "Yellow yakal" 群――硬度は硬～極硬，精緻度はやや精．
6. "Guijo" 群――Yellow yakal 群に類似する．ただし材は赤色を帯び，Yellow yakal よりも軽軟．
7. "Manggachapui" 群――
8. "Saplungan" 群――

〔Reyes, Luis J.: Philippine Woods, pp.271～272 (1938)〕

(3) 樹脂道の小径，大径の混合型——フタバガキ科 (2)

2. 傷痍樹脂道

広葉樹材における傷痍樹脂道，または傷痍樹脂嚢の縦列は，多くの樹種に認められ，一般に年輪に平行状の列をなして現われる．これらの発生及び状況等は，樹種によって一様ではないが，あるものは細胞膜が分離して生じる，離生的の場合があり，またあるものは分離したものが，さらに隣接組織のゴム化症 (gummosis) によって，膨大になるものがある．後者の場合は，これを樹脂道の gummosis type といって，正常のものと区別している．

いま gummosis type の垂直樹脂道をもつ，比較的顕著な科名を，Record 氏の調査報告から，抜記すると次のようである．（カッコ内の数字は属数）

パンヤ科 (3), マメ科 (5), フトモモ科 (3), ミカン科 (5), アオギリ科 (5).

C. 正常ゴム道と傷痍ゴム道

1. 正常ゴム道

広葉樹材の細胞間隙道の一つとして，なおゴム道がある．正常ゴム道にも，針葉樹材の樹脂道におけると同様に，垂直道と水平道とが存在する．しかしこれら両者のゴム道が，同一樹種に，同時に存在することは，甚だ稀であって，ただフタバガキ科の Shorea，マンサク科の Altingia 及び Liquidamber，マメ科の Herminiera 等の，各属の樹種の内の数種に限って，存在することがあるとされている．

a. 正常な垂直ゴム道

この垂直道の存在は，Indo-Malayan 地方における，フタバガキ科の材の特徴になっている．すなわち Philippine mahogany* と他の African mahogany** や American mahogany*** との識別に用いられる．前者は明かに正常垂直ゴム道が存在するのに，後者の2種のものには認められない****．また熱帯産のキョウチクトウ科，及びタカトウダイ科等に属する樹種にも，正常の垂直ゴム道が存在し，その大きさは，高さ 1.5 cm，幅 3 cm に及ぶものもあり，それらの材の特徴とされている．

b. 正常な水平ゴム道

針葉樹材の触断面で見るように，水平樹脂道は紡錘状放射組織の中央部に，1～2 個あることが多く，稀に 3～4 個あることがある．また正常水平ゴム道は，ウルシ科，カンラン科

---

* Philippine mahogany といわれるものの中には *Pentacme contorta*, *Shorea polysperma*, *Tarrietia javanica* 等が含まれ，
** African mahogany は *Azadirachta integrifoliola* で，
*** American mahogany は *Gymnocladus dioicus* である．
**** 本書 p.44 に前出の (14) Brown—p. 239.

等に属する樹種にも存在し，それらの樹種の特徴になっている．

2. 傷痍ゴム道

針葉樹材の傷痍樹脂道は，細胞の分裂が原因であるが，広葉樹材が外傷を受けた場合のゴム道も，それと同じように schizogenous canal（分裂道または分離道）として，横断面に1列またはそれ以上の道列数が，年輪界に平行な切線状に配列する．その場合の周囲細胞は，その後の崩壊から，ゴム化症（gummosis）といわれるゴム道になる．このように崩壊によって canal の増大した病道には，正常な epithelium の配列層は失われ，前過程における分裂道（schizogenous canal）よりも著大で，しばしばその直径は 1/8 in，あるいはそれ以上のことがあるといわれている．このようなゴム道を傷痍ゴム道として，正常のものから別けることができる．

藤岡及び兼次の両氏[91]は，グミ科のナワシログミ及びアキグミの両種に，傷痍垂直ゴム道を観察した．グミ科のアキグミ，サクラ科のアンズ，マンシュウアンズ，ウメ等である．

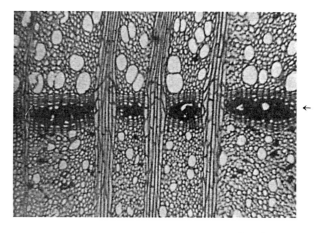

図 79. ナツグミの垂直ゴム道（←印）（山林）

以上はすべて Record 氏の説に従えば，gummosis type のもので，その成因は恐らく病的のものか，もしくは異状現象によるものであろうと思われる．

また傷痍水平ゴム道をもつ樹種は，多くは熱帯産の樹種で，温暖帯産のものは極めて少数に過ぎない．例えば金平氏*によるヤマソワヤ，ランシンボク及びミドリサンゴ，杉浦氏によるチャンチンモドキ，兼次氏**によるカクレミノ及びフカノキ，また著者***のヤマハゼ及びチョウセンカクレミノにおいて，それぞれ観察したに過ぎないことを報じている．

傷痍水平ゴム道の数については，著者はチョウセンカクレミノにおいて，触断面上の紡錘状放射組織の中央部に，径 30～50μ の比較的小径のものを1個，時として2～3個をもつことを認めたが，Record 氏****はウコギ科の *Didymopanax Morototoni* における紡錘状放射組織中に，4個存在することを述べている．

---

(91) Fujioka, M. and C. Kaneshi : *Tropical Woods*, No.12 (1927).
　　* 本書 p.92 に前出の (65) 金平—p.104.
　** 兼次忠蔵：木材識別法の基礎的研究，（第1報），日本林学会誌，Vol.10, No.3, pp.11～12 (1928).
　*** 本書 p.89 に前出の (63) 山林—p.356.
　**** 本書 p.140 に前出の (76) Record—p.79.

なお縦断面上における，これらの比較的大径の傷瘉ゴム道は，しばしば樹軸方向に，やや長い嚢として現われることがある．例えば北米産 Red gum に認められている*．この傷瘉ゴム道は，バラ科ことに Prunus のものに，またミカン科の Citrus にも，存在することが報じられている．

要するに傷瘉ゴム道は，バラ科，フトモモ科，センダン科，ムラサキ科，ミカン科，アオギリ科等の樹種に，生じ易い傾向がある．

D. 弾性ゴム乳液道

前述のゴム道に類似のものに，弾性ゴム乳液道がある．しかしこれはゴム道の場合のような，epithelium から形成されている canal ではなくて，導管の周囲壁のような膜壁をもっているから，正しい管状を呈している．従って乳管 (laticiferous tube, Milchröhre) が正しい呼び名といえる．

弾性ゴム乳液 (rubber latex) を生産する樹種は，殆んど熱帯産の樹種であって，温帯産のものには，殆んど皆無といってよい．例えばボルネオやマレー産の，キョウチクトウ科に属する Jelutong，または Pawpaw 等の放射組織中には，latex (乳液) の貯蔵に役立つ乳管が存在している．

グッタパーチャ (Guttapercha) またはグッタペルカの呼び名で，知られているグッタ (Gutta) は，ゴムに極めて近縁な物質で，熱帯地方のアカテツ科の *Palaqium gutta* 及び *Mimusops balata* 等から生産される．また温帯産のマユミ属のトチウ等にも，グッタが見出される．なおまた1種の粘液質物を貯蔵し，輸送する，特別の粘液道を具えているものに，サボテン科または，リウビンタイ科に属するもの等がある．

VII 広葉樹材と針葉樹材とにおける解剖学的性質の比較

木材を利用しようとする場合，これを分けて針葉樹材と広葉樹材とに2大別することは，最も便宜が多く，植物分類学上とくに形態上から見ても，極めて合理的な分類法とされている．

外部形態の方はさて置き，内部形態について 2~3 の例外**を除いては，導管の存在の有無が，針葉樹材と広葉樹材とを区別*** する，大切な鍵になっていて，しかも肉眼によって

---

* Red gum の傷瘉ゴム道から滲出する物質は，煙草あるいはチュウインガムの香料として賞用されるという．
** 裸子植物の中 Ephedra 属は，導管をもっている．そして被子植物中導管を欠く種類は，世界に4属，20種余がある．これら例外についての詳細は，本書 p.124 を参照されたい．
*** 米国では広葉樹材を porous wood，針葉樹材を non porous wood と，端的にしかも具体的に，両方の材を表現していることは，広葉樹材を hard wood，針葉樹材を soft wood の用語を用いるよりも，むしろ当を得ているといわざるを得ない．何となれば，針葉樹中にも硬材があり，広葉樹材中にも軟材が存在するからである．例えばキリはイチョウやカヤよりも，確かに軽軟であるはずである．しかし慣習的には針葉樹材を soft wood，広葉樹材を hard wood として一般に用いられている．

も，ある程度容易に，また明確に分離し得るものである．すなわち，広葉樹材の横断面上には導管があり，針葉樹材にはない．針葉樹材の横断面上においては，その構成主要素である仮導管が，甚だ規則正しく，半径方向に並列し，それらの列間に，適当な間隔を置いて，細い放射組織が存在する．ただし水平樹脂道を含む，放射組織の存在する場合は別として，この放射組織は，おおむね細狭であるのが一般である．

これに反して広葉樹材の横断面では，半径方向に配列する仮導管は，殆んど存在しないか，たとえ存在しても，横断面上では，幾らか不明瞭であるのが普通である．すなわち，春材部の大導管の周囲に，存在する場合のことが多いが，これとて特定の樹種，例えばクヌギ属のような環孔材において，他の要素と幾分形態上の相違から，仮導管の存在を認められるに過ぎない．導管は配列の不規則な木部繊維，その他の要素の間に，おおむねその樹種固有の大きさと，大体その樹種特有の配列位置に，導管の口を開けていて，その間に放射組織が，半径方向に伸び，これらの放射組織が，適当な間隔を置くとしても，幾らか常に屈曲し，およそ針葉樹材における場合のように，簡単な直線状ではない．しかもなお放射組織は単列，複列，多列，広列等，各種の細胞別をもって存在するため，極めて複雑な感を呈している．これらは針葉樹材における場合と，全くその趣を異にしている点といえる．

次に縦断面を見ると，導管節は材を構成する，他の縦型の要素と同じように，形成層の同じ縦型母細胞から生れ，ある場合には，母細胞から生れた娘細胞は，直接にか，あるいは他の分裂の行われた後に，導管節にまで発展する．また同じ形成層母細胞から，後刻分裂した娘細胞は，それが成熟する場合に，木部繊維になるのであろうと考えられている．

例えばクヌギ属の横断面上における，木部繊維の切線方向の径は，およそ 15μ 内外，また同じ横断面上の導管の径は，最大径としてしばしば 300μ が算えられ，あるいはクリ，クヌギ，キリ，トネリコ等におけるように，それ以上のことがある．

このように同一面において，導管と木部繊維との大きさの差異が，大なれば大なるほど，木材を構成している細胞の，半径方向における配列の歪曲度が，ますます大きくなり，このような不斉整が，広葉樹材の要素の配列に当り，殆んど常に生じている．このことは全く針葉樹材では見られない現象である．

次に広葉樹材においては，放射組織の大きさから生じる複雑さの点についても，また針葉樹材と大いに相違する．広葉樹材における放射組織の大きさの相違は，横断面上で観察のできるのはいうまでもないが，触断面上における放射組織の切断面の状況についても，また充分にうかがわれる．放射組織を構成する柔細胞の配列細胞数は，放射組織の幅の概略な測定に役立っている．例えば針葉樹材について，触断面上で特定の材にしばしば認められる放射組織の中央に，水平樹脂道をもつ紡錘状放射組織の他は，おおむね1個細胞列の単列放射組織をもち，またある特定の樹種は水平樹脂道をもたず，2個細胞列の複列放射組織が介在する．一方広葉樹材について，単列放射組織だけの存在は，特定の樹種を除いて，むしろ例外的の存在で，普通は複列以上の放射組織をもっているのが一般である．しかしヤナギ，ポプ

ラ，クリ，シイノキ等は単列放射組織だけである．ところがクヌギ属，アカカシ属，ブナ属等の広葉樹材においては，多数の細胞列の広列放射組織をもっている．とくにクヌギ属のものの細胞列は，中央部で25細胞列，あるいはそれ以上のことは珍らしくない．

針葉樹材と広葉樹材との解剖学的の性質の相違点を，次のように要約することができる．

1. 広葉樹材は針葉樹材を構成する要素に比較して，その種類が多く，しかも複雑である．
2. 広葉樹材は導管をもつという点で，針葉樹材から明かに区別ができる．
3. 針葉樹材の横断面においては，仮導管細胞が半径方向に規則正しく配列しているが，広葉樹材では仮導管の配列は，殆んどこれを欠くか，または極めて乏しい．
4. 針葉樹材のある特定の樹種に，存在する放射組織には，特別な放射仮導管をもつものが存在するが，広葉樹材にはない．
5. 広葉樹材の放射組織は，針葉樹材におけるよりも，その幅についての種類が著しく多い．針葉樹材では，放射組織はおおむね単列の配列であるが，広葉樹材における単列放射組織だけの存在のものは乏しく，ある特定樹種の特徴と見られる．大多数の樹種は，複列またはそれ以上の，多列放射組織をもっているため，幅による種別は，針葉樹材では用をなさないが，広葉樹材相互の識別に当り，有効な拠点として役立っている．
6. 広葉樹材における木部柔細胞の存在は，極めて普通で，しかも横断面上では，その樹種特有の配列を呈しているから，識別上の拠点とさえなっているが，針葉樹材においては，極めて少数の樹種に限られ，その存在は一般に乏しい．
7. 広葉樹材の構成要素である木部繊維は，針葉樹材には存在しない．針葉樹材の仮導管が，広葉樹材における木繊維のもつ強固作用をもち，なお同時に導管のもつ通水作用をも兼ねている．

以上のように針葉樹材と広葉樹材とについて，組織上の比較をしたが，いまこれらをさらに簡単な表にまとめて見ると，左表のようになる．

要素		樹種	針葉樹材	広葉樹材
導管			−*	+*
仮導管			+	(+)
木繊維			−	+
木部柔細胞			(+)°	+
放射組織	単列		+	+
	複列		(+)	+
	紡錘状		+°	+
	集合状		−	+°
	複合状		−	+°
	放射仮導管		+°	−
樹脂道			+°	+°
ゴム道			−	+°
モイレ反応			暗褐色，黄褐色	紅色，深紅色

上表中−は存在せず，+は存在する．(+)は少いか稀に存在し，°印は特定の樹種に限って存在し，*印は例外樹種の存在することを指している．

第 5 章
樹体を構成する組織の変異

　生物界の自然現象の一つとして，その樹種が固有の内部形態をもって，一貫して生存を継続し，維持するとは限らない．幼樹のもつ後生組織が，ある樹齢に達すると，およそ固有の形態から離れた形態に変化する，いわゆる形態の変異の生じることが認められる．

　この樹体の組織上の，変異に関する問題については，多数の研究結果を根底とし，一般論として価値ありと，思われるものについて，その要点をここに記述することとし，特別な事例，または全くの例外的な事例は，とくに重要なもののみに止め，多少とも疑問とされる例証については，その記述をさし控えることにした．

I　環境によって影響を受ける材質の変異

　同一樹種の幹材における，任意の異った部位から採取した2個の材片を比較すると，たとえ両者が甚だしくよく似ていても，観察を正確にするならば，決して同じではない．このように同一樹種の，比較的同じような場合でさえ，採取部位の相違することによって，多少とも材質の差異を，認め得るのであるから，まして異った樹種における組織の，小規模な変異は殆んど無限といってよい．

　なおこれまでの多数の実験成績を，見てもわかるように，同一の樹種でも，その生育する環境の影響を受けるために，その材のもつ組織上の性質に，変化が起きるものと考えられている．例えば同一の樹種でも，A林地に生育するものと，別の環境の異ったB林地に生育するものとを比較すると，組織上に多少とも，相違の起きることが実証されている．

　いいかえれば，かりにA林地における林木が，正常な組織をもつものとするならば，これをB林地に生育させることによって，異常な組織に変異させ得たことになる．このような事例を，組織の変異の問題として，一々取り上げるとすれば実に際限がない．

A. 幹材の任意の高さにおける組織の変異

　1. 樹幹の任意の高さにおいて，水平的に観察した場合，その部分の組織的の性質は，早期に造成された中心部の材質と，その後に形成された，外側部の材質との間に差異がある．すなわち，その樹幹の材部の継続的な生長増殖は，髄心部から外方部へ向って，進展するのであるから，各種の構成細胞の大きさを，対比して見ると理解ができる．

　いいかえれば，髄心に近い部分は，いわゆる発育の最も旺盛な，若い時代に急速に造成された組織であり，外周部は2次成長期において，比較的緩漫に形成された組織であるから，

前者の構成要素は，後者におけるものよりも，一般に大きい．すなわち，年輪幅を見ると，初期におけるものは，後期に生長するものよりも，おおむね広く，とくに春材細胞の占有比率は，明かに大である．このような材部は，物理的性質から見て，普通密度が小さい．そして外周部における構成細胞や，その生長率及びその状態等は，中心部附近の材に比較して，おおむねその逆であるのが一般である．

しかし極端に成熟し過ぎた老大木では，当然外側方の年輪密度が大であるべきはずの，組織の部位で，再度年輪幅が広くなり，かえって年輪密度の減少するものが，往々にして存在することが知られている．

以上は恐らく隣接林木の，相互の樹冠が拡張し，鬱閉度が強くなることによって，この樹木の同化作用が不活発となり，勢い新陳代謝が衰え，この結果形成層からの，新成細胞の増殖が，消極的となり，壮年期もしくは成年期における場合と比較して，外側方の新成細胞の大きさも小形となり，年輪幅も狭小となり，概してその年輪密度が大になるのであるが，大径木の存在する林地であっても，上述の場合と逆に，強度の間伐，風倒その他から樹間が開放されると，光線が充分に射入し，壮年時代と同様な現象に若返えることとなる．従って年輪幅が広くなり，再び年輪密度が減少するように，なるのではないかと思われる．

上述のような環境に生じた針葉樹材の生長率，及び組織の変化は，直接その材の密度や比重を左右し，勢い強度の変化と，おおむね一致するから，木材の組織の変化は，物理的な性質と，極めて密接な関係が認められる．

ところが針葉樹材における場合と比較して，広葉樹材は，春材部と秋材部との状態が，全く逆な関係にあるため，組織の生長率が，幹材の中心部と外周部とで，かりに針葉樹材における場合と一致するとしても，密度や比重は中心部において大であり，従って強度もまた，それに応じておおむね大である．

B. 幹材の高さの差異による組織の変異

針葉樹及び広葉樹のいかんにかかわらず，それらの樹幹における，木材の構成要素は，その樹幹の高さの差異によって，その部位における，構成要素の大きさが相違する．

従来調査された結果を総合すると，例えば針葉樹材の構成主要素である仮導管や，また広葉樹材における木繊維等についても，それぞれの樹幹の基部より上方へ，ある高さの所まで，それらの大きさが増加することを示している．そして針葉樹材の仮導管が，その樹幹における，最大の長さを現わすのは，地上のかなり高い所で，しかもその材部の，外側の生長層において認められる．

次に広葉樹材，ことに散孔材における，導管の体積については，樹幹の上方へ，その樹梢に至るに従い，しだいにある限度まで，増加する傾向のあることが示されている．

Myer 氏[92]は，北米産の Hemlock, White pine 及び Sugar maple 等の，放射組織の体積について調査し，その結果，その樹木の樹梢において最大に達し，その最小のものは，地上高 16 feet の高さの所で見出され，なおその中庸の体積のものは，さらに下方の部位で，認められたことを報告している．

また Turnbull 氏[93]はマツ属の年輪幅について調査し，樹幹の基部から上方へ向うに従い，ある限度まで，しだいに年輪幅が広くなり，それに伴って春材部の幅も広くなる傾向のあることを指摘している．

要するに，樹幹の高さの差異から生じる，その材の構成要素の変異については，樹幹の上部と下部とで，その差が明かに認められ，おおむね下部におけるよりも，上部において，その大きさを増加し，また同一高の所では，髄心の外周部に存在する，最初の数個の生長輪，樹種によっては，さらにそれ以上，かなりの年輪数にわたり，急速に生長したため，年輪幅が広く，また要素の大きさが，後期生長のものよりも，おおむね大であることが認められる．従って中心部の，比較的若い材におけるよりも，後期に生長した外側部の方が，あらゆる面で要素の大きさが小さくなり，その均一性が認められる．

C. 樹体部位の差異による組織の変異

従来の研究結果を総合すると，一般に広葉樹材に存在する導管の大きさ，及びその数量等は，その樹木の幹，枝及び根の3者において，相違することが認められている．

例えば導管数は，枝部において最多であるのに引きかえ，根部においては最少である．また導管の大きさについては，全くその逆で，枝材では最少，根材では最大であることが知られている．そしてさらに注目すべきことは，環孔性の樹種の根部における，導管の配列が，環孔性を呈していないで，散孔性を示そうとする傾向の，うかがわれることである．

この事実について，Brown 氏*等は次のように述べている．もしも同一の樹木中で，根が他のいかなる部位とも比較して，昔からの性質を，最も永く維持する，一番保存的な器官であるという仮定が，肯定されるならば，恐らく環孔性の樹木は，散孔性の樹木から進化し，変移したものであろうという，理論が引用されるし，また根は常に土壌中に埋れ，そのため気象的変化の多い外気に接触することがないから，保存性が大で，なんら変異が認められないはずである．

しかるに，空気中にさらされている幹や枝の部分は，常に温度，湿度その他の刺激や，周期的な気象上の影響を受け，変化の多い環境のために，自体の存続上しだいに，それらの環

---

(92) Myer, J. E.: The Structure and Strength of Four North American Woods as Influenced by Range, Habitat and Position in the Tree, N. Y. State Col. Forestry, Syracuse Univ. Tech., Pub. 31 (1930).

(93) Turnbull, J.M.: Variation in Strength of Pine Timbers, *South African Jour. Sci.*, Vol.33, pp.653〜682 (1937).

* 本書 p.44 に前出の (14) Brown—p.252.

境に順応せざるを得ない状態に変移し，進化的変化の遅い根と比較した場合，組織上の相違が，ここに，見られるように，なったのであろう，というのである．

つまりこの理論から，恐らく環孔性の樹種が，散孔性の樹種から，進化したのであろうと，考えられるというのである．ここに述べられた解釈は，従来の外部形態に基く，系統学的な見解とは，必ずしも一致するものではないが，しかしある一つの理論として，注目に値するのではないかと思われる．

なお広葉樹材における構成要素のうち，木繊維や導管節等の長さの最短のものは，枝材に見出され，それらの最長のものは，幹材において認められる．針葉樹材の仮導管もまた，幹及び根におけるよりも，おおむね枝部において，常に短いことが一般に観察されている．

針葉樹材に樹脂道の存在する場合には，根におけるものは，幹材におけるものよりも，多数存在する傾向を示す．しかしそれらの大きさは，相互の間に大して差異が認められない．

環境の全く等しい場合に置かれた，針葉樹材及び広葉樹材について，放射組織の数量は広葉樹材にあっては，枝材において，最も多量に存在し，樹幹において最少である．ところがこれに対して，針葉樹材では，根において最少である．放射組織の最大の体積は，殆んど常に広葉樹材の根部に存在し，これに対して，幹及び枝材の放射組織の体積は，おおむね等しい．針葉樹材における根，幹及び枝材の放射組織の体積については，3者の間に著しい差異が，認められないことが知られている．

D. 樹齢の増加による放射組織の変異

猪熊及び島地の両氏[94]は，本邦産ユクノキ（*Cladrastis shikokiana* MAKINO）及びフジキ（*Platyosprion platycarpum* MAXIMOWICZ = *Cladrastis platycarpa* MAKINO）につき，Kribs 氏の髄線型の分類*に従って，髄線型を樹齢の差異と，関連せしめて追跡した結果，次のような結論に達したことを報告している．

すなわち，ユクノキでは230年間に，異性Ⅱ型B〜同性Ⅰ型から，逐次同性Ⅰ型・同性Ⅰ型〜同性Ⅱ型を経て，同性Ⅱ型にまで達しているが，フジキでは 75 年間に異性Ⅰ型〜異性Ⅱ型から，異性Ⅰ型を経て，異性Ⅱ型Bに終っている．

この変化は，Kribs 氏の髄線型の進化における段階と同様の推移，発展を，1樹体の生育期間中に示すもので，髄線型の分類からすれば，フジキはユクノキに比べて，より原始的であると考えたいとしている．

以上は1樹種についても，ある特定の樹種に限り，樹齢の増加に伴って，放射組織の型に変化することのある，好適な例証といえる．

---

(94) 猪熊泰三・島地謙：ユクノキ及びフジキの研究，東京大学農学部演習林報告，第 38 号 (1950).
  * 本書第4章 p.177参照．

II 環境によって影響を受ける生長輪の変異

A. 針葉樹材の生長率と材質との関係

針葉樹材の横断面上に現われる年輪幅に関しては，すでに第1章，IV，C，2（p.30）の年輪幅に関する項で，一応の説明をしたところであるが，材質ことに物理的な性質と，極めて大きな関連性があり，材の利用上重要なので，その要点について簡記すると次のようである．

1. 1年輪において，厚膜の仮導管からなる，密度の高い秋材部は，生長増殖の幅の変化によって，体積的にはあまり影響されない．いいかえれば，年輪幅のいかんにかかわらず，秋材層の幅は，ほぼ固定されている．それ故年輪幅の比較的狭い材部ほど，一定の体積では，密度の高い秋材率が大である．

2. 従って年輪幅の広い，急速な生長をした年輪幅における場合よりも，比重が大なるばかりでなく，強度も大である．（ただし年輪幅の極端に狭い場合には，例外的に秋材率が少く，全くの異常生育をするため，秋材層が甚だしく狭小で，密度も減少し，かえって強度の低下することがある．著者はかつてチョウセンマツについて観察した．）

3. 以上とは逆に，異常に広い年輪幅の針葉樹材は，普通密度においても，また強度においても，異常で強度が低いばかりでなく，その材の乾燥時に著しく振れたり，もしくは弓ソリのような，狂いの原因になる縦方向の収縮が生じる傾向が強い．

4. 針葉樹材で急速に生長した，年輪幅の広い材が，使用上一般に劣等材視される理由は，次のようである．(1) 薄膜の細胞からなる組織の体積増加のための，密度の低下，いいかえれば，大部分の組織が，春材仮導管から，成立するということである．(2) 縦方向の春材仮導管において，螺旋状 fibril の配列における，ピッチの大きなフレにより，強度の低下の点で，不良な原因を追加するものと，考えられている．

5. 要するに，良質でしかも均一な強度をもつ針葉樹材は，生長増殖が平均し，そして正常な発育をとげ，年輪幅の比較的狭小な材であると，いうことができる．

B. 広葉樹材の成長率と材質との関係

環孔材及び散孔材の両者は，すでに述べた広葉樹材中の，大きな分類上の2大集団である．これらの2大集団は，他の型の集団よりも，比較的に年輪幅の変化に富んでいるから，とくにこれらの集団に関係する生長率が，それらの材質に，いかように影響するかを見ると，

1. 環孔材が生長期の初めに，形成される組織のうち，とくに顕著な要素は，比較的大形薄膜の導管で，これらは常に柔細胞，及び仮導管によって伴われている．そのためこの環孔材の春材部は，一般に著しく多孔性であり，従って重さが軽く，強度は低い．これに対して

秋材部は，密度が高く，単位体積についての細胞膜質の総量は，高い比率を示している．その理由は秋材部の導管径が小さく，比較的厚膜で，しかも数が少ないのが普通であるからである．またさらに広い範囲にわたり，厚膜の木繊維によって占有されている．それらのために，この秋材部は比重の大なることはいうまでもない．

従って一般的には，材の重さの増加は，より強度が大きいことを意味するから，環孔材の秋材部は，春材部よりも強度が大なるはずである．すでに針葉樹材において，密度の高い秋材部の厚膜の細胞層は，そのままの幅で常に残り，春材部は年輪幅によって，変化するということは前述の通りである．

ところが環孔材においては，全く針葉樹材における場合の逆で，春材部の幅は，生長率の変化によって，殆んど左右されないで，いいかえれば，年輪幅の広狭いかんにかかわらず，春材層は影響を受けないということである．

一方秋材部の造成によって，その材質は大いに影響される．それ故広い幅の環孔材は，通常同樹種の生長の遅い，狭い幅のものよりも，秋材率が大であるから強度が大である．

2. 散孔材の中心部から，遠く離れた外側の生長輪における生長率と，材質との間には，特別に密接な関連性が認められない．この状態は同じ大きさの，導管の散孔性配列から，明かに観察ができる．環孔材において見受けるような，生長輪の初めにおいて大きく，しかもしばしば多数の導管によって，生じる弱い組織帯は，散孔材には存在しない．ところが時として，このような性質の異常な組織が，肥大成長の極めて遅い老樹，もしくは成熟樹のある部分の材部に，生じることがあるといわれている．すなわち，狭い年輪幅が，おおむね多孔性である場合である．

要するに散孔材は，環孔材における場合のように，生長増殖の細胞の種類と，細胞膜の厚さとから，構成細胞の違った型の，比重における変異を，ある程度認めることができる．従って散孔材の密度と，機械的の性質は，このような組織の相違から，実質的に影響されるものと見られる．

III 細胞膜の組成要素によって影響される材質

前項では，生長増殖に関係する年輪幅の広狭，とくに秋材率が，直接に材の密度や，比重に関連し，引いてはその材の強度に影響することを述べた．しかしなおこれを厳密に観察する時には，材の強度を左右する因子として，細胞膜の組成要素である cellulose，もしくは lignin 等の化学的物質が，いかように存在するか，また構造的には fibril の配列方向等が，重大な役割を演ずることに想到する．

ところが現在では，これらの点についての研究は，なお不充分で適確な説明が得られない．

III 細胞膜の組成要素によって影響される材質

しかし特殊なアテ材*(reaction wood)については，多くの研究成績がある．従ってこれらの調査研究を基礎にし，総合して見ると次のようである．

Pillow 及び Luxford の両氏[95]は，針葉樹材の compression wood**が，正常材におけるよりも，高い lignin 含有量をもっていることを指摘し，その強度は正常材に比して，低いことを報告している．

次に Bailey 氏[95]及び彼の協力者等の，研究結果によると，木材の組織が，理化学的な処理を受けた後に，その材を構成している細胞の，1次及び2次細胞膜のfibrilの構造について報告し，とくに細胞の長軸に関係する，2次膜のfibrilの傾斜度は，恐らく材の強度に関係を与える，有力な因子であろうという暗示を与えている．

また Pillow 及び Luxford の両氏は，正常材と compression wood の異常材とを比較し，compression wood の特徴になっている，fibril の高い傾角度が，このアテ材のもつ弱さに，大いに関係するということを証明した．

なお Garland 氏[97] の推論によると，fibril の配列方向が，正常材の強度の決定に，ある程度の有力な因子になっている，ということを証明している．

しかしながら Phillips 氏[98]は，Sitka spruce について調査したが，fibril の配向角度と強度とについて，なんら顕著な関係を，見出すことができなかった．

要するに正常材と，異常材である compression wood との間には，大体において明かに強度についての相違が認められ，その強度に影響を与える諸因子のうち，細胞膜のfibrilの配列方向，ことにその傾角度が，有力に考えられるものの一つであると推定される．

---

(95) The information on the compression wood that is included here is based mainly on the bulletin, by M. Y. Pillow and R. F. Luxford, Structure, Occurrence and Properties of Compression Wood, *U. S. Dept. Agr. Tech. Pub.*, 546, January (1937).
(96) Bailey, I. W. : Cell Wall Structure of Higher Plants, *Indus. and Engin. Chem.*, Indus. Ed., Vol. 30, pp. 40～47 (1938).
(97) Garland, Hereford. : A Microscopic Study of Coniferous wood in Relation to Its Strength Properties, *Ann. Mo. Bot. Gard.*, Vol. 26, pp. 1～94 (1939).
(98) Phillips, E. W. J. : The Inclination of Fibrils in the Cell Wall and Its Relation to the Compression of Timber, *Empire Forestry Jour.*, Vol. 20, pp. 74～78 (1941).
  * 本書 p.203 参照.   ** 本書 p.205 参照.

第 6 章
木材の異常組織

これまでの記述は，すべて正常な組織を主体として論じて来た．そして木材の縦断面において，正常組織をもつ年輪層の春材部と，秋材部とから，柾目や板目等の木理（grain）を生じ，あるいはそれらの中間木理，すなわち追柾等の生じること等については，既述の通りである．しかしなお，組織の発達から，木理に異状を来すいろいろな場合の，存在することに注意しなければならない．

木材の異常組織を，二通りに区別して考えると，その一つは組織の特異の状態が，1種独得の紋様，すなわち杢（figure）もしくは模様（pattern）となり，その材特有の美観を呈することから，工芸的価値を高め，この異常組織の存在のために，かえってその材を価値づける場合である．他の一つは異常組織の存在が，前の場合とは全く反対で，材の欠点として現われ，材そのものの美を損じるばかりでなく，しばしば材質に"狂い"*が生じ，従って使用価値が低下する場合である．後者は次の"Ⅱ欠点となる木材の異常組織"の項で述べることとし，ここでは異常組織の存在が，かえって工芸的価値を高める，いわゆる杢についての説明をしたい．

Ⅰ 工芸的価値をもつ木材の異常組織

一般に木材の縦断面に現われる，正常組織の木理（grain）に対して，紋様または模様には，杢（figure）の文字がしばしば用いられる．例えば鳥眼杢，あるいは波状杢というが如くである．いまこの figure について，具体例を挙げると，次のような場合がある．

a. 虎斑杢

柾目挽きまたは柾目裁りにされた材の，面における放射組織は，年輪界を横切り，ある間隔をおいてほぼ同方向に，帯状に現われるから，一つの figure として現われる．この場合放射組織の幅の大きな，いわゆる広放射組織をもつ樹種にあっては，縦方向の木理を横切って，不規則にリボン状となって，拡がるのを認めることができる．わが国ではこの杢を虎斑杢といい，米国では ray fleck と呼び，この放射組織による特殊杢を，箱用材又は家具用材等として，特別に賞美している．

b. 波状杢

材の解剖上から見れば，広葉樹材の縦断面に，しばしば見られる層階状配列，すなわち波状

---

* "狂い"というのは反張，彎曲等，形態の不良な変化について，総称した通用語である．

紋*（ripple mark）で知られているものであって，木繊維の配列面に波状を呈し，柾目面では皺の寄ったような様相を現わす．また板目面ではおおむね平滑であるが，木繊維配列の撓れがとくに目立つ．このように波状を呈する場合には，波状杢（wavy figure）という．

波状杢のうちで violin の背面板で見るような，皺の寄り集まりがとくに密で，美しい紋様を呈するものは，violin の背面杢（fiddle back figure）と呼ばれている．何となれば violin の背面板に使用されている樹種は，殆んど波状紋をもつカエデ類か，または mahogany 類に限られているからである．なお波状杢は時としてカンバ類にも生じ，また偶発的には，他の広葉樹材にも現われることがある．

c. 巻 毛 杢

巻毛杢（curly figure）は樹幹の組織が，節のところで撓れ，あたかも毛が巻かれたような状態を呈する場合をいい，しばしば外傷の治癒する時にも生じ易い杢で，波状杢の変形杢とみなされる．

d. 泡 状 杢

泡状杢（blister figure）は板目取りの挽板や，板目の現われるベニア単板に，しばしば生じる杢である．正常な組織の縦断面が，投入光線からの反射に対して，平面的な感じを与え，なんら凹凸感や，山や谷のある立体感を与えないのに対し，泡状杢の場合は，凸部が盛り上ったような風に見え，これに対して凹部のところは，押しつけられたように低く見え，明暗の関係から，不規則な立体模様が感じられ，全体としてあたかも泡立って見える．この泡状杢は種々な樹種に現われるが，とくにカエデ類及びカンバ類の縦断面に顕著である．

e. 鳥 眼 杢

鳥眼杢（birds eye figure）は，木繊維の配列の偏寄した，部分的に撓れる異常組織で，しかも外観上円錐状の凹みが，生じているかのように見える場合で，これはあたかも鳥眼のような感じを呈する，1種の figure である．鳥眼杢の生じる樹種はカエデ類が最も著しく，時としてカンバ類やトネリコ類にも認められる．北米では soft maple** におけるよりも，hard maple*** の方において顕著であるといわれ，装飾材として珍重されている．鳥眼杢の成因については，まだ明確な説明が得られない．

f. 羽 状 杢

木理に撓れの生じる場合には，これを撓れ木理（twisted grain）と呼ばれているが，撓れのとくに著しい異常組織の生じることがある．例えば異常組織が瘤状や叉状となり，時として腫脹した株となる場合で，これらが製材され，もしくはベニアに丸剥きされると，極めて美麗な特色のある紋様となり，貴重材として賞美される．従って多くは sliced veneer として截られたり，または rotary veneer として丸剥きされ，一般に装飾板として利用され

---

* 本書第4章 p.140, p.148, p.155, p.178 参照.
** soft maple は Redmaple 及び Silvermaple の総称である．
*** hard maple は Sugarmaple 及び Blackmaple の総称である．

る．

これらの figure が，さらに高い価値を与えられるためには，図柄を左右対称になるように，矧合せられるのが一般である．

なお北米では，組織の異常発達から生じた，これらの figure に，その形状から種々な名がつけられている．例えば羽状杢（feather crotch figure），あるいは渦巻杢（swirl crotch figure）等があり，いずれもクルミ類等に現われる典型的な，又状杢（crotch figure）の変形杢と見ることができる．

g. 瘤　　杢

瘤杢（burls figure）は樹幹または大枝等に生じた腫脹（bulges）か，あるいは瘤（excrescences）と思われる，異常組織から出来た figure である．カエデ類またはクルミ類の瘤からは，とくにベニアまたはロクロ細工用として，高級な工芸的価値のある figure が得られる．

瘤の成因については，種々説明がなされているが，多くは樹木の外傷の結果生じるものと考えられている．その一例として，樹幹の周囲に金属鈑を密着させ，緊迫して置くことによって，Box wood の樹幹に，瘤の形成を導くことに成功したものがある．なおかなり古い 17 世紀から，18 世紀にかけて，すでにアルゼリアにおいて，樹幹の 1 部を焼き，治癒した後にまた焼き，この刺激を繰り返すことによって，African thuja に人為的の瘤の造成を，導くことに成功した実例が伝えられている．

h. 根　株　杢

根株材（stump wood）は樹木の根際の鐘形（bell-shape）の基部から得られる．とくに優良な根株杢（stump wood figure）の存在する，価値のある株材は，なるべく不規則な異常組織であることが望ましい．一般に樹幹の最下部，すなわち，根株の位置に，縦溝や不規則な隆起部の存在することから，組織に異常を呈していることが外見上察しられる．

わが国では，古来ケヤキの根株材から得られた縮れ杢，あるいは波状杢等の杢板が，とくに珍重がられ，地板等の和風建築用材として賞美されている．veneer 用材の根株材の採取には，根の周囲を 2～3 feet 掘り下げ，加工を施して価値ありと，思われる部分が，掘り取られる．

i. 縞　　杢

これは色素の不均等な沈積が，原因となって生じる杢で，材面に正常色をもつ明るい条線と，沈積色素のために現われる暗色を呈する条線とが，縞模様を現わす場合で，北米ではこれを pigment figure といっている．そして北米産の Red gum には，極めて普通に現われる杢で，これをとくに Figured red gum と呼んでいる．またその他 Black walnut のようなクルミ類にも生じ，なお種々な熱帯産樹種にも，認められるといわれている．

とくにアフリカの西海岸に産する Zebra wood は，恐らく取引材の中でも，最上級のものとして知られている．これは美しい明暗の条線が，交互に材面に現われるのが特色で，そ

のため Zebra（縞馬）の名がつけられたものらしい．

II 欠点となる木材の異常組織

　普通の用材を観察すると，欠点の皆無のものは殆んどなく，多少とも欠点をもっているのが一般である．例えば一つの欠点と見られる節（knot）のようなものは，林木の生長上避け難いもので，あらゆる樹種にも存在する，共通の異常組織といえよう．このような異常組織に対し，木材の使用上しばしば欠点（defect，瑕瑾(かきん)）という簡単な用語が使われている．

　木材の欠点は次のように定義することができる．"木材の欠点というのは，木材の強度を低下せしめ，加工用具による加工作業を困難ならしめ，仕上げの性質や外観を損傷し，用材としての価値を下落させるような，木材のもつ不法正な異常組織である"．

　木材の異常組織には気象上の影響，その他不良な環境のために，立木として存在する間に，すでに正常な組織が破壊されて異状を来す，いわゆる，自然的に生じる欠点と，伐採後の用材，もしくはすでに製材されたものに対する，乾燥処理の不完全なため，またはその取り扱いの宜しきを得ないため等，人為的に不完全な処理から生じる欠点とがある．またある種の異常組織は，腐朽菌や害虫，または海水中の木材に，棲息する穿孔虫のような，生物の侵害から生じる場合もある．

　従って木材の異常組織の生じる場合を，大きく別けて3項目とすることができる．すなわち，A．立木に生じる異常組織，B．乾燥によって生じる異常組織，及び，C．木材組織の破壊，以上である．

　これらの中で第3項の木材組織の破壊については，その原因が殆んど生物の侵害によるものであるが，それら生物の生理生態的な記録，その被害状況，統計的な表示，防除法等の記述が当然なされなければならない．しかしこれらは，木材組織学の分野から，甚だしく逸脱する嫌があり，森林保護，木材保存，もしくは木材工芸学の領域と考えられるので，ここではそれらにつき極めて簡単な説明のほかは，関係事項を省略し，専ら木材組織の破壊に関する事項の記述だけに，重点を置くこととした．

A. 立木に生じる異常組織

　生長過程にある立木が，自然の環境におかれる時，ある原因のために，正常な組織が破壊され，木材の組織に異状を生じることがある．このような場合，人為的にはもはや，いかんともし難いから，樹木の伐採後に発展する異常組織とは，およそその成因が違っている．それ故不都合な取扱いのために生じた欠点や，また外部から侵入する，生物によって生じる異常組織とは，明かに区別されるべきである．

1. 木理の異常組織

木材を構成する縦型細胞の配列が，その材の長軸に対し，正常な平行方向から離れて存在する場合，すなわち，それが長軸に対して，ある角度をもって配列する異常組織は，明かに 1 種の欠点と見られ，これを総称して交走木理 (cross grain) と呼んでいる．

交走木理は，木材の構成細胞の配列状況から，実際には種々な場合に遭遇する．例えば旋回木理 (spiral grain)，斜走木理 (diagonal grain)，交錯木理 (interlocked grain)，波状木理 (wavy grain)，及び巻毛木理 (curly grain) 等である．

これらの中で最初の旋回性のもの，及び斜走性のものは，木材の利用上極めて不良な欠点で，最も嫌われる異常組織である．しかし残りの交錯，波状及び巻毛等の材は，乾燥や加工の際，ある程度の困難な場合に遭遇することはあっても，大局から見て，おおむね大した欠点とは考えられていない．いま重要な 2～3 について説明を加えると，次のようである．

a. 旋 回 木 理

旋回木理 (spiral grain) はまた，螺旋木理ともいわれるもので，仮導管もしくは木繊維のような，縦列細胞の配列状況が，樹軸と平行の方向に走向せずに，左右のいずれかに偏在して生じる，一種の異常木理である．従って走向の方向に沿って線を描くと，その材の周囲に，螺旋状の線が画かれることになる．

この原因は恐らく形成層から，新細胞の形成されるに当り，不法正な偏位的組織の増殖によるものであろうと，考えられる．それ故形成層から生産される仮導管，または木繊維のような縦列細胞は，樹軸に平行に走向せずに，螺旋状に偏向するものと思われるのである．

それでは，形成層による新細胞増殖の際の偏位は，何故に起るかという問題については，諸説があって明かでない．しかし一説には，旋回木理は立地の影響によるものであろう，という説がある．すなわち，貧弱な土壌，乾燥地，岩石地等一般に林木の生育上，悪影響を与える因子に関係するもので，このような諸因子の中で，とくに地質に関し，第三紀層，砂岩及び硅岩等におけるものについて，旋回性の認められることが少いが，雲母片岩の所におけるものは，他の所におけるものよりも，旋回性木理のものを，生じ易い傾向があるといわれている．また旋回性が遺伝的のものかどうか，ということについては，従来種々な研究が行われているが，満足な結果は得られていない．

次に旋回方向については，多くの調査結果があるが，いまそれらを総合して見ると，樹木の基部から上部を見上げて，逆時針方向の旋回をするものは，これを左旋回，これと反対の場合は，右旋回といって区別している．旋回方向は樹種及び樹齢の同一の場合は，おおむね一定している傾向があるが，その程度は一様ではない．また若い時に左旋回のものも，後に

---

(99) 大倉精二氏は樹木の回旋性（旋回性）について研究し，数種針葉樹材の年輪幅と，仮導管細胞配列による捩れ角との関係を調査し，回旋型を数種に分類している．なお左旋後右旋する，いわゆる "ねじれかえし" (Umdrehung) についても言及している．〔信州大学農学部学術報告，第 5 号 (1956)〕

II 欠点となる木材の異常組織

なって右旋回に変化する場合[99]がある．このことは俗に"ねじれがえし"といっているが，これは針葉樹材に時々見受けられる現象である．

製材についての旋回度は，次のようにして求められる．例えば板目取りの材においては，繊維の走向と，樹軸に平行の線との間の角度，すなわち，繊維の走向の樹軸に対する傾斜度を以って示される．例えば 20 に対し 1 の場合は，20 単位長の距離において，繊維は樹軸に平行の線より 1 単位長だけ，偏位し距ることを意味している．実際には $1/20$ で示される．図 80 の⒜の GDEF の割裂面は真の柾目面で，傾斜度は FH/GH で表わされる．

以上は板目木取りの場合であるが，板目以外の柾目取りまたは追柾目取りの場合の旋回度 x は，次のようにして求められる．図 80 の⒝の繊維の走向に平行に AC を引き，A より半径方向に AB を描き，年輪界に対し切線方向に DE，縦断面の年輪に平行に DC を引けば，DE と CD とから旋回度 x は，すなわち，$x = \dfrac{DE}{DC}$．従って x の小なるものほど旋回度が小さくなる．

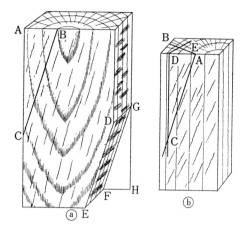

図 80．旋回木理（Forsaith・関谷）

旋回木理の使用上，不都合な諸点を挙げると次のようである．(1) 鋸断が困難である．(2) 原木から斧による角取りが困難である．(3) 製材の品質が低下する．(4) 強度が落ちる．ことに抗彎強が低下し，梁，桁等にあっては，普通材におけるよりも，かなり多い相当数の安全率を，掛けなければならない．従って材の使用上，安全に許されるべき旋回度の決定が，必要になって来る＊．(5) 乾燥によって不規則に反曲する．(6) 抗裂性が大で，その割裂面は通直でないから，割材，割板等の製作には不適当である．(7) 気象上の被害，ことに雪折れし易い．(8) 伐倒の際，損傷し易い．

b. 斜走木理

前述の旋回性は，縦型の細胞の配列が樹軸と平行方向に走向せず，左右のいずれかに偏重し，繊維はおおむね螺旋的であるのに引きかえ，斜走木理（diagonal grain）は，柾目面における年輪がその材の稜に，平行に走らないで，傾斜する場合である．そして斜走性の場合の原因は，次のように考えられている．

例えば樹木の基部で，膨大している部分，あるいはまた曲材から木取る場合，樹梢部で中心軸に平行に鋸断する場合，もしくは製材する際，規則を無視して行われた場合等に，現わ

＊ 一般に構築材として許される旋回度は，おおむね 1：15 位までで，とくに慎重を必要とする場合には，1：20 の超過は許されないとされている．

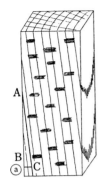

図 81. 斜走木理 (Forsaith・関谷)

れる不法正木理でてる．

斜走木理の斜走度は，前記の旋回性の場合と同様，次のようにして決定することができる．すなわち，図 81 の ⓐ は，柾目面の現われている場合で，この時は年輪界に沿って AC を描き，稜に対する C からの垂線 BC は，AB なる稜の長さに対する偏位を現わす．何となれば斜走木理の斜走度の x は，$x = \dfrac{AB}{BC}$ で表わされ，あるいは 1：x として示される．x は単位偏位距離に対する，軸方向の長さを表わすことになる．そして x の値の大きいほど，正常の木理に近づいて行くわけである．

次に正確な柾目の現われない場合の斜走度は，次のようにして求められる．図 81 の ⓑ における縦断面上の年輪界に，平行に引いた AB と B 点と，また年輪界に切線方向に描かれた BC の線とから決定される．すなわち，長さ AD に対する偏位は半径方向に引かれた CD である．それ故に斜走度 x は，$x = \dfrac{AD}{CD}$ で表わされ，x が大きければ大きいほど正常に近くなる．

c. 交 錯 木 理

繊維の走向が一方的に旋回状に走り，これに接続する繊維が，反対の方向に旋回するものを，しばしば見受けることがある．これらは交錯木理 (interlocked grain) として，他の木理と区別することができる．これは図 82 のようにラワン材 (図 82 の b) を，樹軸の方向に割裂する際，現われる縦断面（図 82 の a）に，しばしばこれを観察するのである．

交錯木理の強度に対する影響は，前記の斜走木理におけるほど低下しない．この点については生長層の数層毎に，交互に反対方向の，繊維の走向が存在するから，旋回によって生じる弱点を，互に相殺するものと考えられている．しかし交錯木理の材は，不適当な乾燥に遭遇すると，狂いが生じ易い．

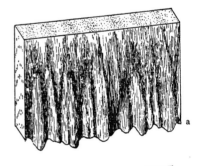
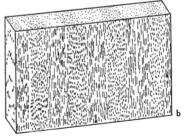

図 82. 交錯木理 (Brown)

2. 節

a. 節の形成

樹木における節の形成を，説明するに先だち，まず枝の起源を追究し，その発達過程をたどることは無駄ではない．

植物体は幹の先端に1個，及び周囲に，螺旋状に，あるいは二つずつ向い合って，芽を

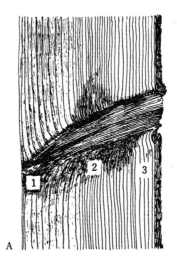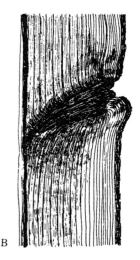

図83．節の形成（Brown・山林）

つけている．この芽は休眠芽として，生長をしないものもあるが，活動を始めると頂点の芽は，わか枝（嫩枝，shoot）として伸び，側方に配列する芽は側枝に発達する．

実際にはそれぞれの芽は，生長点で被われた2次軸（secondary axis）で，この2次軸は髄心，及び少くとも未完成の通導組織をもっており，そしてもともと，これらは主幹の組織に類似し，密接な関連性をもっている．

新しく形成された枝が，活きている限り，頂端における1次の生長によって伸びて行き，形成層の活動による，2次の生長によって肥大して行く．枝の形成層は，幹の方の形成層と連続し，そのために，その材全体の新増生細胞は常に生産される．それ故図83のAにおける，1～2の部分を見るように，枝の組織と枝の周囲の幹の組織とは，破壊されずに連絡が保たれている．この点については，枝の下側部を，特に注意することによって，生長の継続の状態が，容易に観察することができる．枝の上側部を，図83によって見ると，幹の組織が甚だ不充分に，枝の周囲をとり囲むのが見られる．すなわち，活き枝の上側部の幹の組織は，殆んど垂直に接続し，下側部の幹の組織は，強い傾斜をもって，枝に接続している．

このため樹幹に埋められている枝の，周囲に存在する組織は交錯し，樹幹の正常な組織と関連性をもつから，少くとも髄心に近い基部（stub）の部分は，活き枝として残る．そしてこの部分の節は，これを合生節（intergrown knot）または硬節（tight knot），あるいは赤節（red knot）等と呼ばれ，活節の素因をなしている．

枝が枯れると，その枝の形成層の活動は停止し，新細胞の増加は専ら大枝，もしくは樹幹における形成層によって，行われるようになる．

図83のAにおける2～3の期間は，枝の形成層の活動がしだいに衰え，一方樹幹において形成される新組織によって，かろうじて樹幹の組織との結合を，保持している部分である．従って図83のAの1～2の部分と，2～3の部分とを比較すると，後者は前者に

おけるよりも，枝と幹との両者間における，組織の結合度は弱い．

やがて枝が脱落し，あるいは自然枝落ち（natural pruning）として知られている方法で，枝の付け根の部分，すなわち，stub の部分を残して脱落すると，年々生長層が追加されるに従って，stub は漸次材中に，埋没されてしまう．もしも枝の活きている部分の生長が，相当長い期間，継続するならば，充分な治癒組織（callus tissue）によって，ついには stub の端が，完全に覆われてしまう（図83のB）．

このようにして stub が覆われた時に，幹の形成層から，新生長層が形成されるから，正常な組織が，ここに造成される．つまり木部の新細胞層が，形成継続されるから，この部分は無節材が，造成されることになる．従って林業上，林木撫育に必要な枝打の行われる所以はここにある．枯枝がその林木の幹材中に，完全に埋没すると，枝と幹との組織上の結合性が，全くないから，この材を板に製材された場合，枯枝の存在した部分は腐朽し易く，菌類に侵されることが多く，また乾燥すると収縮して，ついに典型的の抜け節（死節，loose knot），または巻込節（encased knot）となって現われる．

またもしも板材の切断方向が，枝の基部を含む長軸に，殆んど垂直である場合には，枝の切断面は円形で，この際の節はこれを丸節（round knot）と呼ばれる．しかし丸節も林木の生長の状態によって，あるいはまた製材の角度から，楕円形を呈することは，いうまでもない．丸節は板の乾燥した際，収縮のためしばしば脱落し，節穴を板に残すことになる．ところが楕円節も，その板を構成している組織と，なんら有機的な結合をもっていないけれども，節の存在するその場所に，そのまま残り勝ちである．

b. 節 の 種 類*

先に節について定義したように，節の存在が用材の使用価値を，直接左右することが多いので，従来の大きさや，形質，発生の状態等を基礎に，適当な名称をつけ，用材の品等をそれによって分類している．いまそれらについて略述すると次のようである．

a. 大きさによる場合——豆節（pin knot），小節（small k.），中節（medium k.），大節（large k.）
b. 形状による場合——円節（round k.），楕円節（oval k.），流れ節（spike k.—節を節の長軸，すなわち，縦方向に近く切断した場合で，節が長く現われる）
c. 性質による場合——健康節（sound k.—一般に赤褐色に着色されているので，red k. ともいわれる），不健康節（unsound k.），腐れ節（decayed k.—節が周囲の材部より軟弱で，腐朽中のもの），硬節（tight k.—節が周囲の材部より，硬く結合しているもの），抜節（loose k.—硬節の逆），合生節（intergrown k.—節の生長層と全く癒合しているもの），巻込節（encased k.—合生節の逆），水止め節（watertight k.—節の生長層が，周囲の材の生長層と，完全に癒合し，全体として全く健全なもの），髄節（pith k.—節の中央部に髄孔を有しているもの），孔節（hollow k.—健全節であるが，ただ節の中央部に，比較的大きな孔の存在する場合）

* 日本標準規格において，節に関する詳細が規定されている．その要点を抜記すると，節の大きさはすべて長径を cm で表わし，製材で抜けないものを活節とみなし，抜節，腐れ節または抜けるおそれのある死節で，他面に通らないものを，各々その長径の1.5倍の節とみなし，節の痕跡は欠点とみなさない．本規定（第27号，類別01，頁3，木材）の第5章第9条及び第10条に，節に関する大きさ，等級等が掲載されている．

d. 発生による場合——単節（single k.—節が1個存在する場合で，普通のもの），群節（knot cluster—2個以上の節が，集合して存在する場合），分岐節（branch k.—2個以上の節が，共通の中心から分岐する場合）

以上の節の数，大きさ及び形状等は，枝の数，その大きさ，枝の枯れる進行速度，枝の基部が材に残る期間の長さ，等に影響される．また上記の変化は，多数の因子によって左右されるが，その内の主なものは，樹種の相違による固有の性質，立地の状況，森林の鬱閉度及び気象等である．

3. 節材の使用

力枝から下部の枝の脱落した老齢樹，もしくは伐期の長い，しかも撫育の行き届いた大径木から，前述したような無節材が得られるが，市場に現われる普通材には節材が多い．

構築材に節の存在する場合には，その存在位置によって，強度に影響するものであるが，その影響の大なる場合は，抗彎強の場合であって，とくに節が最大の引張り応力の生じる点に，近く存在する場合には，著しくその強度が低下する．

例えば梁について見れば，下側中央部に，節の存在する場合は，その節を中央にして左右へ引張り強さが生じ，反対側の上側中央部に荷重が乗る場合には，圧縮力が生じるので，最も悪条件の部位に，節が存在することになる．

ただし節が健全で，しかも梁材の中心部に位置し，彎曲木理の甚だしくない場合には，かえって強度が増し，ことに短梁の時には，このような節材を有利に使用することができる．何となれば，節が中心部に存在すると，この際発生する，水平抗剪力に対する節の影響は，あまり重要ではないが，節が健全であると，極めて硬いから，側圧に対して抵抗力を増すこととになるからである．

一般に樹梢部に近いほど，強度の低下を見るのは，節の存在が多くなるためと，考えられている．抜節の存在する場合には，強度を低下することはいうまでもない．

4. 生長応力によって生じる異常組織

一般に樹幹の内部組織を観察すると，その樹木がどのような環境の下で，生長したかが一応うかがわれるものである．ある樹種の横断面を採って見ると，その面に偏心生長（離心生長，excentric growth）の跡が，明かに認められることがある．

この場合の生長は，不法正な異常組織からなり，これをアテ（樮材，reaction wood）*と

---

* アテは樮または陽疾と書くほかに，その濃い着色の点から Red wood, Rotholz, Boi rouge 等といわれることがある．アテとは元来"悪い"という，ある地方的な俗語といわれており，木材についてはもとは"不良な木材"という意味であったらしい．それ故その後特定の欠点材に用いられるようになった．京大木材研究所編木材辞典中には"秋材が異常に発達していて重く硬くかつ濃色の木部"とあり，また平凡社百科辞典中には"木材の一部が徒らに堅くなったもの，これは樹脂の凝結した場合，または年輪の密集に原因する．ケヤキ，スギ，マツ等に多く現われ，鉋削困難で反張の原因となる"とある．なおヒバ（*Thujopsis dolabrata* S.et Z.）のことを普通にアスナロまたはアテといわれている．それ故ヒバのアテと混同してはならない．

呼ばれ，正常な普通材と区別し，一つの欠点とみなして，取扱われている．このアテ材は針葉樹材及び広葉樹材のいずれの材にも存在し，一般に傾斜して生育した幹材，または大径の枝材に認められることが多い．しかしアテ材の型，場所及び性質等については，針葉樹材におけるものと，広葉樹材に現われるものとの間に，大きな相違が認められる．

針葉樹材におけるこの種の異常組織は，傾斜した幹材または枝材の下側部に発展し，これを一般に compression wood（圧縮アテ材，Druckholz）と呼び（図84），これに対して広葉樹材の幹材及び枝材の上側部に，形成される欠点部位に対しては，これを tension wood（引張りアテ材，Zugholz）と呼ばれている（図85）．これらの用語は，林木におけるアテが，傾斜した幹材または枝材において，縦方向の圧力の生じる結果として，形成されることを，暗示するものであると，考えられている．

アテ材の形成については，その主因が縦方向の圧力に存在することは，肯定されているが，しかしなお光線，比重及び樹液の流動する際の張力等のような，圧力以外の刺激の影響も，見逃すことのできない，因子ではあるまいかと考えられている．なお一説には重力の刺激が，幹の中の生長ホルモン（auxin）の分布に影響し，これによって，幹の一方側に細胞分裂が旺盛になり，ここに現われる偏心生長を，推察することができるとしている．

例えば尾中氏[100]は，アテの成因と樹木の屈地性について，次のような興味ある説明を与えている．原文のままを引用すると，すなわち，"幹の直立せる部分にでも人工的にヘテロオーキシンの様な成長ホルモン剤を塗布すると，いづれの側にでもアテを形成せしめる事が出来る．従ってアテの生ずる直接の原因は，成長素の関係によるものと考えられる．幹が傾斜した場合に重力の作用によって成長素が下側に偏り，之によって下側の肥大成長が盛となりアテを生ずる．而してアテは先に述べた如く縦の方向に伸長する応力を有するから，此組織が多くなると，此方の側が伸長して軸を屈曲し，上方に向わしめる．樹木の屈地性はこの様な機構によって起るものと認められる"とある．

しかし新細胞の形成部位が，針葉樹と広葉樹とで相違し，針葉樹の場合は下側に，広葉樹の場合は上側にと分れているのは，充分に納得し兼ねる点である．従って重力の刺激は，auxin の分布に影響するのではなくして，auxin 生成の因子になるのではないかと考える向もある．

また形成層の活動は，幹の芽の発達と関連し，広葉樹の芽は傾斜した幹の上側，針葉樹の芽では下側に大であると考えられ，そのため偏心生長も，あるいはこれに従うのかも知れない，という考え方もある．

要するに reaction wood を形成するに至る機構については，明確な説明が未だに得られない．それでアテ材に関する適確な成因に関する説明はともかくとして，いま reaction wood について多数研究された結果を，ここに総合して見ると次のように要約することがで

---

(100) 尾中文彦：アテ又は陽疾，木材工業，第4巻3月号，p.106 (1949).

きる.

a. compression wood

compression wood（圧縮アテ材）の用語は，針葉樹の力枝に相当する，低い比較的大径の枝の下側部，及び傾斜した幹の下側部に形成される，偏心的異常生長層であるアテ材（reaction wood）に対して用いられている．

一般に強く傾斜した針葉樹の根株材の横断面をみると，殆んど大部分が compression

図 84. ヒノキの compression wood（山林）
写真のヒノキの採取地は，静岡県小笠郡
谷村村有林内，約 50 度の傾斜地．

図 85. シラガシの tension wood（山林）
写真のシラガシの採取地は静岡県静
大農学部，大代演習林内の傾斜地．

wood によって，占有される傾向が強い．普通の丸太材における compression wood は，偏心的生長輪の存在によって，明かに示され，それらの生長輪は図 84 のように，偏心的に異常な濃厚暗褐色を呈する，秋材部を現わし，なお普通材に比較して，春秋材の境界が，甚だしく判然しないことが多い．

すなわち，普通の正常材の方は，春材部から秋材部への仮導管の移行が，比較的急進的で，かなりの gap が見られるのに，compression wood では甚だしく漸進的で，gap が極めて少いように見える．また代表的の compression wood は同じ樹種で，しかも同じ生長率の同樹種の普通材と比較し，重量において 15～40％ 程度，重いことが知られている．わが国産の樹種中，しばしば compression wood の見られるものを挙げると，ヒノキ，ヒバ，モミ，ツガ，マツ等の針葉樹である．

compression wood の代表的のものについては，組織上の変化，ことに秋材部において，明確な諸点がうかがわれるが，いま正常材と比較した場合の研究結果を，次のように総合す

ることができる．

(1) アテ材をもつ針葉樹材の横断面において，その秋材部の仮導管を見ると，普通材の角形の仮導管の形と比較して，殆んどすべてが丸身をもっている．

(2) 針葉樹の普通材における，横断面上の仮導管相互に，相接するところには，なんら細胞間隙は認められない．ところが compression wood における場合には，例外なしに，いずれにか細胞間隙が認められる．

(3) compression wood を構成している仮導管の縦断面において，その2次膜にしばしば螺旋状裂罅 (spiral crack)，または条痕が存在する．Kollmann 氏[101]はこの種の仮導管の厚い細胞膜面に，しばしば顕微鏡的の傾斜度の強い裂罅の生じることを指摘しているが，Wardrop 及び Dadswell の両氏[102]等も，またこの spiral crack を認め，2次膜の中層のミセルの配列方向を示し，その傾角度は普通材におけるものに比較して，著大であるとしている．なお松本氏[103]は従来アテ材仮導管壁に，螺旋状裂罅を認め，しかもこれは生材にも存在すると考えられて来たが，ヒバ及びスギの生材の観察では螺旋状裂罅は認らめれない．ただ仮導管壁の第2次層（2次膜）のセルロース層の間に，多量のリグニンが，層をなして螺旋状に走っておると考えられ，従って2次的な乾燥その他物理化学的原因によって，裂罅が生じるものと思われる，と述べている．

(4) compression wood の秋材部仮導管の膜壁の厚さは，殆んど普通材の仮導管におけるものに等しい．これに対して春材部細胞の膜厚は，普通材におけるものに比べてやや厚い．

(5) compression wood の仮導管の長さは，普通材の同じ部分から得た，仮導管の長さと比較して，普通のものよりも短い．

(6) compression wood は普通材と比較して，異常に不規則な縦方向の収縮率が大で，Desch 氏[104]によると普通材の縦方向の収縮率 0.1〜0.2% に対し，compression wood の場合の収縮率は，平均値にして大約 0.3〜1.0% を示し，最大収縮率は 5.78% に達すると算定している．ことに正常材とアテ材とを同時にもつ材では，両者間の収縮率の相違から狂いが生じ，板類を乾燥すると弓形に彎曲し，甚だしい時には割れが生じると報告している．

(7) compression wood は，普通材と比較して遙かに硬重である．しかるに，この材の強度は，必ずしもこれに伴わず，強さの低いことが多い．この事は compression wood をもつ針葉樹材が，立木として存在する時に，compression wood としての組織のために，その外側部仮導管の，2次膜における fibril の配列方向が，殆んど角度をもたないという，事実によるからであろうと，いわれている．

---

(101) Kollmann, F.: Technologie des Holzes und der Holzwerkstoff, s.27 (1951).
(102) Wardrop, A.B. and H.E. Dadswell: *The Australian Journal of Scicentific Research*, Vol.3, No.1 (1950).
(103) 松本卯：「あて材」の研究，第1報，針葉樹「あて材」仮導管壁の螺旋状裂罅について，日本林学会誌，Vol.32, No.1, pp.16〜19 (1950).
(104) Desch, H.E.: Timber its Structure and Properties, p.47 (1948).

(8) Desch 氏*の調査によると，compression wood の lignin 含有量は，普通材よりも多く，パルプとしても不適当であることを指摘しているが，Kollmann 氏**は普通材のリグニン含有重量が，おおむね全重量の 20〜35% であるのに対し，同樹種のアテ材は普通材におけるよりも 15〜40% 高いことを述べ，なお小原氏***もエゾマツのアテ材の仮導管について，その1次膜が正常材に比して，甚だしく明瞭であり，春材部の1次膜はとくに肥厚し，lignin の反応が著しいことを述べ，アテ材に lignin の含有量の多いのは，恐らくこの層の存在に起因するものと考えられると，述べている．また cellulose の含有量については，lignin における場合と逆で少い．

(9) 従来 compression wood の強度について，調査されたものは多数あるが，いまそれらを総合して見ると，compression wood の抗彎強及び弾性係数については，一般に同樹種の普通材におけるよりも，劣るものと思われる．この理由としては，恐らく仮導管に存在する多数の細微な裂罅と，仮導管相互間の細胞間隙から，来るものと思料される．

b. tension wood

広葉樹材の太枝及び傾斜する樹幹の上側部に，形成される偏心生長の異常組織は，これを tension wood（引張アテ材）と呼ばれる．従来 tension wood に関しても，多数の研究結果があるが，これらのものを基礎にして，tension wood のもつ特徴を，ここに摘記すると次のようである．

(1) 広葉樹材に tension wood の存在する場合には，縦断面の木理に沿って，銀色の光沢を発揮することが認められている．これは主として心材部における，膠質繊維（gelatinous fiber）****の存在するためであると，考えられている．すなわち，同樹種の普通材の心材部が，鈍い暗色を呈する法正材であるのに引きかえ，tension wood が銀色光沢を発揮することから，両者を明確に区別することができるとされている．この色調はまた辺材部の tension wood では，甚だ目立たないが，光線に適当な角度を与えることによって，銀色光沢のあることが，認識されるとしている．

(2) 構造的に見て，tension wood の顕著な特徴と思われているのは，生長層における春材部に，gelatinous wall をもった木繊維の存在することである．この gelatinous fiber の fibril の配列方向については，2次膜の非膠質層の部分の fibril の配列方向が，長軸に対して約 $45°$ の傾斜をもっているのに対し，内部の膠質層の部分における fibril の配列方向は，長軸に対して大体平行の傾向が強い．また Dadswell 及び Wardrop の両氏[105]によると，tension wood の木繊維の2次膜の外層，及び中層に配列する micell の傾角度は，正常材

---

(105) Dadswell, H.E. and A.B. Wardrop : What is Reaction Wood ? *Australian Forestry*, Vol. XIII, No.1 (1949).
 * 本書 p.206 に前出の (104) Desch—p.48.
 ** 本書 p.206 に前出の (101) Kollmann—p.27.
 *** 本書 p.71 に前出の (40) 小原.
**** 本書 p.174 参照．

におけるものと似ているが，膠質層で内層の micell の配列傾角度は，普通材におけるものよりも遙かに小さい．細胞膜に存在するこの gelatinous fiber の層は，主たる tension stress を支えており，またそれはこの目的に対し，機械的によく適応しているものであると，考えられている．

(3) Chow 氏[106]は European beech における，tension wood について研究し，この材の tension wood fiber が，普通材よりも長さが短く，相互に間隙をもち，細胞の膜壁に螺旋紋が存在することによって，特色づけられることを報じている．

(4) tension wood の部分の lignin 含有量は，普通材におけるものと比べて僅かに少く，また cellulose 及び pentosan の含有量は多い．

(5) tension wood は普通材と比較して，縦方向の収縮が著しい．そして横方向への収縮は幾分少い．

(6) tension wood は普通材と較べて，強度がおおむね低い．Marra 氏[107]は材の静止曲げ強度について調査したが，Hard maple における tension wood の強度は，普通材のもっている平均値におけるよりも，低いことを報告している．また同氏は tension wood の硬度が普通材のものよりも，およそ13.3%低かったが，木理に対する垂直及び平行の抗圧強において，普通材と較べて著しい差異が見られない，といっている．なお Chow 氏は tension wood を構成している木繊維の膜壁に，水平方向の微細な裂罅の存在することを認め，このために高い引張り強度を，欠いていることを，指摘している．一方 Clark 氏[108]によると，同氏の結果は，前記の Marra 及び Chow 両氏の示した強度に関する結果と相違し，European beech について Clark 氏は"tension wood は木理に平行の圧縮強に対しては，例外的に弱いことが見られたが，しかし引張強度及び弾性係数については，同じ密度の普通材と比較した場合，平均値において普通におけるよりも僅かに大きい"と述べている．

5. 圧縮力によって生じる異常組織

立木が圧縮力や衝撃を受けた場合の傷で，これを衝圧痕または打撲痕，ときとしてモメ（揉め，compression failure）と呼ばれ，材の縦断面において時折見受けられる異常組織である．一言にしていえば繊維の部分的に緊縮して出来た，甚だしく微細な隆起部で，しばしば皺曲線として認めることができる（図86）．そしてこの compression failure は，細胞膜の永久的の変形を意味し，比例限界を越えて木理に平行に加えられた材の圧縮力から生じる．

---

(106) Chow, K.Y.: A Comparative Study of the Structure and Chemical Composition of Tension Wood and Norval Wood in Beech (*Fagus sylvatica* L.), *Forestry*, Vol. XX, pp. 62~77 (1946).

(107) Marra, A.A.: Characteristics of Tension Wood in Hard maple (*Acer saccharum* Marsh), Unpublished Thesis, Dept. of Wood Technology, the New York State College of Forestry, Syracuse, N.Y. June (1942).

(108) Clark, S.K.: The Distribution, Structural and Properties of Tension Wood in Beech (*Fagus sylvatica* L.) *Forestry*, Vol. XI, pp. 85~91 (1937).

またこの種の隆起は，木立が強風を受け，重い積雪のために，彎曲が強制される時に生じる傾向が強い．また搬出材が起伏のある土地，あるいは他の林木，もしくは岩石等に衝突した材中にも生じ，一般に乱暴に取扱われた原木や挽材からも，この種の欠点が見出されることがある．

要するに，杭または梁のような材に，荷重が加えられる時，とくに過剰力が加えられることから生じることが多い．そして compression failure の存在する材は，一般に普通材に比較して強度が低下することはいうまでもない．

次にここに注目すべきことは，以上のような compression failure の研究法として，崩壊過程にある細胞膜を，染色するという一つの手段がある．例えば Delafield's haematoxylin 法[*]が，しばしば利用され，しかもある程度良好な成績が，挙げられていることである．すでに靱皮繊維の屈折点，木材圧縮によって起る仮導管や，その他細胞膜の slip plane 等の繊維素反応を起す部位が，染色された実験が存在している．

図 86. ヒバ (*Thujopsis dolabrata* S.etZ.) のモメ (compression failure) (山林) 左側の白い部分は辺材部，右側の黒い部分は心材部，←印部分の皺曲した白い細微線がモメ．

6. 鉱物質の沈積による異常組織

鉱物質の沈積による異常組織は，普通これを鉱条（mineral streak, mineral stain）といわれている．これは木材の組織中に，ある種の鉱物質（mineral matter）が集積されるために着色し，正常材のもつ固有色を失う場合をいう．このような材が乾燥すると，着色の現われている所に，しばしば割裂の生じる傾向がある．そして一般に鉱条を呈する材は，普通材におけるよりも硬度が高く，そのため加工器具の刃を害し，甚だしく鈍くするもである．

米国農務省森林病理研究所における最近の研究によると，北米東部産の Hard maple に生じる鉱条材部は，隣接の普通材におけるよりも，灰分を多く含んでいることを発表し，普通材が僅かに 1.2% を含有するのに対し，鉱条材は 5.2% の数値を示すことを報告している．なおこの mineral stain wood もまた，普通材よりも幾分硬いことが証明された．しかし mineral streak の生じる成因については，まだ充分な説明が与えられていない．この鉱

---

[*] 本書第7章 p.249 参照．

物質の存在のために，固有の材色を変え，さらにその木材組織の生理的作用に，障害を起すことが，明かにされている．

従来鉱物質による着色は，立木の根を通して，鉄または銅の塩類が吸収される結果であろうという説がある．ところがこれに対して，ある種の腐朽菌によるためであるとする異説もある．しかし前記の米国農務省森林病理研究所の調査では，この場合の菌糸は着色された組織に対し，必ずしもその要因になっていないということを証明している．

7. 化 学 的 着 色

化学的着色（chemical stain）の原因は，木部細胞膜に存在する物質に起る，化学的変化によるものとされている．これらの非病理学的色素による，化学的反応については，まだよく知られていない．しかし一説には，細胞の内容物である原形質体の中に存在する，ある成分の酸化作用によるものと，信じられている．それ故，酸化着色（oxidative stain）という用語が，この型の着色を表現する場合に，使われることがある．

化学的着色として現われる場合は，おおむね黄，橙，もしくは褐色系統の着色で，おおむねその色彩が顕著である．これらはしばしば貯蔵中の原木に見ることがある．ことに顕著なのは，乾燥室内で板材を処理する際の着色である．すなわち，板材相互の間に適当な空間を作り，換気をよくする必要から，枕木または桟木（横木）を板材の間に挟むのであるが，この場合この横木に沿って，材面にしばしば顕著な着色を生ずることがある．これは木材中に含まれている樹液が，上層に移動し気化の起る部分の溶液中に，含まれている物質が，しだいに濃厚になるためであると考えられている．このような着色部が表面下僅かの所に，存在する場合には，鉋削によって簡単に除かれるが，これが深くなると美観を害し，使用価値を低下する．しかしこの種の着色は，幸に強度に対し大した影響が認められていない．

北米において最も重大な，化学的着色とされているのは，Sugar pine 及び Longleaf pine に生じる褐色の変色である．着色が風乾中に，あるいは貯蔵中に発展する時には，それは yard brown stain（土場内褐変着色）と呼ばれ，もしも乾燥室内の乾燥中に現われるならば，kiln brown stain（乾燥室内褐変着色）といわれている．

以上の防止法としては，乾燥の際ごく高い湿度を与えることで，これによると表面の蒸発を妨げるから，水分は気化する前に，表面近くまで達することができ，従って着色層を表面のすぐ近くにまで生ぜしめ得ることになる．従って鉋削によって簡単に除くことができる．

8. 治 癒 組 織

立木の蒙る外傷は，種々な機会に生じるものであるが，これが治癒されても，原状に回復るすことがなく，後まで残る．立木が外傷を受けると，周囲の正常な細胞から，新細胞が増殖し治癒してしまう．形成層の部分の傷の場合は，形成層の細胞分裂による新細胞の造成の

ために，傷口が閉塞され，こうした外傷による傷口には，普通 parenchyma の増殖によって治癒される．

以上のように，閉塞した組織は，すでに節の項で述べた通り，これを治癒組織（callus tissue）といっている．しかし傷の面と新組織とは，完全に融合することはない．治癒した後も傷痕が材中に残ることとなり，この部分は通直な木理とはならず，組織は異常を呈するので，勢い強度は正常のものよりも低い．実際には外傷が治癒するまでに，しばしば昆虫が寄生し，あるいは腐朽菌の侵害を受けて，健全部分の材までも侵されることがある．

"祖先返り"の現象は，植物界にかなり多く，広い範囲に見受けられ，内部構造にも，しばしばこの現象の惹起することがあり，そしてこのため畸形の，異常組織を見る場合がある．このように現われる異状組織が，その植物にとって，系統的に古い型であることがあり，これをしばしば"祖先返り"と呼んでいる．これには，なんらかの原因があるはずであるが，その中で最も顕著なのは，傷害によるもので，主として材部に起る．

小倉氏[109]によると松柏類の Sequoia の材には，元来樹脂道を見ないが，傷害を受けた部分には，樹脂道が現われる．このことについて，かえって新しい形質とみなす人もあるが，先祖のもっていた形質に復帰したものと，考えている人もあり，またカンバ属の材の射出髄（放射組織）は，普通広い幅の平等の組織からなるが，傷害に遭うと細くて小さい，射出髄の集合した型となる．この後の型は前の型よりも，古い型と見られているから，やはりこの際も傷害によって"祖先返り"をしたものと，考えられると述べている．

B. 乾燥によって生じる異常組織

立木から採取された直後の材部は，おびただしい水分を含有し，しばしば乾燥重量の 100％乃至200％を含んでいる．木材が空気中に置かれると，すぐに乾燥を始め，湿気の幾分，あるいは大部分が，乾燥によって失われる．

生材が乾燥する場合を見ると，まず最初に細胞腔内に存在する，自由水が失われ始め，乾燥過程の，この段階における材の，正常の寸法もそのままで，水分消失のために起る影響がなく，従って形の上になんらの変化もない．しかし材の乾燥が繊維飽和点* 以下に継続されると，しだいに収縮が起きてくる．

収縮が始まると，材の大きさにおける変化が伴う．ここに不都合なことは，材が繊維飽和点以下に乾燥を続ける場合，収縮があらゆる方向に，一様に起きないということである．この状態は，木部組織が，種々違った種類の細胞から，構成されている集合体であると，いう事実によって説明される．

---

(109) 小倉謙：植物系統解剖学，pp.15〜16〔岩波講座生物学（植物学）〕(1926).
 * 繊維飽和点とは細胞膜が結合水で飽和され，細胞腔内における水分のない，すなわち自由水の含まない状態．

すなわち，構成細胞のあるものは，樹軸の方向に平行な配列をするのに対し，他のある種の細胞は，樹軸に垂直方向，すなわち，水平的でしかも半径的に配列する．木理に沿う樹軸の方向の収縮は，殆んど無視されてよいものであるが*，木理に直角の方向では，切線方向の収縮が最も大で，半径方向におけるものの，およそ2倍の収縮をする．

結局，直角の3方向における収縮の不等性が，避けることのできない歪の原因となり，この歪が大きくなり過ぎると，組織内において，実際に挫傷となって現われるのである．これらはすべて乾燥による欠点で，それらの主なものにつき以下に説明を加える．

1. 反　　張

反張（warping）の用語を広義に用いる時は，材が乾燥の際生じる歪み，捩れ，曲り等の意味が含まれ，一般的にいわれる，いわゆる"狂い"を意味する．この狂いに主たる型が四つある．a. 板目ソリまたは弓ソリ（bowing），b. 柾目ソリまたは縦ソリ（crooking），c. 幅ソリまたは椀形ソリ（cupping），d. 捩れ（twisting）である．いまこれらにつき，やや具体的な説明をすると次のようである．

a. 板目ソリ（弓ソリ）

図87のaのように，材の1端から他端へ引かれた直線と，材の面との最大距離を以って，その程度を表わす．

b. 柾目ソリ（縦ソリ）

図87のbのように，板の厚さの面に縦に生じるソリで，材の1端から他端に引いた直線と，材の面との距離の最大の点において，その直線と材面との間隔を測って，そのソリの程度を表わす．

要するに以上の両型の狂いは，縦方向の収縮における相違の結果から生じる．すなわち，a.の弓ソリは，板の各面の収縮における，差異から生じる彎曲，b.の縦ソリは，板の両側辺の収縮における，差異から生じる彎曲をいう．

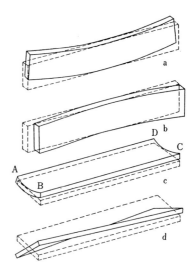

図 87. 各種の反張（関谷）

bowing 及び crooking 等は，例えば板に巻毛木理が現われているような場合，あるいは板の1側辺の木理の通りが，他の側辺の木理よりも，傾斜を強くして挽かれた場合に生じる．そしてこれらの狂いは，木理の走向が不規則な板類において，極めて普通に生じる欠点である．時として完全な正常通直材にも，弓ソリの生じることがあるけれども，概して通直木理の材には，こうした狂いが生じない．次の理由がこのことをよく説明している．

---

* アテ材に限り樹軸方向の収縮が大であるため，以上の原則から見ると例外的である．

i 木理に沿う tension が，用材を生産する林木の外側部にあるため．

ii 辺材部における縦方向の収縮が，心材部の収縮よりも大きいため．

iii 樹幹の中心部から周辺部に向って，材の縦方向の収縮は，中心部における収縮よりも周辺部が大であるため．（これは周辺の密度が，中心の密度よりも，小さいということで説明ができる）

iv アテ材の存在するため．（アテの部分と正常の部分とを，同時にもつ材においては，アテ材の縦方向の過剰の収縮と，正常材の縦方向の小さい収縮とから，材を彎曲させ，捩らせる応力を供給する）

c. 幅ソリ（椀形ソリ）

これは図 87 の c のように，板割あるいは普通板の面に，凹形の彎曲を生じ，椀形を呈するため，しばしば椀形ソリという．一方板の両側辺は殆んど平行に近い状態，すなわち（BC//AD）にある．この cupping の成因については，二つの原因が考えられる．

i 板の一つの面が他の面よりも急激な乾燥を蒙った場合．

ii 材の1辺が他辺よりも，大きな収縮を惹起する，いいかえれば，径断面と触断面との収縮率の差異の大きな場合．

実際には板の1面が土地と接触するか，あるいは地面近くに存在し，または他物と接して存在する場合で，このため正常な比率で乾燥することができないから，まずこの欠点が現われる．またもしも他の面が，太陽に自由にさらされるか，あるいは換気が充分に行われる時には，さらされた面に cupping が生じる．このように，板に生じる彎曲は，通常単に一時的のもので，その後材を一様に乾燥させると，それ自身正常な状態に回復する傾向がある．

d. 捩 れ

この狂いは図 87 の d のように，材片の各稜が捩れ，各表面の四つの角が，同一平面内にない場合である．一般に交錯木理あるいは不規則な木理の材に生じ易い．しかし bowing や crooking におけるように，不均等な乾燥の結果から生じ，もしくは，また立木における固有の応力のために，材の通直な木理の材にも，捩れの発展する場合がある．

2. 表 面 硬 化

木材を乾燥室で人工乾燥をする際に，その取扱いが正常でないと，その材の表面層がすでに乾燥しているのに，内部は後れてまだ湿潤状態にあるということが生じる．このような時には，表面層の急激な乾燥のために，表面が硬化する．これを木材の表面硬化（case hardening）と呼んでいる．

乾燥が進行すると，しだいに中心部（core）も乾燥してくる．これに伴って，中心部が収縮を起そうとする．しかるに，この場合表面層（shell）は，乾燥が早く進んで収縮し，すでに硬化しようとしているか，あるいは硬化にまで進行しているから，もはや可撓性（plasticity）を失い，中心部の繊維をして，水分減失に伴うだけの収縮を，起させることを許さない．この結果，中心部と表面層との間に，1種の内部的歪みが生じることになる．表面の硬化した材とは，おおむねこのような状態に置かれた木材をいうのである．

このような材はこれを鋸断すると，後で反張の現われることで，この欠点を充分に察知することができる．また表面硬化材の面を鉋削する時に，ソリの現われていることが多く，鉋削を困難にするから，勢い材の使用価値が低下することになる．

表面硬化の防止に対しては，次のような方法が採られている．乾燥しようとする木材に対し，約 70°C あるいはそれ以上の温度において，表面層及び中心部の間における，含水量の差をなくする程度の湿度，例えば 75～90％ で，20～30 時間を保ちながら，一定の処理を施せば，これを防止することができるものである．

短時間に高い湿度の蒸気を与えると，表面層が必要以上に湿分を吸収し，膨脹し勝ちになる．そのためこの方法は，一応表面硬化を防止することができても，後刻表面層が普通材におけるよりも，一層収縮を起し，この材を家具その他に使用した際，かえって彎曲や狂いの生じるものである．一般に表面硬化を除去するために，高湿度の蒸気処理を施した結果，そこに生じる材の表面硬化の状態を逆表面硬化（reverse casehardening）といっている．

逆表面硬化の材を二つ割にすると，椀形状になろうとする傾向が強い．また極端な場合には表面層の膨脹もまた木理に対して，直角の最大張力を超越する，内的の引張り力に発展することから，後述するはずの蜂窩裂（honey combing）を起す場合があるといわれている．

3. 落込み

落込み（collapse）はまた陥潰ともいわれる欠点で，多量の水分を含んだ木材が高温度の下で，乾燥させられる時に起る異常組織の状態である．これは材面に不規則な収縮が出来たり，甚だしい時にはかなり大きな凹みの生じることがある．

collapse の原因を説明するのに二つの考え方がある．その一つの理由は，湿分を含みまた弾性のある細胞膜の存在する場合に，乾燥によって水分が細胞腔から外方へ吸引されるとすると，その際 tension が生じ

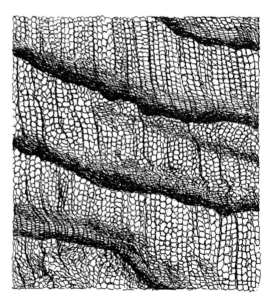

図 88. 乾燥による落込みの内部構造
（Brown・山林）

ることになる．この時に作用する張力は，繊維細胞腔が完全に水分で充満されている時に生

じるはずである．すなわち，細胞腔に充満されている遊離水（free water）が失われると，ある部分の細胞が潰され，その結果材面に陥没部が出来たり，大きな皺曲が生じることになる．あたかもこれは水で充されたゴム管に，空気の侵入を防いで水を排除すると，その管が扁平に潰されるのと，同様の現象であると考えればよい．(図88)

次に collapse を生じる事を，仮定するもう一つの理由は，材の乾燥する間にその材に生じる圧縮力が，その材固有の圧縮強度を凌駕する場合，その結果として，繊維の細胞膜が，その細胞腔にまで落込むのである．また湿分のある材の弾性は，乾燥温度の高くなるのに伴って増加するから，この落込みの現象は，乾燥室内での乾燥中のある段階において，また普通に高温度で生じる傾向を多分にもっている．それ故 collapse の生じる疑いのある材は，比較的低い温度で，徐々に乾燥しなければならない．このことはまた安全に繊維飽和点を過ぎる程度にまで，乾燥すべきことが暗示される．

すでに落込みの出来た材を，復旧させることは甚だ困難であるが，細胞膜が完全に破壊されない限り，高温度で再度水分を供給することによって，その材の構成細胞は，もと通りの形態をとりもどすことができるから，ある程度回復させることが，できるといわれている．

実際にはまず湿度約 5～10％ にまで乾燥しておき，次に数時間約 80～90°C の下で高い湿度を与え，その後最初の含有湿度の 2～6％ 程度にまで，再乾燥を施すことによって，もはや collapse が現われることがなく，もとの形態に復帰させることができるとされている．

なお木材の湿潤な間に，急に沸点以上に加熱すると，針葉樹材のような，多孔質でない材の組織内に発生する水蒸気は，材をして表面に膨れ上らせることがある．この現象を称して，とくに膨隆（bulging）といっている．

4. 蜂窩裂

蜂窩裂（honey combing）はまた hollow horning とも呼ばれ，材の内部に出来た特殊な裂目のことである．これは一般に材の表面が硬化したまま，中心部がさらに乾燥収縮すると，放射組織に沿って内部に割裂が生じる．蜂窩裂の一つの型は，表面割れの閉塞から進行し，しだいに材の内部にまで及び，割れの大きさが増加する場合である．しかし，これらの内部に生じた裂目は，表面にまで拡がらないのが一般である．

C. 木材組織の破壊

1. 立木に生じる木材組織の破壊

a. 脆弱性

脆弱性（brittleness）はまた brashness[110][111]（階段状破砕性）という用語で知られ，

---

(110) Forsaith, C.C.: the Morphorogy of Wood in Relation to Brashness, *Jour. Forestry*, Vol.19, pp.237～249 (1921).
(111) Koehler, Arthur: Causes of Brashness in Wood, *U.S.Dept.Agr.Tech.Bul.*, 342 (1933).

この brashness をもつ木材は，これを brash wood と呼ばれている．脆弱性は木材の木理に沿って，直角方向に力が加えられた際，木理に垂直方向に，急突な破壊を起す場合の特殊な現象で，木材の破壊の中でも，全く異常な部類に属する．

前記と同じ方向に，同じ力が加えられても，普通材では脆弱性は現わさず，破壊面は多くの場合ギザギザで，ササラ状を呈するのが一般である．ところがこれに引きかえ brash wood では，その破壊面が階段状を呈し，比較的平滑な感を与え，その趣が全く相違している．また brash wood では外力による破壊の際，なんらの予告音をも示さずに，急突に破壊するのであるから，極めて不愉快な欠点として嫌われ，とくに衝撃を受けた時には，その破壊は顕著である．すなわち，これは破壊を起すまで，殆んど変形を起さず，永久変形と破壊との間隔の，極めて短いことを示している．

同樹種の brash wood と普通材との間には，厳密に識別されるような差異はないが，普通脆弱材の方は密度が異常に低く，軽軟な材質であることから，ある程度見分けられる．

針葉樹材及び広葉樹材のいかんを問わず，異常に緩慢な生長の結果，あるいはまた針葉樹材において，異常に広い年輪幅が造成される結果として，極めて低い密度の材部が形成され，一般にこうした秋材部の比率の少い軽軟材，または細胞膜の比較的薄い材質のものが，脆弱性をもつ場合が多い．また brashness は細胞膜の fibril の配列方向のいかんによっても，関係するのではないかと考えられている．

脆弱性の原因は，以上の異常組織以外の因子，例えば多少腐朽している材，過度の乾燥材，あるいはその材の化学組成のいかんということにも，大きな影響が考えられる．

なお脆弱性をもつ材の1種に，ヌカメ（糠目）といわれる柾目材がある．これは年輪幅の極端に精緻な材を指し，第2章においても述べたように，糸柾材よりも一そう密なもので，環孔材でも極端に生長不良なものは，一見散孔材のような精緻な木理を現わすが，この種の材はおおむね軽く強度が著しく低い．このようなものは，明かに1種の不法正に生長した異常組織の材と見られ，白沢氏(112)の調査によると，シオジ，ケヤキ，セン等の広葉樹材に，しばしば存在することを指摘している．

b. 割　　裂

ここにいう割裂（shake）は，挽かれた材の乾燥から生じるものを指さず，立木として存在する際，なんらかの原因のために，すでに生じている割れを意味している．従ってそれらの材のどこかには，もともと裂目の線が存在するのであるから，原材や挽材が乾燥する時に，割れの生じる素因をつくり，さらに割れが拡張することになる．割裂には二つの型がある．すなわち，輪裂と心裂とである．いまこれらの成因や，特質等について，やや具体的な説明をすると次のようである．

(1) 輪裂（ring shcke）は別名椀裂（cup shake），目廻り，または環裂等ともいわれ，

---

(112) 白沢保美：飛行機用材に就て，日本林学会誌，Vol.22, pp.1〜10 (1918).

多数年輪層の間にか，あるいは1年輪層内において，組織の破壊が年輪界に沿って同じ方向，いいかえれば，切線状に生じる時に，輪裂が形成される．例えば，ツガやカラマツ等のような1年輪層において，春材部より秋材部への移行の，おおむね急進的な材に，しばしば認められ，また北米では，Cypress もしくは Sycamore 等にも，極めて普通に現われる，異常組織とされている．

輪裂の原因については，一般に，樹幹が風のために動揺することから生じるものと考えられている．それ故，この割れを風裂（wind shake）と呼ばれることもある．なお輪裂の形成に大きな影響を与えている他の原因は，立木として存在する場合，心材部の収縮と，組織の破壊を伴う激しい霜害との，組合せによるものと考えられている．

1933年に Koehler 氏[113]は立木に生じる割れは，その立木が生長発育の途中に生じるもので，主として横方向に生じる部分的の圧縮力と，引張力とによるものであるとの仮説を提唱した．そして同氏は，なぜこのような力が，立木に生じるかについては，次のような三つの理由を提言している．

i. 半径方向の生長力よりも，周囲方向の生長力が大であるため，ii. 樹幹の古い材部における腫脹の中に生じた縮減のため，iii. 古い材部の化学的変化から生じる収縮のため．

(2) 心裂（heart shake）は一般に年輪層と直角に，放射組織を伴って割れることから，前の ring shake とは大きな相違がある．心裂はまた北米では heart check, もしくは rift crack 等とも呼ばれ，おおむね成熟に過ぎた材部に生じるものである．ことに幅の広い複合放射組織をもつ，クヌギ属のような広葉樹材に生じ易い．

この種の割れで，星裂（star shake）という用語が用いられることがあるが，これは髄心から放射的に，裂目の生じることを意味している．そして単に1個の割れだけの，形成されることがあるが，この時には単一心裂（simple heart shake）と呼ばれる．

心裂は一般に，原材の元口に限られて生じる傾向が強く，これは通常心材部の強い収縮によるものとされている．立木内で生じる時には，比較的小さい心裂であっても，これが板として挽かれ，乾燥した時には，例外なしに，殆んど放射組織に沿って長く裂け，そしてしだいに幅広く，割れが拡張する．

c. 霜　　害

霜害（frost iujuries）のために現われる，異常組織に二つの型がある．これらは霜輪と霜裂として知られている．

(1) 霜輪（frost ring）は偽年輪の場合とよく似ていて，年輪界に沿って，切線状の褐色の条線として，肉眼によっても明かに認められる．Rhoads 氏[114]によると，形成層細胞及

---

(113) Koehler, A.: A New Hypothesis as to the Cause of Shakes and Rift Cracks in Green Lumber, *Jour. Forestry*, Vol.31, pp.551〜556 (1933).

(114) Rhoads, A.S.: The Formation and Pathological Anatomy of Frost Rings in Conifers Injured by Late Frosts, *U.S. Dept. Agr. Tech. Bul.*, 1131 (1923).

び新しく造成された木部細胞は，まだ木質化していない部分で，形成層が春季活動期の後か，あるいは秋季休眠期に入る前に，その部分が霜害のために，褐色を呈するようになると報告している．

この霜輪の部分を検鏡すると，部分的に木質化した木部細胞の，皺曲した圧潰状態を現わし，あたかも柔細胞の異常組織をみるような，甚だ不規則な組織の破壊が認められる．そして霜輪部の放射組織は，異常にその幅が広くなっているため，その部分は正常材と区別することができる．このような霜輪の存在する欠点材の強度は，一般に普通材に比較して，低いことはいうまでもない．

(2) 霜裂（frost crack）は立木の基部に近い，樹皮及び材部に，半径方向の裂目状に発展する欠点で，寒冷な気候の土地に生育する，あらゆる樹種に見出すことができる．大体において，針葉樹におけるよりも，広葉樹の方に頻繁に生じる傾向がある．

一般に霜裂は，頑丈な根を張り広い樹冠をもつ老樹に，しばしば生じ，そして非常に若い樹木には生じ難い．また大ていの霜裂は，空気も土壌も最低温度の時，すなわち，日出前の極めて僅かの時間の間に，生じる傾向が認められる．さらにまた二つの初生根の分岐部，あるいはその分岐部の根首の周囲に，割れが発展し易い．

霜裂は通常形成層から造成される治癒組織によって，裂傷部を閉塞し，次に来るべき春期の生長期を，かろうじてしのぐ．ところが，この治癒組織は，その部分の再度の悪条件のために，開口を余儀なくされ，これを防止するほどの効果はなく，むしろ次の冬期には，これまでの割れを，さらに拡張する傾向が強い．

霜裂の治癒と開口とを，交互に繰り返えすことは，しばしば裂目の周辺に沿う治癒組織によって，裂傷の周辺に凸出した骨部を形成し，その凸出部はその体積をしだいに増加し，ついには霜腫（そうしゅ）（frost rib）として知られているような，異常な形態に発展する．

霜裂の成因とその発展に対しては，従来，諸説があるが，それらにつき総合された理論について，その要点を摘記すると次のようである．

まず一言にしていえば，材部の低温の伝導性による結果として，霜裂の形成することが主張される．またこの仮定によると，材の外側部の年輪層が，温度の低下するに伴って，甚だしい収縮をなし，最も弱い部分に，裂目が生じるものと考えられている．すなわち，不均等な収縮による結果，生じる引張応力のため，半径方向にしかも弱い部分に割れを生じることになる，というのである．

著者はかつて気温 $-20°C$ まで低下する朝鮮水原地方のソメイヨシノについて霜裂の顕著なものをしばしば観察した．

d. 脂傷

脂傷（pitch defect）については，すでに第3章，Ⅳ針葉樹材の樹脂道の項で，傷痍樹脂道として記述したが，針葉樹材の使用に当り，とくに重大な欠点と思われるので，なるべく

記述の重複を避け，ここで比較的重要な事項について，補足することとした．

脂傷は樹脂条痕（pitch streak）または樹脂嚢（pitch pocket）等の形で，樹脂道をもつマツ属，トウヒ属，カラマツ属及びトガサワラ属等の，針葉樹材に見出されるのが普通であるが，稀に傷痍道として，モミ属その他にも生じることがある．

(1) 樹脂条痕（pitch または pitch streak）は単に脂条といわれることがある．これらの欠点は部分的に，過剰量の樹脂の集積によって発達し，樹脂が細胞中に浸潤し，そのため樹脂の吸収した組織である斑紋（patch），あるいは条線が材中に現われることになる．そして北米では，もしもこの斑紋が不規則な形で存在し，他の組織との限界の不充分な場合には，これを pitch と呼び，もしもその存在の限界の甚だ明瞭に境される場合には，それらは pitch streak といって両者を区別している．

これらの欠点の成因は，恐らく多くの場合，昆虫の侵害からか，あるいは樹脂採集の時のように，人為的に樹木に傷をつける場合に，一種の治癒組織として，現われるものであると考えられている．しかしこのような欠点の根本的な発展の理由については，明確ではない．前記の pitch に類する特殊なものに，多量な樹脂の浸潤のため，赤い半透明な心材部で，いわゆる俗に肥松といわれるものがある．

(2) 樹脂嚢*（pitch pocket）を横断面上で見ると，年輪界に沿って通常凸形の溝路として認められる．板目もしくは殆んど板目に近い面では，髄心側に向って椀形に彎曲し，また板目上に脂嚢の存在する場合には，木理におおむね平行に，すなわち，長軸方向に卵形または楕円状を呈する．脂嚢の大きさは一般にその差異が著しい．そして脂嚢という用語は，通常液状または固体状の樹脂を，内容としていることを，意味するものである．樹脂嚢の成因についてもまた充分な説明がなされていない．

e. 樹 皮 嚢

樹皮嚢（bark pocket）というのは，材の横断面で見ると，材部に包含されている樹皮部の小さい斑点である．これはその材が樹皮を通して，形成層に傷害を受けると，その部分の新細胞の増殖は止まり，周囲の組織だけが生活作用を継続し，ついに新形成層が傷害部分の内樹皮の gap を越えて新しく形成され，このようにして材部の中に，樹皮の一部がとり残されたように，埋没されることになる．

bark pocket はキツツキのような鳥が，くちばしで，つっつくことから，あるいはまた，キクイムシ（bark beetle）のような昆虫の傷害から，生じることが多い．ある昆虫の作る浅いトンネル内に，靱皮組織が生じ，一方形成層による，不断の新細胞の造成作用のために，木材中にその靱皮の部分が埋められてしまう．

金平氏**は以上のような，不法正材に対し，材内篩部（interxylary phloem, Interxy-

---

* 日本標準規格，木材第4章第8条の②節に準ずべき欠点の項に，脂嚢をヤニ壺として規定されている．
** 本書 p.92 に前出の (65) 金平―p.101．

läres Phloem) の用語を用い，次のような実例を挙げている．すなわち，ヒルギダマシや，ムニンウドノキ等の材部に生じ，特殊の樹種に限られて生じることを指摘し，なおこれらの樹種は，柔軟な靱皮が材の中に散在する，好適例であることを報告している．

また Burke 氏[115]はこの種の異常組織について，この bark pocket が時として大量の樹脂を含んでいることを指摘し，例えば Western hemlock に極めて普通に認められ，一般に黒条（black check），または black streak といわれていることを述べている．

なおまた Solereder 氏[116]によると，熱帯産の樹種，例えばオシロイバナ科，ボタン科，ジンチョウゲ科，フジウツギ科等の，各科所属の樹種にも，しばしば認められることを，発表している．

bark pocket の存在する時，それが，たとえ横断面において，極めて小さい部分であっても，これが縦断面で現われる場合には，その幅がかなり広くなり，数 cm 程度になって現われるものである．このような材は，一般に法正な材よりも軽く，縦断面では，加工される時に，これらの欠点部分は掻き取られたり，むしり剝がされたりする傾向が多いから，製品の価値を低下することはいうまでもない．

なお従来瑕瑾の一つに数えられる異常組織に，樹皮の一部が材部の中に巻き込まれた，入皮（bark seam）または猿喰（cats face）といわれるものがある．これは外傷その他の原因のために，形成層の一部が死滅し，活動機能を失い，他の部分の形成層は，依然新細胞の造成作用を続ける場合に生じる現象で，前記の bark pocket の成因によく似ているが，bark pocket のように，樹皮部が材中に包含され，埋没されるのではない．樹皮部は傷害を受けた形成層の両側に生長するから，横断面では樹皮部が，材部の中に巻き込まれ，入り込んでいるのが認められる．

この種の異常組織が存在する場合には，製材すると必ずいずれかの面に現われてくるもので，美観を損じるのはもちろん，曲げ強さ及び引張り強さ等の低下する原因になっている．

2. 物理的現象によって生じる木材組織の破壊

a. 乾　　裂

乾裂（check）はまた鐇割れとも，いわれる木材の異常組織で，心割（heart shake）を例外として，木理に沿って縦方向に現われ，主として材の乾燥時に起る．そしてこの欠点の成因には，二つの理由が考えられる．

(1) 最も弱い面に沿って，欠点を惹起するに足る，充分な大きさの歪が出来ると，check が生じる．この歪は主として，柾目の収縮と板目の収縮との差によるもので，縦方向の組織と放射組織との接合部において，この欠点が現われるのが普通である．

---

(115) Burke, H.E. : Black Check in Western Hemlock, *U.S. Dept. Agr. Cir.*, 61 (1905).
(116) Solereder, Hans : Systematic Anatomy of the Dicotyledons, p.1163 (1908).

Ⅱ 欠点となる木材の異常組織

(2) 材のある部分の含水量の相違から，それらの相隣接する組織に，収縮の差異が生じ，続いてヒビ割れが惹起する．つまり両者の隣接するそれぞれの組織が乾燥すると，両者間に応力の相違が生じるからである．

なお乾燥によるヒビ割れには二つの型がある．すなわち，i. 端割れ（はなわ）(end check) と，ii. 表面割れ (surface check) とである．

端割れというのは，材の木口に限られて存在する場合で，このような check には，しばしば年輪界に沿って拡がるが，またおおむね，放射組織を伴うことが多い．

次に表面割れというのは，薄膜の春材部細胞の分離から生じる．またこの surface check も放射組織を伴っていることが多く，そのため板目面に顕著である．surface check は種々な長さに生じ，材全体に拡がることがある．この場合はとくに通し割れ (through check) ということがある．これは製材の際，板の一面から他の面にまで割れの拡がる場合をいう．

材中深く乾燥が進行するに伴って，check の多くは収縮のために，一応その裂口を閉じるもので，ことに surface check の場合にそうである．しかし閉塞現象もこのような割れ口を，治癒組織によって，完全に被覆するわけではなく，check は決してもと通りには，回復しない．従ってかりに，それが肉眼で認められない程度の，微細なものであっても，強度の低下を来すおそれがある．また以上の割れは，常に大きさを増加して行く傾向があるため，この種の瑕瑾は潜在的に危険である．それ故材の使用に当っては，充分な検査の必要がある．

もしもこれらのヒビ割れが，かなり顕著である場合には，それに応じて材の強度にも，影響するもので，とくに剪断強さにおいて，そうであるとされている．何となれば，それらは応力に対する抵抗面の広さを，減少するからである．

木材を乾燥する場合，風乾によると乾燥速度は甚だ鈍いが，均等な湿気の蒸散を高めるから，前記の check の両型を最小限度に止めることができる．すなわち，surface check については，材の堆積のために換気速度が減らされ，それがかえって急激な水分の蒸散を，防ぐのに役立つことになる．また end check の場合には，湿気蒸散防止法として，挽角材の木口面を，板その他で覆いをし，あるいはペンキ塗を施すことが採用される．

人工乾燥室における場合には，以上のヒビ割れは乾燥温度，室内湿度及び乾燥速度等について，それぞれ数値的に示され，また充分な換気と，適当な温度及び湿度等の条件を，維持することによって，避けることができる．

またヒビ割れの特殊型が，材中に生じることがある．これは複合顕微鏡による以外には，発見することが甚だ困難な程度の，極めて微細な裂目で，これを顕微鏡的罅割れ（ひびわれ）*(microscopic check) と呼ばれる．

この種の check は，2次膜における fibril と fibril との間に，生じるところの極めて

---

* ここにいう顕微鏡的罅割れは，前掲の螺旋状孔隙 (spiral crack) と同義語である．それ故これらの実例については第3章 p.96，螺旋状孔隙の項を参照．

微細な，螺旋状のヒビ割れである．それ故このような microscopic check の傾斜度は，fibril の螺旋状配列から求められる．

b. 逆目

逆目(さかめ)（against grain）というのは，木材の鉋削面が平滑を欠き，粗糙になり，ある場合には皺や，凹凸の出来る状態をいう．ところが逆目の生じる状態は一様でなく，種々な場合が存在する．例えば，

(1) 材面を鉋削した場合，組織が引裂かれることなく，硬い秋材部が軟い春材部の上に，盛り上げられる状態になることがある．このような盛り上りの出来た板の，表面の粗糙な状態を，北米では raised grain といっている．この欠点をもった板面に，手を触れて見ると，皺のような感触か，または小さな波状の凹凸が感じられる．実際の raised grain の使用に当っては，sanding operation（研磨作業）が行われる．予め個々の繊維あるいは繊維束を引裂いて置き，または loose にする surface fuzzing（表面の毛羽立て）に拡げられ，しだいに平滑に仕上げられる．木材の鉋削面において皺の現われるのは，鉋削ナイフの鋭鈍に大いに影響される．そして同じ湿分の状態では，正常材におけるよりも，アテ材の方が機械的に raised grain になり易い傾向が強い．

raised grain は多くの樹種にも生じるけれども，モミ属，ツガ属等のような，比較的春材部と秋材部との性質の差，とくに硬さの相違する時に，生じ易い傾向がある．

(2) 材面を鉋削した際，その面の一部が極めて細かく，剝離状に逆目立つ場合と，繊維が長目に逆目立つ場合とがある．北米にあっては前者を chipped grain，後者を torn grain といい，毛羽立ちを区別している．なお後者の torn grain はその深さの程度から slight, medium, heavy 及び deep の4階級に分類されている．

(3) 材の縦断面において，年輪層の春材の軟質部が，分離して起き上り，年輪層の剝がれる状態の木理に対して，loosed grain という用語が用いられている．

この欠点は主として鉋削あるいは研磨作業の際，加えられる過剰の圧力から生じ，つまり加工の際，板面にさらされる秋材層に続く，春材層の圧潰から生じるのであるが，なお他面，表面における収縮の場合の，応力によることも考えられる．

このような応力は，秋材部においては春材部におけるよりも，横の方向に大きく，縦の方向に小さく，収縮するために起るものと察せられる．例えば，板目面等で組織が緩み，裂片の巻き離れすることは，恐らく生長輪の乾燥する際，髄心の方向，すなわち，木裏の方へ，彎曲する傾向の強い事実と，一致するものである．

(4) なおポプラ等に見るような軽軟質の繊維，または繊維束の一端が，分離して毛羽立つ場合には，これをとくにササクレ立ち（soft grain）といわれている．

c. 風化

木材の表面にペンキ塗装，またはその他材面の保護的処理がなされず，屋外にさらされる

時は，その材の表面は徐々に損傷を受け始める．このような損傷の集積された場合の現象を，風化（weathering）と呼んでいる．

一般に風化として認められる，最初の現われは，春秋両材部間の収縮の相違，あるいは表面における，外層及び内層間の収縮の差異から生じる，raised grain の現われに，よるものと考えられている．このことは後刻かなりの大きな裂目にまで，進展するであろうと思われるヒビ割れが伴い，また時として木材の捩れ，あるいは歪み等も伴いがちである．

保護的処理のなされない材が，屋外にさらされた場合，数週間乃至数カ月で，風化の初期の段階に入り，損傷が現われてくる．さらに風化が進展し後期の段階になると，材面が粗糙となり，表面層の磨滅が，しだいに明かとなる．最後の段階になると，風化腐朽を伴い易くなり，表面の損傷がますます顕著になって来る．

木材は，元来吸湿性をもっているから，その材の保護的処理のない材面は，湿気や雨にさらされると，直ちに吸湿を始め膨脹する．それが乾燥期に入ると，前とは逆に湿気を失い，収縮し始める．このように，材面の層に，圧縮力と引張力とが交互に繰り返されると，ついには材面層の組織はゆるみ，解紮（バラバラにほごされること）され易くなり，ここに完全な風化の現象を招来することとなる．

それ故降雨，霰，その他風に乗ってくる種々な種類の物質，交互に現われる凍結と融解，その他同じような因子による，磨耗の影響等が，風化作用の直接，または間接の原因になっている．

3. 外敵によって生じる木材組織の破壊

ここにいう外敵とは腐朽菌，白蟻，穿孔虫または海虫等のような，木材の外部からその木材組織に，障害を与える生物を指している．ここでは木材組織の損傷に対し，とくに顕著な外敵のみについて述べることとする．

a. 菌の侵害による場合

数多くの種類の菌によって，立木と用材とを問わず，年々おびただしい損失をこうむっている．そして木材部を巣としている菌類は，木材の組成分である，有機物の消化から得る栄養料を，摂取する以外は，自分自身の栄養料とすることができない．木材に寄生する菌は，材の受ける影響を基礎にして，二つの群に分類することができる．すなわち，木材腐朽菌と木材変色菌及び黴とである．

木材腐朽菌の方は，菌糸の生長や結実体の発育に必要な栄養料を，材から摂取するため，細胞膜を破壊し分解して行く．これに対して変色菌及び黴の方は，細胞腔内に貯えられている物質から，それらに必要な栄養料を吸収する．それ故，それらは材質そのものの上に，殆んど分解作用をなさないか，全く影響を与えない．菌の生活世代を通じ，材部の受ける損失は，おおむね前者に所属する腐朽菌によるものである．

(1) **木材腐朽菌**（wood destroy fungi） これは単独の場合には菌糸（hyphae）の状態で，また集合体の場合には菌糸束（mycelium）と呼ばれる分岐繊維状の形で存在し，いずれも木材中に生長し，蔓延して行く．なかでも菌糸は酵素[117]を分泌し，細胞膜に小孔を融解し，菌糸が通過するのに支障のないようにする．また菌糸束は菌糸と同じく，しばしば細胞膜の紋孔部を通過するが，そこで異常に太さを収縮し，貫通に支障のないような形態に変える．なお菌糸は機械的に，細胞膜を貫通するのではなくして，むしろ酵素作用によって進められ，菌糸から生じる分泌酵素により，細胞膜に穿たれた小孔を通して生長し蔓延する．

木材中の腐朽菌は，次の四つの要求を満足させることによって，順調に生長することができる．すなわち，(a) 適当な温度，(b) 酸素の供給，(c) 充分な湿度，(d) 適当な栄養料の供給，以上である．それ故に，これらの諸因子のうちのいずれかを除去することは，菌の生長を防止し，あるいは大いに抑止し得ることになる．従って，一般腐朽菌の菌糸による，蔓延の防除に対しては，自ら方策が建てられるわけである．

上記の因子のうちの温度に，変化を与えて，腐朽を防止しようとすることは，実施上，甚だ困難とされているが，次のような腐朽試験の成績がある．すなわち，

ⅰ．永久的に止めることは不可能であるが，氷点に近い温度によって，一時菌糸の生長を，阻止することができる．

ⅱ．木材の腐朽菌は，温度を高める手段によって，撲滅させることができる．

ⅲ．しかし菌糸の死滅する際の温度は，菌糸の種類，材中の湿度，大気の関係湿度等によって変化する．

ⅳ．致命的の作用として，考えられることは，乾燥した加熱温度を，高めることよりも，むしろ，湿熱を与える方が，一層効果的であるといわれている．

またもしも材の含湿量を繊維飽和点以下に，低下させないならば，上記の成績よりも低い温度で，木材腐朽菌を死滅させることができると考えられている．一方もしも遊離水が除かれたような時には，高温度でしかも時間的に長く処理をすることが必要になるわけである．

以上の関係から材の殺菌につき，単に温度を高めるというだけでは菌の侵害は防げない．

次に酸素から絶縁することによって，木材中の菌の発育を遅らせようとすることは，たとえその状態が，水に浸漬されていた原木や，土中深く埋没していた木材に対して有効であるとしても，実施方法は極めて困難で，実際的とはいい難い．それ故腐朽菌の防除法としての，最良の手段としては，結局次のように考えられている．

ⅰ．木材を乾燥すること，つまり菌の発育に，必要な含湿量以下になるよう，水分を減少せしめること．

---

[117] 小原亀太郎氏は，菌糸が針葉樹材の仮導管を，穿孔する時の 細胞膜に及ぼす影響を検討した．それによると Methylenblau 及び Thionin を用いたが，穿孔周辺は染色されないことを確認し，このため菌糸穿孔の周辺部が，酵素作用によって侵蝕されることを証明した．〔植物学雑誌, Vol.46, No.544 (1932)〕

ⅱ．材に滅菌処理を施すこと，つまり菌の栄養料，あるいは菌が生育するのに必要な媒質に，滅菌処理を行うのである．これには creosote 及び塩化亜鉛（zinc chloride）のような有毒剤を，注入剤として使用すること等がある．

木材が菌に侵害される過程に，二つの方法が認められる．

ⅰ．木材の表面あるいは裂目等に，菌の胞子（spore）が附着発芽し，しだいに菌糸を出して木材の組織中に蔓延する．

ⅱ．以上のように菌糸の蔓延中に，さらに菌糸束に発育進展し，一層蔓延する．

初期の腐朽と呼ばれる菌糸の発育の初めにおいて，紋孔を通してか，あるいは直接に細胞膜を通してか，いずれかの方法で，1細胞から他細胞へ貫通しながら拡張し，この段階において，僅かながら細胞膜の分解が，菌糸から出る酵素によって進められる．しかしこの分解の初期の段階においては，大ていの場合，菌の蔓延は気付かれずに，拡張するものである．そして実際には，木材の外観的性質，強度，硬度等の機械的性質は，極めて僅少な変化に過ぎないため，その材の一般的な利用に対しては，大した支障とはならない．

初期の腐朽に引き続いて，腐朽が進行すると，細胞膜は固有の形を失い，その分解が肉眼ででも解るようになり，また木材の組織に，外観的の異状が認められるようになる．そして菌の種類と，その作用する方法とから，腐朽材の状態が粉状，海綿状，繊維状，多孔状，環状もしくは裂状等，いろいろな状態に破壊される．そしてその材のもつ固有色，組織及び音響等の性質はすべて変化し，なおまた比重は減じ，その強度は著しく低下する．

ある種の菌は一つの特定の樹種に限られて発育し，ある種の菌は限定されることなく，多くの樹種に寄生し発育する．また菌の種類によっては，針葉樹材だけを侵害するものもあれば，広葉樹材に限って侵害するものもある．またある種の菌は，生活樹においてだけ蔓延するのに，枯死した立木または製材された材に限って，侵害するものもある．これらの事実は，腐朽菌に侵された林木の侵害部分を調査することによって，各種の場合が充分にうかがわれる．

一般に材が腐朽菌に侵されると，まず化学的変化から来る，色調の変化が現われるので，便宜上色調から，大きく次のように分類している．すなわち，白腐と赤腐との二通りである．これらのうち白腐（しろぐされ）(white rot)は，おおむね lignin を直接破壊して行くか，あるいは，ある何らかの方法で，lignin を他のものに，間接に変えて破壊に導びいて行く．ところが一方赤腐（あかぐされ）(red rot) は，通常 cellulose の破壊に集中され，この際の残渣（ざんさ）は殆んど褐色の lignin として残る．

菌の侵害に対する抵抗性について，ある林木では，辺材部と心材部との間に差異が認められない．ところがある林木では，心材部が辺材部におけるよりも，著しく抵抗性の大なる事がある．このような場合の1例として，心材中にある外来的の侵入物質の沈漬によって，心材部の組織内への蔓延貫通を，不可能ならしめることがある．これらの物質の多くは，多少

菌に対して毒性であり，そのために生物の侵入防止の役目を，果すものと考えられている．

木材のもつ固有の耐朽性は，個体によって差異が甚だしい．とくに注意すべきことは，同樹種のものにあってさえ，その材の構造組織の違いから，またその材の使用される状態から，あるいは菌の侵入する型等の関係から，腐朽菌に対する抵抗性に著しい相違を示している．

また樹木が傷を受け，その傷口が治癒しない前に，しばしばその部分の隆起することがある．この原因は，菌もしくは Bacteria が治癒組織を破壊するために惹起するものであるとされ，この隆起を癌腫（がんしゅ）(gall) と呼んでいる．これは樹病的の異常組織で，種々な広葉樹材に生じる．例えばヤマナラシ属には *Bacterium tumebacicus*，またクヌギ属，ブナ属，カエデ属等には，*Nectria galligena* によるものであることが知られている．

(2) **木材変色菌（wood-staining fungi）**　これは主として辺材部に，いろいろな着色を呈することを特色とするもので，その材の着色を，辺材着色または辺材汚色（sap stain）等と呼んでいる．その理由は，sap stain が，原材または用材はもちろん，製材物においてさえも，殆んどすべて辺材部に限られて生じるからである．

従来木材変色菌と考えられている種類は，これを二つの部類に分類することができる．その一つは材の表面に生育する黴（かび）であるが，この程度のものはブラシを掛けるとか，鉋削をするとかすれば消える．他の一つは辺材部に存在する真の変色菌で，変色部がおおむね材中深く，入り込んでいるため，前記の黴のように簡単には除去し難い．

ⅰ．黴による変色——黴（molds）は一見綿に似た軟かい，黄白色，褐色，赤色，青色，空色，緑色，黒色等，甚だしく雑多な色をした生長物である．一般に穏和な温度，充分な湿度，及び不良な通気等が，黴の発育を助長させる．

これらの状態は，板材等が風乾される際，不適当に堆積された場合，生材が間隙なく船積みされた場合，材が乾燥室内で高湿低温度で，長時間取扱われた場合，あるいはまた建造物が湿度高く，空気の流通の不良な場所に，建てられる場合等に著しく蔓延する．しかし黴の蔓延している材は，一般に強度に対して，大した影響が認められない．

ⅱ．変色菌による変色——辺材変色菌（sap-staining fungi）はその原因となるべき菌の性質から，材面に種々な着色を呈するが，針葉樹材及び広葉樹材のいずれにも青変するのが一般である．その主な菌は Ceratostomella 及び Graphium に属する種類のものである．

辺材変色菌と木材腐朽菌との間には，次のような相違が認められる．すなわち変色菌の方は普通腐朽菌のように，木材質を分解することがない．たとえ菌糸からの酵素によって，分解されるにしても，極めて僅少のため，木材質に大きな変化を与えないのである．しかし辺材部の柔細胞に貯蔵されている物質から，栄養料を吸収するため，材質に多少とも影響を及ぼすものと察せられる．なお変色菌の菌糸は，腐朽菌におけるよりも，やや大きい傾向があり，また菌糸が細胞から次の細胞へ，組織中に蔓延する際に，強い偏好性をもっていることは，この変色菌の特徴と見られている．

そして変色菌の菌糸は，腐朽菌におけると同様，細胞膜に存在する紋孔を，貫通する性質をもち，柔細胞膜はしばしば部分的に破壊され，ことに厚膜の普通細胞に対しては，破壊される程度がとくに著しい傾向がある．それ故，周到な検査によると，辺材変色菌の侵害があった場合，その破壊がたとえ僅少であっても，材の強度の低下が認められている．さらに用材の外観を損じる着色のために，材の価値を一そう低下させることはいうまでもない．

この種変色菌の菌糸の蔓延は，少くとも材の表面層の湿分を，菌の発育に必要な最少限度，すなわち，18～20％以下の含水率にまで，乾燥をすることによって，防ぐことができるが，なおまた変色を防除する，他の一つの方法としては，その菌の発育を防止し，遅延させるに有効な薬剤中に，その材を浸潰し，しかる後に充分な乾燥をするにある．

一度材が変色菌で着色されると，その固有色はどんな方法によっても，回復させることは困難である．例えば燐酸カルシウムの 50 pounds を，60 gallons の水に溶解した溶液で，青変菌に侵された Yellow poplar を漂白し，菌による着色を除去し，その目的を達したという記録がある．ところがこれは僅かに一時的のもので，結局永続性のものでないことが，後でわかった．

一般に青変菌（blue staining fungus）に侵された材の，パルプ化は暗色を呈する．しかしこの着色パルプは漂白粉の使用量を，増加することによって，ある程度まで，漂白することができるという成績がある．

上記のように変色菌の多くは青変菌であるが，紅変菌（rouge staining fungus）の侵害も，また，ゆるがせにすることができない．例えば静岡県遠州地方では，ピアノの響板用として，かなり多量のエゾマツが用いられているが，その処理の不適当な場合には，しばしば紅変菌に侵されることがある，といわれている．

b. 動物の侵害による場合

木材の組織を侵害する昆虫のうちで，立木として存在する間に，その生活中の材部に寄生するものと，伐倒後の用材に限って，寄生するものとに大別することができる．前者に属する昆虫の蝕害作用から生じる異常組織は，髄斑点（pith fleck），針孔（pin hole）及び孔道（grub hole）等である．そして白蟻（termite）*及び穿孔甲虫類（powder post beetle）等は，もはや生活力の消失した用材を，主として侵害する後者に属する種類である．

(1) 用材となる前の動物の侵害

i．髄斑点（pith fleck または medullary spot）は，時として褐色斑といわれる異常組織で，殆んど広葉樹材に限られて生じる．横断面上の髄斑点は，周囲組織と比較し，暗色を帯びた傷痍組織として，明確に認められるのが普通である．そして生長輪の範囲内に存在し，横断面上の斑点の数量は，侵害の範囲によることはいうまでもない．

---

* 実際には白蟻は用材となる前の，立木はもちろん，一般の野外植物にも，かなりの被害のあることが知られている．しかしそれらの侵害にもまして，用材となってからの被害の方が，遙かに大きいといわれているので，便宜上，後者の用材となってからの侵害の部類に入れて，説明することとした．

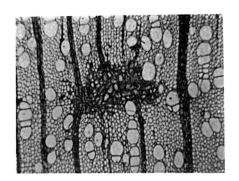

図89. ヤマザクラの横断面における髄斑点
(山林)

図90. ヤマザクラの径断面における髄斑点　(山林)

髄斑点は，肉眼ではおおむね一定した形状で，認められることが多い．例えば，半円形 (semi-circular) か，または新月形 (lunate) かのいずれかである．そして長径は切線状で，年輪界の方向に長く現われ，その長さは一定しないが，おおむね $\frac{1}{16} \sim \frac{1}{8}$ inch の間のものが多い．肉眼で注意して見ると，縦断面上の髄斑点は，木理に沿って，長さ不定の暗色の条線として，現われるのが認められる．

以上の髄斑点は研究の結果，Agromyzidae 科に属する Agromyza[118] 属に所属の，蜂の幼虫の侵害によるもので，その幼虫が直接形成層に損傷を与え，一応治癒組織が形成され，その後に形成層からさらに正常の木部新細胞が造成され，木材中に埋没されることになる．

成熟した雌虫がその産卵器で若枝の周皮に穿孔し，周皮の内側の生活組織内に産卵する．これはやがて孵化して，白色不透明な，平均の長さ 20～25mm，径 1mm 位の円筒形糸状の幼虫 (filiform larva) となり，形成層に侵入する．そしてこの幼虫は，細い針金位の径の孔道を残して，下の方に穿孔して行く．ついにこの幼虫は地下に達し，蛹になる．またしばしば，林木の基部近くに止り，そこで蛹に変ることもある．

この理由から髄斑点は，丸太材等の元口の所に，最も多く存在するわけで，形成層細胞のあるものや，もしくはその近くの篩部，及び未熟の木部細胞からなる組織等が，幼虫の下方に降下する際，侵害され破壊される．そして同時に，形成層帯を通る放射組織の，連続部も破壊されることになる．

幼虫の通過後その部分は，直ちに治癒処理が始められる．トンネルの外側にある，篩部放射柔細胞が増殖し始め，それから間もなく，黒色の内容物を含有する，多数の集団状の柔細胞で，トンネルを閉塞してしまう．さらに破壊された形成層は，治癒組織で閉塞され，その後に正常の材部が，生産されるようになる．

---

(118) Greene, C. T.：Cambial Miner in River Birch. によると髄斑点に関係する蜂は欧州では *Agromyza carbonaria*，また米国では *A. pruinosa* がカンバ属を侵害する種類であるとされている．*Jour. Agr. Res.*, Vol. II, pp.471～474 (1914).

この孔道を閉塞している治癒組織は，髄心の組織と甚だよく似ているところから，前述のように髄斑点と呼ばれる．髄斑点の存在は，ある特定の広葉樹材に極めて普通である．例えばわが国ではヤナギ科，カバノキ科，バラ科，カエデ科等の樹種に存在し，また北米ではとくに Gray birch 及び River birch 等に，顕著に存在するといわれている．

髄斑点はその材の外観を損じるけれども，その材の固有の強度に対し，実質的には殆んど影響はない．

ii. 啄痕（bird beck）はキツツキによって，樹幹に孔が穿たれると，引続いて治癒組織が形成される．つまり木部の組織中に残された，キツツキによる傷痕である．一般に広葉樹に，その被害が見られ，啄痕の周辺は，褐色または黒褐色の着色を呈し，なおこの被害部の組織は常に乱れ，繊維細胞は曲走する．

(2) 用材となってからの動物の侵害

i. 穿孔虫類の場合は，乾燥材と非乾燥材とを問わず，侵害が認められ，木部を侵害する昆虫は，これを北米では powder post beetle といって，恐れられている．最も普通のものは，Lyctus 属に属する種類で，成虫は専ら導管に産卵する．

北米における powder post beetle の名は，Lyctus の成虫が，木部に径約 $\frac{1}{16} \sim \frac{1}{12}$ inch の孔道を穿け，喰残しの粉末物を，詰めているところから，この昆虫の通用語にされたということである．

北米での被害材は Ash, Hickory, Oak, Elm, California laurel, Cherry, Poplar, Black walnut 等である．また Lyctus の幼虫の主たる食料は澱粉であることから，その蝕害は，比較的澱粉の含有量の多い辺材部で，材の災害は，その澱粉の含有量のいかんによって，左右されるものと考えられる．

わが国においても，この種の害虫による被害は想像以上で，防虫液注入法は，建築材や家具材には適用し得ても，彫刻ことに貴重な仏像のようなものの防虫法は，極めて困難とされている．

わが国で甚大な被害を与えている害虫は，*Ptilinus pectinicornus* 及び *Nicobium castaneum* で，とくに後者の害虫は，一般に光線に対して陰性であるため，表面層の組織だけを残して，材中に深く潜行する習性がある．そのため人の気づかない間に，被害は拡大する[*]．なお以上のほかヒラタキクイムシも，乾燥材を蝕害するため恐れられている．

ii. 白蟻類の場合も，わが国では被害が大きい．白蟻は普通の蟻と形がよく似ているので，混同され易いが，分類学上普通のものとは，全く違っていて，白蟻の方は普通のものよりも，低級で原始的な，存在であると考えられている．

全世界の各地に，棲息する白蟻の種類は，極めて多数で，実に 1600 種以上といわれ，わが国ではオオシロアリ，サツマシロアリ，ヤマトシロアリ，イエシロアリの 4 種が存在し，

---

[*] 奈良博物館所蔵大安寺の貴重な楊柳観音像（天平時代）の被害は，まさにこの Nicobium によるものであると，いわれている．

中でも最も猛威を振っているのは，ヤマトシロアリとイエシロアリとである．

これらの生態及び破壊に対する防除については，木材保存法に譲り，ここでは木材組織の破壊に，関係することだけについて見ると，白蟻がなぜ木材を蝕害して，木材の構成要素である細胞を体内に入れ，どのようにして，それを活動源とするか，という問題は，永い間疑問とされていたのである．

笠井及び田村の両氏[119]はこの点につき，研究調査の結果次のように述べている．すなわち"北米の Cleveland 氏によって初めて明かにされた．それによると，白蟻は種々種類を異にした原生動物（Protozoa）を消化器官中に多数もっていて，この微生物が体内に入った cellulose を，分解する能力をもっているものがある"と述べている．消化し尽し排泄された残留物は恐らく lignin で，白蟻の巣の構築用として，役立つものであると考えられる．

iii. 海虫類の場合を見ると，わが国ではこの被害がかなり激しく，軽視することのできない状態である．最も被害の大きいのは，軟体動物（Mollusca）及び節足動物（Crustacea）に属する動物の被害で，常に水中に棲息し，浅瀬にさらされた部分，あるいは水中に浸された木材等に，激甚な破壊を与える．無処理の水中杭材，及び一般の港，桟橋等の水際の使用木材が，最も被害を受け易い．

Mollusca のフナクイムシ科（Teredinidae）に所属のものは，熱帯地方の海水中に棲息するものが多く，世界に約 20 種が数えられ，わが国で，これらのうち猛威を振っているのは，フナクイムシ（*Teredo navalis*）とニホンフナクイムシ（*Teredo japonica*）の 2 種類が挙げられている．また Crustaceaの方はキクイシャコ（*Limnoria japonica*），キクイワラジムシ（*Sphaeroma retrolevis*）及びキクイアミ（*Chelura terebraus*）等が挙げられている．これらの動物の生理生態の詳細については，木材保存法に譲ることとし，ここでは専ら木材組織の破壊の状況について記述する．

フナクイムシ（船喰い虫，ship worm）の成虫は，蠕虫状の体長 4～10 inch，体径 $\frac{1}{4}$～$\frac{3}{8}$ inch のもので，木材を穿孔して産卵し，卵は水中に洗い出されるが，木材に尾端を附着すると，ここで孵化し，再度穿孔を始める．孔の大きさは体径に応じる小径のものであるが，発育するに伴って，材中深くトンネルを延ばす．そしてこの孔道の穿孔は，専ら頭部に発達した，一対の歯状の弁の回転作用によって行われ，これによって侵害された杭材の内部は，孔道のために蜂窩状を呈するようになる．

フナクイムシは，元来暖地のものであるが，わが国では，北海道の海中でも発見されており，寒気に対しても，かなり抵抗性があるように見受けられる．一般に，晩春から初秋にかけて繁殖し，冬期は活動を休止する．被害は海表面及び海底に近い所ほど大で，中間部は比較的少い．

Crustacea の代表的なものはキクイシャコ（*Limnoria japonica* Richardson）で，米国

---

(119) 笠井幹夫・田村隆：木材の耐久，p.462 (1944).

では crustacean wood borers といわれ，ドイツの Bohrassel，英国の gribble，日本では地方によりヨコムシ，フナムシ等ということがある．また一般に木虱(きじらみ)（wood lice）と，俗称されているのはこれである．

キクイシャコは米粒大の，淡灰色の節足動物で，多数群居する．木材を食料とするため，蝕害して出来た孔道を住家とする点は，フナクイムシと同様で，一般にこれらの動物が，木材の表面，またはその他に自分自身の体を支えるために，爪のついた数対の脚を装備している．そして鋭い顎(あご)で穿孔して行く．この穿孔の深さは年々 12～16 mm，孔道の径は小さく，この虫の体径より，僅かに大きい程度である．

一般に木材組織中，節や堅硬部を避け，好んで柔軟な組織を侵害し，あたかも海綿状を呈するようになり，波による水蝕作用のために，用材全体が細くなり，ついには使用に耐えなくなる．

また北米における Crustacea に属する *Sphaeroma sp.* は，木材中に自分自身の住家を造るが，しかし彼等の栄養料は，木材以外のものから，得ていることが知られている．この点は他のこの種の動物と，かなりの相違がある．また Chelura 属に属する sand fleas（スナノミ）は，最近まで，亜熱帯に生育するものと，考えられていた飛びはねる種類であるが，大西洋沿岸に，ある程度の被害のあることが知られている．

要するに同じ海虫でも，フナクイムシ型の Mollusca の習性と，キクイシャコ型の Crustacea の習性との間には，甚だしい相違がある．しかし水中用木材に，附着して材中深く穿孔し，多数のトンネルのため，使用に耐えないまでに蝕害する点はよく似ている．

第 7 章
木材の組織に関する研究法

I 木材の組織に関する研究の必要

　木材は既述のように，各種細胞の集合体であるから，構成細胞の形態や，集合の様相，つまり木材の組織についての知見がなければ，木材の理化学的の性質や，理化学的利用に際しての諸現象を，満足に解明し，あるいは理解することができない．実際に，木材の理化学的な性質の研究に当り，まず基礎的な木材の組織の性質を，予め知悉して置いて，しかる後に，その研究に着手したい場合が，かなり多くなって来ている．

　例えば最近パルプ用材として，マツ属の樹種が，多量原料に用いられているが，この場合，樹脂道の存在状態，その量等が，直接または間接的に，パルプ製造の諸行程や，製品に影響を及ぼし，また製紙パルプの場合には，その材を構成している細胞の形状や，大きさ等が，紙の諸性質，とくに強度に，影響を与えることになるであろう．

　あるいはまた接着剤（gluebinder, Bindungsmittel）を用いて行う，硬質繊維板の製造に当っては，材料である木削片の多孔性の程度が，直接接着剤の濃度，粘度，性能，使用量等と密接な関連性を持つことも，当然考えられて来る．また未知の木材を，鑑識によって明かにしたい，という場合も起るであろう．

　以上のようなの事実から見ても，当然木材の組織に関する，研究の必要性が，痛感されるのであるが，研究の目的によって，自ら研究方法も違って来るものと思われる．

　例えば普通材の識別に当っては，単に肉眼によって，簡単に目的の達せられる場合もあれば，顕微鏡による精細な調査をまって，始めて目的の達せられる場合もある．なおまた外力による破壊部位を，根本的に究明する必要から，とくに細胞膜の破壊の状況を，理論的に知ろうとして，電子顕微鏡の電子線による，優れた分解能の力を借りて，微細構造の調査の必要に迫られることもあろう．

　本章では木材の組織に関する研究方法を，A．肉眼による場合，B．光学顕微鏡による場合，C．電子顕微鏡による場合の3方法に分けて，なるべく具体的な説明を加えることとする．なお後末にはD．偏光顕微鏡による場合，E．X線回折装置による場合をも，概要ではあるが附記することにした．

II 木材の組織に関する研究法

A. 肉眼による場合の研究法

1. 供　試　材

　木材の組織はこれを厳密にいうと，たとえ同一の樹種にあっても，採取部位，年齢，立地，生育状況等によって差異がある．それ故木材組織の調査には，少くとも樹齢 20 年以上の正常材で，枝や根張りの部分を避け，本幹のしかも胸高部分を供試材とすることが望ましい．

　基本材鑑の木取り方には，種々あろうが，結局正確な横断面（木口），径断面（柾目），及び触断面（板目）のいわゆる3断面の，現われていることが肝要である．また3断面を肉眼またはルーペ（Lupe，拡大鏡，単眼鏡）によって，観察する関係上，その材の全貌が，うかがわれる大きさと，形のものとが必要である．

　さらにまた春材部及び秋材部の両者を，比較する関係上，しばしば完全な年輪層の存在を，必要とすることがあるから，横断面及び径断面において，少くとも2本以上の，年輪界の存在することが必要である．なお，できれば中心の髄部，心材部，辺材部及び樹皮部等の存在するものを，供試材として得ることができれば，これに越したことはない．

　また特に同一樹種における，違った部位の組織の比較，または木材の構成要素の，数量的変化の調査等の場合には，その林木の胸高部から円盤をとり，中心部から外側まで，ある一定の年輪毎に，例えば 5〜10年毎に，試験用の試料を採取すると，好都合の場合がある．

2. 基　本　材　鑑

　基本になる材鑑は，一般植物の腊葉（さくよう）の場合におけると同様に，樹種名，採取地，採取年月日，年齢（不判明の時には推定年齢），材の部分，採取者，記号，番号等，必要事項を明かにしておき，その材鑑の正確な身柄が，後刻支障なく直ちに判明のできるよう，記録しておくべきである．これには保存すべき材鑑用の台帳，カードまたは原簿の類を準備し，それらの材鑑の記号や番号等と，符合する記載欄を設け，必要事項を，それぞれの欄に記入して置くと，甚だ便益が多い．

　木材の識別に当っては，供試材を観察する一方，保存してある基本材鑑を，参考にして充分に照合し，検索表*（key）によって，目的の達せられることが多い．それ故，基本材鑑を

---

*　木材識別用検索表のうち，肉眼用のものは「森林家必携」pp.484〜488，農林省林業試験場編「木材工業便覧」pp.86〜95，及び拙著「朝鮮木材の識別」pp.358〜379，なお外国輸入材の肉眼的識別に関するものは，日本林学会誌，第9巻第7号（1927）pp.44〜61に藤岡光長，（→次頁☆へ）

備えて置くことは，材の鑑別に当り，有効に役立つものである．

B. 顕微鏡による場合の研究法

1. 顕微鏡に関する概説

木材の組織の調査に当り，肉眼や Lupe の程度では，もはや充分な観察ができない場合には，顕微鏡の力を借りると，大ていの場合目的が達せられる．

a. 顕微鏡の種類

製作所の相違から種々な種類があり，またいずれもそれぞれ特色をもっている．例えばドイツの Zeiss, Leitz または Winkler，オーストラリアの Reichert，英国の Watson や Beck，アメリカの Spencer や Bausch-Lomb 等は殊に世界的に有名であるが，最近わが国においても，オリンパス（Olympus）または千代田等，極めて優秀なものが，生産されるようになってきた．

b. 光学顕微鏡の部分

顕微鏡を使用する場合には，予めその顕微鏡のもつ性能や特質を，充分に知悉して置かなければならない．いま普通の顕微鏡について，その概要を記述すると次のようである．

(1) **鏡筒** 図 91 の d が鏡筒である．この中には，任意に伸縮のできる目盛管（抽出管）の b がとりつけられ，さらにその頭端部に，接眼鏡（接眼レンズ）の a がはまっている．鏡筒の下端部には，h なる回転器（revolver，対物鏡転換器）があって，2～4 個の対物鏡（対物レンズ）の o が，ネジでとりつけられるようになっている．

a の接眼鏡から o の対物鏡の revolver の接着部までを，鏡筒長または機械筒長（$T_1\ T_2$）といっている．この鏡筒長の長さは，b なる目盛管にある目盛によって，その時の精確な長

☆ 兼次忠蔵両氏の「輸入南洋材の種類及びその識別」がある．また顕微鏡によって検索するものについては，金平亮三著「大日本産重要木材の解剖学的識別」(1926) pp.58〜63, 及び pp.118〜128, なお拙著「朝鮮木材の識別」(1938) pp.380〜405, また藤岡光長, 兼次忠蔵両氏の「本邦濶葉樹材の識別」日本林学会誌, 第9巻第10号 (1927) pp.6〜21 等に掲載されている．
  なお識別方式については，従来いろいろと研究されて来たが，その中でも二又式 (dichotomous system) が最も広く用いられて来た．ところがこの二又式には長所もあるが，それにも増して多くの短所をもっている．これらの短所を除くため工夫されたのが，1938年 Clarke 氏の発表した登録カードによる，多口式識別検索表 (multiple entry key) である．この key の一つの大きな特色は，識別カードに記載されている特徴について，どのような順序からでも，任意に識別が行え，二又法のように固定された順序に従って検索しなければならない不便がないということである．小林弥一氏は以上の方式を取り入れ，さらに独創的な新工夫によって，本邦における針葉樹材のカード式識別法〔林業試験場研究報告第 98 号 (1957)〕を完成した．これには日本産重要針葉樹種のほかに輸入種を加え，それぞれの特徴が精細に記載されている．
  さらにまた本邦産広葉樹材のカード式識別の適用については，須藤彰司氏が木材学会誌，第3巻第3号6月号 (1957) に，その要領を発表しているから，遠からずその完成が見られることと思われる．
  一方 Desch, H. E.: Timber its structure and properties, pp.58〜67 (1948) には，肉眼的識別索引カードの，取扱に関する記事が掲載されている．

II 木材の組織に関する研究法

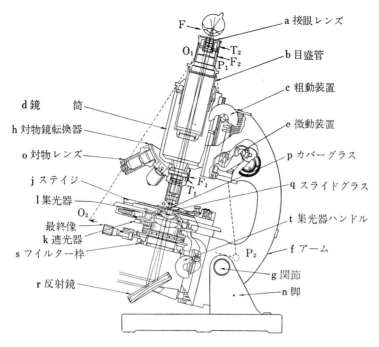

図 91. 光 学 顕 微 鏡（オリンパス UCE型）

$T_1 T_2$……機械筒長 160mm　　　F_2………接眼レンズの前側焦点面
$F_1 F_2$……光学筒長　　　　　　　OP………物　　体
$F O_2 P_2$……明視距離 250mm　　　$O_1 P_1$……中間実像
F…………総合後側焦点面　　　　　$O_2 P_2$……顕微鏡最終像
F_1………対物レンズの後側焦点面

さを知ることができる．

　(2) **鏡基**　図91のfの鏡柱（arm），nの鏡脚，それらを接合しているgの関節，これらの部分を総称して鏡基といっている．鏡柱には真直なものと，彎曲したものとがある．いずれの場合にも，上部に鏡筒が支えられている．鏡筒にとりつけられてある歯板（rack）は，cの粗動ネジ（粗動装置）の軸にある小歯車（pinion）と，正確に嚙み合うことのできるように，なっているから，cの回転によって，鏡筒が上下に動かされる．eは微動ネジ（微動装置）で，検鏡の際，像を正確に眼に合せるためのものである．鏡筒の上下の動きを，正確に知るために，微動ネジの周囲には，目盛が刻んである．そしてこの1目盛の回転が，鏡筒の上下の移動距離に，符合するように刻まれている．

　(3) **載物台**　載物台（stage）のjには，角型と丸型との2種がある．角型の方は倍率の少い簡単な顕微鏡についており，丸型の方は普通stageが2重になっていて，可動ネジにより，前後左右に，微動させることができる．台上にはqなるslide-glass*固定用の装置がついていて，glassは動かないが，丸型stageにおけるように，微動装置のあるものは，検

＊　本書 p.252 参照．

鏡の際 stage 全体を微動させることができる．

またこれと同じ目的から，stage に図 92 の十字動載物机（複式メカニカル-ステージ）が，取りつけられるようになっていて，図 92 の a のネジ（lead screw）で左右に，b のネジ（rack pinion）で前後に，作動のできるようになっている．目盛の単位は mm で，左右作動の方は 50mm，前後作動の方は 25mm で，いずれにもバーニア（vernier，遊尺，副尺）がついているから 0.1 mm まで読みとることができる．プレパラート*（Präparat，永久標本）の stage 上の位置が，

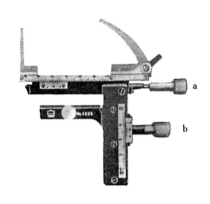

図 92．複式メカニカル-ステージ

確定したところで観察に移り，目的とする像を確認し，その時の位置の目盛を記録して置けば，いつでも再び前回におけると同じ位置に，その Präparat を固定し検鏡することができる．

(4) **絞 り**　図 91 の k は絞り（diaphragm，遮光器）で，slide-glass に入る光線の量を，調節するのに役立っている．この簡単なものは，直径 1～12mm までの大小多数の円孔の開けられた，1 枚の円盤が stage の下に，とりつけてある．そしてこの円盤を回転することにより，任意の光線を入れ得るようになっている．しかしこの円盤式のものは，光の変化が段階的であるから，理想的とはいえない．改良されたものは，すべて写真機の絞りと，同じ原理による装置になっている．

(5) **反射鏡**　反射鏡（mirror）は図 91 の r で，顕微鏡の下についている鏡である．これは，一面が平面，他面が凹面になっている．光源が近い所にあると，発散光線になるので，凹面鏡の方を用いると，光線を収斂させることができる．普通の場合はおおむね平面鏡の方を用い，油浸装置を使う時には凹面鏡の方を用いるのがよい．

(9) **集光器**　集光器（condenser）は図 91 の l の部分で，普通は 2～3 枚のレンズを，組合せたものであるが，時として多数組合せたものもある．2 枚レンズのものは一般型であるが，3 枚のものは油浸式**用で，倍率の高い時に用いられている．こうした condenser のない場合には，レンズの倍率が高くなると，通過光線の量が少なくなり，そのため像が暗く不鮮明になる．それ故反射鏡で受けた光線を，以上のような組合せレンズをもった，condenser を通して光線を収斂し，無収差で開口率*** の大きな，鮮鋭な光線として，対物レンズに送ると，比較的明るい鮮明な像が得られる．

この condenser は，取りはずしのできるように，なっているのが一般である．しかしまた，簡単なものは固定されているが，高級な顕微鏡では，図 91 の t の集光器ハンドルによ

---

* 本書 p.244 参照．　** 本書 p.238 及び 242 参照．　*** 本書 p.239 参照．

って，上下に移動することが可能で，Präparat の厚さに応じて，調節することが，できるようになっている．そして condenser の下方に，穏やかな光線を射入させる必要から，図91のsのフィルター (filter) 枠があって，摺りガラス，または着色の filter を挿入できるようになっているのが普通である．

(7) **ランプ**　顕微鏡を見る時の光源は日光でもよいが，直射光線は目を害する恐れがあるから，反射光線すなわち日蔭の明るい所で，見るのがよい．しかしレンズの倍率が高くなると，日光の反射光線位では，暗くて用をなさない．それで顕微鏡の前にランプを置き，ランプからの光線を，顕微鏡の下についている鏡に受けて，顕微鏡の中に入るようにするのであるが，この際ランプは普通の100ワットのものでよい．

なお黄色や赤色に近い光線を除いて，青色に近い光線を，顕微鏡の中に入れるようにするため，ランプと鏡との間に，光線の濾過装置をおくと，甚だ有効である．これには普通，薄い硫酸銅の溶液に，少量のアンモニアを入れて沈澱物を濾過し，その濾液を，ガラス製丸形のフラスコに入れて用いる．こうすることによって，穏かな青色の光線を得ると同時に，ランプの熱を除くこともできる．

最近では優秀な国産の光源ランプが製造されている．図93は光源ランプの1種で，放熱装置つきの小型筒内に，低ボルト電球が収め

図 93. 光 源 ラ ン プ
（オリンパスLSC型）

られ，集光レンズを備えている．そのため，約10cm 焦点の収斂光束が得られ，顕微鏡用として，好適な照明装置といわれている．

(8) **接眼鏡**　接眼鏡（ocular lens, eye-piece, または単に ocular, 図91のa, 図94）は鏡筒の頭端部にはまっているレンズで，最も普通に用いられているものは，ホイゲンス接眼鏡（Huygen's ocular）である．このレンズの倍率は，おおむね2〜30倍で，数個用意され，いずれの接眼鏡も，次に説明する対物鏡と，組合せて使われるようになっている．

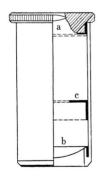

図 94. ホイゲンス
接眼鏡（北原）

普通の ocular はいずれも上下2段に1枚ずつの，凸レンズがはめられていて，図94の上段のものは眼レンズa，下段のものは集束レンズb（focussing lens）といっている．このbの集束レンズは，対物鏡から来る光線を，その本来の結像面より，やや前方で集束し，接眼鏡の中で結像させるようになっている．また眼レンズaの焦点に，相当するこの結像面附近に，絞りに相当する，円孔のある隔板cがとりつけられている．この隔板は後述するはずの，測定用接眼測微計（ocular micrometer）を，使用する際の台座になる．

次に下段の集束レンズが存在するために，対物鏡によって得られた倍率は低下するが，このレンズのあることによって収差がとれ，像を鮮明にする効果があるから，欠くことができない．眼レンズの方はこの像の拡大用の役目をする．接眼鏡にはこの Huygen's ocular の他に Ramsden, Periplan 等の oculer がある．いずれも，それぞれの特色をもっているが，大体において Huygen's ocular に似ている．

(9) **対物鏡**　対物鏡（objective lens，図 91 の o）は，また接物鏡ともいわれるもので，鏡筒の尾端部に，はめられているレンズである．普通それらの各各は 2～4 段のレンズからなり，数個の倍率の違った種類がある．そして，それらの各々のレンズは，すべて 2～3 枚の薄いレンズを balsam で貼り合せ，いわゆる，複合レンズに作られたものである．

高倍率の対物鏡では，その最先端のレンズ（front lens）が，半球形になっていて倍率を高めている．そしてこの場合は後方の複合レンズによって，後述の色収差及び球面収差を除去できるようになっている．高倍率の対物鏡を用いる場合には，しばしば cover-glass* と対物鏡との間に，glass と同じ屈折率のセダー油（cedar oil）を置いて見ることがある．この場合の検鏡法は，これを油浸（oil-immersion）式と呼んでいる．

c. 収　差

光の波長の差によって，レンズの屈折率も違うから，白色光線が，レンズを通過する時に，赤色は青色よりも，遠くに焦点を結び，観察中に，色づいて見えることがある．この現象を色収差（chromatic aberration）といい，また一定の波長の光でも，レンズのいろいろの部分を，通過する際，焦点が一致しないで，視野が曲って目にうつることがあるが，この現象は，これを球面収差（spherical aberration）といっている．

図 95.　セミーアポクロマート対物鏡（オリンパス）

これらの色収差及び球面収差のあるレンズは，顕微鏡で試料を観察する際に，大きな支障になるから，避けなければならない．普通これらの収差の生じないように，前記のように，矯正された，複合レンズが取りつけられている．

d. 分　解　能

普通光学顕微鏡の最大拡大率は，大体 2000 倍程度である．レンズがどの位まで，微細な 2 点間の距離を，鮮鋭に見分け得るか，という能力を分解能（resolving power, Auflösungsvermögen）と呼ばれている．

---

* 本書 p.252 参照．

最も優秀なレンズで，紫外線のような波長の短い光線を用いると，分解能は 0.15μ 位までの能力を発揮する．ところが普通の光線では，大体 0.2μ 程度である．また特殊な限外顕微鏡（ultra-microscope）を用いると，分解能は $0.25\sim0.06\mu$ となってさらによくなり，電子顕微鏡（electron microscope, Über=mikroskop）であると，なおさらに分解能はよくなり，0.002μ 位となり，倍率も 100,000 倍位になる．最近では 1,000,000 倍の倍率をもつ陽子顕微鏡が試作されているといわれている．結局近接している2点を，弁別し得る最短距離が，小さければ小さいほど，分解能が優秀なわけである．

Abbe*氏によると，顕微鏡の分解能（δ）は，次式で示すことができる．

$$\delta = \frac{\lambda}{n \sin \alpha}$$

式中 λ は使用光線の波長（wave length），α は鏡口角[120]の $\frac{1}{2}$，n はレンズと試料間との媒質の屈折率で，光学顕微鏡の場合，空気の n は1，また cedar oil を用いる場合の n は 1.515 である．α は理論的極限値として，$90°$ 以上になることはないから，常に1よりも小である．また，式中 $n \sin \alpha$ は開口率（numerical aperture）または開口数ともいわれ，N. A. の略字の用いられることもある．

e. 能 率

これは以上の鏡口角による分解能のほか，次の諸条件によっても左右される．

　i．分解能――前述のように検鏡しようとする試料の，詳細を示す分解能は，$n \sin \alpha$，すなわち，開口率に比例する．

　ii．区画力（definiting power）――球面収差と色収差とのために，分解能が妨げられようとするが，これをできるだけ除去する力．

　iii．明度（lightsomeness）――顕微鏡の内部の明るさ．

　iv．焦点深度（focal depth）――検鏡試料の垂直方向の凹凸に対して，映像の深さの明視される程度．

以上 i～iv の条件が，どの程度に具備されているかによって，その顕微鏡のもつ能率が決定され，従って優秀性が決って来る．

次に顕微鏡の倍率は，対物鏡で拡大された像が，接眼鏡によって，さらに拡大して見ることになるから，全体の倍率（magnification）は，各レンズの倍率の積に等しい．すなわち，

顕微鏡の倍率＝対物鏡の倍率×接眼鏡の倍率

$$= \frac{光学的鏡筒長}{対物鏡の焦点距離} \times \frac{250}{接眼鏡の焦点距離}$$

---

(120) 試料から対物鏡に入る光線の集束は，円錐状を呈するが，鏡口角はその場合の，最外部の2線のなす角度で，上式中 $n \sin \alpha$ の α は鏡口角の $\frac{1}{2}$ である．鏡口角は別称開口角，開口度といわれることがある．〔笹川久吾：電子顕微鏡，p.29 (1951)〕

　* Abbe, Ernst (1840～1905) はドイツの光学者，1878 年エナ大学の天文学の教授及び天文台長兼気象台長．顕微鏡，スペクトロメーター，屈折計等をはじめ，光学関係の，多数の発明がある．

式中光学的鏡筒長とあるのは，対物鏡の後方焦点から，接眼鏡の前方焦点までの長さである．従って鏡筒長は，対物鏡の焦点距離によって変化する．そして250mmは，物体を見た時の明視の距離である．

f. 測　　定

顕微鏡の視野中の試料の長さを測定するには，まず接眼鏡の上段の眼レンズをはずして，その中の棚（隔板，図94のc）の上に図96のaのような接眼マイクロメーター（ocular micrometer，接眼測微計，1mmを10等分した目盛が刻まれている）を入れて眼レンズをもと通りにはめ，これを通して図96のcのような対物マイクロメーター（objective micrometer，対物測微計，1mmを100等分した目盛が刻まれている）の目盛を見，例えば接眼マイクロメーター（Oc）の50区画線が対物マイクロメーター（Ob）の40区画線に一致するとすれば，

$$Oc \times 50 = Ob \times 40$$

である．ところが対物マイクロメーターの1区画は $\frac{1}{100}$ mm，すなわち，10μ であるから，

$$Oc \times 50 = \frac{1}{100} \times 40$$

$$Oc = \frac{1}{100} \times 40 \times \frac{1}{50}$$

$$Oc = 0.008 \text{ mm}$$

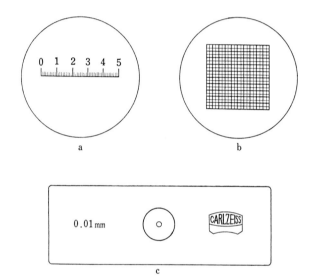

図 96. 各種の顕微鏡用マイクロメーター（山林）
a—接眼マイクロメーター，b—方眼マイクロメーター，c—対物マイクロメーター

となり，接眼マイクロメーターの目盛の一つは 0.008mm，すなわち 8μ ということになる．従っていま対物マイクロメーターを Präparat と取換えて，その中のあるものの長さを，接眼マイクロメーターで計った時に，もしそれが5区画分あったとし，その時の倍率による接眼マイクロメーターの1区画分が 8μ とすると，そのものの長さは $8\mu \times 5 = 40\mu$ である．この 8μ の値はその時の接眼鏡と，対物鏡との組合せ（倍率）によるものであるから，いろいろ違ったレンズの組合せ（倍率）の場合についても，同じように測定して表にしておくと，どのような倍率の場合にも，接眼鏡の中に接眼マイクロメーターを，入れて置きさえすれば，いつでも試料の長さを，測定することができる．

顕微鏡による測定には，以上の長さの測定の他に，一定面積内の微細物の数の測定をしたり，また微細物そのものの面積を，測定することの必要な場合がある．そのような時には，

図96のbのような方眼マイクロメーター (sectional micrometer) が用いられる．これは接眼鏡の中にはめられるために，接眼マイクロメーターと同大のガラス製で，その中央部に図のような格子状目，すなわち，方眼が刻まれている．その大きさには5mm^{2}と10mm^{2}とがあって，5mm^{2}の方は5mm間に20目盛，10mm^{2}の方は10mm間に20目盛の，方眼がつけられている．

これを使う時には，接眼マイクロメーターの場合と，同じように使えばよい．すなわち，まず使用前に各々のレンズの倍率について，方眼マイクロメーターの1方眼が，どれほどの面積に相当するかを，調べておかなければならない．それには長さの測定の場合と同じように，やはり対物マイクロメーターが用いられる．対物マイクロメーターの目盛は，普通0.01mmであるから，いま対物マイクロメーターの目盛が，方眼マイクロメーターの1方眼の，1辺の長さに相当するならば，

$$\frac{0.01 \times 10}{1} = \frac{10}{100} = 0.1 \text{mm}$$

となり，それ故方眼マイクロメーターの1方眼の，面積はその時の倍率で0.1mm^{2}となる．

g. 特殊型顕微鏡

顕微鏡の特殊型としては，限外顕微鏡 (ultra-microscope)，位相差顕微鏡 (phase-contrast microscope) 及び偏光顕微鏡* (polarizing microscope) 等があり，それぞれ使用価値の高い特色をもっている．

またウルトラパーク (Ultra-pak) といわれる顕微鏡は，物体の表面に光線をあて陰影を利用して，その表面の構造を見るように出来ている．すなわち，小さな電燈が顕微鏡の側方に装置されており，供試材を側方から照射し，可検物の表面を拡大して見る式である．この際のランプはこれをエピランプ (Epilampe) といわれている．

さらにまたネオパーク (Neo-pak) といわれるものもあるが，大体において Ultra-pak とよく似た装置である．なお Ultra-pak と似た目的のものに，簡易双眼実体顕微鏡 (stereoscopic microscope, 図97) がある．この顕微鏡は立体像が得られ，視野が広く，双眼であるため，一方の眼を酷使することなく，検鏡が楽にできる等の特徴をもっている．

図97. stereoscopic microscope
（オリンパス）

h. 顕微鏡使用上の注意

(1) 接眼鏡や対物鏡のレンズには，直接指先で触れないように，注意すべきであるが，も

---

* 本書 p.266 参照．

し少しでも汚れていたり，曇りのある場合には，アルコールまたはキシロールを湿らせた，清潔な，柔かいガーゼで拭いとるとよい．

(2) 気温の高い時に湿気を含んだ空気が汚れていると，往々にして接眼鏡や対物鏡に，黴の生えることがある．一度黴がつくとなかなか拭いとれないから，最初から注意が肝要である．とくに顕微鏡の使用を，一時中断するような時には，レンズを鏡筒からはずし，desicator に入れて保存することが望ましい．こうしておけば黴の生えることもなく安全である．

(3) 鏡基は柔いガーゼで拭き，とくに rack と pinion とには，少しのゴミもつかないように，清潔にしておく．時々機械油を注ぎ，滑りをよくすることも必要であるが，油をつけ過ぎると，かえって鏡筒の重みで，自然に降下することがあって，始末に困るから，むしろ避けた方がよく，油の浸みついている布類で，ゴミをきれいに拭きとる程度がよい．

(4) 検鏡の時は，まずレンズに，光線を充分に入るように，反射鏡の方向を定め，stage の上に Präparat をおき，左右にあるバネで固定する．この場合対物鏡の真下に，検体が来るように，左手で Präparat を動かすか，または stage にある微動装置，あるいは十字動載物机で，正確に位置を固定する．

(5) Präparat を最初に観察する場合には，レンズを低倍率にし，視野に入る組織の範囲を，なるべく広く見られるようにする．そして組織の中で，とくに観察したい部分を，視野の中央に導き，レンズの倍率を，しだいに高めて観察する．

(6) 検体の像が明瞭に目にうつり，輪廓が判然しなければ，充分な観察が望めない．それにはまず鏡筒の対物鏡を，Präparat 近くに下げておき，接眼鏡を通して像をのぞきながら，粗動ネジを回転して，鏡筒を静かに上に引き揚げると，チラッと像の一部が目に入るから，粗動ネジの回転を中止し，微動ネジを静かに回して，ピントを正確に合す．

(7) とくに高倍率で，観察する場合には，revolver を回転して，適当な対物鏡の位置を固定する．この時は低倍率の場合と違い，対物鏡と Präparat との間隔が，極めて狭いため，Präparat を破損しないよう注意しながら，鏡筒を Präparat に接触する一歩手前まで下げて置き，接眼鏡から像を見ながら，ピントの合うまで鏡筒を静かに引き上げる．いうまでもなく，この際も微動ネジによってピントを合せる．低倍率の観察の場合はともかく，高倍率の時には，絞りを適当に絞ると成績がよい．すなわち，視野は暗くはなるが，像の輪廓が明瞭になって来る．

(8) 検鏡の時は，左眼で接眼鏡を通して Präparat を見，右眼で顕微鏡の右側にある紙上に，写生するのが普通である．しかし別に決った方法があるわけではなく，自分の最も好む自由な方法で，観察することが望ましい．なお長時間にわたって顕微鏡調査をする場合には，1個の接眼鏡の代りに，左右2個装備された双眼顕微鏡（biocular microscope）を用いると，片眼だけを無理して使うことがないから，疲労が非常に少く能率的である．

(9) cedar oil を使って検鏡する油浸（oil immersion）式の場合には，Präparat の

cover-glass の上に，油の小滴を落しておき，鏡筒を下げて対物鏡のレンズを，油に浸けてから，前記の方法でピントを合せればよい．使用後 cedar oil を拭きとるのには，xylol が使われる．

2. 解　絮　法

木材を構成している細胞相互の中間層は，主として lignin からなる，極めて薄い層で，相互の緊密な結合の役目をしている．しかしこの部分は，適当な酸もしくはアルカリ処理によって，比較的容易に溶解し，個々の細胞は，ばらばらに解絮 (maceration, Mazeration, 離解）させることができる．この maceration には種々な方法があるが，中でも実際には，次のような a～d の方法が採られている．

a. Schurz 法

これにはシュルツ液 (Schurzsche=lösung) の準備がいる．普通 Schurz 液といわれるのは，塩素酸カリ1gを硝酸の50ccに溶解したものであるが，木材の解絮には一般に，塩素酸カリ1：濃硝酸1：水2，の配合で造ったものが用いられる．

まず供試材から，マッチ軸木大の削り屑を作り，これを試験管またはシャーレーに入れ，これに用意した Schurz 液を適量注加し，削り屑が充分に浸漬する程度とする．このようにして，1週間内外放置すると，削り屑は柔軟な白色の綿のようになる．これを取り出して充分に水洗し，時計皿に移し，ピンセットとピンとで，この白い小木片を，ばらばらに解絮し，ごく少量を乗せグラス (slide-glass) にのせ，水を1滴落し，覆いグラス (cover-glass) を置いて検鏡し，必要に応じては，Präparat として保存する．

また急を要する場合には，Schurz 液による長時間の浸漬をまたず，材料を蒸発皿に入れ，適当量の Schurz 液（水の量を規定量よりも，やや多くして置く方が安全である）を注加し，徐々に 50～70°C の比較的低温度で加熱して，急速の間に合わせることができる．ただし 90～100°Cのような高温度で，急激に加熱するときは，材料が溶解してしまう恐れがあるから，注意すべきである．なお実施に当っては，呼吸器に有害な酸化窒素ガスが発生するから，ドラフトのような所で，行なった方が安全である．

b. Jeffrey 法

前記の Schurz 液の代りに，ゼフリー液 (Jeffrey's solution) を使っても，同じように目的が達せられる．これはクロム酸と硝酸との，それぞれ5～10％の水溶液の当量混合液で，この液中に，供試料の小切片を数日間浸漬しておき，後で取り出し，水洗後ピンセットとピンとで解絮し検鏡する．

c. 塩　酸　法

1規定液程度の塩酸（濃塩酸を約9倍に稀釈した程度）を 60°C に加熱し，この中に材料を数分間入れて置き，柔軟になったものを充分に水洗し，のち解絮し検鏡する．

d. 過酸化水素・氷酢酸法

これは，過酸化水素 2：氷酢酸 1，の割合の混合液をつくり，逆流冷却器を取りつけて熱すると，比較的硬重な試料でも，数時間を出でずして，軟化し解絮され易くなる．

3. プレパラート（Präparat）の作成

光学顕微鏡を使って，木材の組織を観察しようとする場合には，前もってまず顕微鏡用のプレパラート（永久標本，Präparat）を作成して置き，これによって行うのが常法である．これには前述の解絮法によって得た材料で，プレパラートを作成するか，もしくは供試材をあらかじめ軟化しておき，ミクロトーム（Mikrotom，切片截断機）で薄い切片を得，染色，固定した上で検鏡することになる．

a. 供試材の軟化

供試材は Präparat 用の切片を得る必要から，ミクロトーム*で切断のできる程度の柔軟さが必要である．軟かい生材ならば，水で数時間煮沸するだけでも，Mikrotom にかけられる程度にまで軟化するが，乾燥している材や，針葉樹材でもヒノキ，ヒメコマツのようなやや硬いもの，もしくは広葉樹材のハンノキ，またはシナノキ程度の硬さのものになると，数日間水で煮沸するか，水3：グリセリン1，の混合液で数時間から数日間煮沸するとよい．

広葉樹材の普通の硬さのもの，例えばハリギリ，ブナ，カエデ，サクラ等は，水で煮沸してから，さらに 50％ のアルコール 2：グリセリン1の混合液で，長時間乃至数日間煮沸する．煮沸中，混合液が切れないように，補給することはいうまでもない．

さらに硬い材，例えばケヤキ，ナラ類，カシ類もしくはカンバ類等は，小型のオートクレーブ（autoclave, pressure cooker, 圧力釜）か，または木材軟化専用の蒸和罐**を用いる

---

* 本書 p.248，図 99 参照．
** 木材軟化専用の圧力釜に，島倉式蒸和罐（図98）がある．これは直径約10cm，高さ15cmの円筒状鋳鉄製の小型の釜で，130°C 以上の加熱にも，耐え得るように出来ている．また温度の自動調節装置と安全弁があって，罐の爆砕を未前に防げるようになっている．そしてこの釜には附随した6個の軟化筒がある．これは試験用切り子（block）2〜3 個が入れられる径 2.5cm，高さ 7cm の鉄製円筒状のもので，蓋はネジ切りがしてあり，ニッケルメッキが施してある．

図 98．島倉式蒸和罐（山林）

この軟化筒に block を入れ，70％ alc. 2：glycerine 1 の混合液を注入し，あらかじめ殺しておいたコルク栓をする．栓がしっかりしていないと，煮沸中に混合液が，軟化筒から逃げ出してしまう．まず蒸和罐に水を8分程度入れ，軟化筒を立て並べ蓋をする．蒸気の漏れない程度に，ネジを充分に締めておき点火する．数10分間で125°Cにまで上昇するから，火を弱く140〜150°Cを越えないように注意する．3〜4 時間（block の硬さに応じて変更しなければならない）加熱した後温度を下げ，100°C 以下に冷却してから蒸和罐の排気弁を開き，蓋を開けて軟化筒を取り出す．軟化筒の蓋を取った時に，中のアルコールが乳褐色または乳濁色を呈していれば，軟化がよく行われたことを示し，水のようであったり，空になっていたならば不成功で，これは加熱及び加圧が，まだ不充分であったか，あるいはコルク栓の締め方が，不充分であったかである．以上の方法で適当に軟化したものは，そのまま Mikrotom にかけてよいのであるが，もし保存の必要がある場合には，グリセリン・アルコール混合液中に入れて置き，必要な時にはもう一度水で煮沸してから用いる．

とよい．この罐でアルコールとグリセリンとの混合液を用い，適当の時間熱圧を加えると，充分に軟化の目的が達せられる．この際過度に熱圧を加えると，試料が焦損し，脆くなり，染色も鮮やかにできなくなり，失敗するから注意がいる．そのために安全指示標のある温度計，及び圧力計のあることがぜひ必要で，とくに安全装置があれば，これに越したことはない．またなお一そう硬い材に対しては，軟化剤として酸*，アルカリ**等を使用することもあるが，この場合の容器には耐酸，耐アルカリ性のものが用いられることはいうまでもない．

b. 材料から block の作成

block（切り子）の大きさは，後述の Mikrotom*** の把握装置に，取りつけられる程度のものが必要である．およそ木口は1cm²，高さは2cm位が適当で，木口面には少くとも2本の年輪界の，存在することが望ましい．このような木取り方にして置くと，春秋両材部の組織の比較はもちろん，その移行が充分に観察できるからである．縦断面は柾目面と板目面とが，最初から明瞭に，区別のできるように木取っておくと，Mikrotom にかける時につごうがよい．

以上の切り子は Mikrotom に取りつけても，崩れない場合のことで，古墳から掘り出された古材，もしくは風化したもの，腐朽の進んだもの等，破壊され易い材料の場合には，特別な処理法によらなければならない．すなわち，固化物質であらかじめ包埋しておき，それによって一つの切り子を作り，それを Mikrotom の把握器に，取りつけて壊れない木材の block に接着し，連続切片を得ることのできる sliding microtome（図100）にかけるか，普通の Schanze 型 Mikrotom（図99）にかける．従来これには celloidin 法か，もしくは paraffin 法が用いられて来た．celloidin 法は，しばしば破壊された木材の状態を知る場合に用いられることがあり，paraffin 法の方は，おおむね花粉母細胞，藻類，コケ植物，シダ植物，根端等比較的繊細にして，しかも柔軟なものに，応用されているようである．

最近米国では以上の celloidin や paraffin の代りに，carbo-wax compound という，

---

* 弗化水素酸法——従来木材の軟化法として，濃度 20〜35% の弗化水素酸液 (Hydrofluoric acid) に 10〜60 日間浸漬したり，耐酸釜で煮沸したりして，かなり充分に軟化の目的を達したものである．そしてこの酸で浸漬処理したものは，圧力釜や蒸和罐で処理したものに比べて，組織の崩壊することが，比較的少いのが特徴である．ところが何しろこの酸は paraffin, guttapercha 及び鉛以外のものを大てい腐蝕鋳害し，軟化材料を流水で洗っても，なお刀の刃を腐蝕させる危険があるので，甚だ取扱い難い．それ故この酸の保存には鉛かまたは guttapercha 等の特製の容器が使われている．とにかく，このように頗る厄介な酸なので，現今ではこの方法は，特別の場合のほかは，あまり喜ばれないようになった．

** 苛性ソーダ法——比較的稀薄な苛性ソーダ，例えば材料の硬軟に応じて 4〜7% 程度のものが用いられ，軟化を促進させるために，静かに低温度処理をするか，もしくは 60〜70°C の恒温器中に 1〜2 週間静置する．また試料の大きさの大きい場合には，表面だけ軟化されても，深い部分にまで及ばないから，このような時には試料を水で充分煮沸し，その後枝つきフラスコに水といっしょに入れ，空気ポンプに連結し，組織中の空気を抜き取っておき，その後にソーダ液を追加し，浸透を容易ならしめるように工夫をすることが肝要である．なお別法として NaOH を 90% alc. に飽和させた溶液を作り，常温でこれに浸漬する．この場合の時間は試料の硬さによって一概にいえないが，普通の硬さのものでは 24 時間も漬ければよい．

*** 本書 p.248 参照．

合成樹脂が発売されており，崩れ易い材料に対する埋蔵に，好適とされている．さらにまた破壊を受けた材料については，特種な処理法として酢酸繊維素法がある．

いまこれらにつき具体的な包埋法と切片作成とを一緒にし，なお順序は相前後するが，ついでに Präparat 作成までの要点を，説明すると次のようである．

(1) **Celloidin 法**

ⅰ．まずエーテル・アルコールの等量混合液をつくっておき，celloidin をこれに溶解し，2, 4, 6, 8, 10, 12, 14, 16, 18, 20% の各濃度の celloidin 溶液を造る．

ⅱ．材料を無水アルコールで脱水した後，以上の 2% celloidin 液に入れ，コルク栓を施し，50°C の恒温器中に 24 時間静置する．

ⅲ．順次高濃度の celloidin 液に移し，以上の操作を繰りかえす．

ⅳ．20% の celloidin 液の処理が終ったならば，celloidin の小片を少しずつ加えて，さらに濃厚にする．

ⅴ．次にクロロフォルム中に，約12時間浸漬し celloidin を固化させる．

ⅵ．このようにして材料の埋蔵された celloidin 塊は，グリセリン・アルコールの等量混合液中に，保存して置き，必要に応じこれを取り出して，切片を作成する．

ⅶ．celloidin 埋蔵塊を，Mikrotom にかける場合には，余分の celloidin を削り落して，適当な block とし，

ⅷ．濃い celloidin 液で，Mikrotom に把握するよう用意された，木の block に固着させる．

ⅸ．60～70 % のアルコールを滴下しながら，Mikrotom によって切断し切片をつくる．この時 sliding microtome (図 100) にかけると，連続切片が得られる．

ⅹ．切片を slide-glass に固着させるには，グラスに gelatin を薄く塗り，切片をその上に置いて，formalin-gas で gelatin を硬化させる．

ⅺ．染色の場合はエーテル・アルコールで celloidin を溶解し，切片だけを slide-glass に付着させておき，そのまま染色し，後アルコールで充分に脱水し，xylol を通して balsam と cover-glass とで封じ，Präparat をつくる．

(2) **Paraffin 法**　ⅰ．まず試料をカルノア液*(carnoy's fluid)のような固定液によって固定する．ⅱ．水洗．ⅲ．アルコールで脱水．ⅳ．アルコールが混っていても，よく paraffin を溶解するパラフィン誘導剤，例えばクロロフォルムのようなものを使用．ⅴ．パラフィンに試料を入れる．ⅵ．試料の包埋されたパラフィン塊を，木の block に形を整えて接着．ⅶ．sliding microtome にかけ連続切片を得る．ⅷ．xylol のような溶解剤を用いて paraffin を溶かす．ⅸ．試料を漂白．ⅹ．染色．ⅺ．アルコールで脱水．ⅻ．xylol で透明

---

* カルノア液の配合は，ⅰ．無水アルコール 3：氷酢酸 1，あるいは ⅱ．無水アルコール 6：氷酢酸 1：クロロフォルム 3．

化. xiii. balsam で封緘.

(3) **Carbo-wax 法**　carbo-wax は化学的には，polyethylene glycol で，$CH_2OH\cdot(H_2OCH_2)_x\cdot CH_2OH$ で示される．これは油や蠟のような性質をもっていて，しかも水溶性であるから，これで封じる場合は，その途中アルコール，エーテル，クロロフォルム，アセトン等のような有機溶剤を必要としない．本剤による処理方法の大要を，記すと次のようである．

i. 前記のように試料を固定液で固定. ii. 水洗. iii. carbo-wax に入れる. iv. 室温または冷蔵庫で冷却固化. v. 常法により Mikrotom で切片作成. vi. 切片を水に浮かし carbo-wax を溶解し去る. vii. 切片を slide-glass にとり，卵白で張りつける. viii. 染色. ix. 脱水. x. キシロールで透明化. xi. 封緘.

(4) **酢酸繊維素法**　破壊を受けた木材（または破壊され易い木材）の組織の研究には，破壊を受けたそのままの状態を，知ることが必要で，常法によって慎重に，プレパラートを作成しても，なかなか満足するような結果が，得られないのが普通である．それ故，破壊面を直接に Ultra-pak で見るとか，スンブ法によるとか，もしくは replica 法等に，よることが最も安全な方法のようである．しかし一方破壊された部分の，切片のシリーズを作り，破壊の状態を観察することも，極めて重要な方法の一つとして考えられる．

井田及び佐竹の両氏[121]はこの点に留意し，工夫をこらしたのが酢酸繊維素溶液処理による切截法である．これによると所期の目的が達せられ，好適な方法であると述べている．いまこの方法の要点を順序をつけて抜記すると次のようである．

ⅰ. 材料を適当な大きさ（約 $1cm^3$ 程度）の切り子（block）を作る.

ⅱ. 蒸留水で煮沸する（機械的に破壊を受けた木材の場合には 95% alc. に浸漬する）.

ⅲ. 純アセトンに 1～2 時間浸漬する.

ⅳ. 酢酸繊維素の 12% 溶液に 2～14 日間浸漬する.

ⅴ. 酢酸繊維素溶液から，取り出したままの状態のものを，セルロイド板で挟み，ちょうど長方柱状のサンドウィッチ型の block をつくる．（ただし celluloid 板は，あらかじめ acetone に，1分間浸したものを使用する）

ⅵ. この block を徐々に乾燥し，3～20 時間で凝固させ，ミクロトームにかけてもよい程度の硬さにする．（もし硬くなり過ぎた場合には，acetone で溶解すれば，再び軟化させることができる．包埋後 3～4 日経過したものも，アセトンガスを満した容器中に，24 時間密封しておくと，包埋直後の状態に戻すことができる）

ⅶ. Mikrotom にかける場合には，95% alc. とエーテルとの等量混合液を，block に塗りながら行う.

ⅷ. ここに得られた切片を，acetone に約 30～60 分間浸漬しておくと，含有されてい

---

(121) 井田五郎・佐竹恭一：木材組織の一切截法，日本林学会誌，Vol. 13, No. 3, pp. 157～159 (1924).

た酢酸繊維素を，完全に除去することができる．

ix. 染色は Delafield 氏ヘマトキシリン法，その他の常法で行えば好結果が得られる．

c. 切片の作成

切片の作成はミクロトーム（Mikrotom, microtome, 切片截断機）で行うのが便利である．Mikrotom には数多くの種類があるが，木材の組織用には hand microtome で斜面滑走式といわれている Schanze 型ミクロトーム（図99），または Jung 型ミクロトームが，一般に使われている．

図 99. Schanze 型 hand microtome（金沢）

Mikrotom 用ナイフ*は切片作成の生命で，充分に鋭利であることが肝要である．とくに刃の比較的厚く，頑丈なものが使い易く，いささかも欠損部分があってはならない．

横断面の切片は細胞の長さの方向，すなわち，縦軸方向に対して正確に直角でなければならない．例えば細胞の切口の正円形のものも，縦軸方向に対してある角度をもって切断されると，楕円形になってしまうからである．

図 100. sliding microtome（金沢）

同様にして正確な径断面には，放射組織が常に長く，帯状を呈して平行に現われるはずであるから，放射組織の現われ方に注意すべきである．また触断面の切片を取る場合，切り方の不正確な時には放射組織の幅が，異常に広く現われるから，すぐに気付くことができる．

---

* Mikrotom 用の刀は軟材，樹皮または髄心等には，一面が平面，他面が凹面の刃型のものを用い，普通材またはやや硬いものには，両面とも平面のもの，すなわち，切断面の楔形のものが使い易い．刃の研磨には革砥が用いられる．砥面は No.1〜No.4 まであって，おのおの定った捏り粉（paste）を使用する．No.1 の革砥には粗い paste を使い（これは荒砥ぎ用である），No.2 から No.4 の面に進むに従って，革砥のキメが細かくなり，paste も細かくなる．研磨法は No.1 の面に paste を少量つけ，上質の油を滴下し，一様に塗りつけ，刀の背に特製の研磨用鞘（clip）を差し込み，革砥の長軸と約 45° の角度で砥ぎ，そして No.4 で研磨を終了する．研ぎ終った場合は，刀を必ず油布でよく拭いて，おかなければならない．しかし以上の方法では，熟練にもよるが，かなり多くの時間を，これに消費しないと切れ味がよくならない．

ところが最近この欠点を除くことのできる，極めて能率的な ミクロトーム刀自動研磨機が，工夫されている．これは端的にいうと，軟質グラス製の研磨用グラインダーで，動力 35 ワット，モーター付 V ベルト回転式研磨車が主体をなしている．そしてこの回転車の 1 部は，研磨液容器中に存在し，1 部は刀の刃に僅かに接触しながら，ハンドルでレール上を摺動することが，できるようになっている．ちなみに，研磨液はアルミナ粉末 15g を 600cc の水に入れて攪拌し，静置の上，この上澄液 100cc 中にカリ石鹸水 10g を，混合させたものである．

切片の厚さは，可及的に薄い方がよいが，薄過ぎると Präparat 作成の際，崩壊され易いので，破壊されない程度の薄さがよい．横断面のものはやや厚く，13μ 内外でもよい場合もあるが，径断面及び触断面では，少しでも厚いと，組織が重なって見えることになるから，なるべく薄く 13μ 以下が望ましい．

切られた切片はアルコール(30～50%)・グリセリンの入っている小シャーレー，または時計皿に入れて置き，染色用に備える．あまり長く放置し，室内温度の関係と，取扱いが不良であると，菌糸が蔓延し，無駄になることがあるので，注意すべきである．

d. 切片の染色

切片を染色剤で適当に染色してから，Präparat に作成し検鏡すると，木材を構成している要素に応じて，染め分けられるので極めてつごうがよい．

従来木材切片の染色法として Delafield 氏のヘマトキシリン法と Heidenhain 氏の鉄明礬ヘマトキシリン法とが最も多く用いられている．

(1) **Delafield's haematoxylin 法**　　この方法によると cellulose 膜が充分に染まる．なおこの他藻類の組織，木質化またはコルク化した膜，胚等の染色にも用いられる．いま木材の切片を，染色する場合の要点につき，順を追って説明すると次のようである．

ⅰ．haematoxylin の結晶 4g. を無水アルコールまたは95%アルコール 25cc に溶かす．

ⅱ．これにアンモニア明礬の飽和水溶液を少量ずつ加え，全体を 400cc にする．

ⅲ．以上を混合攪拌して，室内に 3～4 日間放置し，日光と空気とをよくあて，後に濾過する．

ⅳ．これに glycerine 100cc を加え，さらに methyl-alcohol 100cc を加えて，2ヵ月間位，充分酵熟するまで待つ．

ⅴ．急ぐ時には少量の過酸化水素を加えると，酵熟期間を短縮させることができる．

ⅵ．これを濾過し，使用のできる haematoxylin 液が得られる．そして常に密栓をして置き，必要に応じて適量ずつ使用すればよい．

ⅶ．30～50% の alcohol と，glycerine との混合液に，浸漬して置いた切片を，10～30分間，この haematoxylin 液に漬けると，染色は充分である．

ⅷ．切片が染り過ぎた時は，塩酸アルコール (70% alc. 100cc に濃 HCl 2～3 滴を加えたもの) の中に入れ，時々検鏡しながら適当に脱色するとよい．

ⅸ．以上の切片は alcohol で充分に脱水*された後，xylol に移し，微細な気泡が白く見えなくなり，全く清澄な blueblack に，なったところで balsam で封じる．

---

* 脱水用アルコールの濃度（容積%）は 10, 30, 50, 70, 90, 100% の各階級に分け，最初10%から始め，順次高濃度に移し，100% で脱水を終るようにする．各階級における脱水時間は，数分～10 数分で，場合によっては途中を多少省略することがある．市販の無水アルコールは 100% であることが殆んどないから，これを 100% にするのには，焼いた硫酸銅を濾紙に包み，市販のいわゆる純アルコールに入れて置くと，硫酸銅を焼いて失われた結晶水 ($5H_2O$) が吸着され，アルコールは 100% にしだいに近づいて行く．

x. 脱水前に haematoxylin 染色片を 1% の erythrosin または safranin の水溶液中に 5〜10 分間漬けて，後 50% alc. で脱水し封じると，美しい二重染色 (double staining) の Präparat が得られる．

(2) **Heidenhain's iron alum haematoxylin 法**

i. これに使用する haematoxylin は，その結晶 5g. を 1000cc の水で溶解したものであるが，水に難溶であるため，普通 2〜3 時間湯煎上で加熱するか，あるいは 1000cc の熱湯水を注加して溶かし，0.5% の haematoxylin 液を作る．

ii. 次に 4% の鉄明礬液をつくり，これに切片を 30〜60 分間漬けて置く．

iii. これを取出して充分に水洗する．

iv. 次に前記の 0.5% haematoxylin 液中に，10〜60 分間浸漬すると黒く染まる[122]．これを水洗する．

v. 脱水法は弱度の alcohol から，しだいに高めて行き，最後には 100% alc. で 1〜2 分間漬け完全に脱水する．

vi. 次に xylol に移し，微小気泡の白い所が，残らず清澄になったものを，slide-glass にのせ，balsam と cover-glass とで封じる．

vii. また二重染色を必要とする場合には，前述のように haematoxylin 浸漬後水洗し，ごく薄い桃色程度の水溶性 safranin 中に漬け，24 時間静置すると double staining が終る．こうして出来たものは変色しないので，10 年位は使用し得るといわれている．

viii. また safranin の代りに，他の染色剤を任意に用いることもできる．例えば orange G. の 1% の水溶液で，30 秒間位染めてもよく染まる．しかし染り難い場合には，orange G. を 95% alc. の飽和溶液にして置いて用いるとよい．

なお以上のほか，とくに hemicellulose もしくは cellulose を，赤染させたい場合には，congo-red の 0.5〜1.0% の水溶液が用いられ，また脂肪酸，コルク化，クチン化した細胞膜を朱色に染めたい場合には，sudan Ⅲ が使われる．この場合は sudan Ⅲ の 0.1g を，500cc の熱 alc. に溶解し，冷却して後 50cc の glycerine を加えるか，あるいは 70% alc. の 50cc と，acetone の 50cc との混合液へ，飽和させて用いることもある．

なおこのハイデンハイン染色法に限り，その最後に行う balsam 密封操作に対し，とくに新しく工夫されたものがある．すなわち，抱水クロラール (chloralis hydras)，アラビアゴム及びグリセリンの混合物を，balsam の代りに使用するのである．これだと脱水剤として前述のように alcohol を使用せず，試料を水から取出し，直接封じることができ，かつ balsam よりも光線の屈折率が小さいので，高倍率にして観察する際，極めてつごうがよいと考えられている．

---

[122] 黒く染り過ぎた場合の脱色法としては，次のような混合液が用いられる．2% の鉄明礬 500cc ＋酢酸 5cc ＋硫酸 0.3cc，脱色後は充分に水洗し，脱水処理後 Präparat の作成にうつる．〔西山市三：細胞遺伝学研究法，p.93 (1952)〕

(3) **cellulose に対するその他の染色または検出**　さらに細胞膜の cellulose について，染色または検出したい場合には，次の諸種の方法も実際に用いられる．

(a) cellulose を塩化亜鉛ヨード（chlor-zinc-iodide）で染色すると紫色を呈する．塩化亜鉛ヨードは塩化亜鉛 30g，ヨードカリ 5g，ヨード 1g，水 14cc，の混合液である．以上はまたヨードヨードカリ（ヨード1g：ヨードカリ1g：水100cc）に漬けて後，塩化亜鉛（塩化亜鉛 2：水1）で処理してもよい．

(b) cellulose を酸化アンモニウム溶液＊（純銅屑を強アンモニア水に 24 時間浸し，空気を送入して調製する）に漬けると cellulose は溶解する．

(c) cellulose をヨード液に浸し，70～95％の硫酸（$\frac{1}{3}$ 容量の水を加えたもの）で処理すると青色となる．

(d) なお以上の他に congo-red, aniline-blue, methylene-blue, alum-carmine, 4％のアンモニウム明礬水溶液，及び1％の carmine 溶液等がそれぞれ用いられる．

(4) **lignin に対するその他の染色または検出**　lignin に対しては次のような検出法がある．

(a) phloroglucin（5％）の水溶液に作用させ，後に濃塩酸を注加すると，赤色反応を呈する．ただしこれは数時間で褪色する欠点がある．

(b) 過マンガン酸カリ（1％）で5分間処理すると，黄色～濃褐色になる．これを稀塩酸中に入れ，その着色が消失したら，水洗し，アンモニア水かまたはアンモニアガスで処理すると lignin の部分は赤色を呈する．（これは Mäule 氏の反応といわれているものである）

(c) safranin, acid-fuchsin, methyl-green 及び gentian-violet 等のそれぞれ 1g. とアニリン油 3g., アルコール 15cc 及び水 100cc の混合液で lignin がよく染まる．

(d) 次のいずれかで処理すると lignin 部と非 lignin 部とが染め分けられる．すなわち，crystal-violet ＋ erythrosin, iodide-green ＋ alum-carmine, safranin ＋ aniline-blue, fuchsin ＋ methylene-blue, safranin ＋ haematoxylin.

(e) 各種の芳香属の amine, phenol 等は lignin に対して，種々な呈色反応を現わす．すなわち，例えば toluidin では黄色，phenol-diamine では橙褐色，diphenylamine では黄色，indol 及び scatol ではそれぞれ桜紅色，ammophenol では黄色，resorcin では青紫色，phloroglucin では紅色，thymol では緑色を呈する．

(5) **Mäule 氏反応**　Mäule 氏反応についてその概要を摘記すると次のようである．

(a) Mäule 氏反応処理――i. 木材片に過マンガン酸カリの1％溶液を塗布．ii. 水洗，iii. 稀塩酸を塗布．iv. 水洗．v. 強アンモニアを塗布．これらの処理によって，双子葉類及び単子葉類の材は，紅色または深紅色を呈し，針葉樹材は黄色乃至黄褐色を現わす．

(b) 以上の反応に対する例外がある．すなわち，i. マオウ類は紅色を呈する[123]．ii. マ

---

(123) Crocker, E.C.: Mäule lignin test on Podocarpus wood, *Bot. Gaz.*, Vol. XCV, No.1, pp.168～171 (1933).

　＊ 東京大学農学部林産化学教室編：林産化学実験書, p.143 (1956).

キ属の材では紅色を呈する．iii. 被子植物のある種の木化繊維は塩酸とアンモニアとで連続的に処理すると赤色を呈する．iv. マオウ類は硫酸ソーダ中で美しい紅色となる．v. 塩素を含ませた双子葉類の材は，呈色反応を呈するが，針葉樹材の場合は呈しない．

（c）Mäule 氏反応の理論――過マンガン酸カリによって，木材繊維に生じた二酸化マンガンが，塩酸に働いて塩素を生じ，塩素化された木質中の lignin が，アルカリによって，以上述べたような呈色反応を，示すものと考えられている．

e. Präparat 作成用グラス類

普通に使われる乗せグラス（slide-glass）は，厚さ約 1 mm, 幅約 26mm, 長さ約 76mm の大きさのもので，また覆いグラス（cover-glass）の方は，厚さは約 0.1～0.2mm, $22mm^2$ の正方形のもの，また時として約 $20 \times 30mm$ の矩形のものも用いられることがある．

グラス類を清浄にするには，重クロム酸カリ飽和濃硫酸溶液（Zettnow's solution）をつくり，この中に数日間漬けて置き，取り出して流水でよく洗い，これを 30% alc. の中に保存しておき，必要に応じて取り出し，ガーゼでよく拭いて用いる．

4. ス ン プ 法*

スンプ（Sump）法は試料を解裂することなく，また切片も作らないで，直接試料の表面を観察したい場合に，用いられる方法で，これに薄板法と被膜法とがある．

a. 薄 板 法

(1) 材料の表面の凹凸が少く，比較的平滑なものに用いられる．(2) スンプ板（薄い無色の celluloid 板）の一面にスンプ薄板用液を塗る．(3) 乾かない内に手早くこの薄板を材料の上に貼りつけて，指で静かに押えて密着させる．(4) この薄板は 1～数分間経つと乾くから静かに剝ぎとる．(5) 剝ぎとった薄板の印画面を下向きにして，スンプ台板（普通の slide-glass 大の中央に孔が開いている）の中央にスンプ接着用液を用いて貼りつける．

b. 被 膜 法

(1) 濃い粘膜液を，材料の表面に塗布する．(2) 2 時間位の後に，被膜を静かに剝ぎとる．(3) 被膜の表面に，1% の formalin を塗って，菌の発生を防止し保存する．

5. 灰 像 法

灰像法（spodogramm, Aschenbild）は，木材の小片を焼きその灰の現わす状態を観察する方法で，この実験法を顕微灰像法（microincineration）といい，その像を顕微灰像（microspodogramm）と呼んでいる．とくに硅酸カルシウムや炭酸カルシウム等の鉱物質を含んでいる細胞の形や，配列の状態を見るのに甚だつごうがよい．まず (1) 供試材の小片を陶器製のルツボ（普通は Wernel 氏考案の皿式燃焼器を用いる）の中に入れて，下からブン

---

* Sump 法は Suzuki Universal Micro Printing Method（鈴木万能顕微印画法）の頭字を集めた略字である．

ゼン灯の焰で静かに燒く．(2) 全部灰になったら1～数時間冷却する．(3) 灰を破壊しないように，静かに slide-glass の上にのせ，xylol を注ぎ検鏡する．(4) 必要ならば xylol の処理後，canada balsam で封じ，cover-glass をのせ，永久 Präparat にして保存する．

6. 描　　画

従来描画装置として優秀なのは，アッベ氏転写器（Abbe's drawing camera）であって，2個の組合せたプリズムと，反射鏡とから成立っている．これによると顕微鏡の視野の中に，紙上で動かす鉛筆の先端が見えるから，紙面を直接見ることなく，視野の中の試料の輪廓を鉛筆の先で，追跡することによって，顕微鏡の視野中のものを，紙面に写しとることができる機構になっている．しかし反射鏡の傾斜の程度によって，図が歪むから，傾斜度を自由に変化し得る写図台を，用いると便利である．そして図が歪まないようにするには，顕微鏡の視野の輪廓を写生して，それが正円になるよう写図台の角度を加減するとよい．

7. 顕 微 鏡 写 真

一般に木材の組織に関する研究の発表や説明には，ぜひとも正確な記録の補助として，しばしば鮮明な写真の希望されることが多い．顕微鏡写真の撮り方は，普通の写真の場合と原則的には別に変ったところはないが，ただ顕微鏡によって拡大された映像を，写真に撮る点が普通の場合と違っている．従って顕微鏡による拡大像が適当であるか，どうかということが，第一に問題になるので，撮影装置には必ずしも優秀にして，特定な写真機を必要としない．しかし撮影のために，最近では図101のような，甚だ取扱い易く工夫された，顕微鏡写真撮影用小型カメラが，作られるようになり，至極能率的になった．

要するに被検材料である Präparat の優秀性が，直接に成績を左右する鍵になる．いま実際の撮影に，とくに注意すべき要点を摘記し，参考に供すると次のようである．

a. 可検組織片の作製，続いて染色及び封入等のことについては，別項で前述した通りであるが，切片の厚さは比較的薄く，できれば $5～10\mu$ 程度のものがよい．とくに縦断面の切片には，可及的に薄いものがよい．とうすると組織の重なりが少くなるから，勢い輪廓が明瞭になり，成績がよくなる．染色はむしろ，濃い方がよく，Delafield's haematoxylin 法で充分であるが，とくに haematoxylin の比較的濃い染色は，適当なコントラストが得られ，結果が良好である．また fuchsin 染色も有効とされている．

b. 顕微鏡の対物レンズについては，一応前述した通りであるが，顕微鏡写真用として，ぜひとも優れた対物レンズが必要である．すなわち，これには色収差，球面収差，及び像の歪曲の，いささかも生じないものが望ましい．これには一般にアポクロマート対物レンズが用いられている．またとくに，色彩をもった標本の撮影には，色に対する球面収差の相違を除くために，アポクロマート対物レンズが必要とされている．

c. 接眼レンズにはとくに写真専用に造られたペリプラン (Periplan Leitz 製), コンペンザチオン (Kompensation), ホーマル (Homal, Zeiss 製) 等がその主なるものであって, それぞれ特性をもっているが, Periplan は焦点深度を増し, Kompensation はアポクロマート対物レンズと組合せて用いられる. 国産の接眼レンズの Kompensation は, 同じ国産のセミアポクロマートと組合せて, 用いるように設計されている. この組合せによると, 収差が完全に除去されており, 像を同一焦点面に, 頗る鮮鋭に結ばせることができる.

d. 鏡口角についてもすでに前述した通りであるが, 鏡口角の広狭は像の明るさに大いに関係するから, 写真の撮影には密接な関連をもっている. すなわち, 像の明るさは一般に鏡口率 (N.A.) の2乗に比例し, 顕微鏡の倍率の2乗に逆比例する. そして鏡口角 (α) を広くすると, 標本の細部をよく現わし, 対物レンズの分解能を, よく発揮することになる.

e. 次に反対に鏡口角を減らすと, 焦点深度が深くなる. この鏡口角のαを減らすのには, condenser の絞りを絞り, なお condenser の位置を, 下に降すこと等によって行われる. またこの鏡口角を減らすことによって, 眩光 (glare) を減らし, 写真の contrast を強めることができる. なおこの操作によって, 視野全面のピントが一層均一になる. また鏡口角を過度に減らすと, 回折光を増し, 像の周囲に2重, 3重の像が出来るから注意を要する. 鏡口率 (N.A.) の値は, 対物レンズの解像力に比例する.

f. 光源の発するエネルギーのある部分を透過し, ある部分を吸収するものが filter (濾光板) で, これには数多くの種類があって, 光量の調節, 照明の均一化, contrast の調節, 視感覚の補正, 赤外線や紫外線の摘出のため, 熱線の吸収等, 必要に応じて, 数多くの役目を果すことのできるものであるが, これらの具体的な実例や取扱上の諸注意等については, 多くの写真技術書に記載があるので参照されたい.

g. 光学顕微鏡による像を写真に撮る場合には, その顕微鏡の接眼鏡の所に, 普通の写真機をとりつけて撮影する方法が一般的である. すなわち, 暗箱の後方にピントグラスを置き, 焦点を合せて像を鮮明に出来たら, ピントグラスを取り外して, その代りに乾板を入れ, シャッターを切って撮影するので, 普通のカメラの場合と全く同じ方法で行えばよい. 従ってこれにはカメラを支持し, それを上下に揚げ降しのできる支持台, 視野を明るくするための照明ランプ, ピントを合せるために用いられる Lupe (拡大鏡) 等が, 準備されなければならない.

現像, 焼付等は常法によればよいが, 組織の

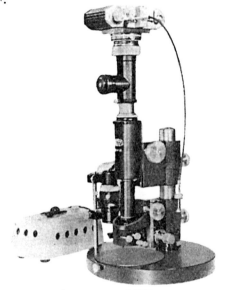

図 101. 顕微鏡写真撮影用カメラ
(オリンパス model PM-6)

細微な部分を，できるだけ明瞭にしたい場合が普通であるから，肌の細かい Art 紙を使用した方がよい．最近ではレンズの性能が甚だよくなり，その上連続的に撮影のできる，優秀な rollfilm が製造されるようになり，film の粒子も極めて細かくなったので，撮られたネガを引伸しても，欠点があまり目立たなくなった．従って前記のように，小型カメラが用いられるように，なって来たわけである．

カメラにはいろいろと種類が多いが，小型のものでは手札型の Macam (Leitz 製)，アトム型の Macca (Leitz 製)，Phoku (Zeiss 製)，オリンパス（オリンパス光学工業株式会社製）等その他がある．図 101 のカメラはオリンパスの PM-6 型で，35mm フィルム使用の顕微鏡写真撮影専用カメラである．この装置の特徴は，半透明プリズムが使用されているので，側方の finder から覗いて，Präparat を見ながら，撮影のできることである．またこれには顕微鏡写真用露出計を，使用するための窓がついていて，撮影時と切り換えて，使用できるようになっている．

h. 材料の違いや，その他の条件の相違から，撮影時間の一様でないことはいうまでもないが，例えば rollfilm のネオパン S (Neo-pan S) であると $1/8$ 秒位でよい．従来 film の平面性及び伸縮性について，少なからず気づかわれ，乾板でなくては，ならないように思われていたが，最近ではパンクロ級の微粒子の film が，用いられるようになり，以上のような問題は，全く解消され，多種類の film が市販されている．一般に 35mm 板の極微粒子の panchrome 級のものが，優秀であるとされている*．最近では引伸用印画紙にも，優秀なものが多種類市販されているが，ベロナ F.4. 等があり，光線にもよるが，1～20 秒程度で，コントラストの充分に利いた印画が得られる．

C. 電子顕微鏡による場合の研究法

1. 電子顕微鏡による木材組織の研究への発展

a. 電子顕微鏡による研究への発展経過

植物細胞の膜壁における，微細構造に関する多くの研究については，すでに第 2 章細胞膜の項で説明した通り，最初は専ら光学顕微鏡による直接的な方法により，細胞膜の可視構造が，研究の対照にされていたのである．ところが Nägeli 氏の micell 説が提唱されるに及び，その影響を受けて，微細な部分を偏光顕微鏡もしくはX線の回折によって，間接的に探究するという方向に変ったのである．ところが最近になり再び直接的な方法による，すなわち電子顕微鏡 (electron microscope) によって，細胞膜の構造が研究されるようになって来た．

電子顕微鏡による木材細胞膜の，微細構造の解明は，すでに若干の学者によって，試みら

---

* 菊地真一編：すぐに役立つ写真技術，（南口堂）(1955).

れているが，種々技術的な困難から，まだ充分な成果が挙げられているとは，いえない現状である．ことに試料に電子線 (electron-rays) を透過せしめ，しかもそれを焦損しないためには，極めて薄い試料片の作製，(例えば 0.1μ 以下程度の薄さ) が必要であり，その上針の先ほどの電子線の通路上に，観察希望の部分を，持ち来らしめることに，大きな困難が附随している．それ故，電子顕微鏡そのものの改良は，もちろんのこと，試料片作製法の，優秀な工夫等に，まつべき点が極めて多い．

しかし現在まで木材の細胞膜の研究に，電子顕微鏡を利用して来た研究者は多数あるが，それらの中の1人 Gundermann 氏[124]はすでに 1941 年，電子顕微鏡によって，欧洲トウヒの原繊維が，平均幅 $0.03～0.05\mu$ であることを観察し，しかもその上，特に細いものは $0.007\mu～0.01\mu$ であることも観察している．また1949年に上村氏[125]は hand-microtome で，エゾマツの径断面から Ardenne 氏[126]の楔状切片法 (wedge shaped sectioning, Keilschnitt=methode) を応用し，楔形状の切片を得，その極めて薄くなった先端部において，Frey-Wyssling 氏[127]の提示した模型と，甚だよく似た網状構造を，観察し得たことを報告し，コムパレーター*(comparator) によって計測した結果，この繊維状の実質は，1本の平均幅 300～600Å 前後であり，Hess**氏等の示した数値と，よく一致していることを述べ，なお詳細は今後の研究にまたなければ，直ちに速断することは許されないが，これは恐らく木材細胞膜の縦断面において，直接 fibril 構造として，推定されるものを認め得た，わが国での最初のものであろうことを信じると，報告している．

b. 電子顕微鏡の結像能力

電子顕微鏡とは，いかなる結像能力をもっているか，その概要を述べる．いま比較のために光学顕微鏡と対照すると，光学顕微鏡は，遠く1599年頃に複合顕微鏡 (compound microscope) の完成を見，その後改善が加えられて，19世紀の末期に最高度の進歩を示し，倍率も 2,000 倍に達したが，これは恐らくその当時としては，光学顕微鏡の最高倍率であったに違いない．

顕微鏡により細部を鮮鋭に結像し得る能力を，分解能 (解像度) ということは，すでに光学顕微鏡の項で説明したが，前記の式 $a=\lambda/n\sin\alpha$ の λ に普通光線を用いる限り，その分解能は $200m\mu$ (2000Å) 位が限界で，これより分解能の a を小さくすることは，もはや不可能で，光学顕微鏡は行きづまりの形になっていた．ところが電子顕微鏡の出現によって，現今では数万倍の倍率に，高められるようになっている．

---

(124) Gundermann, J., K. Hess., H. Kiessig : *Z. Phys. Chem.*, 49 (1941).
(125) 上村武：木材と電子顕微鏡，木材工業，Vol. 4, No.1, pp.16～19 (1949).
(126) M. von Ardenne : *Z. Wiss. Mikroskop.*, 36, 8 (1939); *Z. Naturwiss.*, 29, 521 (1941).
(127) Frey-Wyssling, A. : *Protoplasma*, 28 (1936); 28 (1937).
 * コムパレータは物体の長さを精密に測定するための器械で，普通のものは，水平に横たえた金属棒に沿って，滑り動かすことのできる二つの顕微鏡を，垂直に取りつけたものである．まず測ろうとする物体の両端を，顕微鏡を通して，十字線に一致させ，次に物体の代りに，正確な尺度を，同じ位置に持って来てその長さを読みとる．
 ** 本頁の脚註 (124) 参照．

いまドイツ，もしくはアメリカにおける，電子顕微鏡の発展経過の概要を，倍率の進展度によって見ると，次のようである．ドイツにおいては，1932年にまず試作がなされ，それ以来，近々10数年間における進歩発展は，実に目覚ましいものがある．

すなわち，まず M. von Ardenne 氏は，1939年に分解能 $3m\mu$ のものを得，拡大率は 5,000～50,000倍に達した．また A.E.G. と Zeiss の両会社が合併して，A.E.G. Zeiss 型を作り，戦後拡大率 80,000倍の写真を得ている．次にアメリカでは1940年に，8,000～20,000倍の拡大率をもつ，Universal 型のものが製作され，またそれより古く1934年に，5,000倍の Desk 型あるいは E.M.C. 型のものが，製作されていたが，これはその後改良が加えられ，100,000倍の拡大率をもつに至ったし，さらに分解能も $2m\mu$ 以下にまで，短縮し得たことを報じている．

c. わが国の電子顕微鏡発達の経過と現状*

わが国ではすでに1939年（昭和14年）頃，ドイツにおける電子顕微鏡の発達の状況が，しだいに明かとなりつつあった時，いち早く日本学術振興会内に，電子顕微鏡に関する委員会の発足を見，直ちにこれに関する綜合研究が始められた．その後各大学，各種の研究所，東芝，日立，その他電気機械関係の各社等において，試作の完成に努力が払われて，目覚しい進歩をとげ，1943年にはついに分角能 $5m\mu$，倍率 5,000～10,000倍のものが実現した．

ところがその後，第二次大戦のために，一時研究が停止されようとしたが，各委員は事態の悪化にもかかわらず，万難を廃し，時局を克服し，よく忍耐努力したため，性能がしだいに向上し，拡大率も直接 20,000倍に達するものが出来，間接的には 10～14万倍まで，鮮明に引き伸されるようになった．

1944年頃にはもはや試作の域を脱し，日立，東芝，島津，日本電子研究所，あるいは電子科学研究所等において，商品化されるに至った．また 1949（昭和24年）には，日本電子顕微鏡学会の設立を見るに至っている．いうまでもなく現今では，各製作所においてスイスの T.T.C.，ドイツの A.E.G. Zeiss，あるいはアメリカの R.C.A.，E.M.C. 等に匹敵するような，あるいはそれ以上の優秀なものが，競って製作されつつある現状であり，すでにスエーデン及びフランスへ輸出されたが，最近ではアメリカへも輸出するようになって来ている**．

2. 電子顕微鏡に関する概説

従来熱せられた金属の表面から，熱電子が飛び出すこと，また真空中ではこれに対応した陽極の存在する場合，熱電子がこの陽極に向って，集中直進することは，かなり早くから知られていたが，一般的な応用としては，真空管が生産されたことである．

電子線は直進するので，その進路に物体の存在する時は，それに遮られ，陽極の後方に置

---

* 本書 p.239 に前出の (120) 笹川—pp.14～17．
** 日本の電子顕微鏡は，性能の優秀な点で，諸外国から高く評価されており，最近アメリカのペンシルバニア大学へ明石製作所製分解能 1μ のものを発送した（朝日新聞 6月8日, 1957).

かれた螢光板（fluorescent screen）に，妨害物体の影を映すことになる．またこの電子線に波動性のあることは，今から20数年前 De Broglie 氏*によって，理論的に導かれ，さらに電子線が電界あるいは磁界中に入ると，ちょうど光線が異った媒質中に入った時と同じように，進行路が曲げられることから，電子レンズの可能性が説明されるに及び，光線の代りに電子線を用いる，いわゆる電子顕微鏡が期待されるに至った．

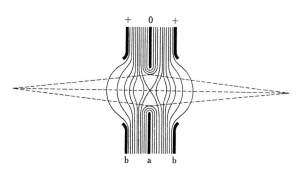

図102. 電 界 レ ン ズ（加藤）

電子レンズとは，電子線を屈折させるための電界，あるいは磁界から発射された電子線の方向に対し，回転対称型に設けられた装置で，電界を作るものを電界レンズ（electric field lens）磁界を作るものを磁界レンズ（magnetic field lens）と呼んで区別されている．

図102は電界レンズの原理を示す図で，a, b はそれぞれ細孔を持つ金属円盤である，いま a を接地し，b に高電圧を加えると，その場合の等電位面は図102のようになり，このレンズの軸方向に直進して来た電子線は，軌道が変えられて，点線で示したように，拡散収斂して新しい焦点（focus）を結ぶことになる．この場合 b にかかる電圧を加減することにより，焦点距離（focal length）を，いろいろに変え得ることは，光学レンズには見られなかったところで，電子顕微鏡にとっては，レンズをいちいち挿し換えをする必要がなく，極めてつごうがよいわけである．磁界レンズは軟鉄心中のソレノイド（筒線輪，solenoid）に，電流を通じて生じた磁界中に細孔のある円型鉄片が挿入されている．この磁界を通る電子線は，旋転しながら発散収斂して，電界レンズにおけると同様に焦点を結ぶのである．また同様に solenoid を流れる電流の加減によって，自由に焦点を変更させ得ることは，電界レンズにおける場合と全く同じである．

電子顕微鏡はその用いられるレンズの型から，それぞれ電界型電子顕微鏡，磁界型電子顕微鏡と呼ばれ，磁界型と電界型とはそれぞれ特徴があり，一般にその優劣は決め難いが，おおむね磁界型は機構が複雑で，装置も大型となり，取扱いが不便である．しかし製作が容易であり，かつ分解能並びに保持の点で，電界型よりも優れているとされている**．

---

* De Broglie はフランスの理論物理学者，ソルボンヌ大学教授，特殊相対性理論から導かれる運動物体のエネルギーの関係を，量子論のエネルギーに対応させ，質点の運動にはそれに結合したある位相波が存在するとし，粒子性と波動性とを融合させ，Schrödinger の波動力学の先駆をなし，その業績によって，1930年にノーベル物理学賞を授与された．
** 最近手軽に使える磁界型電子顕微鏡として，日立製作所の日立電子顕微鏡 HM-2型がある．これは永久磁石レンズが使用され，励磁用電源が除かれてあり，いままでの磁界型のもつ，欠点の多くが除かれてある．性能もその仕様書によると，加速電圧 40kV，分解能 10mμ，倍率直接4,000倍，引伸 30,000〜50,000倍，視野サイズ 8cm×8cm，乾板サイズ 6cm×5.5cm となっている．

図103は左から，A光学顕微鏡，B磁界型電子顕微鏡，C電界型電子顕微鏡の構造対比図である．図中Lは光源，P_1は試料，P_2は第1段拡大像，P_3は最終拡大像，aは焦光レンズまたは集束線輪 (condenser lens)，bは対物レンズまたは対物線輪 (objective lens)，cは接眼レンズまたは投射線輪 (ocular lens) である．

図104及び105のような装置によって生じた拡大像は，図106の⑳の所に写真乾板をはめて，撮ることができるようになっている．この際の電子線の波長λは，電圧の高低で変り，例えばV（加速電圧）$=10V.$ では $\lambda=0.0122m\mu$，また$V=100kV.$ では $\lambda=0.00387m\mu$ となって，前掲の分解能 $a=\dfrac{\lambda}{n\sin\alpha}$ にあてはめると，桁外れの小さい分解能を，得ることができるわけである．しかし電子レンズは収差が非常に大きいので，レンズの開口数 $n\sin\alpha$ を光学顕微鏡のように，大きくすることは不可能で，10^{-2}〜10^{-3} 程度にしかならないから，これを考えに入れると，電子顕微鏡の達し得る理論的の分解能は，$0.5m\mu$程度となる．しかし実際の分解能は理論的の数値通りではなく，さらに幾分大きくなるものと考えられている．

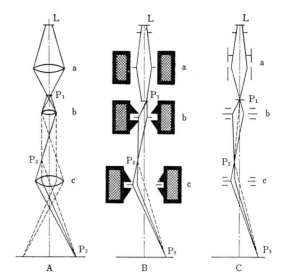

図 103. 電子顕微鏡の構造対比図
A—光学顕微鏡
B—磁界型電子顕微鏡
C—電界型電子顕微鏡

図 104. 横臥型電子顕微鏡の外観

最初の電子顕微鏡の分解能は，普通の光学顕微鏡のもつ，分解能程度の域を，脱し得なかったのであるが，前述の通り，その後 Ardenne 氏をはじめ多くの研究者により，著しい改善が加えられ，前記のように現今では，極めて小さい分解能を得るようになったのである．

以上電子顕微鏡による木材の微細構造の研究例と，電子顕微鏡に関する概念について述べ

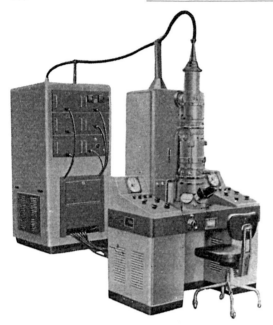

図 105. 縦型電子顕微鏡の外観

たのであるが，電子顕微鏡の改良と技術とが進むと，電子顕微鏡のもつ分解能から推して，さらに精密な写真が得られるはずで，前述の fibril もしくは microfibril の大きさや配列等が，従来の推定通りだとすると，電子顕微鏡で直接に観察ができることとなり，単に木材の細胞膜に関する微細構造ばかりでなく，樹木の根本的な特性が究明されることになるであろうし，また実際的な応用面に広く貢献されることが期待される．

なお木材の構成要素はもちろんのこと，細胞中の填充物質，木材抽出物，もしくは分解生成物等の研究を考えると，電子顕微鏡のもつ使命は極めて大きい．

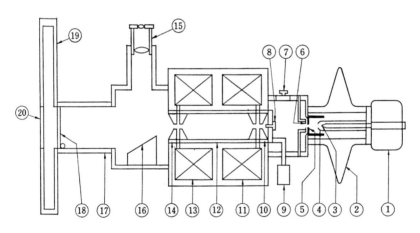

図 106. 電子顕微鏡の構造図（SM—C2型）

①陰　　極　　　　⑧試料支持器　　　　⑮望　遠　鏡
②碍　　子　　　　⑨試料微動つまみ　　⑯反　射　鏡
③フィラメント　　⑩対物レンズ磁極片　⑰カメラ筒
④ウェーネルト円筒　⑪対物レンズのコイル　⑱螢光板兼シャッター
⑤陽　　極　　　　⑫磁極片支持円筒　　⑲カ　メ　ラ
⑥陽極絞板　　　　⑬投射レンズのコイル　⑳螢光薬塗布ガラス板
⑦試料取出口　　　⑭投射レンズ磁極片

3. 電子顕微鏡用標本の作製

木材を構成する細胞膜の微細構造を，電子顕微鏡によって研究する場合，その生命とする

ところは，一つに標本作製の良，不良のいかんに，かかっている，といっても過言ではない．前にも述べたように，電子線照射の際，標本の厚さの厚い時は焼損し，用をなさないので，極めて薄いものでなければならない．しかし上述のように，普通の hand microtome による切片では，よほど刀の鋭利なものを使用しても，恐らく 1μ 以下の薄いものは，得られないであろうから，電子線の照射ということは，極めて困難になる．

このことに対しては，各方面の研究が急速に進み，現今では $0.1 \sim 0.015$ までの超薄切片の得られる，各種の Ultra=mikrotom* が出現するようになっている．しかしなお一方，この Ultra=mikrotom で得られる超薄切片に匹敵し，しかも確実性があり，理想的な標本膜作製法と思われるのが，レプリカ法[128] (replica method，表面転写法) である．この場合の標本膜の厚さは，僅かに $20 \sim 50 m\mu$ まで可能で，これだと切片を直接用いるよりも，遙かに優秀な成績が得られる．ところが注意すべきことは，この表面転写法で試料面から被膜 (標本膜) を剝離する時，しばしば破壊してしまい，用をなさなくなることである．この欠点を除去するために考案されたのが，次に示す真空蒸着被膜 (vacuum evaporation film) を標本とする，二段式表面転写法 (two-step replica method, positive replica method) である．

a. Polystyrene-silica 法

Heidenreich 及び Peck の両氏[129]は図107のように，polystyrene の樹脂板を試料面に加熱圧着せしめ，合成樹脂のもつ可塑性 (plasticity) を利用し，第1次の転写面を得る．ついでこの転写面上に，SiO_2 を真空蒸着せしめ，ほぼ厚さの均一な被膜を作り，これを10%の benzol を含む ethylene bromide 液に浸して，polystyrene を溶解し去り，$20 \sim 100 m\mu$ の非結晶性のシリカ膜を得るにある．この考案が基礎となり，replica の原理を応用し，その後種々改良が加えられ，電子顕微鏡による研究に，広く利用されるように

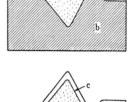

図 107. 二段式レプリカ法模式図 (山林)
a. 樹脂膜 b. 試料
c. 蒸着膜

---

(128) 透過型電子顕微鏡で電子線の不透過生物体の表面を観察しようとする試みは，1940年 Mahl 氏がアルミニウム及びニッケルの酸化被膜を作り，これを電子顕微鏡標本とすることに成功したのに始まり，その後多数の研究者によって，幾多の創意工夫が加えられ，現今のいわゆる replica 法にまで発展した〔Mahl, H : Z. tech. Phys., 21, 17 (1940)〕

(129) Heidenreich, R.D. u.V.G. Peck. : J. App. Phys., 14, 23 (1943).

* 直接使用の電子顕微鏡用切片の作成については，各方面において急に研究が，進んで来ているようである．例えば Sweden の Stockholm L.K.B.—PRODUKTER からの製品で "Ultra Mikrotom" がある．これによると，いままで不可能とされていた，$0.1 \sim 0.2\mu$ 程度の電子顕微鏡用切片が，得られるといわれ，また電子顕微鏡用切片の作製を，対象として工夫製作されたのは，京大小林恵之助氏工案の "島津ウルトラミクロトーム K—1 型" である．これによると，0.05μ 程度の超薄切片を連続的に作られる性能があるといわれている (1957). また日本電子光学研究所製作の ultra microtome JUM—4 は，ミクロトーム内に装備された伸長棒が電熱により膨脹し，これにより試料に微細な "送り" が与えられる機構になっていて，いわゆる熱膨脹型で厚さが定められ，厚さ $0.05 \sim 0.015$ の切片を，連続的に得ることができることを報告している．

b. Ethyl-methacryl aluminium 法[*]

これはやはり replica 法の一種で，(1) 樹脂板の作成，(2) 樹脂板の型取，(3) 金属の蒸着，(4) 皮膜の剝離等の順序で，電子顕微鏡用の標本膜が作られる．いま順を追ってそれらの要点を，説明すると次のようである．

(1) 樹脂板の作成

(a) 試験管に 10cc の精製メタクリル酸メチルエステル (ethylmethacrylate)[**] を入れ，さらに重合触媒として 0.3～0.5%（Wt）の過酸化ベンゾール (benzol peroxide, $C_6H_5CO \cdot O \cdot O \cdot COC_6H_5$) を加え，60～80°C の湯煎上で，10～20 分間加熱すると，重合 (polymerization) が進んで僅かに粘稠性（ねんちょうせい）($\eta^{25}=1.65$, $d_4^{25}=0.97$ 程度）の透明体となり，滴下しても表面に多少盛り上る程度になる．この場合の重合を前重合（初期重合，early polymerization）といっている．

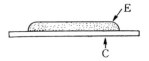

図 108. エチルメタクリレート板（山林）
E—エチルメタクリレート
C—セルロイド板

(b) 1.5cm² の celluloid 板または slide-glass の上に，前記の前重合液を，注射器もしくはグラス棒で，図 108 のように，適当の広さに拡げる．

(c) 前重合液をのせた celluloid 板を水平に保ち，恒温器中に入れ，徐々に温度を高めて 80～100°C で 3～4 時間静置して置くと，重合は完了して透明な膜となり，エチルメタクリレートの樹脂板（resin plate）が出来る．このように完了した重合を後重合（後期重合，after polymerization）と呼んでいる．

(2) 樹脂板の型取

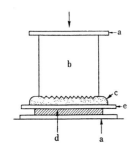

図 109. 樹脂板の型取（山林）
a—グラス板
b—試材
c—エチルメタクリレート樹脂
d—ゴム板
e—セルロイド板

(d) 供試材から約 1cm³ の切り子を作成するが，被検試料の面は割裂面がよい．何となれば，刃物が直接被検試料面に触れたものは，その部分の組織が破壊されていて，用をなさない場合が多いからである．ただし，なるべく凹凸の甚だしくない方が，良いことはいうまでもない．

(e) 被検試料面の型取りは，まず図 109 のようにグラス板の上に薄いゴム板を置き，その上に樹脂面を上にしてエチルメタクリレート樹脂板を乗せ，被検試料面を直接樹脂面に，接着するように置き，さらにグラス板を

---

[*] 本法は加圧を嫌う被検試料に対して，とくに効果的である．また replica として，わが国に最も広く普及している方法で，金属面，ガラス面，生物体の表面，微粒体の表面等の研究に応用されている．

[**] ethylmethacrylate は常温で重合する性質があるから，普通 0.05% の hydroquinon を混合して置き保存される．

乗せ，$2\,kg/cm^2$ 程度の圧力を加えて（実際には紙挟み様のものでも充分である）恒温器中に入れる．低温度から徐々に温度を高めて $80°C$ に保ち，供試材の硬軟により，多少差異があるが，約 20 分間放置する．その後恒温器から取出し，冷却後供試材を樹脂面から剝ぎ取れば，第 1 回目の replica が得られる．

(3) 金属の蒸着

(f) 第 1 回目の replica の終った，樹脂面に対する第 2 回目の replica は，図 110 のe のような真空鐘（グラス製，大きさ内径 15～20cm，高さ 30cm 程度のものが適当）の中で，金属*の蒸着[130][131]（vacuum evaporation, shadowing）によって行われる．まず真空鐘内の真空度を，真空ポンプで排気して $10^{-4}mmHg$ 以下にして置く．鐘内には 2 ヵ所に柱が立っていて，いずれにもタングステンヒラメント（tungsten filament）をバスケット状に作って置き，その中に蒸着用金属が，入れられるようにして置く．すなわち一方のバスケットの d に 25mg の chrome を入れ，他の方の c には 0.6mg の aluminium を入れて置き蒸発源とする．図 110 の d の方へまず通電加熱し，樹脂面に対しほぼ $\frac{1}{4} \sim \frac{1}{3}$ の投射角度**（angle of incidence）を保ち chrome の蒸着を行い，次に c の aluminium の方へ通電加熱する．この場合 c のバスケットと樹脂面とは，殆んど投射角度 0 とし，すなわち，樹脂面のほぼ直上から aluminium を蒸着させ，これで支持膜である被膜の蒸着が終る．

---

(130) 蒸着については Müller 氏（1942）が試料に対してある規定の角度から，真空蒸発法によって金属蒸気を吹きつけ，それから生じる被検体の影の長さから粒子の高さを間接に測定しようという着想を提唱したのが始まりである．〔Müller, H.O.: *Kolloid. Zeits.*, 99, 6 (1942)〕

(131) これに示唆を得てその後 1946 年に，Williams 及び Wyckoff の両氏が，今日のいわゆる Shadowing 法を確立したといわれている．

ここにいう金属蒸気の吹きつけ，すなわち蒸着は結局陰影のある被膜を，つくることにあるので，この操作を shadowing または shadow casting と呼ばれているのである．いまの shadowing につき，その概要を附記すると次のようである．

蒸発源は basket 型 tungsten coil（径 0.5mm 前後のもの）が簡単で，この中に金属の小粒を置いて真空中で加熱する．この際金属をあらかじめ真空中で溶融して，tungsten に融着させ，吸着ガスを除くことが望ましく，直接蒸着を行うと tungsten と金属とが溶融の際，反応して飛散金属を生じ，標本中に斑点を生じることがあるといわれている．これを防ぐためには試料と filament との間に，開閉のできる shutter を置くとよいわけである．蒸着用金属には本頁脚註*のように種々なものが使用されるが，そのうち chrome が無難で，また取扱いに注意すれば，contrast を与える点で，金がよいといわれている．$10^{-4}mmHg$ における Cr 及び Au の沸騰点は，それぞれ $1320°K$ 及び $1500°K$ である．また径約 0.5mm の tungsten coil であれば，約 18Amp. の電流を約 $2600°K$ で良好な蒸発が行われ得るとされている．〔Williams, R.C. and R.W.G. Wyckoff: *J. App. Phys.*, 17, 23 (1946)〕

* 蒸着用金属（shadowing metal）は原子量が大で，蒸発が簡単であり，しかも粒状化の傾向の少いものが，蒸発用として理想的である．例えばウラニウム，パラジウム，合金としては金マンガン，金パラジウム，白金パラジウム等が用いられる．

** 試料の蒸発源に対する投射角度は，大きな粒子の場合に，これをあまり浅くすると，不自然になる．virus のような小さな試料には，おおむね浅く $\left(\frac{1}{10} \sim \frac{1}{5}\right)$，比較的高さの大きい試料の場合には深く $\left(\frac{1}{5} \sim \frac{1}{2}\right)$ にとった方がよいとされている．また角度をあまり浅くすると，支持膜の構造が強調される嫌がある．蒸着膜を厚くつけると，試料の内部構造を隠蔽することがあり，蒸着金属が電子線照射を受けた際，その粒状化に伴って試料の弱い部分（例えば細菌の鞭毛）を切断することが，あるとされている．

ここに行なった aluminium の支持膜は，いわば裏張りのようなものであるが，この被膜の厚さが適当でないと解像度を不良にしたり，電子線照射の際に膜が破壊するおそれがある．およそ適当の膜厚は 20～50mμ とされている．

(4) **被膜の剝離**

(g) 次に蒸着した金属の被膜だけを残し，あとの樹脂，すなわち ethylmethacrylate を溶解し，除去する段階に入る．まず以上の金属被膜に，安全カミソリの刃で，1mm^2 の大きさに切り目を入れておき，chloroform-benzol（1：1）の混合液で溶解する．約1分間位で樹脂分は溶解し，被膜の小片が液面に浮び上る．これらの被膜を充分に清浄にするため，さらに acetone で2回洗滌して置く．この場合の洗滌が不充分であると，電子線照射の際，被膜に附着した重合物が，燃焼して視野を不透明にし，全体の観察が不可能になるからである．

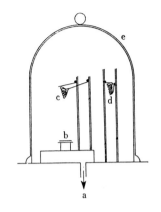

図 110. 金属蒸着装置（山林）
a—真空ポンプ排気管
b—樹脂板
c—アルミニウムを入れるべきバスケット
d—クロームを入れるべきバスケット
e—ガラス鐘

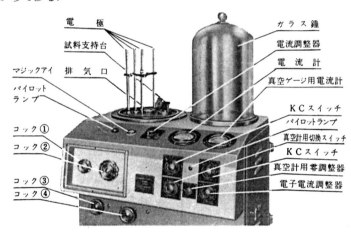

図 111. 真 空 金 属 蒸 着 装 置 の 外 観

(h) 充分に洗滌した金属被膜を，金網の張られた小コップ様の試料支持台に掬い上げ，電子顕微鏡に挿入して検鏡し，また時に応じて撮影する*．

c. **replica に関する諸種の実験**

(1) **Ethyl and n-buthyl methacryl aluminium replica 法**　前記の Heidenreich 及び Peck 両氏の ポリスチレンシリカ法は，replica を作るのに，1,500 lbs/in^2 という比較的

---

* shadowing を行なった標本膜は，電子顕微鏡で検鏡に供せられ，また撮影されるが，この際あまり密度の高い電子線に当てると，蒸着金属膜が粒状化する．従って検鏡中もしくは撮影にあたっては，なるべく低倍率にし，しかも condenser lens の励磁電流を〔焦点合せが可能な程度において〕min. にしておくことが望ましい．

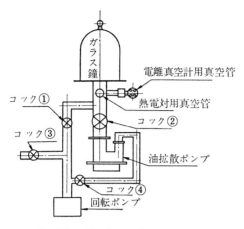

図 112. 真空装置（島津 E-230 型）

高い加圧を必要とするため，機械的に弱い被検試料には適しない．これに対して軟化点の低い熱可塑性の樹脂の使用について，工案されたのがこの Ethyl and n-buthyl methacryl aluminium replica 法である．

(2) **Atomic replica 法**　Williams 及び Wyckoff の両氏[132]は，平滑なガラス面上に試料を置き，これに shadowing を行なってから，さらにその上に collodion 液を流し，乾燥後 collodion 膜をはがすと，shadowing の被膜もいっしょに collodion 膜に附着してくる．これを被検試料とする方法で，先に述べた Preshadowed replica 法の一つである．

この方法によると，とくに virus などの高分子物質の，優秀な電子顕微鏡写真が得られ，virus に関する研究に，大きな貢献がなされたといわれている．これによると標本膜のもつ，50Å 前後の礫状構造が，shadowing によって強調され，小さな被検体の，紛れて認め難くなるのを避けたもので，この replica に対し，とくに Atomic replica 法という名称が与えられた．

(3) **Methylmethacryl-silica 法**　小林，内海の両氏[133]は，木材ブロックから滑走式 hand microtome で，約 20μ の切片をとり，乾燥後 collodion の第1段 replica をとり，次に chrome-shadowing と methylmethacryl-silica の第2段 replica とをとり，電子顕微鏡観察をした．それによると，中間層である lignin 層と，2次膜の cellulose 層とは，明かに区別され，なお cellulose 層の層序は，縦断面の観察により明確にされ，その微細構造は今までに想像されていたものと，大体一致したことを報じている．

すなわち，細胞の長軸方向と，ほぼ平行に fibril が走り，2次膜の内層から，ほぼ直角に配列する，fibril の1次膜への移行があり，ここに配列の違った，2種の構造からなることが確認されたとし，また lignin は cellulose 層内にも混在し，fibril 間隙を充填していることも明確にされた．そして空隙孔の最小径は，ほぼ 10 mμ 程度としている．3次膜は従来針葉樹材に存在しないものと，考えられて来たが，特異な構造層の存在が明かにされた．この層は主として蛋白からなるとされ，一般に fibril 状には伸展せず，電子顕微鏡では黒い生地に白点として，とらえたことを報じている．

4. 電子顕微鏡写真とその計測

電子顕微鏡で得られた像について，その倍率を測定することは，極めて重要なことである．

---

(132) Williams, R.C. and R.W.G. Wyckoff: *Science*, 101, 594 (1945).
(133) 小林恵之助・内海暢生：電顕委員会資料, 56—B—20 (1951).

これにはまず第一に，使用した電子顕微鏡の性能を，正確に知ることが肝要で，これを基礎にして計測を進めるべきである．そしてこれらのことについて，Zworykin 氏[134]は幾通りかの方法を提示しているが，いずれにしても，正確を期するためには，理論的にも，技術的にもかなり面倒である．しかしその中でも最も広く応用されている方法は，同一の試料を電子顕微鏡と光学顕微鏡とで撮影し，それらを比較する方法である．この場合にはこれら二つの写真が，あまり懸隔のある倍率では，比較が甚だむずかしいから，電子顕微鏡の方は低倍率による方がよく，ここに得られた電子顕微鏡と，既知倍率の光学顕微鏡写真とを，比較することによって，電子顕微鏡写真の倍率が決定できる．この方法による場合の誤差は，僅かに1％以下であるといわれている．

さらに別の方法として実用に供せられているのは，倍率測定用 grating（格子）の replica を使用することである．すなわち，光学顕微鏡倍率測定用 grating の replica を作り，試料位置に挿入して，電子顕微鏡写真をとれば，grating のもつ線数 m本/mm は既知であるから，写真上の線間隔 n を実測することによって，直ちにその時の電子顕微鏡の倍率 mn を知ることができる．例えば grating の replica を 576本/mm とすると，1目盛は 1/576mm，いまこれを撮影した写真の長さが3mmであったとすると，倍率の M は，$M = \dfrac{3}{1/576} = 1728$ となる．普通充分に調整の出来た電子顕微鏡は，その鏡体の指示目盛が，正確に倍率を示している．

D. 偏光顕微鏡

1. 偏光顕微鏡についての概説

透明な方解石を通して物体を見ると二重に見える．これは複屈折（double refraction）または重屈折といわれる現象で，この複屈折によって生じた光は，いずれも偏光（polarized light）といわれている．偏光顕微鏡（polarizing microscope, Polarisations=mikroskop）はこの偏光を応用して作られた顕微鏡（図114）である．従ってこの偏光顕微鏡は普通の光学顕微鏡と比べて大きな相違がある．その主な相違点は二つあって，その一つは2個のニコ

---

(134) Zworykin, V.K. et al.: Electron optics and the electron microscope, p.258 (1948).
次頁* ニコルは William Nicol (1768〜1851) の略称で，イギリスの物理学者，Edinburgh 大学教授，ニコルプリズムの発明 (1828) で有名である．いま Nicol prism を図113によって説明を加えると次のようである．この prism は略称して単にニコルということがある．方解石の結晶の自然開劈面に沿って，菱形柱を切り取り，自然結晶の AB′CD′ から上面と下面とを 30° だけ削りとり，これらの面と，稜 AD，または BC との傾きを 68° にならしめる．ABCD は光軸（BX）を含む主断面であるが，これに垂直でさらに AB 面にも垂直な，平面 BD に沿って切断し，それらの両面を磨いて，再びカナダバルサムで接ぎ合せたものである．この prism の稜に平行に光を送ると，複屈折により常光線Oと異常光線Eとに分離されるが，常光線のOは接合面で全反射され，異常光線だけがカナダバルサムの層を透過し結晶を出る．これを直線偏光といっている．

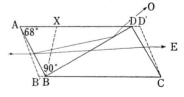

図113．ニコルプリズムの偏光（北原）

ルプリズム*（Nicol prism）を備えていることである．この内の1個は載物台の下の condenser の直下にある図 114 の P に，また他の1個は鏡筒内の A に存在し，前者を偏光ニコル（偏光子，polarizer），後者を検光ニコル（検光子，analyser）と呼んでいる．

いまこの偏光ニコルを通過した偏光光線が，それと平行な位置におかれた検光ニコルを通る時，または検光ニコルをとりはずした時は，視野は明るい．ところが両ニコルを直角の位置におくと，偏光ニコルを通過した偏光光線は，検光ニコルにより反射され，視野は暗黒になる．このような位置のニコルプリズムを，直交ニコル（cross nicolprism）といっている．この直交ニコルをいろいろに操作して，物体の光学的性質を検査することになる．

例えば，仮導管における2次膜の横断面を，直交ニコルにより観察すると，図 115 の2及び5のように見られる．すなわち，細胞の長軸に平行かもしくは殆んど平行な，fibril の配向している，中層の部分は暗黒で，これに対して細く輝いて見えるのは，fibril が細胞の長軸に対し直角か，もしくは殆んど直角に近い角度の配向をする部分である．すなわち，これは狭い内層及び外層の部分で，比較的強く輝いて現われ，この輝く明るさは fibril の配向角度によって変るのである．いずれにせよ，後者のように強く輝くのは，強い2重屈折を現わす，結晶微粒子の存在していることを意味する．

以上は横断面を観察した場合であるが，これを縦断面で見ると，全く逆の現象が起る．すなわち図 115 の3のように，横断面

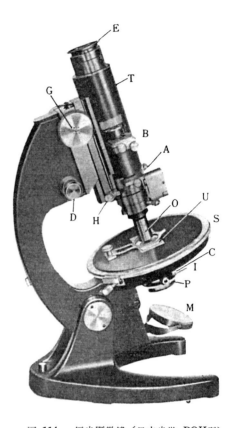

図 114．偏光顕微鏡（日本光学 POH型）
M—鏡（mirror）
P—下方ニコルプリズム位置（偏光ニコル，polarizer, lower nicol）
I—絞り（diaphragm）
C—コノスコープ用コンデンサー（condenser）
S—載物台（stage）
U—検体（sample, Präparat）
O—対物鏡（objecive）
H—検板差込み孔
A—上方ニコルプリズム位置（検光ニコル，analyser, upper nicol）
B—ベルトランドレンズ（Bertrand lens）
T—鏡筒（tube）
E—接眼鏡（ocular, eye-piece）
G—粗動ネジ（screw）
D—微動ネジ（tangential screw）

で強く輝いて見られた，狭い内層及び外層の部分は暗黒となり，暗黒であった中層の幅の広い部分は輝いて見られる．これは fibril の配向が全く逆になったためで，先に2重屈折をした

部分は暗黒となり，暗黒であった部分は2重屈折をするため輝いて見えることになる．

以上のように，偏光顕微鏡の直交ニコルを通し，見方によって暗黒になったり，輝いて見えることは，とりもなおさず光学的異方性 (optical anisotropie) である証拠である．それ故，2次膜は中間層及び1次膜の部分の光学的等方性 (optical isotropie) に対して強い anisotropie の性質をもつということになる．

また Bailey 氏* によると，単子葉植物の桿部における繊維細胞膜や，または双子葉植物の繊維状仮導管，及び真正木繊維等に偶発的に生じる多層膜 (multiple layers) で，anisotropie の性質をもつ，特殊型の存在することを述べ，図 115 の 4, 5 を示している．4 は fibril の配向を示す側面図，5 は図の 2 次膜の横断面を，直交ニコルを通して見た偏光像である．この写真も前の 1 及び 2 の場合における理論と同じで，fibril の配向角度の相違から，横断面の偏光像では，明暗交互に配列されている．

なお fibril が螺旋状に配向し，細胞の長軸に，おおむね斜めに存在する場合には，横断面と縦断面との両方において，多少光

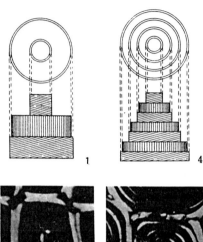
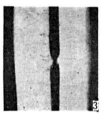

図 115. 2次膜における fibril の配向図
　　　　　　　　　　　　　　（Bailey）
1…2次膜の3層における fibril の配向
2…偏光顕微鏡の直交ニコルを通して見た，
　　2次膜における3層の横断面
3…同上縦断面
4…2次膜の多層における fibril の配向
5…偏光顕微鏡の直交ニコルを通して見た，
　　2次膜における多層の横断面

輝を出す．螺旋の傾斜が殆んど 45° の場合には，細胞の1側面において，fibril の配向に平行に切られた，斜めの切断面は，この細胞の反対側の，これらの構造を横断することになる．従ってこのような切断面における層は，fibril の配向に平行な所は，縦断することになるから輝いて見え，fibril の配向に横断する所は，暗黒となる．つまり，2ヵ所の切断部の位置が互に垂直になり，明暗の消光位が反対になっているわけである．結局切断面の1方側は暗黒で，その反対側は強く輝いて見えることになる．

以上の偏光装置の他に，もう一つ普通の光学顕微鏡と違う点は，載物台の図 114 の S が水平に回転でき，また接眼鏡の図 114 の E に，十字線 (cross-hair) が入っていることである．

---

* 本書 p.45 に前出の (17) Bailey—pp.74～75．

このため，検体（図114のU）の載せられた載物台Sを，回転することにより偏光像が変化する．その際，載物台の周囲に，度盛が刻まれてあるのと，接眼鏡内の十字線とから，角度が求められ，検体の光学的性質を，測定することが，できるようになっている．

以上は偏光顕微鏡についての概説であるが，さらにやや具体的な場合について，説明を加えると次のようである．例えば植物細胞膜の2次膜における cellulose が，前述のように，結晶質領域と非結晶質領域とを，もつものとすれば，一応これを一種の結晶体と，みなすことができる．それ故，光学的には異方性であるはずである．従って，複屈折の性質をもっていなければならない．いまこの理論の生じる過程中に，偏光顕微鏡が用いられるとすると，次のような現象が起きることを知る．前述のように，試料が光学的に等方体である場合には，stage をいかに回転しても，常に暗黒である．なぜ暗黒になるかというと，下方ニコルを通って来た偏光は，光学的等方体を通過して来ても，なんら振動方向に変化が起らないで，そのまま上方ニコルに達する．上方ニコルの振動方向は，この偏光の振動方向に，直角であるから，光線は全く通過することができない．そのために常に暗黒になる．

それでは，試料が cellulose のように異方体である場合には，どうなるかというと，この場合には，偏光顕微鏡を一応オルソスコープ（orthoscope）* として用いることになる．すなわち，micell のような異方性の結晶体では，orthoscope によって見た場合に，全くの暗黒にはならないで，stage を回すことによって，時々暗黒になる場合が生じるのである．この暗黒になる位置が，結晶体の光学的方位を知る，手掛りとなる重要な位置であって，これにより stage の回転位置と，明暗とから複屈折の概略の値を，求めようとするわけである．

2. 偏光顕微鏡による屈折率の測定

屈折率の測定法の中で，最も普通に用いられている方法に浸液法（immersion method）といわれるのがある．これには光線の入れ方に，2種類の方法があって，その一つは中央照明（central illumination）の方法，またはベッケ線法（Becke's line method）と呼ばれるもの，他の一つは傾斜照明（oblique illumination）の方法，または Schroeder van der Kolk 法といわれているものであるが，精度は両方とも，おおむね同程度とされている．現在では前者の Becke 線法がむしろ多く採用されている．

Becke 線法というのは，あらかじめ屈折率の知られた，透明の流動体** を，多数準備し

---

* 偏光顕微鏡の取扱いにコノスコープ（conoscope）とオルソスコープとの2通りの方法がある．上下のニコル，Bertrand lens 及び condenser とを挿入した場合のものを conoscope といい，これだと stage 上の試料を種々異なる方向に通過する光線が全部視野に入る．これに対して conoscope 用 condenser（図114のC）と Bertrand lens（図114のB）とを取り除いて，上下の二つのニコルを入れて用いる時（直交ニコル）と，下方ニコルだけを入れて見る時とがある．前者の場合は cross の場合であるが，後者の場合は鏡筒（図114のT）に，ほぼ平行な方向に通過する光線だけが視野に入り，試料の光線の方向に対する，光学的性質が観察される．これらの装置を前の conoscope に対して orthoscope といっている．
** 液体の屈折計には Abbe の屈折計（Abbe's refractometer）がある．

て置き，slide-glass の上に試料（鉱物ならば細かい粉末）を置き，屈折率の知られた，透明液体に浸して偏光顕微鏡を orthoscope（単ニコル）にして見ると，試料と液体との屈折率が等しい時には，試料の輪郭線は全く見えない．ところが両者の屈折率が相異る場合には，もちろん輪郭線が見えるが，この際絞りを適当に絞り，視野を薄暗くすると，試料の周縁に沿って Becke 線*が見える．そして偏光顕微鏡の tube を少し上げると，Becke 線は屈折率の高い物質の方に移動し，反対に少し下げると，Becke 線は屈折率の低い物質の方へ移動する．そこで前述の屈折率につき，既知の種々違った液に，順次試料を浸して，偏光顕微鏡で観察し，試料の屈折率と液の屈折率とを対比し，その試料と等しい屈折率をもつ液体を見出し，その液体の屈折率を以って，その試料の屈折率とするのである．

E. X線回折装置

X線は 1895 年ドイツの Röntgen 氏**が発見したもので，放射線の一つである．最初はその真の性質が不明であったために，その名にXがつけられた．それでX線の名が一般に親まれている．このX線は普通光線のように，眼に感じないが，螢光を出すほか，写真作用を呈し，気体を電離する他の物質を，透過する性質が非常に強く，普通光線では不透明な物質も，その密度に逆比例して，よくこれを透過する等，いろいろな特殊な性質をもっている．

1. X線の発生装置

この装置の最も重要で，しかも主体をなす部分はX線管球である．これは普通一般に図 116 に示すようなガラス管で，これをクーリッジ管（coolidge tube）といわれている．図 116 のBはモリブデン線の螺旋で包まれた陰極（cathode）である．図のAは tungsten の棒で陽極（anode），Cは水冷式対陰極（anticathode）である．

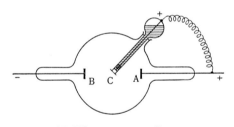

図 116. クーリッジ管
A—陽極　B—陰極　C—対陰極

---

* Präparat の試料を封じるカナダバルサムの屈折率は，多少変化はあっても，ほぼ 1.54 である．いま仮りに試料の屈折率と balsam のそれとの間に，大きな屈折率の差があるとし，これを偏光顕微鏡で，絞りを絞って見ると，試料とバルサムとの境界線に沿って，やや明るい線を認めることができる．この明るい線が Becke 線（Becke's line）である．顕微鏡の鏡筒をごく僅かに上げ下げして見ると，Becke 線は境界線を超えて出たり，入ったりする．そして tube の上げ下げと，Becke 線の移動との間には常に一定の関係がある．すなわち "顕微鏡の tube を上げれば Becke 線は屈折率の高い物質の方へ移動し，tube を下げれば，屈折率の低い物質の方へ移動する" というのである．そして Becke 線の生じる理由については諸説があるが，要するに境界面における屈折や反射，全反射等に基くものとされている．光学的等方体では，どんな方向に振動する光の屈折率も，同じ大きさであるから，stage をどんなに回転しても事情は変らない．ところが光学的に異方性な試料では，光の振動の方向によって屈折率が違うので，stage を回転する間に，Becke 線の動く方向が逆になったりすることがあるわけである．
** Röntgen, Wilhelm Konrad (1845〜1923) はドイツの実験物理学者，ミュンヘン大学教授，1895 年クルックス管を用いて陰極線に関する研究中，黒紙，木片のような不透明体を透過する未知の放射線を発見し，これをX線と名付けた．1901 年最初のノーベル物理学賞を受けた．

この管の中は 10^{-6} mmHg 以上の高度の真空度をもち，電流を通じると，Bの陰極は白熱し，これに加えられた電圧によって，加速された熱電子 (thermoelectron) が，A の方向に飛び出し，残留気体分子に衝突して，これを電離せしめ，このようにして生じたイオンが同じく加速されて，対陰極のCに突き当り，X線を発生させることになる．この装置では，電流を増減することによって，X線の量を加減することができる．また電圧を変えることによって，いわゆる後述するはずの，X線の硬度* を増すことができる．

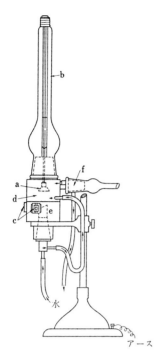

図 117. X線放射装置（北原）

以上はX線発生理論の概要であるが，実際には以上のX線管球が，常に冷却する必要のあるのと，またX線による写真撮影の関係から，図117のような装置** が用いられている．図中このX線管球は陰極aの装置されたガラス管球のbと，3個のX線窓cをもっている基体のdと，

図 118. 管球横型のX線発生装置の外観
（理学電機）

その下方から上方へ挿入されている，対陰極のeとから構成されている．

bのガラス管球は高度の真空度を保っており，中央に tungsten の filament がある．この管球が電源に接続されると，高圧発生装置から送られる電流が流れ，filament が灼熱され，熱電子が高電圧の影響を受けて，極めて大きな速度を得て，aから飛び出し，対陰極板のeに衝突し，X線を放射することになる．

対陰極の金属には，熱電子が衝突して熱せられるから，溶融点の比較的高い，例えば白金のような金属であることが肝要である．電流の大きいほど，X線の放射が強くなり，電圧の

---

* 硬度については本章 p.272 を参照．
** 東京大学農学部林産学教室編：木材理学及び加工実験書，p.95 (1955)．

高いほど，X線の物体を透過する作用が強くなるわけである．

この透過作用の大きいX線を，硬いX線といい，これに対して透過作用の弱いものを，軟いX線と呼ばれている．それ故このX線の硬軟は，一にかかって，X線管球の中にあるtungstenのfilamentに，流れる電流の強さに関係するわけである．

2. X線写真の撮影

X線放射装置から，X線の放射されるようにして置き，X線専用カメラを，基体にある図117のcのX線窓のslitにとりつけ，写真撮影の準備をする．それには図119に示すように，X線の通過するslitの右側に試料（厚さ1mm程度の木材片）を置き，さらに前方，すなわち，その右側に乾板をおくと，slitを通過したX線は試料にあたり，透過X線は，乾板の枠の中央にある円孔を通して，カメラの外に出てしまう．

回折されたX線は乾板に撮影され，図120のような，X線繊維図を現わすことになる．ここに得

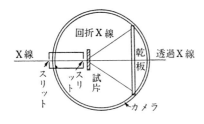

図 119. X線写真撮影装置（北原）

られるような，特有の回折模様（diffraction pattern）を現わす場合に，これをX線の回折像またはラウエの斑点図（Laue's spot figure），あるいはDebye-Scherrer's methodの干渉図（interference figure）等といっている．

このような干渉図が，いかにして写真の乾板に撮られるに至るかを，ここでその理論と過程とについて，その概要を，やや具体的に説明すると次のようである．

いまmicellが非結晶質のものとすれば，その原子の配列は不規則であるはずであるが，しかし結晶質の

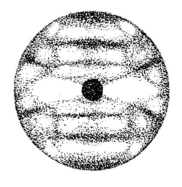

図 120. スギのX線繊維図（北原）

ものとすれば，その結晶内では原子は，一定の規則に従って配列されているわけである．すなわち，その結晶内では，原子はすべて均等に，位置していることになる．

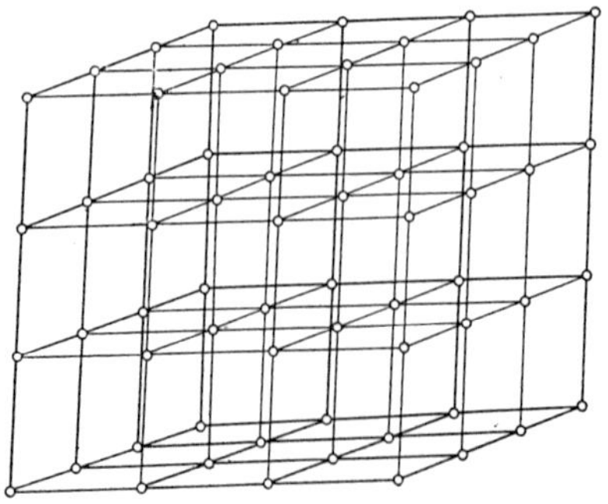

一般に同一直線上に，等間隔に配列された点列は，その列んでいる直線と，ある角度をなして，等間隔に一平面上に並列した網目となり，同様にこの網目がその平面と，ある角度をもって，等間隔に配列されたような，空間内の格子

図 121. 空間格子の模式図

網（net of lattice）を作る．またこの格子網を称して，空間格子（space lattice）といい，格子点の並列する平面を，格子平面（net plane）という．

図121中の○を原子とし，これらの原子が図121のように等距離に，規則的に，配置される場合には，やはり格子面を作ることとなり，すなわち，これは一種の空間格子である．

いまX線が結晶体に投射されると，結晶内部の格子面によって反射され，そこに干渉波を生じる．ここで一つの格子面を考えてみると，結晶は上述のように平行かつ等間隔の多数の格子面であるところから，これらの面にX線が投射されると，図122におけるように，一つの投射線aは，第Iの面からa′の方向に反射され，次の入射線のbは第IIの面によってb′の方向に反射される．そしてこの両者の行程は，$2d\sin\theta$ だけの差を生じることとなる．ここに示す d は格子面間の距離で，θ は入射線と格子面とのなす角である．

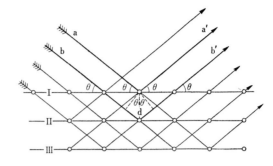

図 122． 干渉波模式図
X線が結晶に投射された場合，これが結晶内部の格子面によって，反射される干渉波の模式図

この時，以上の過程差が，波長（λ）の整数倍に等しい時に限って，山と山，谷と谷とが互に相助け合い，いわゆる，ここに干渉を生じることになるのである．それ故，反射線を生じるための条件は，$2d\sin\theta = n\lambda$ となる．この場合の n は，いうまでもなく整数である．

従っていま図119のように，slit を通して平行X線束を，結晶に入射させると，この中の $2d\sin\theta = n\lambda$ を，満足するような波長のものだけが，選択され反射を起す．すなわち，同じ入射線でも，結晶体が違えば $2d\sin\theta$ も変るから，$n\lambda$ が変り反射も違って来る．それ故ラウエX線干渉理論*（Laue's theory of interference of X-rays）によって，一定の位置

* ラウエ氏（1912）は結晶の規則正しい空間格子がX線に対して3次元の回折格子として作用すべき事に着目し，平行な1次X線が原子空間格子にある角度で入射する時，各原子の周囲に発する2次X線の干渉を論じ，2次X線の径路の差が波長 λ の整数倍で干渉の極大が起ることから

$$a_1(\cos\alpha_1 - \cos\alpha_0) = h_1\lambda$$
$$a_2(\cos\beta_1 - \cos\beta_0) = h_2\lambda$$
$$a_3(\cos\gamma_1 - \cos\gamma_0) = h_3\lambda$$

なる式を得た．これをラウエの基本式といっている．ただし a_1, a_2, a_3 は三つの方向における格子常数，$\alpha_0, \beta_0, \gamma_0$; $\alpha_1, \beta_1, \gamma_1$ はこれらの方向とそれぞれ入射X線及び2次X線とがなす角である．上式は3個の円錐面を示すから，干渉極大の方向は3円錐面の共通な交線の方向となり，入射X線に垂直に置いた写真乾板上には黒斑点が結晶の対称性に応じて現われる．この干渉像をラウエ斑点という．（石原純編：理化学辞典 p.1498）

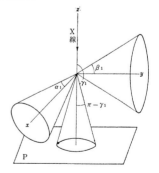

図 123． ラウエの X線干渉理論に関する模式図

に置かれた写真乾板に，この反射線を感光させると，いわゆるラウエの斑点図が得られる．

結晶と乾板との距離は前以って定めて置くと，乾板上の斑点の位置から逆に反射線の方向を見出し，この斑点を生じた格子面の位置，すなわち，座標軸による指数を知ることができることから，結晶内の原子配列の状態を求めて，結晶の構造を推測することができるわけになる．

図 124. マイクロフォトメーター外観

要するに cellulose をもつ繊維に，一定の波長の平行X線束を投射すると，結晶状態に応じ，特種な模様のラウエ干渉点図* を撮影することが，できるということである．この際，同心円状の全環の干渉図が生じたならば，結晶は不規則分布であるが，これに対して図120 スギの繊維図，または図 34 (p.72) の c 繊維図（四点図）** のように局部的に，強光部の現われるような場合は，結晶がおおむね規則的な，配列をなすものである．

3. マイクロフォトメーター

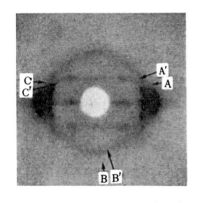

図 125. X線回折法による繊維図形（材料はナイロン）

以上のようにX線回折繊維写真の撮影が終ったならば，マイクロフォトメーター *** (microphotometer, 測微光度計) によって，X線の感光度を調査し，横軸に角度，縦軸にその強さ intensity（明暗度）をとり，曲線図を作成し，それにより micell の平行度を求めるのである．図124は microphotometer の外観である．

例えば図 125 のような繊維図を，microphotometer にかけて，透過明暗度が測定されるが，その場合における図の濃淡に応じて，自記装置により，図126のような，山形の干渉波による追跡図が得られる．

---

* 第2章 p.72 図34, X線による Debye-Scherrer 環の干渉図，及び本章 p.272, 図120, スギのX線繊維図参照．

** micell の配列軸が細胞の長軸に一致する場合には，いわゆる四点図 (Vier Punkt Diagramm) が認められる．

*** microphotometer はスペクトルの写真のような，非常に小さい面積内に，濃淡差のあるもの，濃淡度を測定する計器である．従って透明度を測定するために，これを顕微鏡に拡大して，それを通る一定光線からの光の透過部分のエネルギーを比較する装置で，これにはモルの自記測微光度計，ハルトマンの測微光度計，コッホ・ゴースの自記測微光度計等がある．

この山形の一つは，図127で示すように，横軸に角度，縦軸に（明暗度），intensity，すなわち，X線によって生じた図における，濃淡の透過部分のエネルギーが，示されることになる．この場合，中央の強さの中点のところで，横軸に平行に線を描き，$h\ h'$ を求めると，この $H°$ が半価幅（width of half value）となり，micell の平行度を π とすると，π は次式から求められる．すなわち，

$$\pi = \frac{180° - H°}{180°} \times 100$$

で，この π の大きいほど，micell の平行度が大きいことになる．

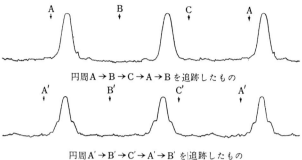

図126. 繊維図による自記追跡図

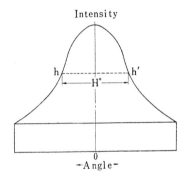

図127. 半価幅図（北原）

引 用 文 献

[ここにあげた文献は，本書の脚註に引用した文献を，引用順に再掲し，一覧に供したものである。]

本書引用ページ		
4	(1)	工藤祐舜：日本有用樹木分類学 (1941).
16	(2)	Priestley, J. H. : *New Phytol*, Vol. 29, p. 322 (1930).
18	(3)	Bailey, I. W. : *Amer. Jour. Bot.*, Vol. 7, pp. 355～367 (1920).
26	(4)	Chattaway, M. M. : *Australian Forestry*, Vol. XVI, No.1, pp. 25～34 (1952).
26	(5)	藤岡光長：林業試験場報告, No.20, pp. 30～31 (1914).
26	(6)	Hartig, Th. : *Allgemeine Forst und Jagdzeitung*, s. 283 (1857).
26	(7)	Erank, H. : *Bericht der deutschen botanischen Gesellschaft*, s. 323 (1884).
27	(8)	山内俊枝：日本林学会誌, Vol. 10, No. 11, pp. 624～630 (1928).
29	(9)	小倉謙：植物学雑誌, Vol. XXXIV, No. 401, pp. 146～162 (1920).
30	(10)	島倉巳三郎：植物学雑誌, Vol L, No. 596, pp. 474～475 (1936).
34	(11)	島倉巳三郎：植物学雑誌, Vol. LI, No. 608, pp. 694～699 (1937).
38	(12)	猪野俊平：植物組織学 (1955).
44	(13)	河村一次・樋口隆昌：パ枝協誌, 11- pp. 88～95 (1957).
44	(14)	Brown, H. P., A. J.Panshin, C.C. Forsaith : Text book of Wood Technology, p.85 (1949).
44	(15)	長友貞雄：植物学雑誌, Vol. LXV, No. 765～766, pp. 43～50 (1952).
44	(16)	Bailey, I. W. and T. Kerr : *Jour. Arnold Arboretum*, Vol. XVI, pp. 273～300 (1935).
45	(17)	Bailey, I. W. : Contributions to Plant Anatomy, pp. 74～75 (1954).
46	(18)	Scharma, P. D. : *Jour. Forestry*, Vol. 20, pp. 476～478 (1922).
47	(19)	Wiesner, J. : Einleitung in die technischen Mikroskopie, Wien (1867).
47	(20)	小原亀太郎・岡田金正：人絹界, 10月号 (1939).
54	(21)	兼次忠蔵：日本林学会誌, Vol 12, No. 10, p.587 (1924).
56	(22)	Liese, W. und M. Fahnenbrock : *Biochem. et Biophysica Acta.*, 11, 2, s. 190 (1953).
58	(23)	兼次忠蔵：日本林学会誌, Vol. 13, No. 4, pp. 251～264 (1931).
59	(24)	Bailey, I. W. *Jour. Arnold Arboretum*, Vol. XIV, pp. 259～273 (1933).
62	(25)	岡田元：基礎繊維素化学, p. 191 (1944).
62	(26)	Ruska, H. und M. Kretchmer : *Kolloid-Z.*, 93, 163 (1940).
62	(27)	Hess, K., H. Kiessig und J. Gundermann : *Z.Physik. Chem.*, B—49, 64 (1941).
63	(28)	Lüdtke, M. : *Ber.*, 61, 465 (1928).
64	(29)	Hess, K. : Papierfabrikant, Heft 4, 25 (1939).
64	(30)	Bailey, I. W. and M. R. Vestal : *Jour. Arnold Arboretum*, Vol. XVIII, pp. 185～208 (1937).
66	(31)	原田浩：日本林学会誌, Vol. 35, No.6, p.193 (1953).
66	(32)	原田浩・宮崎幸男：林業試験場報告, No. 54, pp. 101～105 (1952).
67	(33)	Sponsler, O. and W. Dore : *Colloid. Symp. Monogr.*, 4, 174 (1926).
67	(34)	西川正治・小野澄之助：数学物理学会誌, No. 20, 9月号 (1913).

68	(35)	Meyer, K. H. und F. Misch : *Herv. Chem. Acta.*, 20, 232 (1937).
68	(36)	Hengstenberg, J. und H. Mark : *Z. Krist.*, 69, 271 (1948).
69	(37)	長沢武雄：日本林学会誌, Vol. 17, No. 8, p. 67 (1935).
69	(38)	Mark, K. H. : *Chem. Phys. Cellulose.*, pp. 34〜40 (1932).
70	(39)	Ambronn, H. : *Kolloid Z.*, 18, 90, 273 (1916); 20, 173 (1917).
71	(40)	小原亀太郎：人絹界, 7月号 (1939).
71	(41)	Frey-Wyssling, A. : *Holz.*, 3, s. 43 (1940).
72	(42)	Herzog, R. O. und Coworkers : *Z. Phys.*, 3, 196, 343 (1921).
73	(43)	長沢武雄：日本林学会誌, Vol. 16, No. 10, p. 67〜70 (1934).
73	(44)	Sponsler, O. : *Plant Physiology*, 4, p. 329 (1929).
73	(45)	Hess, K., C. Trogus, und W. Wergin : *Planta*, 25, s. 419 (1936).
73	(46)	Bailey, I. W. and M. R. Vestal : *Jour. Arnold Arboretum*, XVIII-3, pp. 185〜195 (1937); *Tropical Woods*, No. 54, pp. 60〜61 (1938).
74	(47)	小林弥一：日本林学会誌, Vol. 34, No. 12, p. 392 (1952).
74	(48)	尾中文彦・原田浩：日本林学会誌, Vol. 33, No. 2, pp. 60〜64 (1951).
75	(49)	Meyer, K. H. und H. Mark : *Ber.*, 61, 611 (1928).
76	(50)	長沢武雄：日本林学会誌, Vol. 19, No. 9, pp. 260〜262 (1937).
77	(51)	山田登・丸尾文治共訳：J. ボナー植物生化学, p.77 (1954).
78	(52)	長沢武雄：日本林学会誌, Vol. 22, No. 11, pp. 627〜628 (1940).
79	(53)	Gerngross, O. und K. Herrmann : *Z. Physik. Chem.*, B. 10, 371 (1930).
79	(54)	Frey-Wyssling, A. : *Protoplasma*, 28, p. 271 (1936) ; 28, p. 402 (1937).
81	(55)	谷口栄一：木材学会誌, Vol.2, No.4, pp. 148〜157 (1956).
81	(56)	Ott, E., H. M. Spurlin, and M. W. Graffin : Cellulose and Cellulose Derivatives, Part 1, pp. 251〜253 (1954).
82	(57)	Frey-Wyssling, A. : Stoffausscheidung d. höhren Pflanze (1935).
87	(58)	Groom, Percy. : *Bot. Ga.*, Vol. 57, pp. 285〜307 (1914).
87	(59)	Bailey, I. W. and H. B. Shephard : *Bot. Gaz.*, Vol. 60, pp. 66〜71 (1915).
87	(60)	Bailey, I. W. and W. W. Tupper : *Proc. Am. Acad. Arts and Sciences*, 54, No. 2 (1918).
88	(61)	兼次忠蔵：日本林学会誌, Vol. 17, No.1, p.53 (1936).
88	(62)	肥田美知子：植物学雑誌, Vol. LXVI, No. 783〜784, p. 240 (1953).
89	(63)	山林遥：朝鮮木材の識別, p. 442 (1938).
90	(64)	Dallimore, W. and A. B. Jackson : A. Handbook of Coniferae including Ginkgoaceae, pp. 444〜445 (1948).
92	(65)	金平亮三：大日本産重要木材の解剖学的識別, p.48 (1926).
95	(66)	Sudō Syōji：東京大学農学部演習林報告, No. 49 (1955).
99	(67)	永田潤一・岡本健次：日本林学会誌, Vol. 33, No. 2, pp. 222〜225 (1951).
108	(68)	亘理俊次：植物学雑誌, Vol. XXV, No. 3〜4, pp. 33〜38 (1950).
112	(69)	Record, S. J. : Identification of the Economic Woods of the United States, p. 29 (1919).
112	(70)	小林弥一：林業試験場報告, No. 77 (1953).

113	(71)	Peirce, A. S.: *Bot. Gaz.*, Vol. 95, pp. 667~677 (1934).
119	(72)	兼次忠蔵：日本林学会誌, Vol. 11, No. 12, pp. 654~658 (1929).
124	(73)	Jeffrey, E. C.: Anatomy of Woody plants, Chicago (1917).
130	(74)	Thompson, W. P.: *Ann. Bot.*, 183~191 (1923).
139	(75)	Itō mitsugu, Tsuneo Kijima: Studies on the Tyloses their Occurence in the Domestic Woods (1951).
140	(76)	Record, S. J.: Identification of the Timbers of Temperate North America, p. 83 (1917).
142	(77)	Harrar, E. S.: *Tropical Woods*, No. 85, pp. 1~9 (1946).
143	(78)	Sudworth, G. B.: *U. S. Dep. Agr. Forest Service Bul.*, 102, p.18 (1911).
147	(79)	猪方清八：日本林学会誌, Vol. 35, No.6 (1953).
148	(80)	Chalk, L., E. B. Marstrand and J. P. De C. Walsh: *Acta. Botanica Neerlandica*, Vol. 4 (3) (1955).
153	(81)	Hess, R. W.: *Tropical Woods*, No. 96, p. 16 (1950).
156	(82)	Garrat, G.A.: *Tropical Woods*, No. 35, p. 38 (1933); No. 39, p. 32 (1934).
158	(83)	Bailey, I. W.: *Jour. Forest*, Vol. 15, No. 2 (1917).
158	(84)	Kribs, D. A.: Salient lines of structural specialization in the wood parenchyma of dicotyledons, *Bot. Gaz.*, (1935); Commercial foreign woods on American market (1950).
162	(85)	Meyer, J. E.: *Jour. Forestry*, Vol. 20, pp. 337~351 (1922).
162	(86)	Chalk, L.: *Tropical Woods*, No. 101, pp. 1~10 (1955).
167	(87)	Chattaway, Margaret, M.: *New Phytologist*, 32 : 261~273, Nov. 6 (1933).
169	(88)	山林遥：日本林学会誌, Vol. 18, No. 8, p. 49 (1936).
180	(89)	Record, S. J.: *Jour. Forest*, Apl. (1918); *Tropical Woods*, No. 4, p. 17 (1925).
180	(90)	Reyes, Luis. J.: Philippine Woods, pp. 271~272 (1938).
183	(91)	Fujioka, M. and C. Kaneshi: *Tropical Woods*, No. 12 (1927).
189	(92)	Myer, J. E.: The Structure and Strength of Four North American Woods as Influenced by Range, Habitat and Position in the Tree (1930).
189	(93)	Turnbull, J. M.: *South African Jour. Sci.*, Vol. 33, pp. 653~682 (1937).
190	(94)	猪熊泰三・島地謙：東京大学農学部演習林報告, 第38号 (1950).
193	(95)	Pillow, M. Y. and R. F. Luxford: *U. S. Dept. Agr. Tech.*, Pub. 546, Jan. (1937).
193	(96)	Bailey, I. W.: *Ind. and Eng. Chem.*, Ind. Ed., Vol. 30, pp. 40~77 (1938).
193	(97)	Garland, Hereford: *Ann. Mo. Bot. Gard.*, Vol. 26, pp. 1~94 (1939).
193	(98)	Phillips, E. W. J.: *Empire Forestry Jour.*, Vol. 20, pp. 74~78 (1941).
198	(99)	大倉精二：信州大学農学部学術報告, 第5号 (1956).
204	(100)	尾中文彦：木材工業, 第4巻 3月号, p. 106 (1949).
206	(101)	Kollmann, F.: Technologie des Holzes und der Holzwerkstoff, s. 27 (1951).
206	(102)	Wardrop, A. B. and H. E. Dadswell: *The Australian Journal of Scientific Research*, Vol. 3, No. 1 (1950).
206	(103)	松本昂：日本林学会誌, Vol 32, No. 1, pp. 16~19 (1950).
206	(104)	Desch, H. E.: Timber its Structure and Properties, p.47 (1948).

引　用　文　献

207	(105)	Dadswell, H. E. and A. B. Wardrop : *Australian Forestry*, Vol. XIII, No. 1 (1949).
208	(106)	Chow, K. Y. : *Foresty*, Vol. XX, pp. 62〜77 (1946).
208	(107)	Marra, A. A. : Characteristics of Tension Wood in Hard maple, Dept. of Wood Technology, the New York State College of Forestry (1942).
208	(108)	Clark, S. K. : *Forestry*, Vol. XI, pp. 85〜91 (1937).
211	(109)	小倉謙：植物系統解剖学，pp. 15〜16 (1926).
215	(110)	Forsaith, C. C. : *Jour. Forestry*, Vol. 19, pp. 237〜249 (1921).
215	(111)	Koehler, Arthur : *U. S. Dept. Agr. Tech. Bul.*, 342 (1933).
216	(112)	白沢保美：日本林学会誌，Vol. 22, pp. 1〜10 (1918).
217	(113)	Koehler, A. : *Jour. Forestry*, Vol. 31, pp. 551〜556 (1933).
217	(114)	Rhoads, A. S. : *U. S. Dept. Agr. Tech. Bul.*, 1131 (1923).
220	(115)	Burke, H. E. : *U. S. Dept. Agr. Cir.*, 61 (1905).
220	(116)	Solereder, H. : Systematic Anatomy of the Dicotyledons, p.1163 (1908).
224	(117)	小原亀太郎：植物学雑誌，Vol. 46, No. 544 (1932).
228	(118)	Greene, C. T. : *Jour. Agr. Res.*, Vol. II, pp. 471〜474 (1914).
230	(119)	笠井幹夫・田村隆：木材の耐久，p. 462 (1944).
239	(120)	笹川久吾：電子顕微鏡，p. 29 (1951).
247	(121)	井田五郎・佐竹恭一：日本林学会誌，Vol. 13, No. 3, pp. 157〜159 (1924).
250	(122)	西山市三：細胞遺伝学研究法，p. 93 (1952).
251	(123)	Crocker, E. C. : *Bot. Gaz.*, Vol. XCV, No.1, pp. 168〜171 (1933).
256	(124)	Gundermann, J., K. Hess., H. Kiessig : *Z. Phys. chem.*, 49 (1941).
256	(125)	上村武：木材工業，Vol. 4, No. 1, pp. 16〜19 (1949).
256	(126)	M. von Ardenne : *Z. Wiss. Mikroskop.*, 36, 8 (1939) ; *Z. Naturwiss.*, 29, 521 (1941).
256	(127)	Frey-Wyssling, A. : *Protoplasma*, 28 (1936); 28 (1937).
261	(128)	Mahl, H. : *Z. tech. Phys.*, 21, 17 (1940).
261	(129)	Heidenreich, R. D. u. V. G. Peck : *J. App. Phys.*, 14, 23 (1943).
263	(130)	Müller, H. O. : *Kolloid Zeits.*, 99, 6 (1942).
263	(131)	Williams, R. C. and R. W. G. Wyckoff : *J. App. Phys.*, 17, 23 (1946).
265	(132)	Williams, R. C. and R. W. G. Wyckoff : *Science*, 101, 594 (1945).
265	(133)	小林恵之助・内海暢生：電顕委員会資料，56—B—20 (1951).
266	(134)	Zworykin, V. K. et al. : Electron optics and the electron microscope, p.258 (1948).

木材組織に関するI.A.W.A.*決定の語彙

ここに集録する木材組織に関する語彙は，1933年にInternational Association of Wood Anatomists（国際木材解剖学会）の決議により決定を見たものである．去る1954年にパリにおける同学会の総会で，従来の用語に改訂が加えられるべき議が起り，その後英国のLaurence Chalk氏によってその準備が進められているが，まだ具体的な総会の決議にまで進展していない．従って止むを得ず，改訂前のものをalphabet順におき換えて掲載することにした．しかし便宜のために，同性質または同系統の用語については，必ずしも原則通りとせず，少し右へ寄せて区別した．また原文を尊重して邦訳をしたが，説明を明確にする必要から適当に異訳したものもあることをお断りして置く．

Bark　　樹皮
幹部及び根部において形成層から外方へ向って形成された組織．通常老樹にあっては内樹皮（生活している）と外樹皮（枯死している）とに分けられる．〔図8のH, I (p. 24)〕

Cambium　　形成層
2次木部と2次篩部（内樹皮）との間に存在する細胞分裂を行う細胞層．〔図3のc (p.11), 図8のG (p.24)〕

Cambial Zone　　形成層帯
形成層母細胞並びに，この母細胞から造成された，これと同性質の細胞で構成されている細胞層に対する便宜上の用語．そのため，その幅に広狭をもっている．

　Storied Cambium　　層階状形成層
　始原細胞からなる水平的層階状配列の形成層．

Cell Wall　　細胞膜
細胞相互を境している膜（原形質を包囲している膜）．〔図11 (p. 43)〕

　Primary Wall　　1次膜
　分裂組織における細胞の膜で，細胞分裂時に生じたもの．〔2次膜の薄い偏光性（不等質性）をもつ最初に形成された部分と混同してはならない〕〔図11のI (p. 43)，図17のj (p. 54)〕

　Secondary Wall　　2次膜
　1次膜の内側に形成された膜．〔図11のII (p. 43), 図17のk (p. 54)〕

　Middle Lamella　　中間層
　隣接細胞の1次膜相互間の無定形等質性の膜．〔図11のO (p. 43), 図17の1 (p.54)〕

Conjunctive Tissue　　接合状柔細胞組織
材内篩部と共に形成する同心円状の接合状柔細胞組織の特殊型．

---

* International Association of Wood Anatomists (I. A. W. A.) の設立は，遠く1930年8月に英国ケンブリッジに開かれた学術会議に，その端が発せられている．同学会は木材解剖学に関する用語並びに記載についての標準語を規定する外に，機関誌として"Tropical Woods"を刊行している．同学会の会員数は世界の33ヵ国140名（1956年4月現在）で，日本における現会員は，東大教授 猪熊泰三氏，日大教授 杉浦庸一氏，林業試験場技官 原田浩氏及び著者の4名である．

Crassulae　　紋孔界間肥厚部

初生紋孔界相互間に存在する中間層と1次膜とからなる肥厚部．(Bars of Sanio または Rims of Sanio の変改語〔図40のCr (p. 86), 図43 (p. 93)〕

Epithelium　　薄膜細胞組織

細胞間隙道（溝）の周囲にある分泌柔細胞の層．(この細胞は厚膜のこともあれば薄膜のこともあり，また紋孔の存在することもあれば，存在しない場合もあって一定しない．普通原語のままのエピテリウムが使われることが多い）〔図40のe(p. 86), 図48 (p. 109)〕

Growth Layer　　生長層

外観上，ある生長期間内に形成された木部の細胞層．特に温帯産樹種の木部では，おおむね春材部と秋材部との差を明瞭に判別することができる．〔図8のA (p. 24)〕

Growth Ring　　生長輪

横断面上で認められるような輪状の生長層．〔図4 (p. 13)〕

Growth Ring Boundary　　生長輪界（年輪界）

1生長輪における外側の境界．〔図50のBa (p. 116)〕

　　Annual Ring　　年　輪

　　横断面上において認められるような1年間の生長層．〔図8のA (p. 24)〕

　　Double (or Multiple) Annual Ring　　重複年輪

　　2あるいは，それ以上の生長輪から成立する場合の1年輪．

　　False Annual Ring　　偽年輪

　　1重複年輪中の1生長輪．

Initial　　始原細胞（原始細胞）

形成層帯または他の細胞分裂組織を造成すべき単一の細胞．

Cambial Initial　　形成層母細胞

形成層の個々の細胞．

Fusiform Initial　　紡錘状形成層母細胞

木部或は篩部を構成し，垂直状に，もしくは縦軸方向に存在する長い細胞を生じる形成層母細胞．形は触断面上で見られるような紡錘状．

Ray Initial　　放射組織の形成層母細胞

放射組織の細胞を生じる形成層母細胞．通常触断面で見られるような，集団的で，しばしば多少等径形の細胞．

Intercellular Canal　　細胞間隙道

エピテリウム（薄膜細胞組織）から分泌される樹脂またはゴム質等に対し，その貯蔵所として一般に役立つところの，不定の長さをもつ細胞間隙道（溝）で，その存在する方向に二つの種類がある．すなわち，(1) 垂直あるいは縦軸方向，(2) 水平，あるいは輻射方向（放射組織における場合に限る）．〔通常針葉樹材にあっては Resin Ducts もしくは Resin Canal (樹脂道)，広葉樹材にあっては Gum Ducts (ゴム道) と呼ばれている〕〔図48 (p. 109), 図79 (p. 183)〕

Intercellular Layer　　中間細胞膜層

隣接する両細胞間の層で，しばしば両細胞の1次細胞膜と合一の状態を呈することがある．この膜層の性質は不偏光性（等質性）であって，繊維素が存在しない．〔図11のO及びI (p. 43)〕

Intercellular Spaces　　細胞間隙

細胞間の空隙部．Canal (道,溝) またはCavities (腔) であって，schizogenous (離生的の)，lysigenous (破生的の) 及び schizo-lysigenous (離破生的の) 空隙及び interstitial spaces (間隙)，すなわち，多くの細胞の隅で，事実上丸身をもつ開放した間隙部等を包含する．〔図16のB (p. 53), 図40のvR, hR (p.86)〕

Latex Tube　乳管
放射組織中に存在している管状細胞.

Libriform Wood Fiber　真正木繊維
一般に厚膜で長さ長く，膜壁に単紋孔をもつ細胞．（通常１分節導管，あるいは撚糸状縦型柔細胞等の長さから推論して，形成層母細胞よりも明かに長い細胞．なお重紋孔をもつ類似の細胞についてはFiber Tracheidを参照）〔図50のwF（p. 116），図60の1, 4, 12, (p. 145)〕

　Septate Wood Fiber　多室木繊維
　内腔を横断し薄い隔膜をもつ真正木繊維
　〔図60の9, 10 (p. 145)〕

Lumen　内腔
細胞の内腔部.

Parenchyma　柔細胞
炭水化物の貯蔵と配給とに関係をもつ細胞．細胞の長さは概ね短く，多数の単紋孔をもっている．普通２種類に分けられている．(1) 垂直状または縦軸状の Wood Parenchyma または Xylem Parenchyma（木部柔細胞），(2) 水平状または幅射状のRay Parenchyma（放射柔細胞）．〔図50のuRh (p. 116)，図61 (p. 150)〕

　Aliform Parenchyma　翼状柔細胞
　横断面上における木部柔細胞が，導管を中心にして左右へ切線方向に翼状に拡張した周囲状柔細胞．〔図63の5 (p. 152)，図64 (p. 154)〕

　Confluent Parenchyma　連合翼状柔細胞
　横断面上における木部柔細胞が，不規則な切線状，もしくは対角線状の組織帯を呈し，相互に連合する場合の翼状柔細胞．〔図63の6 (p. 152)〕

　Diffuse Parenchyma　散点状柔細胞
　横断面上における木繊維の間に，単一の撚糸状木部柔細胞，または紡錘状木部柔細胞が散点状に配列する場合の柔細胞．〔図63の2 (p. 152)〕

　Metatracheal Parenchyma　切線状柔細胞
　横断面上における木部柔細胞が，集まって同心円状に数層をなして，線状または帯状を呈し，おおむね導管や導管状仮導管等に接しない場合の柔細胞．〔図50のmP (p. 116)，図63の3 (p.152)〕

　Paratracheal Parenchyma　随伴状柔細胞
　横断面上における木部柔細胞が，導管もしくは導管状仮導管の付近，またはそれらの周囲に集まって存在する場合の柔細胞．〔図63の4, 5, 6 (p. 152)〕

　Ray Parenchyma　放射柔細胞
　全体に，もしくは部分的に放射組織を構成している水平状（横臥状）または垂直状（直立状）の柔細胞．〔Ray-Tracheid（放射仮導管）に対する対照語〕〔図66 (p. 164)，図67 (p. 164)〕

　Terminal Parenchyma　終末状柔細胞
　横断面上において，木部柔細胞が年輪界に沿って近くに集まり，不均等な幅を以って切線状に配列する場合の柔細胞．〔図63の1 (p. 152)〕

　Vasicentric Parenchyma　周囲状柔細胞
　横断面上における木部柔細胞が，導管の周囲を，変化ある幅を以って，円状にまたは卵円状に囲み，集まって存在する場合の柔細胞．〔図63の4 (p. 152)〕

　Wood Parenchyma or Xylem Parenchyma　木部柔細胞
　単一細胞で形成されている垂直状の柔細胞．この中には (1) Fusiform Wood Parenchyma Cell （紡錘状木部柔細胞）と，(2)

Wood Parenchyma Strand（撚糸状木部柔細胞）とがある．これらの高さは形成層母細胞の高さに等しい．〔図61 (p.150)〕

Wood Parenchyma Strand　撚糸状木部柔細胞

単一の紡錘状形成層母細胞から誘導された，2個もしくはそれ以上に区分され，垂直にすなわち，縦方向に撚糸（股）状を呈する形の木部柔細胞．〔図50のPs (p.116)，図61のb, c (p. 150), 図62 (p. 151)〕

Fusiform Wood Parenchyma Cell　紡錘状木部柔細胞

単一の形成層母細胞から分裂し，再分されない紡錘状の木部柔細胞．(Substitute 及び Intermediate Wood Fiber の変改語）〔図61のa (p. 150)〕

Disjunctive Parenchyma Cell　分離状柔細胞

細胞分裂の過程中，幾分分離した形の木部柔細胞または放射柔細胞．その接合部は管状に保持されている（Conjugate Parenchyma Cell の変改語）〔図16のC, D (p. 53)〕

Perforation　穿孔

1分節導管から他の分節導管へ穿たれた孔．〔図56 (p. 129)〕

Multiple Perforation　多孔穿孔

穿孔板において，2個もしくはそれ以上の穿孔のある場合の穿孔．〔図54の1, 3 (p. 126)〕

Simple Perforation　単一穿孔

通常単一で大きく，多少円形を呈する穿孔板の穿孔．(Multiple Perforation に対する対照語）〔図50のsP (p. 116), 図54の7, 9, 11, 13, 14 (p. 126), 図56の5 (p. 129)〕

Perforation Plate　穿孔板

2個の分節導管の接合板に対する便宜上の用語．〔図56 (p. 129)〕

Ephedroid Perforation Plate　エフェドロイド状穿孔板

集団的小有縁円形の穿孔をもつ穿孔板．〔Ephedra(マオウ属)において認められる〕〔図56の6 (p. 129)〕

Reticulate Perforation Plate　網状穿孔板

一見網状を呈している多孔穿孔の穿孔板．〔図56の7 (p. 129)〕

Scalariform Perforation Plate　階段状穿孔板

導管の長軸に直角に伸長し，平行した多数の穿孔をもつ穿孔板．穿孔間の階段状の棒状残存部は，これを Bars と称えられる．〔図54の1, 3 (p. 126), 図56の3 (p. 129), 図57 (p. 130)〕

Perforation Rim　穿孔環

単一穿孔の周縁に形成されている穿孔板の残存部．(Annular Ridge の変改語）〔図56の5 (p.129)〕

Phloem　篩部

同化栄養分の配給に役立つ内樹皮の組織．すなわち，篩管の存在によって顕著な部分．〔図3の pp, sp (p. 11)〕

Included Phloem　材内篩部

広葉樹材の後生木部内に存在する篩部組織の部分．(Interxylary Phloem の変改語）．

Internal Phloem　内側篩部

初生木部に対し内側部の初生篩部．(Intraxylary Phloem の変改語）．

Primary Phloem　1次篩部
樹梢の分裂細胞から最初に形成される篩部.
〔図3のpp (p. 11)〕

Secondary Phloem　2次篩部
普通形成層から形成された樹皮の部分.
〔図3のsp (p. 11)〕

Pit　紋孔
2次細胞膜に存在する凹部. 外側には閉塞膜をもち,内腔へは孔の口を開いている. (紋孔腔と紋孔膜との要素から成立する)〔図14のA, B (p. 51)〕

Pit Annulus　紋孔環
重紋孔（有縁孔紋）膜に存在している外側の厚い輪縁部.（彎曲した Crassulae と混同され易い）.

Pit Aperture　孔　口
紋孔の開口部.

Coalescent Aperture　細隙状孔口
2次膜の内層面に溝状に現われた細隙状の孔口.

Extended Aperture　越外孔口
正面から見て,内側孔口が輪帯の輪廓の外に越えている場合の孔口.〔図18のc, c′, c″ (p.55)〕

Included Aperture　在内孔口
正面から見て,内側孔口が輪帯の輪廓の内に包含されている場合の孔口.〔図18のa, a′, a″ (p. 55)〕

Inner Aperture　内側孔口
内腔部へ向う紋孔溝の開口部.〔図17の d (p. 54)〕

Outer Aperture　外側孔口
紋孔室へ向う紋孔溝の開口部.〔図17の e (p. 54)〕

Pit Border　輪帯（紋孔陞）
2次細胞膜の穹形部.〔図17のa (p. 54)〕

Pit Canal　紋孔溝
すべての重紋孔で,その細胞腔から紋孔室に至るまでの通路.〔膜厚の厚い場合の単紋孔ではCanal-like Cavites（溝状空隙部）をもつものである〕〔図17のh (p. 54)〕

Pit Cavity　紋孔腔
紋孔において,紋孔膜から内腔までの間の全空隙部.〔図17のc (p. 54)〕

Pit Chamber　紋孔室
紋孔膜と輪帯との間の空隙部.〔図17のb (p.54)〕

Pit Membrane　紋孔膜
紋孔腔を外側で閉塞している,中間層と1次膜とからなる部分.〔図17のg (p. 54)〕

Blind Pit　盲孔
隣接の両細胞における,それぞれ1個の紋孔が相互に同位置で合致しない場合の紋孔.（普通の場合は,細胞間隙に対向して存在するのが一般である）〔図16のB(p. 53)〕

Bordered Pit　重紋孔（有縁孔紋）
これの代表的なものは,中央の閉塞膜（紋孔膜）が2次膜の穹部分で囲まれた紋孔.〔図15の7～12 (p.52), 図40のeBp, lBp (p. 86), 図46 (p. 103)〕

Half-bordered Pit　半重孔紋
（半有縁孔紋）
1個の単紋孔と1個の重紋孔との対孔.〔図15の13～14 (p. 52)〕

Ramiform Pit　分岐紋孔
石細胞におけるように,細胞膜に溝状の空隙が生じ,それらが連合している場合の単

紋孔．〔図16のA (p. 53)〕

Pit Pair　　対孔

隣接の両細胞における，それぞれの紋孔が，相互に同位置で補足している場合の紋孔．〔図14 (p. 51)〕

Primary Pit Field　　初生紋孔界

1個もしくは，それ以上の対孔を常に生じる限られた領域．その領域における中間層と1次膜とからなる薄い膜面．（紋孔膜と区別をし，混同してはならない）．

Simple Pit　　単紋孔

紋孔の空隙部において，内腔に近い所がやや広くなっているか，紋孔溝が一定の広さをもつか，2次膜の厚さの増加につれて，内腔へ近づくに従い，次第に狭小となっている紋孔．〔図14 (p. 51)，図15の1～4 (p. 52)，図40のSp (p. 86)〕

Vestured Pit　　装覆紋孔

紋孔腔の内面全部にか，もしくは1部に，2次膜から生じた隆起によって装覆されている場合の紋孔．〔図24 (p. 59)，図25 (p. 60)，図58の8 (p. 132)〕

Alternate Pitting　　交互状型紋孔

膜壁上の多数の紋孔が，交互に錯列状を呈する場合の重紋孔．〔紋孔数の特に多い場合には，孔縁の輪郭が，正面から見て6角形（蜂窩状）を呈する傾向が強い〕〔図58の1，4 (p. 132)〕

Opposite Pitting　　対列状型紋孔

膜壁上の多数の紋孔が水平状に対列し，あるいは短い水平列状に配列する場合の重紋孔．（紋孔数の特に多い場合には，孔縁の輪郭が正面から見て矩形を呈する）〔図58の3，6 (p. 132)〕

Scalariform Pitting　　階段状型紋孔

膜壁上の平行して長い多数の紋孔が，梯子状に配列する場合の重紋孔．〔図58の5 (p. 132)〕

Sieve Pitting　　篩状型紋孔

膜壁上の小紋孔が篩状に散在する場合の重紋孔．〔図58の2 (p. 132)〕

Unilaterally Compound Pitting　　片複紋孔

1個の紋孔が，隣接細胞の小紋孔2個，あるいはそれ以上と対孔する場合の紋孔．

Pith　　髄（髄心）

樹幹の中心に位し，柔細胞組織からなる円筒状の部分．〔図3のp (p. 11)，図8のF (p. 24)〕

Pith Fleck　　髄斑点

横断面上において，特に認め易い傷瘍組織の斑点．これはある種の昆虫の幼虫によって，形成層内に造られた孔道を，不規則に配列された，ほぼ等径の柔細胞で閉塞されたもの．（別名 Pith-ray Fleck，または Medullary Spot）〔図89 (p. 228)，図90 (p. 228)〕

Pore　　導管（木口導管）

横断面上の導管，または導管状仮導管に対する便宜上の用語．〔図8のA (p. 24)，図50のsPe, sPl (p. 116)，図51 (p. 119)〕

Solitary Pore　　単一導管

横断面上に存在する単一の導管で，その周囲を，他の種類の細胞によって，完全に囲まれている場合のもの．〔図50のsPl, sPe (p. 116)，口絵の春材部の導管〕

Pore Chain　　連鎖導管

横断面上に存在する導管が，短い間隔をおいて相連なっている場合のもの．〔図52のCa (p. 122)〕

Pore Cluster　集合導管

横断面上の導管が集団状に多数接合し，その周囲を他の種類の細胞で囲まれている場合のもので，その全形は円形または不規則状である．〔図51の$d_1 \sim d_3$ (p. 119)〕

Pore Multiple　複合導管

横断面上に存在する導管が，2個もしくはそれ以上が一定方向に接合するか，または扁平状に接合する場合のもの．一見接合線によって単一導管を分割されているように見える導管．〔図51の$a_1 \sim a_{11}$, $b_1 \sim b_5$, c, $d_1 \sim d_3$ (p.119)〕

Ray　放射組織

形成層から形成され，木部及び篩部を通して放射状に発達した，帯状の細胞組織．(別名 medullary ray, Pith ray, 髄線)〔図8のA, B, C (p. 24), 図74 (p. 173)〕

Aggregate Ray　集合放射組織

肉眼的にか，もしくは弱度の拡大鏡によって明かに認められる単一の大放射組織．この種の放射組織は，狭小な木部放射組織の一大集合である．〔図74のE (p. 173), 図75 (p. 174)〕

Heterogeneous Ray　異性放射組織

形態学上異った型の細胞から構成されている木部放射組織．異った型の細胞は，(a) 広葉樹材においては，横臥型のものと，直立型のものか，もしくは，方形型のもの．(b)針葉樹材においては，放射柔細胞と放射仮導管との場合．この用語は直立型細胞のみから構成される単列放射組織の場合にも，普通に用いられる．〔図46の b, c, d (p. 103), 図67 (p. 164)〕

Homogeneous Ray　同性放射組織

半径状に長い横臥型の細胞のみから構成されている木部放射組織．〔図50の uRh (p. 116), 図66 (p. 164)〕

Phloem Ray　篩部放射組織

形成層を中央にし，篩部に向って外方へ発達している放射組織．〔図8のI (p. 24)〕

Wood Ray or xylem Ray　木部放射組織

形成層を中央にし，木部へ向って内方へ発達している放射組織．Phloem Ray と明確に区別して用いられる．〔図8の A, B (p. 24)〕

Procumbent Ray Cell　横臥状型放射細胞（横列放射細胞）

半径状に長い放射組織の細胞．〔図66 (p. 164)〕

Upright Ray Cell　直立状放射細胞（縦列放射細胞）

直立状に長い放射組織の細胞．(このような細胞は，おおむね単列放射組織を構成し，また標準型のものは異性放射組織の縁辺に存在する)〔図67 (p. 164)〕

Sheath Cells　鞘状細胞

触断面上の多列放射組織における周囲細胞である．すなわち，これは多列部の小形横臥状放射細胞の周囲に存在し，鞘状配列の傾向をもつ直立状の放射細胞．〔図70 (p. 169)〕

Spiral Thickening　螺旋紋（螺旋状肥厚部）

2次膜の内面，またはその1部に存在する螺旋状の隆起部で，しばしば初生木部に存在する螺旋紋と区別するために，間違って Tertiary Spirals（3次膜螺旋紋）といわれることがある．〔図13 (p. 50), 図44 (p. 94)〕

Tile Cells　タイル細胞（タイル状放射細胞）

横臥状放射組織の細胞と殆んど等高で，一見内容をもたない直立状，または方形の放射組織の細胞で，特殊な型のもの．しばしば普通に横臥状放射組織の間に介在し，不定の方向に配列することがある．〔通常 Tiliales（シナノキ類），Malvales（アオイ類）中のある樹種の放射組織に認められるもの〕〔図68 (p. 167), 図69 (p. 168)〕

Torus　トールス

重紋孔における紋孔膜の中央肥厚部．〔図15の11，12 (p. 52)，図17の f (p. 54)，図20 の A 及び B (p. 56)，図40の t (p. 86)〕

Trabeculae　トラベキュレー

細胞の内腔を横切り，半径方向に貫通する細胞膜における棒状または糸巻状を呈する部分．（以前は Sanio's Beam または Bars of Sanio といわれたことがある）〔図45 (p. 97)〕

Tracheary Elements　通導細胞

木部において主に水を通導する細胞，すなわち，例えば導管または仮導管のようなもの．

Tracheid　仮導管

重紋孔をもち，穿孔板のない通導細胞．（初生木部における仮導管は環状，螺旋状，もしくは網状の肥厚部をもつことがある）〔図40の eT, lT (p. 86)，図40のA～D (p. 87)，図 46 の a (p.103)〕

　Disjunctive Tracheid　分離仮導管

　細胞分裂中，側方に幾分分離した形の仮導管．この場合の接合部は管状に保持されている．（Conjugate Tracheid の変改語）

　Fiber Tracheid　繊維状仮導管

　繊維状を呈した仮導管．すなわち，一般に厚膜で，内腔は狭小，両端部は尖鋭，そしてしばしば膜壁には凸レンズ状，または裂罅状の孔口をもつ小重紋孔がある．〔図60の5, 7 (p. 145)〕

　Ray Tracheid　放射仮導管

　1放射組織中の仮導管状の部分．しばしば Marginal Tracheid（縁辺仮導管）または Marginal Ray Tracheid（縁辺放射仮導管）と呼ばれることがある．〔図40の Rt (p. 86)，図46の b, d (p. 103)〕

　Septate Fiber Tracheid　多室繊維状仮導管

　内腔を横断し薄い隔壁をもつ仮導管．（この場合の隔壁はすべて真正膜である）．

　Strand Tracheid　多室仮導管

　内腔部が隔壁で多くの室に分割されている仮導管．（仮導管から柔細胞へ変移しようとする過渡的のもので，各室は形成層母細胞から誘導されたものである．(Septate Tracheid の変改語）

　Vascular Tracheid　管状仮導管
　（導管状仮導管）

　小導管の形を備えている仮導管．導管類似の細胞であるが，穿孔板がない．（導管が退化して出来たか，もしくは不完全に形成されたものとされている）．

　Vacicentric Tracheid　周囲状仮導管

　導管の周囲に接して存在する，短い不規則な形の仮導管で，針葉樹材におけるような正常な配列を欠いている．

Tyloses　チロース（填充細胞）

柔細胞がその隣接している導管，もしくは仮導管の内腔部へ，紋孔を通して原形質体を増生し，多数袋状構造を呈する場合のもの．(Tylosis といわれることがある）〔図59 (p.137)〕

Tylosoid　細胞間隙道閉塞細胞

細胞間隙道の内方へ，薄膜細胞の填充している場合のもの．（袋状構造が細胞膜の紋孔を通して内腔部へ増生していない点は Tyloses と違っている）．

Vessel　導　管

形は管状で，長さ不定の分節からなり，垂直に長く連絡している細胞．この種導管膜壁の紋孔は重紋孔である．〔図50 の Ve, Vl (p. 116)，図54 (p. 126)〕

Vessel Member or Vessel Element
分節導管

多数の分節から構成する導管節間の単一分．(Vessel Segment の変改語）〔図54 (p. 126)〕

Wood or Xylem　　木　部
幹部及び根部において，主として強固作用を営み，また水分の通導作用の行われる組織の部分．(導管または仮導管のような通導細胞の存在によって顕著な部分) 〔図8 (p. 24)〕

　Diffuse-porous Wood　　散孔材
　横断面上の1生長輪を通して，導管の配列がかなり均等であるか，もしくは極めて漸進的にその大きさを変化して散在する場合の材．〔図52のBa～Bf (p. 122)〕

　Ring-porous Wood　　環孔材
　横断面上の1生長輪で，1部の導管（春材導管）が，他の導管（秋材導管）とその大きさに明確な対照をなしている場合の材．〔図8のA (p. 24)，図52のAa～Ai (p. 122)〕

　Early Wood　　春　材
　1生長輪中初期に形成され，開放的で，しかも大きい薄膜の細胞からなる部分．(Spring Wood と同じ)〔図8 (p. 24)〕

　Late Wood　　秋　材
　1生長輪中後期に形成され，緊密的で，しかも小さい厚膜の細胞からなる部分．(Autumn Wood, Summer Wood と同じ)〔図8 (p. 24)〕

　Heart Wood　　心　材
　立木において，辺材部により囲まれた内方の生長層の部分．すなわち，細胞の生活機能を停止し，保存されていた物質を消失するか，あるいは心材質に転化された部位．なお心材部は辺材部よりも，おおむね濃い暗色を呈することが多い．〔図8のE (p. 24)〕

　Sap Wood　　辺　材
　淡色で生活機能をもっている木部．(Alburnumと同義語)〔図8のD (p. 24)〕

　Included Sapwood　　心材内辺材部
　心材内で辺材的の外観を呈し，辺材的の性質をもつ木部．

　Metaxylem　　後生木部（後期初生木部）
　紋孔の存在する通導細胞をもち，後期に形成された初生木部．

　Protoxylem　　原生木部（初期初生木部）
　環状，あるいは螺旋状肥厚部の顕著な通導細胞をもち，最初に形成された初生木部．

　Primary Wood or Primary Xylem　　1次木部
　1次形成の木部．すなわち，樹梢の細胞分裂組織から分生し，初期に形成された木部．(普通には髄心の周縁における木部)．

　Secondary Wood or Secondary Xylem　　2次木部
　2次形成の木部．すなわち，形成層から後期に生じた木部．

植物名索引（Ｉ） （本書に和名として現われたものを五十音引として配列した）

ア

アオイ科（Malvaceae）179.
アオカゴノキ（*Actinodaphne longifolia*）146.
アオガシ（*Machilus japonica*）157, 170, 171.
アオキ属（Aucuba）118, 133, 135, 166, 177.
アオキ（*Aucuba japonica*）33, 119, 120, 169, 176.
アオギリ科（Sterculiaceae）5, 168, 179, 182, 184.
アオギリ属（Firmiana）5.
アオギリ（*Firmiana platanifolia*）59.
アオダモ（コバノトネリコ，*Fraxinus Sieboldiana*）118.
アカエゾマツ（*Picea Glehni*）96.
アカガシ属（Cyclobalanopsis）5, 32, 117, 145, 147, 156, 165, 176.
アカガシ（*Cyclobalanopsis acuta*）54, 160, 163.
アカギ（*Bischofia javanica*）146.
アガシス属（Agathis）92, 97, 108.
アカシデ（*Carpinus laxiflora*）54, 136.
アカネ科（Rubiaceae）163, 166, 177.
アカハダクス（*Beilschmiedia erythrophloia*）136.
アカマツ（*Pinus densiflora*）23, 35, 36, 66, 88, 90, 108, 109, 111.
アカメガシワ属（Mallotus）5, 117, 166, 177.
アカメガシワ（*Mallotus japonicus*）59, 118, 171.
アキグミ（*Elaeagnus umbellata*）156, 183.
アコウ（*Ficus Wightiana*）146.
アサダ属（Ostrya）5, 117, 135, 165, 176.
アズキナシ属（Sorbus）135, 166.
アズキナシ（*Sorbus alnifolia*）134, 175, 176.
アスナロ属（Thujopsis）5, 92.
アスナロ（*Thujopsis dolabrata*）203.
アブラギリ属（Aleurites）5.
アブラスギ（*Keteleeria Davidiana*）114.
アベマキ（*Quercus variabilis*）138.
アムールシナノキ（*Tilia amurensis*）147.
アムールメギ（*Berberis amurensis*）146.
アメリカスギ（*Sequoia sempervirens*）89, 92.
アルバガシ（*Quercus alba*）126.
アワブキ科（Sabiaceae）120, 133, 147, 166, 177.
アワブキ属（Meliosma）117, 118, 133, 166, 177.
アワブキ（*Meliosma myriantha*）147, 171.
アンズ（*Prunus Ansu*）183.

イ

イイギリ科（Flacourtiaceae）6, 133, 135, 147, 166, 177.
イイギリ属（Idesia）6, 117, 133, 166, 177.
イイギリ（*Idesia polycarpa*）170, 171.
イスノキ属（Distylium）5, 115, 117, 133, 165, 176.
イスノキ（*Distylium racemosum*）54, 132.
イタヤカエデ（*Acer mono Maximowicz form. heterophyllum*）30, 149, 175.
イチイ科（Taxaceae）5, 93, 103, 105.
イチイ属（Taxus）5, 27, 89, 90, 93, 94, 98, 99, 102, 107, 108, 110.
イチイ（*Taxus cuspidata*）34, 36, 51, 88, 90, 95.
イチイガシ（*Quercus gilva*）160.
イチヂク属（Ficus）3.
イチョウ科（Ginkgoaceae）5, 103, 105.
イチョウ属（Ginkgo）5, 99, 102.
イチョウ（*Ginkgo biloba*）36, 88, 90, 131.
イトスギ属（Cypress）217.
イヌエンジュ属（Maakia）5, 135, 137, 155, 166, 177.
イヌガヤ科（Cephalotaxaceae）5.
イヌガヤ属（Cephalotaxus）5, 93, 94, 99, 102.
イヌガヤ（*Cephalotaxus Harringtonia v. drupacea*）105.
イヌザンショウ属（Fagara）166, 177.
イヌシデ（*Carpinus Tschonoskii*）176.
イヌツゲ（*Ilex crenata*）175.
イヌビワ属（Ficus）154.
イヌブナ（*Fagus japonica*）30.
イボタ属（Ligustrum）117, 135, 166, 177.
イボタ（*Ligustrum obtusifolium*）125, 171, 175.
イラモミ（*Picea bicolor*）95, 114.

ウ

ウコギ科（Araliaceae）6, 118, 120, 132, 133, 135,

136, 147, 163, 164, 166, 170, 177, 181.
ウコギ属 (Acanthopanax) 117, 166, 177.
ウコギ (Acanthopanax Sieboldianus) 147.
ウスバイカウツギ (Philadelphus tenuifolius) 176.
ウツギ属 (Deutzia) 135, 137, 165, 176.
ウツギ (Deutzia crenata) 146.
ウメ (Prunus Mume) 183.
ウラジロイヌガヤ属 (Amentotaxus) 94.
ウラボシザクラ (Prunus Maackii) 163.
ウルシ科 (Anacardiaceae) 5, 118, 133, 135, 138, 139, 166, 177, 181, 182.
ウルシ属 (Rhus) 5, 117, 133, 135, 166, 177.
ウルシ (Rhus vernicifera) 124, 139.

エ

エゴノキ科 (Styracaceae) 6, 115, 166, 177.
エゴノキ属 (Styrax) 6, 115, 119, 166, 177.
エゾウコギ属 (Acanthopanax) 166, 177.
エゾノタケカンバ (Betula ulmifolia) 123.
エゾマツ (Picea jezoensis) 57, 88, 90, 96, 107, 207.
エノキ属 (Celtis) 5, 27, 117, 135, 140, 153, 155, 165, 176.
エノキ (Celtis sinensis var. japonica) 26.
エノキウツギ属 (Grewia) 166, 177.
エンジュ属 (Sophora) 117, 119, 137, 155, 166, 177.
エンジュ (Sophora japonica) 60, 120, 146, 156.
エンビツビャクシン (Juniperus macropoda) 89.

オ

オオニンジンボク (Vitex heterophylla) 136, 147.
オオバコナラ (Quercus urticaefolia) 138.
オオボダイジュ (Tilia Maximowicziana) 123.
オオヤマレンゲ (Magonolia Sieboldii) 132, 175.
オガタマノキ属 (Michelia) 5.
オガラバナ (Acer ukurunduense) 118.
オシロイバナ科 (Nyctaginaceae) 220.
オトギリソウ科 (Hypericaceae) 139.
オニグルミ (Juglans Sieboldiana) 146.
オニメグスリ (Acer triflorum) 149.

カ

カエデ科 (Aceraceae) 5, 135, 148, 153, 158, 166, 177, 229.
カエデ属 (Acer) 5, 27, 34, 36, 117, 119, 135, 153, 166, 177, 226.
カキノキ科 (Ebenaceae) 6, 118, 133, 137, 177.
カキノキ属 (Diospyros) 6, 34, 117, 133, 137, 170, 177.
カキノキ (Diospyros Kaki) 22, 32, 124, 171, 175, 179.
カクレミノ属 (Dendropanax) 133, 166, 177.
カクレミノ (Dendropanax trifidus) 118, 183.
カゴノキ属 (Actinodaphne) 5, 117, 118, 165, 170, 176.
カゴノキ (Actinodaphne lancifolia) 157, 170.
カジノキ属 (Broussonetia) 135, 165, 176.
カジノキ (Broussonetia papyrifera) 124, 153, 171.
ガジュマル (Ficus retusa) 146.
カシワ (Quercus dentata) 138.
カツラ科 (Cercidiphyllaceae) 5, 132.
カツラ属 (Cercidiphyllum) 5, 173.
カツラ (Cercidiphyllum japonicum) 132.
カナクギノキ (Lindera Thunbergii) 157, 170.
カバノキ科 (Betulaceae) 5, 130, 133, 135, 136, 158, 162, 165, 176, 229.
ガマズミ属 (Viburnum) 135, 166, 177.
カマツカ属 (Photinia) 5, 117, 135, 166, 176.
カミヤツデ (Tetrapanax p pyriferum) 33.
カヤ属 (Torreya) 5, 89, 90, 93, 94, 98, 99, 102.
カヤ (Torreya nucifera) 36, 88, 94, 95, 101, 105.
カライヌエンジュ (Maackia amurensis) 125, 156, 175.
カラコギカエデ (Acer aidzuense) 149.
カラスガマズミ (Viburnum davuricum) 132.
カラスザンショウ (Fagara ailanthoides) 34.
カラタチ属 (Poncirus) 135, 166, 177.
カラマツ属 (Larix) 5, 32, 34, 35, 90, 93, 94, 97, 99, 102, 103, 104, 105, 107, 110.
カラマツ (Larix leptolepis) 36, 106, 217.
カリフォルニアンイチイ (Taxus brevifolia) 89.
カリン属 (Chaenomeles) 135, 166, 176.
カリン (Chaenomeles sinensis) 125.
カンバ属 (Betula) 5, 34, 59, 117, 119, 133, 165, 171, 176, 211.
カンボク (Viburnum Sargenti) 132, 175.
カンラン科 (Burseraceae) 181, 182.

キ

キササゲ属 (Catalpa)　6, 117, 135, 155, 166, 177.
キササゲ (*Catalpa ovata*)
キタコブシ (*Magnolia Kobus* var. *borealis*)　132.
キハダ属 (Phellodendron)　5, 117, 135, 155, 166, 177.
キョウチクトウ科 (Apocynaceae)　181, 182, 184.
キリ属 (Paulownia)　6, 133, 155, 166, 177.
キリ (*Paulownia tomentosa*)　33, 34, 185.

ク

クサギ属 (Clerodendrum)　166, 177.
クスドイゲ属 (Xylosma)　135, 166, 177.
クスドイゲ (*Xylosma congestum*)　147.
クスノキ科 (Lauraceae)　5, 130, 132, 133, 135, 136, 146, 155, 156, 157, 163, 165, 170, 176.
クスノキ属 (Cinnamomum)　5, 117, 118, 157, 165, 170, 176.
クスノキ (*Cinnamomum Camphore*)　157, 169, 170.
クスギ属 (Quercus)　5, 32, 33, 36, 117, 141, 165, 171, 172, 176, 185, 217, 226.
クスギ (*Quercus acutissima*)　17, 137, 138, 139, 163, 176, 185.
グネツム科 (Gnetaceae)　130.
グネツム (*Gnetum latifolium*)　130.
クマシデ属 (Carpinus)　5.
クマツヅラ科 (Verbenaceae)　136, 147, 166, 177.
クマノミズキ (*Cornus macrophylla*)　54, 176.
グミ科 (Elaeagnaceae)　135, 156, 166, 177, 183.
グミ属 (Elaeagnus)　117, 135, 166, 177.
グミトベラ (*Aglaia formosana*)　146.
クララ属 (Sophora)　5.
クリ属 (Castanea)　5, 36, 117, 141, 165, 176.
クリ (*Castanea crenata*)　118, 185.
クルミ科 (Juglandaceae)　5, 133, 135, 146, 165, 170, 176.
クルミ属 (Juglans)　5, 34, 36, 117, 133, 165, 176.
クルミ (*Juglans Sieboldiana*)　33, 124.
クロイゲ属 (Sageretia)　135, 137, 166, 177.
クロウメモドキ科 (Rhamnaceae)　5, 118, 120, 133, 135, 137, 155, 166, 177.
クロウメモドキ属 (Rhamnus)　117, 118, 133, 134, 135, 137, 166, 177.
クロキ (*Symplocos lucida*)　132.
クロバイ (*Symplocos prunifolia*)　132.
クロフネツツジ (*Rhododendron Schlippenbachii*)　169, 175.
クロベ (*Thuja Standishi*)　106.
クロマツ (*Pinus Thunbergii*)　23, 35, 36, 88, 90, 105, 108, 111.
クロモジ属 (Lindera)　133, 165, 170, 176.
クロモジ (*Lindera umbellata*)
クワ科 (Moraceae)　5, 135, 138, 146, 153, 154, 155, 163, 165, 170, 176, 181.
クワ属 (Morus)　5, 27, 117, 119, 135, 153, 155, 165, 176.

ケ

ケショウヤナギ属 (Chosenia)　165, 176.
ケヤキ属 (Zelkova)　5, 117, 119, 135, 155, 165, 176.
ケヤキ (*Zelkova serrata*)　203.
ケンポナシ属 (Hovenia)　5, 117, 155, 166, 177.
ケンポナシ (*Hovenia tomentella*)　118, 120, 171.

コ

コウゾ (*Broussonetia Kazinoki*)　34.
コウヤマキ科 (Sciadopityaceae)　92.
コウヤマキ属 (Sciadopitys)　5, 92, 99, 106.
コウヤマキ (*Sciadopitys verticillata*)　98, 106, 108.
コウヨウザン属 (Cunninghamia)　5, 92, 103.
コウヨウザン (*Cunninghamia sinensis*)　105, 106.
コウライシャラノキ (*Stewartia koreana*)　123.
コクタン (*Diospyros Ebenaster*)　73, 136, 171.
ゴシュ属 (Evodia)　135, 166, 177.
コナラ (*Qnercus glandulifera*)　151, 174.
コノテガシワ属 (Biota)　92.
コノテガシワ (*Biota orientalis*)　88, 99, 101.
コバノガマズミ (*Viburnum erosum*)　132.
コブシ (*Magnolia praecocissima*)　132.
ゴマキ (*Viburnum Sieboldi*)　132.
ゴマノハグサ科 (Scrophulariaceae)　6, 133, 138, 155, 166, 170, 177.
コメツガ (*Tsuga diversifolia*)　30.
ゴンズイ属 (Eucaphis)　166, 177.

サ

サイカチ属 (Gleditschia)　5, 117, 135, 137, 153, 155, 166, 177.

サイカチ (*Gleditschia japonica*) 59.
サイシュウイヌエンジュ (*Maackia Fauriei*) 61.
サイシュウメギ (*Berberis quelpaertensis*) 146.
ザイフリボク属 (Amelanchier) 135, 158, 166, 176.
サカキ属 (Cleyera) 6, 166, 177.
サカキ (*Cleyera japonica*) 132, 175.
サクラ科 (Amygdalaceae) 5, 135, 137, 163, 166, 170, 176, 183.
サクラ属 (Prunus) 5, 117, 119, 135, 137, 166, 173, 176.
サボテン科 (Cactaceae) 184.
サワグルミ属 (Pterocarya) 5, 27.
サワシバ (*Carpinus cordata*) 120.
サワフタギ属 (Symplocos) 166, 177.
サワフタギ (*Symplocos chinemsis form. pilosa*) 119, 132.
サワラ (*Chamaecaparis pisifera*) 98, 99.
サンゴジュ (*Viburnum Awabuki*) 132, 134.
サンザシ属 (Crataegus) 5, 117, 118, 135, 158, 166, 176.
サンシュユ属 (Cornus) 117, 133, 166, 177.
サンショウ属 (Zanthoxylum) 133, 166, 177.
サンショウ (*Zanthoxylum piperitum*) 124.

シ

シイノキ属 (Castanopsis) 5, 117, 165, 176.
シイノキ (*Castanopsis cuspidata var. Sieboldii*) 138.
シオジ属 (Fraxinus) 6.
シキミ属 (Illicium) 165, 176.
シキミ (*Illicium anisatum*) 130, 132.
シデ属 (Carpinus) 36, 117, 118, 119, 133, 135, 165, 172, 176.
シナクスモドキ (*Cryptocarya chinensis*) 146.
シナノキ科 (Tiliaceae) 5, 135, 147, 166, 168, 169, 177.
シナノキ属 (Tilia) 5, 34, 117, 134, 135, 166, 177.
シナノキ (*Tilia japonica*) 147.
シマサルスベリ (*Lagerstroemia Fauriei var. hirtella*) 147.
シマタニワタリノキ属 (Adina) 166, 177.
シマタニワタリノキ (*Adina rubella*) 163.
シャシャンボ (*Vaccinium bracteatum*) 171.
シャラノキ属 (Stewartia) 117, 166, 177.
シャリンバイ属 (Raphiolepis) 135, 166, 176.
ショウナンスギ属 (Araucaria) 92, 96, 102, 108.
ショウナンボク (*Libocedrus macrolepis*) 99, 103.
シラカシ (*Cyclobalanopsis myrsinaefolia*) 176, 205.
シラカンバ (*Betula platyphylla var. japonica*) 59, 120, 126.
シラキ属 (Shirakia) 166, 177.
シラキ (*Shirakia japonicum*) 118.
シラベ (*Abies Veitchii*) 111.
シロダモ属 (Neolitsea) 5, 117, 133, 165, 170, 176.
シロダモ (*Neolitsea sericea*) 157, 170.
シロマツ (*Pinus bungeana*) 108.
シンジュ属 (Ailanthus) 117, 135, 155, 166, 177.
シンジュ (*Ailanthus glandulosa*) 33, 59, 120.
ジンチョウゲ科 (Thymelaeaceae) 20.

ス

スイカズラ科 (Caprifoliaceae) 132, 133, 135, 136, 163, 166, 177.
スイカズラ属 (Lonicera) 135, 166, 177.
スイゲンヤマナラシ (*Populus glandulosa*) 136.
スギ科 (Toxodiaceae) 5, 92.
スギ属 (Cryptomeria) 5, 92.
スギ (*Cryptomeria japonica*) 25, 26, 27, 30, 99, 106, 203.
ズクノキ属 (ホルトノキ属, ハボソ属 Elaeocarpis) 134.
スグリ属 (Ribes) 137, 165, 176.
ズミ属 (Malus) 176.
スミレ属 (Viola) 156.

セ

セイヨウコリンゴ (*Malus pumila*) 126.
セコイア属 (Soquoia) 92, 103, 107, 110.
セドルス属 (Cedrus) 97, 103, 104, 108.
センダン科 (Meliaceae) 5, 135, 139, 146, 148, 155, 163, 166, 177, 184.
センダン属 (Melia) 5, 117, 134, 135, 155, 166, 177.
センダン (*Melia Azedarach var. japonica*) 123.

ソ

ソメイヨシノ (*Prunus yedoensis*) 218.
ソヨゴ属 (Ilex) 5, 117, 119, 135, 166, 177.

索　引

タ

タイワンスギ (*Taiwania cryptomerioides*)　34, 105, 114.
タイワンツガ (*Tsuga formosana*)　114.
タイワンマツ (*Pinus Massoniana*)　105.
タニウツギ属 (Weigela)　133, 166, 177.
タブノキ属 (Machilus)　5, 117, 118, 135, 165, 170, 176.
タブノキ (*Machilus Thunbergii*)　59, 125, 157, 170.
タラノキ属 (Aralia)　133, 135, 166, 177.
タラノキ (*Aralia elata*)　118, 147.
ダンコウバイ (*Lindera obtusiloba*)　132, 157, 170, 175.
タンナサワフタギ (*Symplocos argutidens*)　132.

チ

チシャノキ属 (Ehretia)　6.
チシャノキ (*Ehretia ovalifolia*)　59.
チャンチン属 (Cedrela)　117, 166, 177.
チャンチン (*Cedrela sinensis*)　59, 120.
チャンチンモドキ (*Poupartia Fordii*)　183.
チョウセンイヌガヤ (*Cephalotaxus koreana*)　95, 101.
チョウセンウツギ (*Deutzia glabrata*)　146.
チョウセンカクレミノ (*Textoria morbifera*)　170, 176, 183.
チョウセンカラマツ (*Larix Gmelini var. koreana*)　88, 90, 91, 95, 102, 108.
チョウセンクロツバラ (*Rhamnus davurica*)　134.
チョウセンゴシュ (*Evodia Danielli*)　175.
チョウセンサイカチ (*Gleditschia koraiensis*)　139, 156, 175.
チョウセントネリコ (*Fraxinus rhynchophylla*)　118, 120, 156.
チョウセンネズコ (*Thuja koraiensis*)　90.
チョウセンネムノキ (*Albizzia julibrissin*)　164.
チョウセンバッコヤナギ (*Salix hallaisanensis var. orbicularis*)　174.
チョウセンハリモミ (*Picea koraiensis*)　88, 90, 95.
チョウセンヒメツゲ (*Buxus microphylla var. koreana*)　118, 125, 164, 175.
チョウセンマツ (*Pinus koraiensis*)　88, 90, 108, 111, 191.
チョウセンミネカエデ (*Acer Tschonoskii var. rubripes*)　149, 175.
チョウセンミネヤナギ (*Salix Flodersii var. glabra*)　175.
チョウセンメギ (*Berberis koreana*)　146.
チョウセンモミ (*Abies holophylla*)　88, 90.
チョウセンヤマツツジ (*Rhododendron yedoense var. poukhanense*)　168, 175.
チョウセンヤマナラシ (*Populus tremula var. Davidiana*)　136.

ツ

ツガ属 (Tsuga)　5, 90, 92, 102, 103, 104, 106.
ツガ (*Tsuga Sieboldii*)　35, 88, 90, 99, 106, 114, 205, 217.
ツゲ科 (Buxaceae)　5, 133, 166, 170, 177.
ツゲ属 (Buxus)　5, 117, 133, 166, 177.
ツゲ (*Buxus microphylla var. japonica*)　54.
ツツジ科 (Ericaceae)　135, 162, 166, 177.
ツツジ属 (Rhododendron)　118, 135, 166, 177.
ツバキ科 (Theaceae)　5, 132, 135, 166, 170, 177.
ツバキ属 (Camellia)　5, 36, 117, 135, 166, 177.

テ

テウチグルミ (*Juglans mandshurica*)　175.

ト

トウシラベ (*Abies nephrolepis*)　88, 90.
トウダイグサ科 (Euphorbiaceae)　5, 118, 132, 138, 146, 163, 166, 177, 181.
トウヒ属 (Picea)　5, 27, 32, 89, 93, 94, 97, 98, 99, 102, 103, 104, 105, 106, 107, 110, 113.
トウヒ (*Picea jezoensis var. hondoensis*)　131.
トガサワラ属 (Pseudotsuga)　5, 34, 35, 93, 94, 96, 97, 102, 103, 104, 105, 106, 110.
トガサワラ (*Pseudotsuga japonica*)　94.
トキワゲンカイツツジ (*Rhododendron davuricum*)　162.
トチウ (*Eucommia ulmoides*)　184.
トチノキ科 (Hippocastanaceae)　5.
トチノキ属 (Aesculus)　5.
トネリコ属 (Fraxinus)　27, 34, 117, 156, 166, 177.
トネリコ (*Fraxinus japonica*)　59, 125, 170.
トベラ科 (Pittosporaceae)　135, 146, 165, 176.
トベラ属 (Pittosporum)　135, 165, 176.

トベラ (*Pittosporum Tobira*) 34, 126, 134, 146.
ドロノキ (*Populus Maximowiczii*) 136.

ナ

ナギ属 (Podocarpus) 108.
ナギ (*Podocarpus Nagi*) 99.
ナシ科 (Malaceae) 5, 130, 135, 163, 166, 176.
ナシ属 (Pyrus) 135, 158, 166, 176.
ナツツバキ属 (Stewartia) 6.
ナツハゼ属 (Vaccinium) 135, 166, 177.
ナツメ属 (Zizyphus) 137, 166, 177.
ナツメ (*Zizyphus Jujuba var. inermis*) 120.
ナナカマド属 (Sorbus) 5, 135, 158, 166, 176.
ナナカマド (*Sorbus commixta*) 118, 134.
ナラガシワ (*Quercus aliena*) 138.
ナワシログミ (*Elaeagnus pungens*) 183.
ナンヨウスギ科 (Araucariaceae) 92, 94.

ニ

ニイタカトウヒ (*Picea morrisonicola*) 95.
ニオイネズコ (*Thuja koraiensis*) 89.
ニオイヒバ属 (Thuja) 92.
ニオイヒバ (*Thuja occidentalis*) 98.
ニガキ科 (Simaroubaceae) 5, 133, 135, 155, 156, 163, 166, 170, 177, 181.
ニガキ属 (Picrasma) 5, 133, 155, 166, 177.
ニガキ (*Picrasma quassioides var. glabrescens*) 59, 156.
ニクヅク属 (Miristica) 156.
ニシキギ科 (Celastraceae) 133, 135, 166, 177.
ニセアカシア (*Robinia Pseudoacacia*) 17, 60, 61, 120, 127, 128, 137, 138, 139, 155, 156, 165.
ニレ科 (Ulmaceae) 5, 135, 138, 140, 153, 163, 176.
ニレ属 (Ulmus) 5, 34, 117, 119, 134, 135, 136, 140, 165, 176.
ニワトコ属 (Sambucus) 133, 166, 177.
ニワトコ (*Sambucus racemosa subsp. Sieboldiana*) 33.

ヌ

ヌルデ (*Rhus javanica*) 139, 171.

ネ

ネグンドカエデ (*Acer negundo*) 126.
ネコノチチ属 (Rhamnella) 133, 137, 166, 177.
ネコノチチ (*Rhamnella franguloides*) 171.
ネズコ属 (Thuja) 5, 94, 103, 107.
ネズコ (*Thuja Standishi*) 25, 106.
ネズミサシ (*Juniperus rigida*) 90.
ネムノキ属 (Albizzia) 5, 117, 119, 137, 166, 177.
ネムノキ (*Albizzia Julibrissin*) 60, 138.

ノ

ノウゼンカズラ科 (Bignoniaceae) 6, 135, 138, 155, 166, 170, 177, 179.
ノブノキ属 (Platycarya) 5, 117, 134, 165, 176.
ノブノキ (*Platycarya strobilacea*) 120.

ハ

バイカウツギ属 (Philadelphus) 165, 176.
ハイノキ科 (Symplocaceae) 132, 166, 170, 177.
ハイノキ (*Symplocos myrtaceus*) 132.
ハイマツ (*Pinus pumila*) 3.
ハギ属 (Lespedeza) 133, 137, 166, 177.
ハクウンボク (*Styrax Obassia*) 176.
ハシドイ属 (Syringa) 6, 135, 166, 177.
ハシドイ (*Syringa reticulata*) 126, 175.
ハシバミ属 (Corylus) 133, 135, 165, 172, 176.
ハスノハギリ科 (Hernandiaceae) 156.
ハゼノキ (*Rhus succedanea var. japonica*) 59, 124.
バッコヤナギ (*Salix Bakko*) 171.
ハナズホウ属 (Cercis) 135, 137, 153, 155, 166, 177.
ハナズホウ (*Cercis chinensis*) 61, 179.
ハナヒョウタンボク (*Lonicera Maackii*) 176.
ハマヒサカキ (*Eurya emarginata*) 125, 132.
ハマビシ科 (Zygophyllaceae) 179.
ハマビワ (*Fiwa japonica*) 170.
バラ科 (Rosaceae) 139, 158, 184, 229.
バラモミ (*Picea polita*) 95.
ハリウコギ (*Acanthopanax senticosus*) 147, 164, 170.
ハリエンジュ属 (Robinia) 27, 117, 133, 134, 135, 137, 147, 153, 155, 166, 177.
ハリギリ属 (Kalopanax) 6, 117, 133, 166, 177.

ハリギリ (*Kalopanax septemlobus*) 34, 118, 125, 170, 244.
ハリグワ属 (Cudrania) 118, 135, 153, 155, 165, 176.
ハリグワ (*Cudrania tricuspidata*) 138.
ハリゲヤキ属 (Hemiptelea) 117, 135, 165, 176.
ハリゲヤキ (*Hemiptelea Davidii*) 138.
ハリミコバンモチ (*Sloanea dasycarpa*) 147.
ハリモミ属 (Picea) 34, 35.
ハルニレ (*Ulmus Davidiana var. japonica*) 59, 139.
ハンテンボク (ユリノキ *Liriodendron tulipifera*) 131.
ハンノキ属 (Alnus) 5, 34, 117, 165, 171, 172, 176.
ハンノキ (*Alnus japonica*) 174.
パンヤ科 (Bombacaceae) 179, 182.
バンレイシ科 (Annonaceae) 156.

ヒ

ヒサカキ属 (Eurya) 6, 135, 166, 177.
ヒサカキ (*Eurya japonica*) 127, 130, 132, 176.
ヒトツバタゴ属 (Chionanthus) 133, 166, 177.
ヒトツバタゴ (*Chionanthus retusus*) 124.
ヒトツバハギ属 (Securinega) 166, 177.
ヒトツバハギ (*Securinega suffruticosa var. japonica*) 146.
ヒノキ科 (Cupressaceae) 5, 92.
ヒノキ属 (Chamaecyparis) 5, 92, 103.
ヒノキ (*Chamaecyparis obtusa*) 61, 66, 92, 98, 99, 205, 244.
ヒバ (*Thujopsis dolabrata*) 98, 99, 205, 209.
ヒメグルミ (*Juglans ailanthifolia var. cordiformis*) 139.
ヒメコマツ (*Pinus parviflora*) 88, 90, 106, 108, 111, 244.
ヒメバラモミ (*Picea Maximowizi*) 95.
ヒメユズリハ (*Daphniphyllum Teijsmanni*) 132.
ビャクシン科 (Juniperaceae) 5.
ビャクシン属 (Juniperus) 5, 27, 92, 94, 99, 102, 103, 105.
ビャクシン (*Juniperus chinensis*) 51, 90.
ヒルギダマシ (ヒルギモドキ, *Lumnitzera racemosa*) 220.
ヒロハノアムールメギ (*Berberis amurensis v. latifolia*) 146, 162.
ヒロハノキハダ (*Phellodendron sochalinense*) 59.
ヒロハハンノキ (*Alnus Mayri var. glabrescens*) 123.

フ

フィッツロヤ属 (Fitzroya) 97.
フウ (*Liquidambar formsana*) 132.
フカノキ (*Schefflera octophylla*) 132, 147, 183.
フサザクラ科 (Eupteleaceae) 5, 132.
フサザクラ属 (Euptelea) 5.
フサザクラ (*Euptelea polyandra*) 132.
フジウツギ科 (Loganiaceae) 220.
フジキ (*Cladrastis platycarpa*) 190.
フシノアワブキ (*Meliosma Oldhami*) 147.
フタバガキ科 (Dipterocarpaceae) 180, 181, 182.
ブドウ (*Vitis vinifera*) 145.
フトモモ科 (Myrtaceae) 182, 184.
ブナ科 (Fagaceae) 5, 130, 138, 165, 176.
ブナ属 (Fagus) 5, 34, 117, 119, 136, 165, 172, 176, 226.
ブナ (*Fagus crenata*) 244.

ホ

ホウセンカ (*Impatiens Balsamina*)
ホウノキ (*Magnolia obovata*) 132, 146.
ホザキナナカマド属 (Sorbaria) 135, 166, 176.
ホザキナナカマド (*Sorbaria sorbiflora var. stellipila*) 117.
ボタン科 (Paeoniaceae) 220.
ポプラ (*Populus sp.*) 222, 226.
ホルトノキ属 (Elaeocarpus) 134.

マ

マオウ属 (Ephedra) 145.
マオウ (*Ephedra simica*) 130.
マキ科 (Podocarpaceae) 5, 93.
マキ属 (Podocarpus) 5, 93.
マグワ (*Morus alba*) 147.
マサキ (*Euonymus japonicus*) 134, 174.
マツ科 (Pinaceae) 5, 92, 93.
マツ属 (Pinus) 5, 32, 34, 35, 89, 94, 98, 99, 102, 103, 104, 106, 110, 189, 203, 205.
マツブサ科 (Schizandraceae) 156.
マメ科 (Leguminosae) 5, 32, 59, 60, 133, 135, 137, 138, 139, 140, 146, 148, 153, 154, 155, 156, 163, 166, 177, 179, 180, 181, 182.

マメガキ (*Diospyros Lotus*) 118, 179.
マメナシ (*Pyrus Calleryana v. dimorphophylla*) 175.
マユミ属 (Euonymus) 118, 127, 133, 134, 135, 166, 173, 177, 184.
マユミ (*Euonymus Sieboldianus*) 134, 174.
マルバクロウメモドキ(*Rhamnus koraiensis*)124.
マンサク科 (Hamamelidaceae) 5, 132, 133, 165, 170, 176, 180, 182.
マンシュウアンズ (*Prunus Mandshurica*) 183.
マンシュウウコギ (*Acanthopanax sessiliflorum*) 147.
マンシュウグルミ (*Juglans mandshurica*) 146.
マンシュウクロマツ (*Pinus tabulaeformis v. Mukdensis*) 88, 89, 90, 105.
マンシュウシナノキ (*Tilia mandshurica*) 147, 175.

ミ

ミカン科 (Rutaceae) 5, 133, 135, 155, 163, 166, 177, 182, 184.
ミカン属 (Citrus) 133, 155, 166, 177.
ミズキ科 (Cornaceae) 6, 132, 133, 135, 166, 170, 177, 181.
ミズキ属 (Cornus) 6, 34, 117, 133, 166, 177.
ミズナラ (*Quercus mongolica var. grosseserrata*) 30.
ミゾカクシ (*Lobelia chinensis*) 126.
ミソハギ科 (Lythraceae) 147.
ミツバウツギ科 (Staphyleaceae) 166, 177.
ミツバウツギ属 (Staphylea) 166, 177.
ミツバウツギ (*Staphylea Bumalda*) 120.
ミツバツツジ (*Rhododendron dilatatum*) 169.
ミドリサンゴ (*Euphorbia Tirucalli*) 183.
ミヤマザクラ (*Prunus Maximowiczii*) 126.
ミヤマハシカンボク (*Blastus cochinchinensis*) 132.

ム

ムクノキ属 (Aphananthe) 5, 59, 117, 135, 155, 165, 176.
ムクロジ科 (Sapindaceae) 5, 133, 135, 136, 146, 155, 156, 166, 177.
ムクロジ属 (Sapindus) 5, 117, 133, 135, 155, 166, 177.
ムクロジ (*Sapindus Mukarossi*) 146, 156, 171, 175.
ムシカリ (*Viburnum furcatum*) 175.
ムニンウドノキ (*Calpidia Nishimurae*) 220.
ムラサキ科 (Boraginaceae) 6, 184.
ムラサキシキブ属 (Callicarpa) 166, 177.

メ

メギ科 (Berberidaceae) 133, 135, 137, 140, 146, 163, 165, 176.
メギ属 (Berberis) 133, 135, 137, 165, 176.
メギ (*Berberis Thunbergii*) 146.

モ

モクセイ科 (Oleaceae) 6, 118, 133, 135, 148, 156, 163, 166, 170, 177.
モクセイ属 (Osmanthus) 6.
モクレン科 (Magnoliaceae) 5, 132, 135, 146, 156, 165, 170, 176.
モクレン属 (Magnolia) 5, 34, 117, 135, 145, 165, 176.
モチノキ科 (Aquifoliaceae) 5, 135, 166, 177.
モッコク属 (Ternstroemia) 6, 117, 166, 177.
モッコク (*Ternstroemia gymnanthera*) 132, 170.
モミ属 (Abies) 5, 27, 89, 92, 94, 99, 102, 103, 106, 107, 110, 113.
モミ (*Abies firma*) 34, 35, 106, 205.
モモ (*Prunus Persica*) 125.

ヤ

ヤチダモ (*Fraxinus mandshurica var. japonica*) 34, 118, 120, 175.
ヤツガタケトウヒ (*Picea Koyamai*)
ヤナギ科 (Salicaceae) 5, 118, 136, 153, 158, 163, 165, 170, 176, 229.
ヤナギ属 (Salix) 5, 32, 117, 136, 153, 165, 173, 176.
ヤブサンザシ (*Ribes fasiculatum*) 120, 146.
ヤブツバキ (*Camellia japonica*) 54, 120, 130, 132, 171, 175.
ヤブニッケイ (*Cinnamomum japonicum*) 157, 170.
ヤマウルシ (*Rhus trichocarpa*) 118, 171.
ヤマグルマ科 (Trochodendraceae) 5, 132.
ヤマグルマ属 (Trochodendron) 5, 23

ヤマグルマ (*Trochodendron aralioides*) 124, 132.
ヤマグワ (*Morus bombycis*) 59, 139.
ヤマコウバシ (*Lindera glauca*) 157, 170, 175.
ヤマザクラ (*Prunus jamasakura*) 125.
ヤマソワヤ (*Buchanania arborescens*) 183.
ヤマナラシ属 (Populus) 5, 32, 117, 119, 136, 153, 165, 176.
ヤマナラシ (*Populus Sieboldi*) 136.
ヤマハゼ (*Rhus sylvestris*) 139, 171, 176, 183.
ヤマハンノキ (*Alnus hirsuta v. sibirica*) 174, 176.
ヤマボウシ属 (Benthamidia) 117, 166, 177.
ヤマボウシ (*Benthamidia japonica*) 54, 132.
ヤマモモ科 (Myricaceae) 5, 165, 170, 176.
ヤマモモ属 (Myrica) 5, 117, 118, 165, 176.
ヤマモモ (*Myrica rubra*) 131.
ヤンバルアワブキ (*Meliosma rhoifolia*) 147.

ユ

ユキノシタ科 (Saxifragaceae) 135, 137, 146, 163, 165, 176.
ユクノキ (*Cladrastis shikokiana*) 190.
ユズリハ属 (Daphniphyllum) 5, 34, 127, 166, 177.
ユズリハ (*Daphniphyllum macropodum*) 130, 131, 132, 175.

ユリノキ属 (Liriodendron) 34.
ユリノキ (*Liriodendron tulipifera*) 126, 142.

ヨ

ヨグソミネバリ (*Betula grossa*) 30.

ラ

ラクウショウ属 (Taxodium) 92, 102, 103.
ラクウショウ (*Taxodium distichum*) 89, 92, 98, 102.
ラワン (Lauan, *Shorea sp.*) 200.
ランシンボク (*Pistacia chinensis*) 183.
ランダイスギ (*Cunninghamia Konishii*) 106.

リ

リュウガン (*Euphoria Longana*) 136, 146.
リュウキュウマツ (*Pinus luchuensis*) 106.
リュウビンタイ科 (Angiopteridaceae) 184.
リョウブ科 (Clethraceae) 132.
リョウブ (*Clethra barbinervis*) 54, 132.

レ

レンギョウ属 (Forsythia) 135, 166, 177.
レンギョウ (*Forsythia suspensa*) 34.

植物名索引 (II) <small>(本書に外国名として現われたものを アルファベット引として配列した)</small>

A

Abies 57.
   A. concolor 87, 106.
   A. grandis 106.
   A. nobilis 106.
Acanthaceae 142.
African mahogany (*Azadirachta sp.*) 182.
African thuja (*Thuja sp.*) 196.
Agathis 56, 92.
Agathis australis 59, 131.
Alaska yellow cedar (*Chamaecyparis nootkatensis*) 97.
Alder (*Alnus sp.*) 163.
Almon (*Shorea eximia*) 181.
Altingia 182.
American elm (*Ulmus americana*) 146.
American mahogany (*Gymnocladus sp.*) 182.
Anacardiaceae 131, 142.
Anisacanthus 142.
Anonaceae 154.
Apitong (*Dipterocarpus sp.*) 160, 180, 181.
Apocynaceae 142.
Araucaria 56, 92, 99.
Araucariaceae 88.
Araucaria Cunninghami 88.
Artemisia tridentata 140.
Ash (*Fraxinus excelsior*) 229.
Astronium 142.

B

Bagtikan (*Parashorea sp.*) 181.
Bald cypress (*Toxodium distichum*) 93.
Balsam fir (*Abies balsamea*) 114.
Bass wood (*Tilia glabra*) 37, 154.
Bauhinia 154.
Beech (Fagus) 163.
Belotia 168.
Bigelovia graveolens 140.
Billian (*Eusideroxylon zwageri*) 138.
Black locust (*Robinia Pseudoacacia*) 147.
Black walnut (*Juglans nigra*) 160, 196, 229.
Boehmeria rugulosa 139.
Boschia 168.
Box wood (*Buxus sempervirens*) 118, 196.
Buckeye (*Aesculus discolor*) 162.
Bursera 142.
Burseraceae 142.
Butter nut (*Juglans cineea*) 160.

C

Cagayan (Talihagan, *Myristica philippensis*) 19.
Californian Laurel (*Umbellularia californica*) 157, 229.
Californian yew (*Taxus brevifolia*) 101.
Callitris glauca 58.
Canangium odoratum 157.
Canellaceae 156.
Casearia 142.
Castanea dentata 94.
Cedrus 99, 113.
Central american mahogany (*Swietenia sp.*) 179.
Cherry (*Prunus sp.*) 229.
Chrysobalanus 158.
Cocobolo (*Dalbergia retusa*) 179.
Coelostegia 168.
Coffeetree wood (*Gymnocladus diocicus*) 119.
Colombian mahogany (*Cariniana pyriformis*) 160.
Columbia 168.
Combretaceae 60.
Cuban mahogany (*Swietenia mahogoni*) 139, 179.
Cullema 168.
Cupressaceae 98.
Cypress (*Cupressus sp.*) 217.

D

Dacrydium 99, 105, 106.
Dacrydium Cupressinum 106.
Daphnandra micrantha 157.

Didymopanax Morototoni 183.
Diospyros Ebenum 171.
Dipterocarpaceae 155.
Dog wood (*Cornus sp. Emmenospermum sp.*) 154.
Douglas fir (*Pseudotsuga taxifolia*) 35, 94, 104, 110.
Drimys 23.
Drimys colorata 124.
Duboscia 168.
Durio 168.

E

Eastern red cedar (*Juniperus virginiana*) 36.
Eastern spruce (*Picea orientalis*) 110.
Ebenaceae 154.
Ebony (*Pithecolobium flexicaule*) 136.
Elm (*Ulmus sp.*) 229.
Epacris coriacea 130.
Ephedra 124, 184.
Erythrina 154.
Eucalyptus 147.
European beech (*Fagus sp.*) 208.
Eusideroxylon Zwageri 139, 157.

F

Figured red gum (*Liquidamber sp.*) 196.
Flacourtiaceae 142.
Fustic (*Chlorophora tinctoria*) 136.

G

Ginkgoaceae 113.
Glochidion littorale 19.
Glyptostrobus 92, 106.
Golden larch (*Pseudolarix Fortunei*) 114.
Gray birch (*Betula lutea*) 229.
Grewia 168.
 G. microcas 168.
 G. multiflora 168.
 G. parviflora 168.
 G. rolfei 168.
 G. Ropolifera 168.
 G. stylocarpa 168.
Guazuma 168.
Guijo (*Shorea*) 181.

H

Hackberry (*Celtis Douglasii*) 147.
Hampea 168.
Hard maple (*Acer barbatum*) 208, 209.
Hard pine (*Pinus sp.*) 90, 103, 105.
Helianthus 130.
Hemlock (*Tsuga Albertiana*) 189.
Herminiera 182.
Hernandia 156.
Hickory (*Garya sp.*) 154, 229.
Himalayan cedar (*Cedrus Deodara*) 114.
Himalayan spruce (*Picea Morinda*) 114.
Hondurus mahogany (*Swietenia mahogoni*) 139.
Hop hornbeam (*Ostrya carpinifolia*) 154, 162.

I

Ipil (*Intsia bijuga*) 136, 154.

J

Japanese silver fir (*Abies firma*) 114.
Jelutong (*Dyera costulata*) 184.

K

Keteleeria 110, 113.
Keteleeria Davidiana 96.
Kleinhovia 168.

L

Larix Griffithii 96.
Lauan (*Shorea sp.*) 180, 200.
Leguminosae 60.
Leptonychia 168.
Lignum-vitae (*Guaiacum officinale*) 136, 145, 179.
Liquidamber 182.
Loblolly pine (*Pinus serotina*) 94.
Locust acacia (*Robinia Pseudoacacia*) 19.
Lodgepole pine (*Pinus contorta var. Murrayana*) 111.
Log wood (*Condalia obovata*) 136.
Longleaf pine (*Pinus longifolia*) 102, 106, 210.

Luehea 168.
Lythraceae 60.

M

Magnoliaceae 131.
Mahogany (*Swietenia mahogoni*) 137, 146.
Manggachapui 181.
Melanorrhoea 181.
Melastomataceae 60.
Meranti (*Shorea sericea*) 137, 139.
Metasequoia 88, 92.
Mexican mahogany (*Swietenia mahogoni*) 139.
Microcachrys 106.
Mimusops balata 184.
Mimusops emarginata 139.
Mirabau (*Intsia Bakeri*) 136.
Monimiaceae 157.
Mountain magnolia(*Magnolia acuminata*) 132.
Myrtaceae 155.

N

Najas marina 39.
Narig (*Vatica sp.*) 180.
Neesia 168.
Nesogordonia papavifera 149.
New Zealand cedar (*Libocedrus Bidwilli*) 114.
Northern white pine 110, 111.

O

Oak (*Quercus sp.*) 154, 163, 229.
Ochroma 168.
Odontadenia 142.
Oregon balsam fir (*Abies lasiocarpa*) 106.
Overcup oak (*Quercus lyrata*) 147.

P

Pacific yew (*Taxus brevifolia*) 94.
Palaquim gutta 184.
Palosapis (*Anisoptera sp.*) 180.
Parinarium 158.
Paw paw 184.
Pencil cedar (*Juniperus macropoda*) 27.
Pentacme sauvis 139.

Persimmon (*Diospyros virginiana*) 154, 179.
Philippine mahogany (*Pentacme sp. Shorea sp.*) 182.
Phyllocladus 99, 105, 106.
Physocalymma scaberrimum 157.
Picea 57, 95.
   P. bicolor 95, 109.
   P. Breweriana 95.
   P. Engelmanii 96.
   P. glauca 96.
   P. Glehni 96.
   P. jezoensis 96.
   P. jezoensis var. hondoensis 96.
   P. koraiensis 96.
   P. Koyamai 95.
   P. mariana 96.
   P. Maximowiczi 95, 109.
   P. morrisonicola 95, 109.
   P. polita 95.
   P. pungens 95.
   P. rubens 96.
   P. Simithiana 95, 109.
   P. sitchensis 95.
   P. strobus 87.
   P. sylvestris 87.
   P. Wilsonii 95, 109.
Pinus 106.
   P. Cembra 106.
   P. densiflora 96.
   P. Lariciones 106.
   P. longifolia 96.
   P. monticola 96.
Polygonaceae 60.
Pongamia 154.
Ponhon (*Lophira alata*) 154.
Poplar (*Populus sp.*) 229.
Poplar leaved birch (*Betula populifolia*) 19.
Pseudolarix 113.
Pseudotsuga wilsoniana 106.
Pterocarpus angolensis 149.
Pterospermum 168.
Pygeum 158.

Q

Queensland walnut (*Juglans sp.*) 160.
Quercus 131.

R

Red alder (*Alnus rubra*) 174.
Red cedar (*Thuja plicata*) 98, 102.
Red gum (*Liquidamber styraciflua*) 19, 50, 127, 130, 134, 146, 162, 171, 196.
Red ironwood (*Lophira procera*) 154.
Red lauan (*Shorea negrosensis*) 180.
Red oak (*Quercus borealis var. maxima*) 139.
Red pine (*Pinus resinosa*) 111.
Red wood (*Sequoia sempervirens*) 89, 98, 101, 102, 106.
Reevesia 168.
Rhamnaceae 60.
Rhizophoraceae 131.
River birch (*Betula nigra*) 229.
Roble (*Tecoma pentaphylla*) 136.
Rubiaceae 142.
Ryania 142.

S

Sacegothaea conspicua 114.
Sanchezia 142.
Santo domingo mahogany (*Swietenia mahogoni*) 139.
Sapindaceae 155.
Saplungan 181.
Sapotaceae 154.
Sassafras albidum 170.
   S. officinale 157.
   S. variifolium 145.
Scaphopetatum 168.
Sciadopitis 106.
Sequoia 34, 92.
   S. dendron 92.
   S. gigantea 87, 211.
Shellbark hickory (*Carya ovata*) 145.
Shorea 181.
Sickingia 142.
Simph (*Dillenia grandifolia*) 159.
Sitka spruce (*Picea sitchensis*) 89, 111.
Smoke tree (*Dalea spinosa*) 140.
Snake wood (*Colubrina reclinata*) 138.
Soft pine 90, 103, 105.

Sour tupels (*Nyssa sylvatica*) 19.
Spanish mahogany (*Swietenia mahogoni*) 139.
Sugar maple (*Acer floridanum*) 189.
Sugar pine (*Pinus Lumbertiana*) 89, 93, 111, 210.
Sycamore (*Platanus sp.*) 217.

T

Talihagan (Cagayan, *Myristica philippensis*) 19.
Tamarack (Larix) 94.
Tangile (*Shorea polysperma*) 181.
Taxaceae 113.
Taxodiaceae 88, 98.
Teak (*Tectona grandis*) 34, 145.
Tetracentron 23.
Tiaong (*Shorea teysmanniana*) 181.
Triplochiton 168.
Triplochiton scleroxylon 167, 179.
Trochodendron 124.
Tsuga canadensis 87.
Tsuga Sieboldii 106.

V

Violet wood (*Acacia pendula*) 136.
Vitica mangashapoi 139.
Vochysiaceae 60.

W

Western white pine (*Pinus monticola*) 111.
White cedar (*Chamaecyparis Lawsoniana*) 102.
White lauan (*Pentacme sp.*) 181.
White meranti (*Shorea sp.*) 160.
White oak (*Quercus alba*) 27, 139.
White pine (*Picea excelsa*) 189.

Y

Yellow buckeye (*Aesculus sp.*) 179.
Yellow pine (*Pinus palustris*) 111.
Yellow poplar (*Populus sp.*) 227.
Yellow yakal 181.

Z

Zebra wood (*Astronium fraxinifolium*) 196.

事 項 索 引 　（五十音引）

ア

あかぐされ（赤腐）　225.
赤　節　201.
赤　身　25.
圧縮アテ材　204.
アッベ式転写器　253.
アテ（アテ材）　31, 67, 147, 193, 203.
アトミックレプリカ法　265.
孔　節　202.
アポクロマート対物レンズ　253.
荒　目　25.
泡状杢　195.

イ

維管束　16.
移　行　35.
異性第1型　177.
異性第2型　178.
異性第3型　178.
異性放射組織　21, 164.
板　目　24.
　――ソリ（弓ソリ）　212.
1次維管束　10.
　――組織　10.
1次篩部　8.
1次周皮　14.
1次生長　6.
1次組織　6.
1次膜（原生膜）　42, 44, 51.
1次木部　8.
糸　柾　25.
イニシャル　16.
疣状構造　92.
いりかわ（入皮）　220.
色収差　237.
隠花植物　4.
陰　極　270.
インテンシティー（明暗度）　274.

ウ

羽状杢　196.
渦巻杢　196.
欝閉度　188.
ウルトラパーク　241.
ウルトラミクロトーム　261.

エ

永久組織　9, 16.
枝　23.
エチル及びn-ブチルメタクリルアルミニウムレプリカ法　264.
エチルメタクリルアルミニウム法　262.
越外孔口　54.
X状型対孔　54.
X線回折図　72.
X線回折装置　270.
X線図　71.
X線繊維図　272.
X線の硬度　271.
エピテリウム　102, 179.
エピランプ　241.
塩酸法　243.
円状繊維　144.
遠心的肥厚　49.

オ

追　柾　25.
横臥型放射細胞（横臥細胞）　21, 164.
横断面　24.
覆いグラス　252.
大　節　202.
落込み（陥潰）　214.
オートクレーブ（Autoclave）　244.
オルソスコープ　269, 270.
オングストローム（Å）　62.

カ

開口率　236, 239.
外原型　12.
解絮（マセレーション）　243.
外傷樹脂道　111, 179.
外傷道　111.
回折模様　272.
灰像法　252.
外側孔口　54.
階段状重紋孔　58, 131.
階段状穿孔板　129.
階段状破砕性　215.
回転器（レボルバー）　234.
回転楕円体　70.
化学的着色　210.
核　17.
拡散放射組織　172.
核　糸　40.
核　板　40.
核　膜　40.
夏材（秋材）　29.
過酸化水素及び氷酢酸法　244.
カセイソーダ　47.
　――法　245.
可塑性　17.
　――膜　21.
硬　節　201, 202.
割　裂　216.
仮導管（仮導管細胞）　20, 37, 85.
可撓性　213.
下　皮　9.
黴　223, 226.
カーボワックスコンパウンド（carbo-wax compound）　247.
カリトリス型重紋孔　58.
カルノア液　246.
環孔材　17, 123.
癌　腫　226.
管状仮導管　140.
環状構造　71.
管状構造　71.

管状組織 3.
干渉波 273.
完成度 81.
間接核分裂 17, 39.
灌木 3.
乾裂（罅割れ）220.
環裂 216.

キ

木裏 25.
木表 25.
キクイシャコ 230.
気孔 14.
キジラミ（木虱）231.
キシロクローム 26.
偽心材 28.
楔形状切片法 256.
偽年輪 31.
偽放射組織 172.
基本材鑑 233.
逆表面硬化 214.
吸収説 43.
球状膨潤 47.
求心的肥厚 49.
球面収差 238.
鏡基 235.
鏡脚 235.
鏡口角 239.
供試材 233.
共生可塑的生長 21.
鏡柱 235.
鏡筒 234.
　　──長 234.
狭放射組織 100, 101, 174.
喬木 3.
極冠 40.
巨細胞（巨大細胞）113, 156, 170.
鋸歯状肥厚 104.
キルン‐ブラウン‐ステイン（乾燥
　　室内褐変着色）210.
菌糸 224.
　　──束 224.
僅少周囲状型柔細胞 158, 159.
金属の蒸着 263.

ク

空間格子 273.
空道 179.
空胞 41.
区画力 239.
腐れ節 202.
クチン化（クチクラ化）8, 14, 47.
屈折計 269.
屈折率 270.
　　──楕円体 70.
グッタパーチャ 184.
クラシュレー 93.
クーリッジ管 270.
狂い 200, 212.
グルコース基 68.
群節 203.
群状導管 119.

ケ

蛍光板 258.
傾斜照明 269.
形成層 3, 6.
　　──帯 16, 21.
　　──放射組織 161.
　　──母細胞 16, 22, 142.
径隙率 144.
径断面 24.
径長比 159.
結合重紋孔 59.
結晶質体 80, 81.
結晶質領域 79, 81, 83, 269.
結晶微粒子 69.
欠点（瑕瑾）197.
毛柾 25.
ゲル 16.
牽引糸 40.
限外顕微鏡 239.
顕花植物 4.
原形質 38, 149.
　　──体（原形体）16, 38.
眩光 254.
健康節 202.
検光ニコル（検光子）267.
検索表 233.
原生組織 44.
原生動物 230.
原生木部 12.
原中心柱 8.

顕微灰像 252.
　　──法 252.
顕微鏡的罅割れ 221.
原皮層 8.
原表皮 7.
原木 24.

コ

厚角細胞 9.
光学的異方性 43, 69, 268.
光学的等方性 43, 77, 268.
交互型重紋孔 131.
交錯木理 200.
膠質化 45.
硬質細胞 53.
膠質繊維 145, 147, 207.
格子平面 273.
後重合 262.
鉱条 209.
広状繊維 144.
後生質 38.
後生組織 6.
合生節 201.
後生木部 12, 23.
抗剪力 203.
酵素 224.
交走木理 198.
紅変菌 227.
広放射組織 176.
厚膜細胞 9, 49.
厚膜填充体 138.
広葉樹 4.
　　──材 36, 186.
抗撓強 203.
肥松 219.
黒条 220.
黒色心材 26.
木口 24.
個体性 40.
コノスコープ 269.
瘤 196.
小節 202.
瘤杢 196.
ゴム化症 182.
ゴム道 179, 180.
コルク形成層 14.
コルク組織 14.

索　引

コルク皮層　14.
根　系　6.
コンゴロート
根株材　196.
根株杢　196.
コンパレーター　256.
コンプレッションウッド（圧縮ア
　　テ材）　193, 205.

サ

在内孔口　55.
材内篩部　219.
載物台　235
細　胞　38.
　　──液　42.
　　──間隙　34.
　　──腔　38.
　　──質　38.
　　──板　40.
　　──膜　43.
さかめ（逆目）　222.
酢酸繊維素法　247.
柵状細胞　167.
錯綜状配列　148.
鎖状細胞　169.
鎖状分子　67, 80, 83.
叉状杢　196.
蛹　228.
さるばみ（猿喰）　220.
酸化着色　210.
酸化銅アンモニウム溶液　47, 64.
散孔材　123.
3次膜　45.
散点状型柔細胞　153.

シ

磁界型電子顕微鏡　258.
磁界レンズ　258.
4角形結晶　159.
篩管部　16.
色　素　26.
　　──体　38.
始原細胞　16.
脂　傷　218.
篩状型重紋孔　131.
篩状紋孔　54.

4点図　71, 72, 274.
脂　板　136.
篩　部　3, 16.
　　──柔細胞　15.
　　──繊維状木繊維　150.
　　──放射組織　161.
子　房　4.
4方柾　25.
絞り（遮光器）　236.
島倉式蒸和罐　244.
縞　杢　196.
斜走度　200.
斜走木理　199.
シャンツェ型ミクロトーム　248.
周囲状型柔細胞　154.
周囲状仮導管　141.
重クロム酸飽和濃硫酸溶液
　　　（Zettnow's 液）　252.
重　合　262.
集光器　236.
集合性柔細胞　114.
集合放射組織　172.
集光レンズ　259.
秋材（秋材部）　28, 29.
柔細胞　26, 52.
蓚酸石灰　160.
十字線　268.
十字動載物机　236.
重心材　28.
自由水　211.
集束線輪　259.
集束レンズ　237.
重年輪　31.
周　皮　9.
重辺材　28.
終末状型柔細胞　153.
重紋孔（重縁孔紋）　52.
　　──型対孔　52.
樹　幹　3.
樹　冠　6.
　　──系　6.
熟材樹　28.
種子植物　4.
樹脂仮導管　97, 136.
樹脂痕　113.
樹脂細胞　98.
樹脂条痕（樹脂傷痕）　35, 113, 219.

樹脂道（樹脂溝）　34, 180.
樹脂嚢　113, 219.
樹脂板　262.
樹脂胞　112.
樹脂割れ　113.
受　精　39.
樹　皮　23.
　　──嚢　219.
シュルツ液　243.
シュレーデル−フアン−デル−コル
　　ク法　269.
春材（春材部）　28, 29.
傷痍ゴム道　183.
傷痍柔細胞　157.
傷痍樹脂道　35, 111.
傷痍垂直ゴム道　183.
傷痍水平ゴム道　183.
傷痍放射仮導管　103.
小孔穿孔板　129.
鞘状細胞　169.
蒸着金属　263.
焦　点　258.
　　──距離　258.
　　──深度　239.
小歯車（ピニオン）　235.
正　柾　25.
触断面　24.
初生組織　6.
初生壁（初生膜）　44.
しらた（白太）　25.
白　蟻　229.
しろぐされ（白腐）　225.
仁　40.
浸液法　269.
心　割　220.
真空鐘　263.
真空蒸着被膜　261.
心材（心材部）　25, 47.
　　──化　25.
　　──率　27.
針状結晶　159.
真正木繊維　49, 144.
伸長性　13.
伸長生長　6.
滲透圧　16.
心　皮　4.
真比重　78.
靱皮繊維　15.

針葉樹 4.
　——材 36, 186.
心裂 217.

ス

髄（髄心） 8, 33.
　——節 202.
　——線 99.
　——斑点（褐色斑） 157, 227.
水素結合 83.
垂直ゴム道 182.
垂直樹脂道 35, 110.
垂直道 110, 179, 180.
随伴型柔細胞 152.
水平ゴム道 182.
水平樹脂道 35, 102, 110.
水平道 110, 179, 180.
末口 24.
ストランド型柔細胞 151.
ステレオスコーピック
　(Stereoscopic) 顕微鏡 241.
スナノミ 231.
込り込み生長（込り生長） 20, 148.
スライスドベニーア 195.
スライディングミクロトーム 245.
スンプ法 252.

セ

脆弱性 215.
正常ゴム道 182.
正常樹脂道 180.
精緻 35.
　——性 35.
生長点 6.
生長率 191.
青変菌 227.
正方晶系型 159, 160, 171.
星裂 217.
石細胞 9, 34, 53.
石条 181.
石炭紀 124.
赤道板 40.
セダー油 238, 242.
接眼鏡 237, 259.

接眼測微計 237, 240.
接合管 54.
接合柔細胞 54.
切線縦断面 24.
切線状型柔細胞 154.
切線状分散型柔細胞 153.
節足動物 230.
接着剤 232.
ゼフリー氏液 243.
セルロース 43, 45, 46, 67.
セロイディン法 246.
セロビオーズ 68.
繊維細胞 9.
繊維状仮導管 86, 141.
繊維状構造 71.
繊維素構成体 74.
繊維飽和点 211.
旋回度 199.
旋回木理 198.
前形成層 10.
穿孔 58, 128.
　——環 129.
　——板 129.
前重合 262.
染色体 40.
染色粒 40.
鮮新世 124.
前分裂組織 7.

ソ

霜害 217.
層階状形成層 18.
層階状配列 22, 134, 140, 148.
層階状放射組織 178.
双眼顕微鏡 242.
増厚生長 48.
霜腫 218.
双子葉植物 4.
総状ミセル説（総状ミセル理論） 61, 79, 83.
装覆紋孔 59, 133.
増面生長 48.
蔵卵器植物 4.
霜輪 217.
霜裂 218.
側分裂組織 9.
組織 38.

祖先返り 211.
粗糙 35.
粗動ネジ 235.
ゾル 17.
ソレノイド 258.

タ

対陰極 270.
対孔 21, 51, 91.
第3紀 124.
対物鏡 238, 259.
対物線輪 259.
対物測微計 240.
代用繊維 147.
タイル細胞 167.
対列型重紋孔 131.
タイローズ 26.
楕円節 202.
啄痕 229.
多孔穿孔板 129.
多室仮導管 96.
多室繊維状仮導管 142.
多室木繊維 146.
多層膜 45, 268.
縦型形成層母細胞 19.
縦型半径的分裂 22, 23.
縦型放射細胞（縦列細胞） 21, 164.
縦型木部柔細胞 33.
多年生植物 3.
多量周囲状型（柔細胞） 159.
多列放射組織 174.
単一心裂 217.
単一穿孔 129.
単一導管 115.
単位胞 67.
タングステンフィラメント 263, 271.
単斜晶系型 160, 171.
単子葉植物 4.
弾性ゴム乳液道 184.
単節 203.
タンニン 26.
ダンマール 181.
単紋孔 51, 52, 53.
　——型対孔 51.
単列放射組織 174.

索引

チ

稚樹　7.
中央照明　269.
中間層（中間膜）　40, 43, 44, 51.
中原型　12.
中新世　124.
中心柱　8.
中節　202.
治癒組織　202, 210, 211, 218.
張開　161.
超顕微鏡的微粒子　42.
超顕微毛細管　79.
頂端分裂組織　9.
重複年輪　31.
直接核分裂　39.
直交ニコル　70, 267.
直交分野（分野）　52.
貯蔵細胞　9.

ツ

通導組織　3.

テ

デバイシェラー環　72.
デバイシェラー法干渉図　272.
デラフィールドヘマトキシリン法　200, 249.
デルマトゾーメン（針状粒子，原皮質）　63, 64, 83.
電界レンズ　258.
添加生長説　48.
電気方向量　77.
電子顕微鏡　56, 66, 239, 255.
電子線　256, 257.
填充生長説　48.
填充組織（閉塞組織）　137.
テンションウッド（引張アテ材）　207.

ト

導管　115.
　　——溝　115.
　　——状仮導管　87.
　　——節　20, 115, 126, 131.
　　——部　16.
投射角度　263.
投射線輪　259.
同性第1型　178.
同性第2型　178.
同性第3型　178.
同性放射組織　164.
トウヒ型紋孔　107.
通し割れ　221.
独立型柔細胞　152.
独立ミセル説　75.
ドュリオ型放射組織　167.
虎斑杢　172, 194.
トラベキュレー　97.
鳥眼杢　195.
トールス　55, 56.

ナ

内原型　12.
内腔　26, 43, 143.
内側孔口　54.
流れ節　202.
軟体動物　230.

ニ

ニコルプリズム　267.
2次軸　201.
2次篩部　9.
2次周皮　15.
2次生長　6.
2次組織　6.
2次肥大生長　9.
2次膜　45, 51.
2次木部　9.
2色性　77, 83.
2段式表面転写法　261.
2方柾　25.
乳液　184.
乳管　184.

ヌ

ヌカメ（糠目）　25, 216.
抜け節　202.

ネ

根（根部）　23.
ネクトリアーガリゲナ（Nectria galligena）　226.
捩れ　213.
　　——返し　199.
　　——木理　195.
熱電子　271
撚糸状（撚線状）　10, 151.
撚糸状柔細胞（撚線状木部柔細胞）　49, 151, 159.
年輪　28.
　　——界　32.
　　——幅　30.

ノ

乗せグラス　252.
のりまさ（矩柾）　25.

ハ

バイオリンの背面杢　195.
胚珠　4.
ハイデンハイン鉄明礬ヘマトキシリン法　250.
倍率　239, 257.
　　——測定用格子　266.
配列度　81.
バクテリウムーツメバシクス（Bacterium tumebacicus）　226.
薄膜細胞　33, 98, 109, 159.
薄膜組織　109.
波状杢（波状木理）　194, 198.
波状紋　22, 32, 140, 178.
波長　239.
はなわれ（端割れ）　221.
幅ソリ（椀ソリ）　213.
パラフィン法　246.
半価幅　275.
伴細胞　15.
反射鏡　236.
半重紋孔　52.
　　——型対孔　52.
反張　212.

ハンドミクロトーム 248.
斑　紋 219.

ヒ

非結晶質体 81.
非結晶質領域 81, 83, 269.
微細原繊維 79.
微細毛細管 74.
被子植物 4, 124.
ビスコース化 48.
皮　層 8.
　——細胞 9, 15.
　——組織 15.
非層階状形成層 18.
肥大生長 3, 6.
ピットペーア (pit pair) 143.
引張りアテ材 204.
微動ネジ 235.
ピニオン (pinion) 235.
ヒノキ型紋孔 107.
皮　目 14.
非木本植物 3.
表　皮 8.
表面硬化 213.
表面生長 42.
表面割れ 221.
平　柾 25.
微粒子（微結晶粒子） 43, 61.

フ

ファンデルバール力 75.
フィブリル 57, 61, 64, 83, 191, 192, 193, 267.
　——の配向 65, 66.
フィルター 237, 254.
風　化 222, 223.
風　裂 217.
複屈折 266.
　——率 70, 71.
複合顕微鏡 256.
複合組織 16.
複合導管 115, 119.
複合放射組織 172.
複式メカニカルステージ 236.
輻射孔材 123.
輻射縦断面 24.

複列放射組織 175.
不健康節 202.
節 197, 201.
弗化水素酸法 245.
プテロスペルムーム型放射組織 168.
フナクイムシ 230.
プレパラート（永久標本） 49, 236, 244.
分解能 238, 256, 259.
分岐性 13.
分岐節 203.
分岐繊維 145.
分岐紋孔 53, 138.
分室柔細胞 146, 156.
分泌細胞 156, 170.
分離状仮導管 141.
分離状柔細胞 53.
分裂細胞 9, 180.
分裂状崩壊細胞 180.
分裂組織 16.

ヘ

閉塞膜 55.
ベッケ線 270.
　——法 269.
ヘテロオーキシン 204.
ヘミセルロース 45, 46.
ベルトランドレンズ 267, 269.
偏　光 266.
　——顕微鏡 44, 70, 266.
　——ニコル（偏光子） 267.
辺材（辺材部） 25, 47.
　——汚色 226.
　——変色菌 226.
偏心生長 203.
偏菱形結晶 159.

ホ

ホイゲンス接眼鏡 237.
膨　圧 42.
崩壊細胞 180.
蜂窩裂 214, 215.
方眼状マイクロメーター 241.
胞　子 225.
放射仮導管 103.

放射柔細胞 33, 98, 103.
放射組織 21, 31, 41, 100, 160.
　——形成層母細胞 19, 161.
　——体積 162.
　——母細胞 17, 19, 21, 22.
　——密度 161.
膨　潤 47, 69.
　——異方性 69.
抱水クロラール 250.
紡錘糸 40.
紡錘状形成層細胞 17.
紡錘状形成層母細胞 18.
紡錘状組織細胞（紡錘状細胞） 52, 131.
紡錘状放射組織 100, 102.
紡錘状母細胞 17, 18, 22, 23, 98, 161.
紡錘状木部柔細胞（紡錘状柔細胞） 98, 131, 150, 159.
紡錘体 40.
膨　隆 215.
母細胞 17.
ポリスチレン・シリカ法 261.

マ

マイクロフォトメーター 76, 274.
巻毛杢（巻毛木理） 195, 198.
巻込節 202.
膜状構造 71.
柾目（柾） 24.
　——板 25.
　——ソリ（縦ソリ） 212.
マツ型紋孔 107.
窓状単紋孔 107.
豆　節 202.
丸節（円節） 202.

ミ

幹 23.
ミクロトーム 248.
　——自動研磨機 248.
　——用ナイフ 248.
ミクロフィブリル 57.
水止め節 202.
ミセル 42, 63, 69.
　——間隙 77.

——説　69.
　　——の平行度　275.
ミトコンドリア　38.

ム

無孔材　37, 124.
無糸核分裂　39.
無節材　202.
無導管広葉樹材　23.

メ

明暗度　274.
明　度　239.
メチル・メタクリル・シリカ法　265.
目回り　216.
目盛管（抽出管）　234.

モ

モイレ氏反応　46, 251.
盲　孔　53.
網状穿孔板　129.
杢　194.
木　材　23.
　　——腐朽菌　223, 224.
　　——変色菌　226.
木質化（木化）　46, 47, 69, 149.
木繊維（木繊維細胞）　20, 143.
木部（木質部）　3, 16.
　　——柔細胞　32, 53, 149.
　　——放射組織　31, 161.
木本植物　3.
木本蔓類　3.
木　理　194.
元　口　24.

モメ（揉め）　208.
模　様　194.
紋　孔　51.
　　——界　21.
　　——環　54.
　　——腔　51, 58.
　　——溝　55.
　　——室　54.
　　——壷　54.
　　——膜　51, 54.
紋様孔材　124.

ヤ

ヤード・ブラウン・ステイン（土場内褐変着色）　210.

ユ

有孔材　37.
有糸核分裂　17, 40.
遊離水（自由水）　215.
油細胞　9.
油　嚢　170.

ヨ

陽　極　270.
葉状植物　4.
幼　虫　228.
葉緑体　8.
翼状型柔細胞　154.

ラ

ラウエのX線干渉理論　273.
ラウエの斑点図　272.
落羽松型紋孔　107.

裸子植物　4.
螺旋状構造　71.
螺旋状肥厚帯　49.
螺旋状裂縛（螺旋状孔隙，顕微鏡的ひび割れ）　50, 67, 96, 206.
螺旋紋（螺旋状肥厚部）　49, 94, 133.
ラパコール（Lapachol）　136.
ランプ　237.

リ

リグニン　43, 44, 45, 46, 207.
リグノセルロース　45.
輪　帯　54.
輪　裂　216.

レ

レプリカ法　56, 261.
連結糸　40.
漣縞（波状紋）　22, 32.
連合帯状型柔細胞　155.
連合翼状型柔細胞　155.

ロ

娘　核　17, 39, 40.
娘細胞　40, 161.
漏斗状紋孔　55
肋骨材　23.
ロータリーベニーア　195.

ワ

彎曲材　23.
椀裂（目回り）　216.

著 者 略 歴
明治28年　大阪市に生れる
大正 9年　北海道帝国大学農学部林学科卒
昭和 9年　朝鮮総督府水原高等農林学校教授
同　12年　農学博士
同　20年　朝鮮総督府林業試験場長
同　26年　静岡大学教授
同　28年　同大学農学部長

木材組織学

昭和33年4月15日　第1版印刷
昭和33年4月20日　第1版発行

著　者	山　林　遥（やま　はやし　のぼる）
発行者	森　北　常　雄
印　刷	祥美印刷株式会社
製　版	巴写真製版所
製　本	株式会社 長山製本

発行所　森北出版株式会社
東京都千代田区神田小川町3の10
振替東京34757　電話東京(25)3068・2616

日本書籍出版協会・自然科学書協会　会員

木材組織学［新装版］

2016年8月10日	発行
著　者	山林　遥
発行者	森北　博巳
発　行	森北出版株式会社 〒102-0071 東京都千代田区富士見1-4-11 TEL 03-3265-8341　FAX 03-3264-8709 http://www.morikita.co.jp/
印刷・製本	創栄図書印刷株式会社 〒604-0812 京都市中京区高倉二条上ル東側

ISBN978-4-627-96179-1　　　　Printed in Japan

JCOPY ＜(社)出版者著作権管理機構　委託出版物＞